光电信息科学与工程类专业教材

基于 Zemax 的应用光学教程

施跃春　陈家璧　编著

电子工业出版社

Publishing House of Electronics Industry

北京·BEIJING

内 容 简 介

本书将应用光学基础理论知识与 Zemax 光学设计相结合。每章首先介绍理论知识，然后落实到 Zemax 的设计方法上进行光学设计锻炼。本书包含了几何光学成像基本概念、共轴球面系统、理想光学系统、平面系统、光阑、光度学、像差及望远镜等典型成像系统，也涉及 Zemax 的基本操作、优化设计等概念。在第 9 章给出了 5 个详细的 Zemax 设计案例，包含光纤耦合、透镜整形与耦合、基于棱镜的光环形器、三片式成像系统及苹果手机镜头光学系统分析。为方便教学，本书提供电子课件，可登录华信教育资源网（www.hxedu.com.cn）免费下载。

未经许可，不得以任何方式复制或抄袭本书之部分或全部内容。
版权所有，侵权必究。

图书在版编目（CIP）数据

基于 Zemax 的应用光学教程 / 施跃春，陈家璧编著. —北京：电子工业出版社，2022.3

ISBN 978-7-121-43051-0

Ⅰ. ①基… Ⅱ. ①施… ②陈… Ⅲ. ①应用光学－高等学校－教材 Ⅳ. ①O439

中国版本图书馆 CIP 数据核字（2022）第 037094 号

责任编辑：杜　军　　　　　　　　特约编辑：田学清
印　　刷：北京虎彩文化传播有限公司
装　　订：北京虎彩文化传播有限公司
出版发行：电子工业出版社
　　　　　北京市海淀区万寿路 173 信箱　　　　　邮编：100036
开　　本：787×1092　　1/16　　印张：19.25　　字数：493 千字
版　　次：2022 年 3 月第 1 版
印　　次：2022 年 12 月第 3 次印刷
定　　价：56.00 元

凡所购买电子工业出版社图书有缺损问题，请向购买书店调换。若书店售缺，请与本社发行部联系，联系及邮购电话：（010）88254888，88258888。

质量投诉请发邮件至 zlts@phei.com.cn，盗版侵权举报请发邮件到 dbqq@phei.com.cn。

本书咨询联系方式：dujun@phei.com.cn。

前　言

本书为应用光学和 Zemax 光学设计基础两门课程合在一起教学所编的教材。人们熟知应用光学是光学及光学仪器设计的基础，如果不掌握应用光学知识就从事光学仪器设计，即便进行光学实验也是力不从心的。另外，三十多年来，随着光学设计软件的发展与推广，已经使人们离开光学软件就无法开展光学及光学仪器设计的工作。计算机的应用已经深入人心，不仅理工科的学习与研究离不开计算机和强大的各种计算机软件，几乎所有的高等学校、中等学校乃至整个教育部门都与计算机及其专业混为一体。可以说社会上的一切工作都离不开计算机及其软件系统。如果我们的课程仍然让它们分而治之，不把它们糅合到一起，那么似乎是再也说不过去了。

把应用光学和 Zemax 光学设计基础合在一起，第一个好处就是节省篇幅、节省教学时间和学生学习时间。而这一点恰恰是高等学校面临"学术爆炸"造成学时不够的一个共同问题，如同由钻木取火发展到电子打火，知识的应用就是一步一步融合而简化的。让我们迈开第一步，用一门课程替代两门课程，把两本书合成一本书，开始我们的《基于 Zemax 的应用光学教程》教材与课程的建设；第二个好处是对于基础理论的深化认识和对于应用程序更为灵活的掌握，这是显而易见的；第三个好处是学生习惯于软件思维会对掌握越来越多的软件越来越习惯，越来越顺手。总之，两门课程融为一体，有百利而无一害。

在计算机辅助光学设计方面，目前相关软件较多。本书使用 Zemax 是因为该软件在国内已经推广了三十多年，使用广泛。国内大专院校开设的光学、光电信息、光电仪器专业基本都具备正版 Zemax 软件，这就使得我们将这两门课程结合在一起不存在太大实际困难。

具体而言，本书各章的理论知识内容与一般应用光学类似，但是每章理论知识又都落实到 Zemax 的计算方法上，一方面利用软件形象化再现理论知识，另一方面基于所学理论知识建立相关工程设计概念，落实到具体仿真设计的练习上。本书从第 1 章就对 Zemax 进行综合介绍，开始简单练习，将理论学习与 Zemax 计算紧密结合，以便完成以前用手工计算无法完成的大量练习。

本书共 9 章。第 1 章介绍几何光学基本定律与成像基本概念，对于 Zemax 的界面进行简明而全面的介绍，同时说明 Zemax 的基本计算流程。第 2 章介绍共轴球面系统的成像理论，包括几何光学中的符号规则，单折射球面成像，共轴球面系统成像，单个反射球面成像和 Zemax 中的像差评价与镜面参数设置初步，本章 Zemax 训练展现了光学设计的基本流程，让读者一开始就建立工程设计的具体概念。第 3 章介绍理想光学系统，包括理想光学系统的基本理论，理想光学系统的基点、基面和焦距，理想光学系统的物像解析关系，理想光学系统成像的图解法，理想光学系统的组合，透镜和单透镜与双透镜的 Zemax 设计实例。第 4 章介绍平面系统，包括平面折射与平行平板玻璃成像性质，平面反射镜，反射棱镜，折射棱镜和楔镜，Zemax 中的坐标断点，以及牛顿望远镜、棱镜设计等 Zemax 设计实例，完成含有反射元件的光学系统的相关设计学习。第 5 章介绍光学系统的光束限制，其中除光阑等基本概念外，也介绍了 Zemax 软件中对于渐晕的处理方法和设计手段。第 6 章介绍光度学基础，其中在介绍光能和光度学的基本概念、光学系统中的光能损失分析与计算的同时，还用 Zemax 完成简易的光能计算与非序列模型的照明设计实例。第 7 章介绍像差理论，只讲基本概念，但是学生可以在理解基本概念之后，再接受一次实战训练。通过 Zemax 构建和分析各种像差。第 8 章介绍实际光学系统，先行建立 Zemax 中的光学传递函数等基本概念，并应用在实际光学系统的分析中。第 9 章介绍 Zemax 中的优化、公差与若干设计案例。为了结合光电技术发展，本章进一步以 5 个例子讲述了当代光通信器件、成像系统等实际光学系统的 Zemax 设计案例。学生可以自行决定练习的数量与负荷的大小。如果将来需要开展光学设计的最前沿科学研究，则可以在理论与实际密切结合的基础之上，更快地进入科学研究的前沿。

　　本书以培养实际工作能力为目标，既要让学生掌握基本概念，又要完成大量与实际工作密切结合的习题。作为一个尝试，本书一定会有很多的缺点，希望有更多的同行与读者使用，不吝指教，给予批评与指导，使本书不断改进与提高，并成为同行喜爱的教材。

　　此外，朱善斌工程师、朱晓军博士、陆骏博士、张鹏博士，以及南京大学微波光子与光子集成技术研究组的研究生洪梓铭、赵雍、吴皓源、何扬、马春良、曾鑫涛、葛涵天、周廣南、谢谦、王昌盛、刘子君等对本书的编著提供了大量的帮助，在此深表感谢。

目　　录

第1章 几何光学基本定律与成像基本概念

光具有波粒二象性。在微观世界，光具有粒子性，它的物理行为需要用量子力学来描述。在宏观世界，光本质上被认为是电磁波，其中人眼感知的可见光的波段范围为0.40~0.76μm。目前在传统光学设计中，如镜头成像设计、照明设计等情况，原则上均可以用经典的电磁波理论来描述。但是，利用波动理论来描述光在光学系统中的传播规律和成像问题是非常复杂的，所以在光学系统尺寸比光波波长大很多的情况下，可以忽略光的干涉、衍射等物理效应，直接利用几何光学来分析光的传播和成像规律。通过这种简化，光学系统的分析会变得简单很多，也比较适合在工程技术中的实际应用。

1.1 几何光学的基本概念

1.1.1 几何光学中的光源与光束

几何光学把能够辐射光能的光源和被光照射后能够反射光的物体看成几何"发光体"。当光源大小或物体尺寸与发光距离相比可以忽略的时候，可以认为是"点光源"或"发光点"。当光源大小或物体尺寸具有一定的大小，且不可忽略时，可以看成是发光点的集合。这样，研究物体成像问题就可以转化为研究发光点的成像问题。

光源在辐射光波时，电磁波振动相位相同的点构成的曲面被称为"波面"。波面的法线方向代表了光波的传播方向，称之为"光线"。如图 1-1 所示，波面的形状可以分为平面、球面和不规则面。相对应于波面的法线束集合被称为"光束"。因此，光束又分为平行光束、同心光束和像散光束。同心光束又基于球面波球心是会聚光线还是发散光线而分为会聚同心光束和发散同心光束。光源在通过实际成像系统后，由于非理想成像，一般都存在像差，平行光束和同心光束会变成像散光束，波面则变为不规则面。

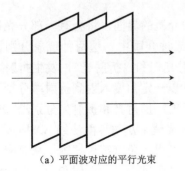
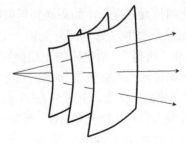

(a) 平面波对应的平行光束　　　　　　　　(b) 球面波对应的发散同心光束

图 1-1　不同波面对应的光束

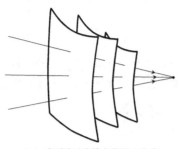 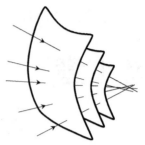

（c）球面波对应的会聚同心光束　　　　　　　　（d）不规则面波对应的像散光束

图 1-1　不同波面对应的光束（续）

1.1.2　几何光学的基本定律

在几何光学中，光在传播过程中遵循着直线传播、独立传播、折射、反射这 4 个基本的定律。在进行几何光学分析时，将以下基本定律作为出发点。

1．光的直线传播定律

光在各向同性的均匀介质中，沿直线传播。利用这一原理可以分析日食、月食、小孔成像、竿影测高等日常生活中的现象。

需要注意，光沿直线传播定律是忽略光的波动性的一种近似。在遇到小孔、狭缝及小的障碍物时，光会发生绕过障碍物继续传播的现象，这种现象称为"衍射"。在特定的晶体中光沿特定方向传播时，不同偏振方向的光会向不同的方向传播，这种现象称为"双折射"。

2．光的独立传播定律

在几何光学中，认为两束光在传播过程中分别传播、互不干扰，在重叠处的光强为两束光在此处光强的简单叠加。例如，我们打开两支激光笔，激光按一定的角度相遇，两束激光会聚后仍然会按自己原来的角度继续向前传播，相互并不会因此被干扰而改变传播特性。

仍需要注意，光的独立传播定律是忽略光的波动性的一种近似。当两束光满足频率相同、振动方向相同、相位差恒定等条件时，在传播重叠处会发生"干涉"现象，光强不再是各自光强的简单叠加。

3．光的反射、折射定律

在光的传播过程中，如果遇到折射率不同的两种介质的界面，将会有一部分光以一定角度返回原介质中，另一部分光以一定角度进入第二种介质中。这两种现象分别被称为"反射"和"折射"，所对应的光线分别被称为"反射光"和"折射光"，发生折射、反射之前的光被称为"入射光"。如图 1-2 所示，光线 AO 以一定角度入射到折射率分别为 n 和 n' 的材料交界面 PQ 上。光线将在 O 点发生反射和折射，反射光和折射光分别沿 OB 方向和 OC 方向出射。入射光线 AO、折射光线 OC、反射光线 OB 与界面法线 NN' 所成的夹角分别称为入射角 I、折射角 I'、反射角 I''。在这里我们引入角度符号规则：从对应光线以锐角转向法线，若为顺时针则角度为正，若为逆时针则角度为负。入射角 I、折射角 I'、反射角 I'' 满足如下关系。

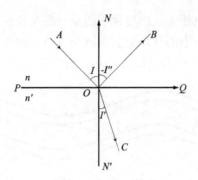

图 1-2　折射与反射

（1）反射定律。

入射光线与反射光线都位于入射光线与界面法线共同决定的平面内，并且分居界面法线两侧。

入射角与反射角大小相等，符号相反，即

$$I = -I''\qquad(1\text{-}1)$$

（2）折射定律。

入射光线与折射光线都位于入射光线与界面法线共同决定的平面内。

入射角与折射角的正弦之比等于其所在介质的折射率之比的倒数，即

$$\frac{\sin I}{\sin I'} = \frac{n'}{n}\qquad(1\text{-}2)$$

通常也表示为

$$n\sin I = n'\sin I'\qquad(1\text{-}3)$$

折射率反映了介质的性质，可以表述光在介质中传播的快慢。真空中光速 c 和介质中光传播速度 v 的比值为该介质的"折射率"，即

$$n = \frac{c}{v}\qquad(1\text{-}4)$$

注意到，如果将折射定律式（1-3）中的 n' 替换为 $-n$，即可得到反射定律式（1-1），在后文中的许多折射现象的公式中，都可以通过这样的替换来得到与入射光线对应的反射光线的相关公式。

4．全反射现象

全反射现象是折射和反射中的一个特例。当光从折射率较大的介质（光密介质）向折射率较小的介质（光疏介质）传播时，由折射定律式（1-2）可以得到，此时的折射角大于入射角。当入射角增大时，折射角将随之增大，入射角可以增大至

$$I_{\mathrm{c}} = \arcsin\left(\frac{n'}{n}\right)\quad(n > n')\qquad(1\text{-}5)$$

当折射角 I' 为直角时，折射光沿界面掠射。当入射角 I 继续增大时，将不再有折射光由光疏介质出射，而是全部反射回光密介质中，这种现象称为"全反射"。

现代光通信中广泛使用的光纤就是利用全反射的原理制成的，如图 1-3 所示。光纤主要由折射率 n_2 较大的芯层和折射率 n_1 较小的包层组成。光线以一定角度入射进光纤时便

会发生全反射，从而低损耗地传输。需要说明的是，在全反射发生界面处的光并不是全部都在光密介质中，而是会有一小部分渗透进光疏介质中，再返回光密介质中，这部分光称为"倏逝波"。低损耗光纤的提出和研制成功对光通信的发展起到了关键作用。

图 1-3　光纤与全反射

5. 光路可逆

光路可逆是光在传播过程中的一个重要特性。该特性为能够更好地分析光学系统提供了有力的帮助。事实上，在日常生活中，常常也会利用光路可逆的原理。例如，在有障碍物的道路转弯处，经常可以看到如图 1-4 所示的反光镜，图中轿车和自行车同时驶向路口，骑自行车的人发出的光线经路口反光镜反射后进入轿车司机的眼中；同时轿车发出的光线也以相同路径进入骑自行车人的眼中。虽然道路由于中间障碍物阻挡了视线，但是通过反光镜可以提醒双方提前做好避让准备。因此，路边的反光镜大大提高了交通的安全性。

在几何光学的系统中，如果光线经由系统从 A 点行进至 B 点，那么从 B 点出射的光也可以反方向原路返回至 A 点出射，如图 1-5 所示。

图 1-4　道路转弯处的反光镜

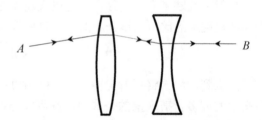

图 1-5　光学系统中光路可逆示意图

光路可逆最早是通过大量实验总结出来的。实际上是忽略了光的偏振、衍射等效应的结果。在复杂系统中，光线无论在多少种不同的介质中经过多少次的折射、反射，光路可逆仍然成立。这为复杂光学系统的光路计算提供了便利。在复杂光学系统中若不方便计算正向光路，则可通过计算反向入射的光线来确定光路。

1.1.3　费马原理

费马原理描述了光的传播路径所遵循的规律。作为基本性原理，它可以推导出几何光学中反射、折射以及更为广泛的光传播性质。为了介绍费马原理，首先引入光程的概念。光在各向同性的均匀介质传播过程中走过的几何路程 l 与介质的折射率 n 的乘积，被定义为"光程"，如下式表示：

$$s = nl \tag{1-6}$$

将式（1-4）代入式（1-6）中可得：

$$s = \frac{c}{v}l = c\frac{l}{v} = ct \tag{1-7}$$

式中，t 是光传播时间，所以光在某种介质内的光程等于同等时间内光在真空中可以传播的距离。光程是一个重要概念，在光的干涉等问题的分析中也具有重要的作用。

以图 1-6 为例，若光从 A 点传播到 B 点，在折射率为 $n_1 \sim n_5$ 的材料中的几何路程分别为 $l_1 \sim l_5$，则总光程等于各部分介质中光的几何路程与折射率的乘积之和，即

$$l_{AB} = \sum l_i n_i = l_1 n_1 + l_2 n_2 + l_3 n_3 + l_4 n_4 + l_5 n_5 \tag{1-8}$$

而在图 1-7 中的非均匀介质中，由于介质不是均匀的，所以光线的传播路径也不再是直线。光线由 A 点传播至 B 点时的光程以积分形式表示：

$$s = \int_A^B n(l)\mathrm{d}l \tag{1-9}$$

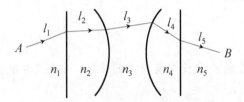
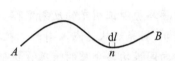

图 1-6　均匀介质中光程的计算　　　　　图 1-7　非均匀介质中光程的计算

在炎热的夏天，马路上并没有水，我们却时不时会在滚烫的马路上看到对面车辆的倒影，仿佛车辆行驶在水面上，如图 1-8 所示。这种现象就是由于光在不均匀的介质中沿曲线传播造成的。在夏天，经过阳光的暴晒，马路表面附近空气的温度会明显高于马路上方空气的温度。较热的空气的密度、折射率都会变小，这就造成了马路上方空气折射率的不均匀，即下方空气的折射率会低于上方空气的折射率，此时一部分光线的传播路径会向下弯曲。因此当这部分光线传播到人眼中时，与实际物体和人眼的连线成一定的角度，而人眼总是认为光线是沿直线传播的，因此便在进入人眼的光线的反向延长线上看到了"倒影"。这种现象也可以由费马原理解释。

图 1-8　马路上看到的车辆倒影

费马原理指出，光在传播时总是沿着特定的路径传播。该路径上的光程比附近所有其他路径的光程都要大，或者都要小，或者与其相同。换言之，光总是沿着光程为"平稳值"的路径传播。从数学上来说，若将由光的传播路径所计算得到的光程值表示为某个变量的函数，当光沿着不同的路径传播时，则该函数值会发生变化。而在变化过程中，一阶

变分为零的点（可能是函数的极大值、极小值，甚至是拐点）所代表的光传播路径，即光线传播的最终可能路径。数学表示如下：

$$\delta s = \delta \int_A^B n(l)\mathrm{d}l = 0 \qquad (1\text{-}10)$$

变分法是 17 世纪末发展起来的一门数学方法。该数学方法用于计算极值函数，具体的数学原理可以参考相关数学知识。基于费马原理计算光路是变分法在物理学中的一个典型应用。

对于光路可逆原理，当光线从 A 点通过某个光学系统经由一定的路径传播至 B 点时，说明了该路径的光程是满足费马原理的。当光线从 B 点以相反的方向再次入射时，仍然会沿着光程满足费马原理的该路径传播，并从 A 点出射，所以光路是可逆的。此外，对于复杂的介质环境，我们需要一般的变分法计算光传播路径。但是我们也可以找到一些特殊的场景，基于基本的高等数学知识也可以得到一些光学定律。下面我们给出折射定律、反射定律可以从费马原理推导得出的证明。

例 1-1

用费马原理证明光的反射定律。

证明 当光线从 A 点入射时，在界面 PQ 上的 O 点反射至 B 点的情况，如图 1-9 所示。考虑各向同性均匀介质的情况，折射率为常数 n。

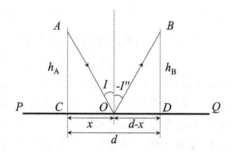

图 1-9 用费马原理证明光的反射定律

作 A 点关于反射面 PQ 的垂线，交 PQ 于 C 点，作 B 点关于反射面 PQ 的垂线，交 PQ 于 D 点。记 CD 两点间的距离为 d，O 点与 C 点的距离为 x，O 点与 D 点的距离为 $d\text{-}x$，AC 长度为 h_A，BD 长度为 h_B。这样总光程为

$$s = n \times (AO + OB) = n \times \left[\sqrt{h_A{}^2 + x^2} + \sqrt{h_B{}^2 + (d-x)^2} \right]$$

光程 s 为变量 x 的函数。由费马原理可知，在均匀介质中，光程的一阶导数为零，即

$$\frac{\mathrm{d}s}{\mathrm{d}x} = n \times \left[\frac{x}{\sqrt{h_A{}^2 + x^2}} - \frac{d-x}{\sqrt{h_B{}^2 + (d-x)^2}} \right] = n \times [\sin I - \sin(-I'')] = 0$$

$$\sin I = \sin(-I'')$$

此时入射角与反射角的关系满足：

$$I = -I''$$

即得到式（1-1）的反射定律。

例 1-2

用费马原理证明光的折射定律。

证明　当光线从 A 点入射时，在界面 PQ 上的 O 点折射至 B 点的情况，如图 1-10 所示。考虑各向同性均匀介质的情况，折射前所处介质折射率为 n，折射后为 n'。

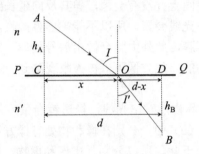

图 1-10　用费马原理证明光的折射定律

作 A 点关于界面 PQ 的垂线，交 PQ 于 C 点，作 B 点关于界面 PQ 的垂线，交 PQ 于 D 点。CD 两点间距离为 d，O 点与 C 点的距离为 x，O 点与 D 点的距离为 $d-x$，AC 长度为 h_A，BD 长度为 h_B。总光程为

$$s = n \times AO + n' \times OB = n \times \sqrt{{h_A}^2 + x^2} + n' \times \sqrt{{h_B}^2 + (d-x)^2}$$

光程 s 为 x 的函数。由费马原理可知，在均匀介质中，光程的一阶导数为零，即

$$\frac{\mathrm{d}s}{\mathrm{d}x} = \frac{nx}{\sqrt{{h_A}^2 + x^2}} - \frac{n' \times (d-x)}{\sqrt{{h_B}^2 + (d-x)^2}} = n\sin I - n'\sin I' = 0$$

$$n\sin I = n'\sin I'$$

即得到式（1-3）的折射定律。

到这里大家可以思考一下，为何光的传播会遵循费马原理，是否有不遵循费马原理的情况存在？更进一步说，除电磁波外，其他如声音等波动行为是否也遵循费马原理？另外，如果把一个具体的成像系统看成黑箱，该系统实现点物成点像。事实上，物点必然有无数条路径传播到像点。而基于费马原理可以清晰地看到，所有的路径必须"光程相等"。

1.2　光学系统及成像的基本概念

成像可以看成是对被观察物体发出的光波信息的一次空间变换。例如，在摄影的时候，被拍摄的人物成实像在底片上，实际上是将光波信息变换到底片大小范围内，并通过底片记录这些信息，而这种变换需要光学系统来实现。光学系统是指由透镜、棱镜、反射镜等一系列光学元件以一定方式组合而成、可以对光线的传输进行操控的系统，其主要目的是成像。1.1.1 节中提到过，在几何光学中将发光的物体看成若干发光点的集合，而每个发光点会发出形成球面波的同心光束。若同心光束经过光学系统的作用后仍然是同心光束，即球面波经过光学系统作用后仍是球面波，则将作用后的同心光束所会聚的点称为"完善像点"，各发光点所成的完善像点的集合称为该系统所成的"完善像"。各个元件表面的曲率中心都在同一直线上的光学系统称为"共轴光学系统"。

未经光学系统作用的光线称为"物方光线"，物方光线及其延长线所在的空间称为"物空间"；光学系统作用后的光线称为"像方光线"，像方光线及其延长线所在的空间称为"像空间"。物空间和像空间的范围均为 $(-\infty,+\infty)$，并且在实际空间上可能有交叠。

物方光线会聚的点称为"物"，像方光线会聚的点称为"像"。物和像均分虚实，实物和虚物都能成像，实像和虚像都能被人眼观测到。实像由于有实际光线会聚，可以用屏幕接收到。若光线本身在实际空间上并没有会聚，但其反向延长线会聚于一点，则该点为虚像。虚像所在处由于没有实际光线会聚，所以不能被屏幕接收。但由于人眼经过眼睛内部的光学结构进一步成像在视网膜，此外大脑会做出信号处理。它根据先验经验积累的大数据总是会认为光是沿直线传播的，故虚像可以被人眼观测到，并且我们会感觉到虚像似乎真实存在。

图 1-11（a）中由某一实际物点发出光线，经透镜会聚后仍相交于空间一点，这是实物成了实像。图 1-11（b）和（c）中，分别在像和物处有像方和物方光线的反向延长线会聚，而并没有实际的光线相交于此，所以分别是虚像和虚物。图 1-11（d）中物方光线和像方光线皆是延长线在某点处相交，并没有实际的光线交于此点，所以物像皆虚，为虚物成虚像。

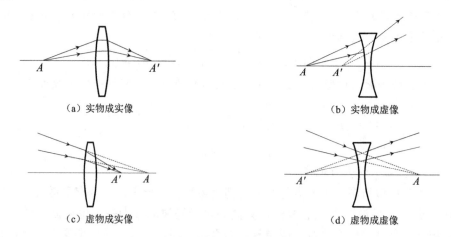

（a）实物成实像　　　　　　　　　　　（b）实物成虚像

（c）虚物成实像　　　　　　　　　　　（d）虚物成虚像

图 1-11　不同物成不同像时的情况

另外，物和像是相对的。光线经过几个系统时，前一系统的像有可能成为下一系统的物。

如图 1-12 所示，A 点发出的光线经过透镜 L_1 相交于 B 点。对于透镜 L_1 来说，A 点为物点，B 点为像点。而光线在 B 点会聚以后，继续经过透镜 L_2 在 C 点成像。此时对于透镜 L_2 来说，B 点又成了物点，像点则是 C 点。空间中的某点对于一个光学元件究竟是物点还是像点需要根据实际情况具体分析，而在分析复杂系统时，经常需要像这样逐个对光学元件进行分析。此时，区分空间中的几何点相对于不同的光学元件何时为物点，何时为像点就显得尤为重要。

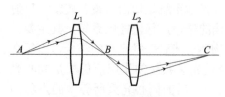

图 1-12　物与像的相对性

1.3　Zemax 的界面简介与光学建模方式

Zemax 是一款利用光线追迹法来模拟光学系统的仿真软件。它的使用界面简单、易操作、功能强大，包含了各种序列与非序列的光学系统仿真，可以模拟光的折射、反射、衍射及偏振等各种光学特性。目前 Zemax 在工业界得到了广泛使用。

1.3.1　Zemax 的界面简介

1．软件的启动

安装完 Zemax 软件后，在桌面上会自动出现 Zemax 软件快捷键图标。此外，在"开始"栏也会自动添加 Zemax 命令。计算机上插上类似 U 盘的"密码狗"，双击桌面的快捷键图标便可启动软件。如图 1-13 所示，也可以在"开始"栏寻找 Zemax 图标并双击即可启动软件。如果桌面和"开始"栏都找不到 Zemax 图标，那么可以在安装程序的根目录下去寻找 Zemax 文件并启动，这里不进行详细介绍。

图 1-13　Zemax 软件图标与"开始"栏启动界面

2．用户界面

图 1-14 所示为 Zemax 软件界面。不同的 Zemax 软件版本界面略有不同，但是基本框架和功能都相同。新版本的 Zemax 软件在优化计算时，若用到多核运算，则计算结果和旧版本的 Zemax 软件计算结果略有不同。但若是单核运算，则计算结果相同。

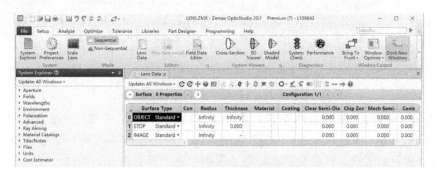

图 1-14　Zemax 软件界面

Zemax 界面很简洁，由最上面的菜单栏、工具栏及左下面 System Explorer（系统浏览器）和右下面的 Lens Data 编辑器（透镜数据编辑对话框）组成。Zemax 软件目前也有一些汉化版，界面都由中文显示。

3．工具栏

工具栏包含了一系列选项：File（文件）、Setup（设置）、Analyze（分析）、Optimize（优化）、Tolerance（公差）、Libraries（材料库）、Part Designer（联合设计）、Programming（编制程序）、Help（帮助）。下面重点介绍常用的一些工具。

File（文件）：单击 File 选项，显示与文件相关操作的图标，如图 1-15 所示。常用的工具包括 New（新建一个 Zemax 文件）、Open（打开一个 Zemax 文件）及 Save（保存文件）。

图 1-15　文件栏

Setup（设置）：单击 Setup 选项，显示与 Setup 相关的图标。常用的工具包括 System Explorer（系统浏览器），该工具对应于界面左下角的对话框，如图 1-16 所示。在 System Explorer 里面可以设置 Aperture（孔径）、Fields（视场角）、Wavelengths（工作波长）、Polarization（偏振）、Units（单位）等一系列全局参数。另外，可以选择 Sequential（序列）与 Non-Sequential（非序列）两种仿真模型。Sequential 模型主要用于成像系统，计算的光线按顺序通过光学元件。Non-Sequential 模型主要用于照明、复杂棱镜等系统，在计算光线时，光线可以反射，也可以不通过某个光学元件。下面以 Sequential 模型为主，Non-Sequential 模型在第 6 章会详细介绍。Lens Data 编辑器界面里面可以对成像系统的结构参数进行设置，具体在右下角的对话框里面，如图 1-17 所示。具体使用方法会在第 2 章设计实例中进一步介绍。Cross-Section（横截面）、3D Viewer（三维显示）及 Shaded Model（阴影图）三个按钮用于显示用户设置的光学系统及对应的光路结构图。

图 1-16　Setup 选项

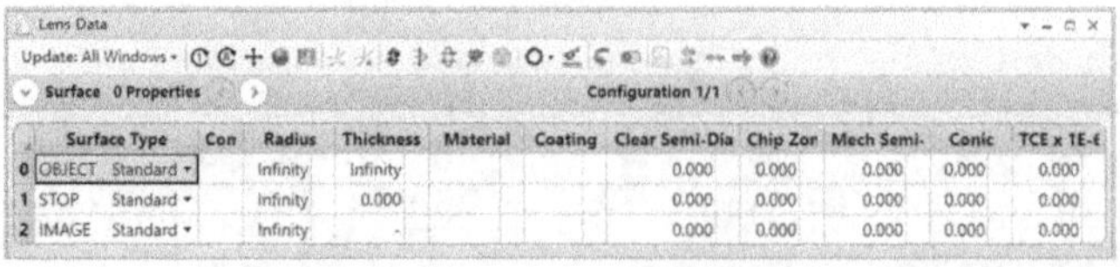

图 1-17　Lens Data 编辑器界面

Analyze（分析）：如图 1-18 所示，单击 Analyze 选项，显示出与光学系统分析相关的工具和对应的图标。Rays&Spots（光线与光点）、Aberrations（像差）都是常用的用于分析成像系统质量的工具。这些会在实际设计案例中进一步介绍。

Optimize（优化）：如图 1-19 所示，单击 Optimize 选项，显示出与优化设计相关的工具和对应的图标。常用的工具包括 Merit Function Editor（评价函数编辑器）与 Optimize（优化）。Merit Function Editor 在光学系统优化设计中常常被使用，该编辑器中可以设置不同的评价函数操作符，对光学特性参数控制，如 EFFL（Effective Focal Length），表示光学系统指定波长的有效焦距值，以透镜长度单位（lens unit，毫米或英寸）为单位。在第 2 章中会进一步讲到使用方法。

图 1-18　Analyze 选项

图 1-19　Optimize 选项

Help（帮助）：单击 Help 选项，会看到 Help PDF 文件，该文件可以下载，可以查阅 Zemax 相关说明。Help 文件描述了 Zemax 软件所有的操作和算法说明，对于初学者有很大的帮助。

1.3.2　Zemax 光学建模与基本计算流程

首先根据设计需要选择 Sequential 或 Non-Sequential 模型，明确需要设计的光学系统性能参数，如孔径、焦距等，确定基本的光学结构模型，并在 System Explorer 与 Lens Data 编辑器中设置相关参数。在 Merit Function Editor 编辑器中设置优化参数并优化，最后满足光学参数要求。为了加工制作，需要进一步进行公差分析。如果满足性能指标等要求，则得到所需要的设计结果。Zemax 光学设计基本流程如图 1-20 所示。在后面的每一章中会进一步介绍光学设计案例。

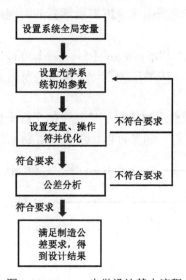

图 1-20　Zemax 光学设计基本流程

思考题

（1）如果有一块平板，任何角度入射的光线照射在该平板上都会原路返回，那么请问人眼能否看到这块平板？

（2）试想一下如果要研制一件隐身衣，即穿了该衣服就消失在别人的视野里，那么光遇到隐身衣会怎样传播呢？

（3）一条鱼如果在水下看岸上的景物，它能看到的最大的视角是多少？

（4）我们平时偶尔会看到自然光学现象，如日晕、彩虹，为何它们形状都是呈圆弧形的呢？

（5）试想如果空气的折射率不是约 1.0，而是约 1.5 或者更高，那么我们看这个世界会是什么样子的？

（6）如果我们有一台先进的激光设备能局部改变空气温度，从而控制空气的折射率分布，那么我们让空气折射率怎么变，才能让我们看到远处大楼背后的世界？

（7）我们透过窗户玻璃观察，这里假设玻璃两个面平行，那么从不同的角度看窗外，远处的世界会不会变化，为什么？如果玻璃两个面有微小夹角时，那么情况又会怎样？

计算与证明题

1-1 现有玻璃杯的杯底厚度为 7mm，其玻璃的折射率为 1.6，杯子里盛有 10cm 的水（$n=1.333$）。俯视看杯子下桌面上的花纹，花纹有多深？

1-2 浸润式光刻是目前增加曝光分辨率的主要技术手段。对于深紫外（Deep Ultra Violet，DUV）光刻机，光源波长为 193nm，浸润的液体折射率为 1.44。那么光刻机在光刻时候的波长是多少？

1-3 真空中的光速 $c \approx 3 \times 10^8$ m/s，求 1.550μm 波长的光在硅（$n=3.477$）、二氧化硅（$n=1.444$）、氮化硅（$n=2.463$）等光子集成芯片采用材料中的传播速度。

1-4 一束光按一定角度入射平行平板玻璃，请分析入射光和出射光传播方向之间的关系。如果该玻璃的折射率沿玻璃表面垂直方向是渐变的，则此时的入射光和出射光的传播方向情况又会如何？

1-5 求光线从玻璃射向空气和水（$n_{玻璃}=1.5$，$n_{水}=1.333$）时的临界角。

1-6 请利用费马原理证明，如果在椭圆一个焦点处发出的光线经椭圆边界反射后，则必定经过椭圆另一个焦点。

1-7 如图 1-21 所示，光线斜入射进置于空气中的平行平板玻璃，请问在玻璃中的光线是否可以在界面 1 上发生全反射？如果可以，那么入射角 α 是多少？

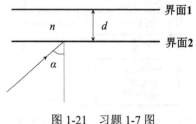

图 1-21 习题 1-7 图

第2章 共轴球面系统的成像理论

光学系统是指由透镜、反射镜、棱镜、平行平板等一系列光学元件按照一定的次序组合而成的系统。这些光学元件的界面大部分都为球面（平面可视为半径为无穷大的球面）。如果光学系统中所有光学元件的界面均为球面，且这些球面的曲率中心都位于同一条直线上，则该光学系统被称为"共轴球面系统"。连接各个球面曲率中心的直线被称为"光轴"。整个共轴球面系统沿光轴对称。如图 2-1（a）所示，轴外物点的主光线与光学系统光轴所构成的平面，称为光学系统成像的"子午面"。图 2-1（b）中轴上物点发出的光线与光轴构成子午面。由于旋转对称，这种情况的子午面有无穷多，且在任意的子午面内的成像性质和规律都是相同的。因此单个子午面便可以用来代表整个共轴球面系统，从而大大简化共轴球面系统的物像规律。

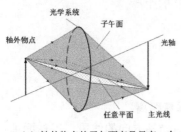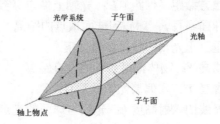

（a）轴外物点的子午面有且只有一个　　　　　　（b）轴上物点的子午面有无穷个

图 2-1　共轴球面系统的子午面

共轴球面系统的成像过程是各个透镜对光线作用的过程。它是光学系统最基本的系统，是了解光学系统的基础。本章将应用光的传播规律来研究共轴球面系统的成像规律。单折射球面是最基本的光学结构，如一个透镜常用两个单折射球面构建。本章将分析单折射球面的光学特性，首先推导光线经单个折射球面折射后的光路计算公式，再进一步推导光线经共轴球面系统的光路计算公式。通过光路的计算，读者可以构建出光在光学元件中的传播规律和物理图像，这对于理解光学元件和系统是非常有帮助的。

2.1　几何光学中的符号规则

在描述光学系统成像过程时，一般采用代数参量的方式描述光线的入射角度、球面的凹凸形状、球心的位置，以及物和像的虚、实、正、倒等情况。此时，必须统一明确，如向量、角度等所有几何参量的定义及符号规则，并严格按照规则进行公式推导和计算。

对单折射球面光学成像规律的分析有助于我们加强对透镜、透镜组等光学元件及由这些元件组成的光学系统的理解。图 2-2 所示为物体经单折射球面成像的光路图，假设光线自左向右传播时，光路为正向，在本书中将一直这样假设。

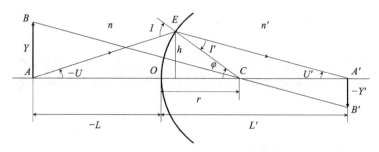

图 2-2　物体经单折射球面成像的光路图

通过球心的直线 AA' 称为光轴，光轴与折射球面的交点 O 称为顶点。垂直于光轴的物体 AB 经过该球面所成的像为 $A'B'$。球面两侧（物方和像方）的折射率分别为 n 和 n'。其余各参量的符号规则如下。

2.1.1　线段

沿光轴方向的线段参量如下。

物方截距（物距）L：光轴上物点 A 到球面顶点 O 的距离；

像方截距（像距）L'：光轴上像点 A' 到球面顶点 O 的距离；

球面半径 r：球心到球面顶点的距离。

垂直于光轴的线段参量如下。

物高 Y：物体偏离光轴的垂直距离；

像高 Y'：像偏离光轴的垂直距离；

光线的入射高度 h：光线与球面的交点到光轴的垂直距离。

对于以上线段参量的正负号，有以下规定：所有沿光轴方向的线段，以球面顶点 O 为原点，在原点左边为负，在原点右边为正；所有垂直于光轴的线段，以光轴为基准，在光轴的上方为正，在光轴的下方为负。可以判断出，在图 2-2 中，物距 L 为负，像距 L' 为正，球面半径 r 为正，物高 Y 为正，像高 Y' 为负，光线的入射高度 h 为正。

2.1.2　角度

光线与光轴的角度参量如下。

物方孔径角 U：轴上物点 A 发出的光线与光轴的夹角；

像方孔径角 U'：聚焦到轴上像点 A' 的光线与光轴的夹角。

光线与法线的角度参量如下。

入射角 I：入射光线与入射点的法线的夹角；

折射角 I'：折射光线与折射点的法线的夹角。

光轴与法线的角度参量如下。

球心角 φ：光线在球面上交点的法线与光轴的夹角。

对于以上角度参量的正负号，有以下规定：按照锐角测量，顺时针旋转为正，逆时针旋转为负。其中光线与光轴的角度参量，由光轴起始旋转到光线；光线与法线的角度参量，由光线起始旋转到法线；光轴与法线的夹角，从光轴起始旋转到法线。可以判断出，在图 2-2 中，物方孔径角 U 为负，像方孔径角 U' 为正，入射角 I 为正，折射角 I' 为正，球心角 φ 为正。

2.1.3 符号规则的意义

通过符号的正负，可以方便地得到物像的位置、虚实和正倒情况。由物像关系及符号规则可知，当物体位于单折射球面的左侧，即物距为负时，物体为实物。可以判断出，在图 2-2 中，物体 AB 为实物。

当物体位于单折射球面的右侧，即物距为正时，物体为虚物。当像位于单折射球面的右侧，即像距为正时，像为实像；当像位于单折射球面的左侧，即像距为负时，像为虚像。可以判断出，在图 2-2 中，像 $A'B'$ 为实像。

物高与像高符号相反，表示光学系统成倒立的像；物高与像高符号相同，表示光学系统成正立的像。可以判断出，在图 2-2 中，像 $A'B'$ 为倒立的像。

2.1.4 符号的标注

在光路图中进行符号的标注时，由于几何图形上的所有几何量必须标注绝对值，因此如果有参量为负数时，必须在该参量的字母符号之前添加负号，以保证所有的几何量均为正值。在图 2-2 中，物距 L 的值为负，故需要在图中标注为 $-L$；物方孔径角 U 的值为负，故需要在图中标注为 $-U$。当然通过这种标注方式，也可以推断出各个参数符号的正负号，如图 2-2 中物距 L 的值为负，进而得出 AB 为实物。

2.2 单折射球面成像

2.2.1 实际光线单折射球面的光路计算

单折射球面可以构成一个光学系统。通过折射定律和单折射球面的结构参数就可以计算出入射光通过折射面后的光线传播轨迹。根据上述的符号规则，当给定单折射球面系统的结构，即单折射球面的半径 r、球面两侧折射率 n 和 n'、入射光线物距 L 和孔径角 U 时，即可通过折射定律求得折射光线像距 L' 和孔径角 U'。现以图 2-2 为例进行计算公式的推导。

在 $\triangle AEC$ 中应用正弦定律应有：

$$\frac{\sin I}{-L+r} = \frac{\sin(-U)}{r}$$

由此可以得到入射角 I 的公式：

$$\sin I = \frac{L-r}{r}\sin U \tag{2-1}$$

在光线的入射点 E 处应用折射定律，可以得到折射角的公式：

$$\sin I' = \frac{n}{n'}\sin I \tag{2-2}$$

由图 2-2 中的几何关系可知，$\varphi = U + I = U' + I'$，由此得到像方孔径角：

$$U' = U + I - I' \tag{2-3}$$

在 $\triangle CEA'$ 中应用正弦定律，可以得到：

$$\frac{\sin I'}{L'-r} = \frac{\sin U'}{r}$$

由此可以得到像方截距：

$$L' = r(1 + \frac{\sin I'}{\sin U'}) \tag{2-4}$$

式（2-1）～式（2-4）即子午面内实际光线的光路计算公式组。该公式组由折射定律严格推导得到，折射光线的相关坐标 L' 和 U' 可按该公式组精确求得。由于共轴球面系统的轴对称性，轴上物点 A 在一个子午面内所发出的光线，可以代表该光线沿光轴旋转一周所形成的圆锥面上的全部光线（孔径角为 U 的全部光线）。这些光线将相交于光轴上的同一像方截距 L' 处。

通过该公式组可以计算实际光线在光学系统中的传播路径，从而得到该系统的光学性能，这个过程称为"光线追迹"，也是目前光学设计软件计算光路结构及进行优化设计的基础。

下面将讨论两种特殊情况下的光路计算。

如图 2-3 所示，如果物点 A 位于轴上无限远处，这时可以认为入射光线平行于光轴，即 $L = -\infty$，$U = 0$。式（2-1）已不再适合这一情况。此时入射光线与球面相交的位置由光线的入射高度 h 决定，式（2-1）应改写为如下的形式：

$$\sin I = \frac{h}{r} \tag{2-5}$$

其余计算步骤保持不变，便可以得到无限远点成像的光路计算公式。

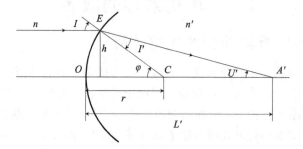

图 2-3　物点在轴上无限远处情况下的光路

如果折射面为平面，那么这时可以认为单折射球面的半径为无穷大，即 $r = \infty$。相应的光路图如图 2-4 所示。

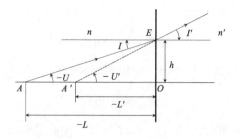

图 2-4　折射面为平面情况下的光路图

式（2-1）～式（2-4）已不再适用这一情况。此时应使用如下形式的公式：

$$I = -U \tag{2-6}$$

$$\sin I' = \frac{n}{n'}\sin I \tag{2-7}$$

$$U' = -I' \tag{2-8}$$

$$L' = L\frac{n'\cos U'}{n\cos U} \tag{2-9}$$

例 2-1

如图 2-5 所示，设以图上 O 点为球心的单折射球面半径为 $r=25$mm，单折射球面左侧为空气，右侧为 BK7 玻璃。单折射球面两侧的折射率为 $n=1$，$n'=1.5168$。物点 A 位于单折射球面顶点左侧 50mm 处。当物点 A 发出的入射光线的孔径角 U 分别为 1°、3° 和 8° 时，求像方截距 L' 和像方孔径角 U'。

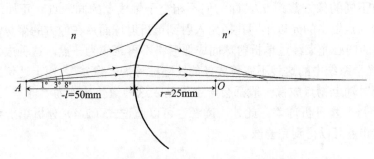

图 2-5　单折射球面对轴上点的不完善成像

解：（1）当入射光线的孔径角 U 为 1° 时：

由式（2-1）有　　　　　　$\sin I = \dfrac{-50-25}{25}\times\sin(-1°) = 0.0524$

可得　　　　　　　　　　　$I = 3.00°$

由式（2-2）有　　　　　　$\sin I' = \dfrac{1}{1.5168}\times\sin(3.00°) = 0.0345$

可得　　　　　　　　　　　$I' = 1.98°$

由式（2-3）可得　　　　　$U' = -1° + 3.00° - 1.98° = 0.02°$

由式（2-4）可得　　　　　$L' = 25\times[1+\dfrac{\sin(-1.98°)}{\sin(-0.02°)}] = 2499.51\text{(mm)}$

（2）当入射光线的孔径角 U 为 3° 时：

由式（2-1）有　　　　　　$\sin I = \dfrac{-50-25}{25}\times\sin(-3°) = 0.1570$

可得　　　　　　　　　　　$I = 9.03°$

由式（2-2）有　　　　　　$\sin I' = \dfrac{1}{1.5168}\times\sin(9.03°) = 0.1035$

可得　　　　　　　　　　　$I' = 5.94°$

由式（2-3）可得　　　　　$U' = -3° + 9.03° - 5.94° = 0.09°$

由式（2-4）可得 $\qquad L' = 25 \times [1 + \dfrac{\sin(5.94°)}{\sin(0.09°)}] = 1672.05 \text{(mm)}$

（3）当入射光线的孔径角 U 为 $8°$ 时：

由式（2-1）有 $\qquad \sin I = \dfrac{-50 - 25}{25} \times \sin(-8°) = 0.4176$

可得 $\qquad I = 24.68°$

由式（2-2）有 $\qquad \sin I' = \dfrac{1}{1.5168} \times \sin(24.68°) = 0.2753$

可得 $\qquad I' = 15.98°$

由式（2-3）可得 $\qquad U' = -8° + 24.68° - 15.98° = 0.70°$

由式（2-4）可得 $\qquad L' = 25 \times [1 + \dfrac{\sin(15.98°)}{\sin(0.70°)}] = 588.36 \text{(mm)}$

由上述计算结果可以看出，轴上物点 A 发出的不同孔径角 U 的光线，经单折射球面折射后，将具有不同的像方截距 L'，即它们不相交于轴线上的同一点。正如本例题对应的图 2-5 中一个物点发出的光以不同孔径角入射到单折射球面后在像方的聚焦情况。这说明一个物点发出的同心光束经过单折射球面成像后将不再聚焦为一点。这种成像被称为"不完善成像"，光学系统中的这种不完善成像的缺陷被称为"像差"。由上述例题可以看到，球面光学系统对轴上物点成像一般都会产生像差，这种像差被称为"球差"。在下文中基于 Zemax，将进一步分析球差。此外，读者也可以通过式（2-4）分析单折射球面是否存在某些特殊的物点可以得到完善像。

2.2.2　近轴区域单折射球面光路计算

在实际光线入射单折射球面时，光路计算公式中存在较多的三角函数，这使得运算较为复杂。当入射光非常靠近光轴，即光线的孔径角和高度均在一个很小的范围内时，图 2-2 中其他各角度参量如 I、I'、U' 等也很小。此时这些角度（此处用 θ 代表）的正弦值和正切值几乎等于角度的弧度值，而角度的余弦值几乎等于 1，即 $\sin\theta \approx \theta$，$\tan\theta \approx \theta$，$\cos\theta \approx 1$。这些非常靠近光轴的光线，一般被称为"近轴光线"或"傍轴光线"。而靠近光轴的区域被称为"近轴区域"或"傍轴区域"。物像的高度被称为"近轴高度"。近轴没有一个具体明确的数值，读者可以根据自己对误差的可接受范围限定近轴区域。

图 2-6 所示为近轴区域单折射球面光路图。为了与实际光路相区别，所有的角度参量均用小写字母 u、i、u'、i' 代替相应的大写字母，所有截距均用小写字母 l、l' 代替相应的大写字母。

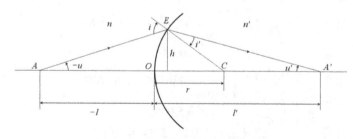

图 2-6　近轴区域单折射球面光路图

将式（2-1）～式（2-5）的角度正弦值用弧度值代替，则可以得到近轴区域单折射球面的光路计算公式：

$$i = \frac{l-r}{r}u \tag{2-10}$$

$$i' = \frac{n}{n'}i \tag{2-11}$$

$$u' = u + i - i' \tag{2-12}$$

$$l' = r + r\frac{i'}{u'} \tag{2-13}$$

从图 2-6 中还可以看出，在近轴区域有：

$$l \cdot u = l' \cdot u' = h \tag{2-14}$$

式（2-14）常用于对近轴光线的光路计算进行校对。

对于给定的 l、u，可应用式（2-10）～式（2-13）求出折射后的 l'、u'。可以得到：

$$l' = \frac{n'lr}{n'l - nl + nr} \tag{2-15}$$

从式（2-15）可以看出，在给定单折射球面系统结构的条件下，即当 r、n、n' 确定时，近轴光线的像方截距 l' 只与物方截距 l 有关，而与物方孔径角 u 无关。近轴光线所成的像点被称为"近轴像点"。给定 l 则 l' 唯一确定，即一个物点对应唯一的像点。因此光学系统的近轴区域可以对物体完善成像而不产生像差，所以近轴区域成像被看成是理想光学系统。在 Zemax 中也可以专门设置透镜的特性为近轴，其成的像为完善像。

近轴光线的光路计算作为一种近似计算，其适用范围即近轴区域的大小并不存在绝对的界限。表 2-1 所示为不同角度的正弦值与其弧度的相对误差，由表中数据可得，当允许的最大相对误差为千分之一时，近轴光线的孔径角范围应小于 5°，当允许的最大相对误差为万分之一时，近轴光线的孔径角范围应小于 1.5°。

表 2-1　不同角度的正弦值与其弧度的相对误差

$\theta/°$	$\sin\theta$	θ/rad	相对误差 $\dfrac{\sin\theta - \theta}{\sin\theta}$
0.5	0.008727	0.008727	0.1/10000
1	0.017452	0.017453	0.6/10000
1.5	0.026177	0.026180	1.1/10000
3	0.052336	0.052359	4.6/10000
5	0.087156	0.087266	12.7/10000
10	0.173648	0.174533	51.0/10000

2.2.3　近轴区域单折射球面成像规律

1. 近轴区域单折射球面物像位置关系式

光学系统中近轴区域内一个物点对应唯一的像点，这种关系被称为"物像共轭关系"。

式（2-10）～式（2-14）中消掉 i 和 i'，并结合式（2-15），可以得到：

$$n'\left(\frac{1}{r} - \frac{1}{l'}\right) = n\left(\frac{1}{r} - \frac{1}{l}\right) = Q \tag{2-16}$$

$$n'u' - nu = (n' - n)\frac{h}{r} \tag{2-17}$$

$$\frac{n'}{l'} - \frac{n}{l} = \frac{n' - n}{r} \tag{2-18}$$

式（2-16）、式（2-17）和式（2-18）为单折射球面的近轴光线关系式或近轴物像关系式的三种不同的表示形式，以便在不同的应用场合下计算。在单折射球面参数已知的情况下，可以利用这些公式方便地进行物像共轭运算。

式（2-16）表示物像方参数计算的一种不变形式，其中字母 Q 表示常量，被称为"阿贝不变量"。需要注意的是，当共轭点的位置改变时，Q 值也随之改变。对于不同的单折射球面，同一点的 Q 值也不相同。因此，从上述意义上来说，阿贝不变量并不是一个完全不变的量。

当物距无限远时（$l = -\infty$），对应的像距定义为像方焦距，用 f' 表示；当像距无限远时（$l' = \infty$），对应的物距定义为物方焦距，用 f 表示。

将 $l = -\infty$ 和 $l' = \infty$ 分别代入式（2-18），可以得到像方焦距 f' 和物方焦距 f 的表达式：

$$f' = \frac{n'}{n' - n}r$$

$$f = -\frac{n}{n' - n}r \tag{2-19}$$

焦距是衡量光学系统折光能力的度量方式。焦距越短，系统折光能力越强。此外，可以看出无穷远的物与像方焦点是共轭关系，物方焦点与无穷远的像亦是如此。

将式（2-19）中的两焦距代入式（2-18）中，可得：

$$\frac{n'}{l'} - \frac{n}{l} = \frac{n'}{f'} = -\frac{n}{f} \tag{2-20}$$

定义光焦度 $\phi = \frac{n'}{l'} - \frac{n}{l}$，光焦度 ϕ 反映光学系统的折光能力。光焦度越大，系统折光能力越强。ϕ 与 f' 和 f 相关的表达式为

$$\phi = \frac{n'}{f'} = -\frac{n}{f} \tag{2-21}$$

式（2-21）说明，物方焦距与像方焦距具有如下的关系：

$$\frac{f'}{f} = -\frac{n'}{n} \tag{2-22}$$

将式（2-19）代入式（2-21），得：

$$\phi = \frac{n' - n}{r} \tag{2-23}$$

式（2-23）说明，单折射球面的曲率半径越小或单折射球面两侧的折射率的差越大，则光焦度越大，系统折光能力越强。

2. 近轴区域单折射球面放大率关系式

一般情况下，有限大小的物体在经过处于近轴区域的单折射球面成像后，除了确定物像位置关系，对于像的放大与缩小、像的虚实与正倒等成像特性也要确定。每一对共轭物像有三种放大率关系，其分别是垂轴放大率 β、轴向放大率 α、角放大率 γ。

1）垂轴放大率

在近轴区域内，可以用子午面内的垂轴短线段 AB 表示垂直于光轴的平面物体，经过单折射球面后所成的像为垂直于光轴 AOA′的短线段 A′B′。如图 2-7 所示，设物体的垂轴高度 AB=y，像的垂轴高度 A′B′= y′，则定义垂轴放大率为像的垂轴高度与物体的垂轴高度之比，用 β 表示，即

$$\beta = \frac{y'}{y} \tag{2-24}$$

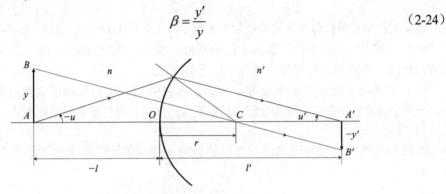

图 2-7　物像的垂轴放大率

在图 2-7 中，由于 ΔABC 相似于 ΔA′B′C，所以：

$$-\frac{y'}{y} = \frac{l'-r}{-l+r}$$

利用式（2-14）和式（2-17），得到：

$$\beta = \frac{y'}{y} = \frac{nl'}{n'l} = \frac{nu}{n'u'} \tag{2-25}$$

由此可见，在光学系统参数确定后，近轴区域的垂轴放大率仅取决于共轭面的位置，而与物体的垂轴高度无关。当物体的轴向位置发生改变时，像的轴向位置和垂轴放大率随之改变。此外，式（2-25）也表明，一对共轭面的垂轴放大率 β 为常数，所以像与物相似，线性放大或缩小。

根据式（2-25）物体所成像的虚实、正倒、放大与缩小特性归纳如下：

（1）当 β>0 时，由于单折射球面的 n 和 n′均大于 0，则 l 和 l′同号，表示物像虚实相反；反之，l 和 l′异号，表示物像虚实相同；

（2）当 β>0 时，则 y′与 y 同号，表示物体成正像；反之，y′与 y 异号，表示物体成倒像；

（3）当|β|>1 时，即|y′|>|y|，表示与物相比，像被放大；反之，|y′|<|y|，表示像被缩小。

2）轴向放大率

光轴上一对共轭点在轴向方向上的微量位移之间的关系即"轴向放大率"。当物点沿光轴有一微量位移 dl 时，其像点沿光轴有一对应的微量位移 dl′，则定义像点位移量 dl′与物点位移量 dl 之比为轴向放大率，用 α 表示，即

$$\alpha = \frac{\mathrm{d}l'}{\mathrm{d}l} \tag{2-26}$$

对于单折射球面，将式（2-18）两边微分，得：

$$-\frac{n'\mathrm{d}l'}{l'^2} + \frac{n\mathrm{d}l}{l^2} = 0$$

于是，得到轴向放大率为

$$\alpha = \frac{\mathrm{d}l'}{\mathrm{d}l} = \frac{nl'^2}{n'l^2} \tag{2-27}$$

将式（2-27）两边同时乘以 n/n'，并与式（2-25）比较得到：

$$\alpha = \frac{n'}{n}\beta^2 \tag{2-28}$$

现实世界中单折射球面两边的折射率 n 和 n' 均大于 0 且 $n \neq n'$，这里归纳以下两个结论：

（1）折射光学系统的轴向放大率恒为正值。因此，所成的像与之共轭的物体沿轴向移动方向相同。该特性可以用来判断像点位置的变化；

（2）轴向与垂轴放大率不相等。因此，具有空间形状的物体所成像会发生变形。例如，一方形物体经过光学系统成像后，其像不再是方形，而且像沿轴的高度放大率都不同。

3）角放大率

在近轴区域，一对共轭光线与光轴的夹角 u' 和 u 的比值定义为"角放大率"，用 γ 表示，即

$$\gamma = \frac{u'}{u} \tag{2-29}$$

利用 $l'u' = lu$，可得：

$$\gamma = \frac{u'}{u} = \frac{l}{l'} \tag{2-30}$$

式（2-30）表明，角放大率等于物距、像距之比，只与共轭点的位置有关，而与光线的孔径角无关。

将式（2-29）两边同时乘以 n'/n，并与式（2-25）比较，得：

$$\gamma = \frac{n}{n'} \times \frac{1}{\beta} \tag{2-31}$$

式（2-31）表明，当 n、n' 确定后，角放大率表示单折射球面将光束变粗或者变细的能力。

垂轴放大率 β、轴向放大率 α 和角放大率 γ 之间是密切联系的，根据式（2-25）、式（2-28）及式（2-31）可得三者之间的关系为

$$\alpha\gamma = \frac{n'}{n}\beta^2 \frac{n}{n'\beta} = \beta \tag{2-32}$$

由 $\beta = \dfrac{y'}{y} = \dfrac{nl'}{n'l} = \dfrac{nu}{n'u'}$ 可得：

$$nuy = n'u'y' = J \tag{2-33}$$

式（2-33）表明，实际光学系统在近轴区域成像时，物空间介质折射率 n、成像光束的孔径角 u 和物体的大小 y 的乘积为一常数，该常数 J 称为"拉格朗日—赫姆霍兹不变量"，简称为"拉赫不变量"。"拉赫不变量"是表征光学系统性能的一个重要参数，而任何一种系统结构的"拉赫不变量"都有一定限制，一旦超过这一限制，成像的不完全程度将加剧且更加难以校正。

以上三种放大率的关系都是基于近轴区域考虑的。当物体尺寸（或孔径角）较大时，实际放大率将随物点远离光轴垂直方向的程度而发生变化。

例 2-2

如图 2-8 所示，设单折射球面半径为 $r = 20$cm，单折射球面左侧为空气，右侧为 BK7 玻璃。单折射球面左右两侧的折射率分别为 $n = 1$，$n' = 1.5168$。四个物体 A_1B_1、A_2B_2、A_3B_3、A_4B_4 分别位于单折射球面顶点左侧 100cm、75cm、50cm 和 25cm 处。求四个物体的像距 l' 和垂轴放大率 β，并说明这四个物体所成像的虚实。

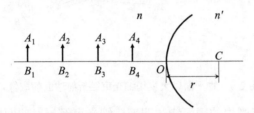

图 2-8　近轴单折射球面成像

解： 由式（2-18）变形，并代入折射率 n、n' 和球面半径 r 可得：

$$l' = \frac{n'}{\dfrac{n'-n}{r} + \dfrac{n}{l}} = \frac{1.5168}{0.02584 + \dfrac{1}{l}}$$

分别代入物距 $l_1 = -100$cm、$l_2 = -75$cm、$l_3 = -50$cm、$l_4 = -25$cm，得到各物点所成像的像距：

$$l_1' = 95.76\text{cm}、l_2' = 121.28\text{cm}、l_3' = 259.73\text{cm}、l_4' = -107.12\text{cm}$$

又由式（2-25）代入折射率 n、n'，计算各个物体的物像垂轴放大率：

$$\beta = \frac{nl'}{n'l} = \frac{l'}{1.5168 \times l}$$

分别代入物距 l 和像距 l'，得到各物体物像的垂轴放大率：

$$\beta_1 = -0.63，\beta_2 = -1.07，\beta_3 = -3.42，\beta_4 = 2.82$$

由于四个物体均为实物，故 $\beta < 0$ 的物体 A_1B_1、A_2B_2、A_3B_3 均成实像，$\beta > 0$ 的物体 A_4B_4 成虚像。这里读者可以进一步思考，当物体从远处逐步靠近单折射球面时，像的整个变化过程，有利于加深对单折射球面光学特性的理解。

2.2.4　细光束大视场入射情况与场曲

2.2.3 节中考虑的都是近轴区域物平面的成像规律，本节将研究大视场范围物平面上各点（轴外点）以细光束成像的规律，即细光束大视场的入射情况。这里给出另一类像差——场曲。

如图 2-9 所示，球心 D 处放置的一小圆形光阑限制了物方各点以细光束成像，它使物空间以 D 为中心，DA 为半径所做的球面 B_1AC_1 上的每一点均成像于同心球面 $B_1'A'C_1'$ 上。但是物方垂直于光轴的平面 BAC 上的像并不是经过 A' 点并垂直于光轴平面的。因为物平面上的 B（C）点可看成是由球面上的 B_1 点沿辅光轴 B_1D 移动一小段距离得到的（为区别起见，称 AD 为主光轴，BD 和 CD 为辅光轴）。由折射球面物、像之间的关系可知，当物点沿光轴移动时，像点一定沿同方向移动。因此，物平面上的 B 点和 C 点对应的像点 B' 点

和 C' 点必定位于 A' 和 D 之间，即物平面 BAC 的像是一个相切于 A' 点，并比球面 $B_1'A'C_1'$ 曲率更大的回转曲面。

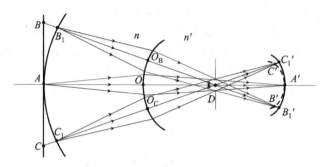

图 2-9　物平面以大视场细光束经折射球面的成像

由此可见，大视场范围内的平面物体即使以细光束经折射球面成像也不可能得到完善的平面像，其共轭像面是曲面而非平面的。这种成像缺陷称为"像面弯曲"或"像场弯曲"，简称"场曲"。例如，在拍集体照时会发现照片边缘的人像发生了畸变，所以拍摄集体人像时常常会安排成弧型，就是为了纠正这一像差。在第 7 章会进一步介绍场曲。

例 2-3

如图 2-10 所示，半径为 $r = 20$ mm 的一个单折射球面两侧的折射率分别为 $n = 1$，$n' = 1.5163$。有一个高度为 30mm 的垂直于光轴的物体 $A_1A_2A_3$，A_2 是物体的中点，其中物点 A_1 位于光轴上距单折射球面顶点 $l_1 = -50$mm。求三个物点 A_1、A_2、A_3 的成像位置。

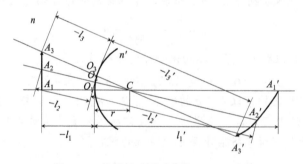

图 2-10　单折射球面对物体 $A_1A_2A_3$ 成像

解：（1）物点 A_1 的成像位置：将各参数值代入式（2-18），得：

$$\frac{1.5163}{l_1'} - \frac{1}{-50} = \frac{1.5163 - 1}{20}$$

解得 $l_1' = 260.76$mm。物点 A_1 成像在顶点右侧 260.76mm 处的 A_1' 点，该点与球心的距离为 $260.76 - 20 = 240.76$(mm)。

（2）物点 A_2 的成像位置：作一条直线连接物点 A_2 和球心 C 点，该直线也是一条光轴，与单折射球面的交点为顶点 O_2。在这一光轴上，物点 A_2 的物距为

$$l_2 = -[\sqrt{15^2 + (50 + 20)^2} - 20] = -51.59(\text{mm})$$

将各参数值代入式（2-18），得：

$$\frac{1.5163}{l_2'} - \frac{1}{-51.59} = \frac{1.5163-1}{20}$$

解得 $l_2' = 235.77\text{mm}$，即物点 A_2 成像在直线 A_2C 上 O_2 点的右下方 235.77mm 处，距球心 C 点 215.77mm。

（3）同理可以得到物点 A_3 的成像位置：

$$l_3 = -[\sqrt{30^2 + (50+20)^2} - 20] = -56.16\text{(mm)}$$

将各参数值代入式（2-18），得：

$$\frac{1.5163}{l_3'} - \frac{1}{-56.16} = \frac{1.5163-1}{20}$$

解得 $l_3' = 189.33\text{mm}$。物点 A_3 成像在顶点右侧 189.33mm 处，该点与球心的距离为 $189.33 - 20 = 169.33\text{(mm)}$。

上面的例题再次说明了垂轴的物面不可能得到垂轴的像面。当物点沿垂轴方向逐渐偏离光轴时，对应的像距越来越小，像面越来越向内弯曲。于是就产生了这种被称为"像面弯曲"，又称为"场曲"的球面系统成像的缺陷。在接近光轴的近轴区域，弯曲的像面近似垂直于光轴，此时球面光学系统可以完善成像。

为了进一步了解光在单折射球面的成像特性，利用电磁波时域有限差分算法严格仿真了 1.550μm 的平面波入射到基于硅材料（折射率为 3.47）的单折射球面中光场分布情况，其中球面的半径是 10μm。1.550μm 波长是光通信中最主要的波长之一。硅透镜也常常用在光通信的半导体激光器发射模块空间光学耦合中。

单折射球面左侧的弧形波面的光是在球面界面处反射回来的光，这里不用考虑。事实上无论在光线追迹计算，还是在 Zemax 序列模型的仿真中都不考虑反射光。平面波入射进折射面后聚焦为一点（像方焦点）。但是这点是一个弥散的斑点，其最小直径约为 0.4μm，这就是球差造成的。另外，在光会聚的过程中可以看到干涉图案，如图 2-11 所示，这是不同投射高度的光线在会聚过程中相遇形成的。进一步看图 2-12 中光相位的变化，可以看到平面光波透过折射面后，近似为会聚的球面波。不过显然该等相位面并不是完美的球面，而是一个椭圆面，这在光会聚到焦点附近时能清晰地看到。所以在实际应用中，非球面透镜常常被用于改善成像质量。

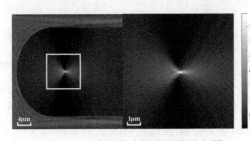

图 2-11　光场的电场绝对值分布图

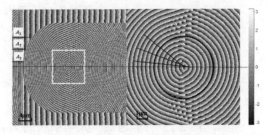

图 2-12　光场的电场相位角分布图

2.3　共轴球面系统成像

实际的光学系统一般都由两个（如透镜有两个折射面）以上的折射面组成，如果这些折射面的球面中心都处在同一水平线上，则由这些球面组成的光学系统称为"共轴球面系统"。2.2 节已经探讨了单个折射球面的光路计算和成像规律，它对于共轴球面系统的各个球面都是适用的。因此，只需要逐个对折射面进行光线的计算即可得到整个系统的光学特性。在具体的计算过程中需要找到各个相邻折射面之间的光路关系，就可以解决共轴球面系统的光路计算问题。

2.3.1 共轴球面系统近轴区域的转面过渡公式

如图 2-13 所示，一个共轴球面系统由多个折射面构成。该系统的结构参数描述如下：每个折射球面的曲率半径分别为 r_1、r_2、r_3、$\cdots$、r_k；相邻折射面顶点之间的间隔分别为 d_1、d_2、d_3、$\cdots$、d_{k-1}，其中 d_1 表示第一面与第二面顶点之间沿光轴方向的距离，以此类推；各球面之间介质的折射率分别为 n_1、n_2、n_3、$\cdots$、n_k、n_{k+1}，其中 n_1 指第一面前方空间（整个系统物方）介质的折射率，n_2 指第一面与第二面之间的介质折射率，显然，n_{k+1} 指第 k 面后方空间（整个系统像方）介质的折射率。

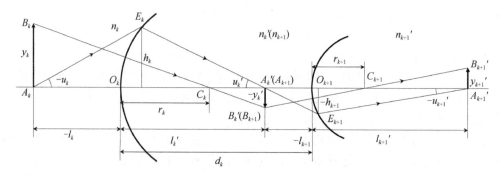

图 2-13　共轴球面光学系统的成像

依据上述给定的结构参数，系统的光路计算即可进行。在光线经多个面连续折射成像的过程中，显然前一个面的像方空间就是后一个面的物方空间，前一个面的像就是后一个面的物。因此，可以得到有如下关系的转面过渡公式：

$$n_2 = n_1', \ \ n_3 = n_2', \cdots, \ n_{k+1} = n_k' \qquad ①$$

$$u_2 = u_1', \ \ u_3 = u_2', \cdots, \ u_{k+1} = u_k' \qquad ②$$

$$y_2 = y_1', \ \ y_3 = y_2', \cdots, \ y_{k+1} = y_k' \qquad ③$$

$$l_2 = l_1' - d_1, \ \ l_3 = l_2' - d_2, \cdots, \ l_{k+1} = l_k' - d_k \qquad ④$$

$$h_2 = h_1' - d_1 u_1', \ \ h_3 = h_2' - d_2 u_2', \cdots, \ h_{k+1} = h_k' - d_k u_k' \qquad ⑤$$

$$(2\text{-}34)$$

例如，图 2-13 所示为某一光学系统的第 k 面和第 $k+1$ 面的成像情况。第 k 面与第 $k+1$ 面之间的转面关系应为

$$n_{k+1} = n_k', \ \ u_{k+1} = u_k', \ \ y_{k+1} = y_k', \ \ l_{k+1} = l_k' - d_k \qquad (2\text{-}35)$$

在近轴区域，将 $l'u' = lu = h$ 结合式（2-35）可以得到：

$$h_{k+1} = h_k - d_k u_k' \qquad (2\text{-}36)$$

式（2-36）为光线入射高度的过渡公式。

利用过渡公式，很容易证明得到系统的放大率为各个折射面放大率的乘积，即

$$
\left.
\begin{aligned}
\beta &= \frac{y_k{}'}{y_1} = \frac{y_1{}'}{y_1} \times \frac{y_2{}'}{y_2} \times \cdots \times \frac{y_k{}'}{y_k} = \beta_1 \beta_2 \cdots \beta_k \\
\alpha &= \frac{\mathrm{d}l_k{}'}{\mathrm{d}l_1} = \frac{\mathrm{d}l_1{}'}{\mathrm{d}l_1} \times \frac{\mathrm{d}l_2{}'}{\mathrm{d}l_2} \times \cdots \times \frac{\mathrm{d}l_k{}'}{\mathrm{d}l_k} = \alpha_1 \alpha_2 \cdots \alpha_k \\
\gamma &= \frac{u_k{}'}{u_1} = \frac{u_1{}'}{u_1} \times \frac{u_2{}'}{u_2} \times \cdots \times \frac{u_k{}'}{u_k} = \gamma_1 \gamma_2 \cdots \gamma_k
\end{aligned}
\right\}
\tag{2-37}
$$

可以得到：

$$
\beta = \frac{n_1}{n_k{}'} \times \frac{l_1{}'l_2{}' \cdots l_k{}'}{l_1 l_2 \cdots l_k}
\tag{2-38}
$$

$$
\beta = \frac{n_1 u_1}{n_k{}' u_k{}'}, \quad \alpha = \frac{n_k{}'}{n_1} \beta^2, \quad \gamma = \frac{n_1}{n_k{}'} \times \frac{1}{\beta}
\tag{2-39}
$$

显然，垂轴放大率、轴向放大率与角放大率之间的关系仍然符合 $\alpha\gamma = \beta$。所以，在整个光学系统中各放大率公式及其相互关系与单折射球面完全一致。

2.3.2 共轴球面系统近轴像面位置计算

近轴像面位置的计算方法有以下两种。

1. 近轴光路计算的方法

对每一面连续使用近轴光路计算式（2-10）～式（2-13），以及转面关系式（2-35）。其一般表达式为

$$
i_k = \frac{l_k - r_k}{r_k} u_k
\tag{2-40}
$$

$$
i_k{}' = \frac{n_k}{n_k{}'} i_k
\tag{2-41}
$$

$$
u_k{}' = u_k + i_k - i_k{}'
\tag{2-42}
$$

$$
l_k{}' = r_k \left(1 + \frac{i_k{}'}{u_k{}'} \right)
\tag{2-43}
$$

第 k 面与第 $k+1$ 面之间的转面过渡公式应为

$$
n_{k+1} = n_k{}', \quad u_{k+1} = u_k{}', \quad l_{k+1} = l_k{}' - d_k
\tag{2-44}
$$

这种方法常被用于光学系统折射面较多且需要获得一些中间量来计算像差的情况。

例 2-4

如图 2-14 所示，双胶合透镜组由两个透镜紧密黏合而成，中间没有空气间隙，其结构参数为

		$n = 1.0$（空气）
$r_1 = 30.819$ mm		
	$d_1 = 2$ mm	$n_1' = n_2 = 1.5168$（BK7 玻璃）
$r_2 = -25.028$ mm		
	$d_2 = 2$ mm	$n_2' = n_3 = 1.7174$（SF1 玻璃）
$r_3 = -62.710$ mm		
		$n_3' = 1.0$（空气）

若入射条件为 $l_1 = -\infty$，$u_1 = 0$，$h_1 = 12$ mm，求像方截距 l_3' 及像方孔径角 u_3'。

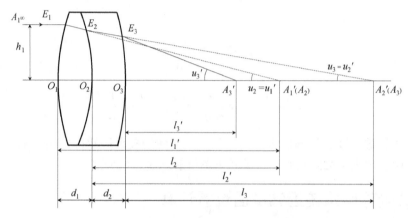

图 2-14　双胶合透镜的成像

解： 双胶合透镜组由三个折射面构成，光线追迹的计算过程如表 2-2 所示。最终计算结果：像方截距 l_3'=48.3742，像方孔径角 u_3'=0.24rad。

此外为了进行比较，也计算了入射高度为 2mm 时的情况。计算得到像方孔径角为 u_3'=0.0402rad，此时的焦距为 f'=49.6807mm。可见，当入射光束的高度越低时，焦距越接近于傍轴焦距 50mm（参考第 3 章例题 3-15 和 Zemax 双胶合透镜组仿真部分），表明了光束越靠近近轴区域越接近完善成像。

表 2-2　双胶合透镜组计算过程

折射面序号	1	2	3
l		88.4295	186.0545
$-$			
r		-25.028	-62.710
$l - r$	—	113.4575	248.7645
$\times$			
u	h_1=12.00	0.1327	0.0624
$\div$			
r	30.819	-25.028	-62.710
i	0.3894	-0.6016	-0.2475
$\times$			
n / n'	1/1.5168	1.5168/1.7174	1.7174/1

续表

折射面序号	1	2	3
i'	0.2567	−0.5313	−0.4251
×			
r	30.819	−25.028	−62.710
$\div u'$	0.1327	0.0624	0.24
$l' - r$	59.6175	213.099	111.0751
+			
r	30.819	−25.028	−62.710
l'	89.6175	188.071	48.3651
u		0.1327	0.0624
$+ i$	0.3894	−0.6016	−0.2475
$u + i$	0.38937	−0.4689	−0.1851
$- i'$	0.25671	−0.5313	−0.4251
u'	0.1327	0.0624	0.24
l		88.4295	186.0545
×			
u		0.1327	0.0624
$l \cdot u$	12.00	11.7346	11.6098
$\div u'$	0.1327	0.0624	0.24
l'	90.4295	188.0545	48.3742
$- d$	2	2	
l	88.4295	186.0545	48.3742

2. 应用解析公式的计算方法

（1）对各个折射球面连续应用近轴物像位置关系式（2-18）和转面过渡公式（2-34）组中的①、④。其一般形式为

$$\frac{n_k'}{l_k'} - \frac{n_k}{l_k} = \frac{n_k' - n_k}{r_k} \tag{2-45}$$

$$n_{k+1} = n_k', \quad l_{k+1} = l_k' - d_k \tag{2-46}$$

（2）对各个折射球面连续应用近轴物像光线偏折角度关系式（2-17）和转面过渡公式（2-34）组中的①、②、⑤。其一般形式为

$$n_k' u_k' - n_k u_k = h_k \frac{n_k' - n_k}{r_k} \tag{2-47}$$

$$n_{k+1} = n_k', \quad u_{k+1} = u_k', \quad h_{k+1} = h_k' - d_k u_k' \tag{2-48}$$

这组计算公式的通用性较好，对任意近轴光线都可以进行计算，也适合用于编程计算。

2.4 单个反射球面的成像

反射球面镜也是光学系统中的基本元件，常用于如灯具中聚光以及反射式成像系统等。在 2.2 节讨论了单折射球面的成像，若令 $n' = -n$，折射定律便可以转变成反射定律。所

以在单折射球面的物像计算中只要令 $n' = -n$ 即可以得到反射球面镜的成像公式，如图 2-15 所示。此外，凹面还是凸面可以根据符号规则由 r 的正负确定。这样我们可以方便地得到反射球面镜的成像位置及放大率计算公式为

$$\frac{1}{l'} + \frac{1}{l} = \frac{2}{r} \tag{2-49}$$

$$\beta = \frac{y'}{y} = -\frac{l'}{l} \tag{2-50}$$

$$\alpha = \frac{\mathrm{d}l'}{\mathrm{d}l} = -\frac{l'^2}{l^2} \tag{2-51}$$

$$\gamma = \frac{\mu'}{\mu} = -\frac{1}{\beta} \tag{2-52}$$

类似于折射球面，反射球面镜也具有拉赫不变量：

$$J = \mu y = -\mu' y' \tag{2-53}$$

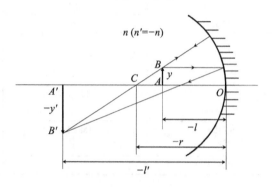

图 2-15　凹面镜成像

可以进一步根据焦距的定义由式（2-49）得出反射球面镜的焦距：

$$f' = f = \frac{r}{2} \tag{2-54}$$

即反射球面镜的焦点正好等于球面半径的 $\frac{1}{2}$，焦点位于顶点和球心的中心处，且物方和像方焦点重合。

反射球面镜成像的物像虚实，可根据参数的符号进行判断；当物或像位于球面镜的右侧时，即物距或像距为正时，物像均为虚；当物或像位于球面镜的左侧时，即物距或像距为负时，物像均为实。

例 2-5

一个高度为 30mm 的物体 AB 放在凹面反射镜前 100mm 处，凹面镜的曲率半径为 150mm，试求像距、像高和垂轴放大率。

解：已知，r=-150mm，l=-100mm，y=30mm，代入式（2-49）得：

$$\frac{1}{l'} + \frac{1}{-100} = \frac{2}{-150}$$

解得 l'=-300mm。

$$\beta = \frac{y'}{y} = -\frac{l'}{l} = -\frac{-300}{-100} = -3$$

$$y' = \beta y = -3 \times 30 = -90(\text{mm})$$

因为垂轴放大率为负值，所以是倒立的像。像距为负值则表示像位于反射镜顶点的左侧，且为实像。

2.5 Zemax 中的像差评价与镜面参数设置

2.5.1 Spot Diagram 与 Ray Aberration 简介

如 2.2 节所述，实际的光学系统成的像为非完善像。例如，平行光入射到单折射球面，像点为一个弥散的光斑。为了分析像差，Zemax 建立了一系列评价手段。这里先简单介绍一下 Zemax 中两种常用的像差分析图，Spot Diagram（点列图）与 Ray Aberration（光线像差图），以方便读者能提前学习 Zemax。更为详细的像差理论在第 7 章进一步介绍。

Spot Diagram：由一点发出的光线，经过实际光学系统后在像面形成一个弥散的点。为了描述这个弥散点的特征，从而能评价成像质量，一个简单的方法是追迹大量光线，最后得到这些光线与像面的交点。这些交点的集合便是点列图。图 2-16 给出了平行光入射并聚焦到像面的示意图。该方法直观方便，是最常用的手段之一。

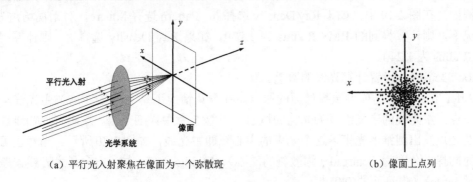

（a）平行光入射聚焦在像面为一个弥散斑　　　　（b）像面上点列

图 2-16　平行光入射并聚焦到像面示意图

在点列图中，点越密集，说明了光能越集中。图 2-17 是某光学系统在平行光入射情况下视场角在 0°、0.3°及 0.5°下的 Spot Diagram。

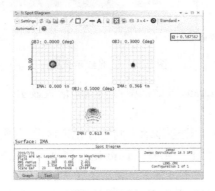

图 2-17　三种视场角下的 Spot Diagram

如图 2-18 所示，选择工具栏 Analyze 选项，并单击 Rays&Spots 图标，出现下拉菜单。其中可以看到 Standard Spot Diagram 选项。单击后出现 Spot Diagram 图框（见图 2-19），其左上角有个 Settings 按钮，单击 Settings 按钮出现相关设置。

图 2-18　Rays&Spots 下拉菜单 Spot Diagram 选项

图 2-19　Spot Diagram 参数设置对话框

主要的设置说明如下。

Pattern：这个选项可以选择三种不同的光线在光瞳的布局，具体分别为 Square（方形）、Hexapolar（六角环形）、Dithered（计算机随机分布）。如果选择的 Pattern 为 Square，则代表了在某个面上光瞳追迹的光线以方形离散形式呈现；如果选择的 Pattern 为 Hexapolar，则代表了光线环状多边形分布；如果选择的 Pattern 为 Dithered，则代表了光线为随机分布。追迹的光线数越多，计算像的方均根（RMS）越准确，但是计算时间也越长。例如，在图 2-19 中，如果 Ray Density 选择 6，Pattern 选择 Square，对于视场角为 0° 的情况下，则计算得到的 RMS Radius 为 1.239。如果 Ray Density 选择 8，则计算得到的 RMS Radius 为 1.240。

Ray Density：设置计算光线的数量。

Refer To：这个选项为选择像面的原点。在默认情况下是（Chief Ray）主光线与像平面的交点。主光线的定义涉及为光瞳的概念，在第 5 章中详细介绍。这里可以初步理解为一个发光点发出圆锥形光束，这个光束的中心线即主光线，如图 2-20 所示。当然也可以按其他的选择，分别为 Centroid（弥散斑的质心）、Middle（在 x 与 y 方向最大光线误差的中心）及 Vertex（像平面的(0,0)点）。

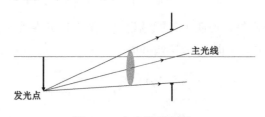

图 2-20　主光线示意图

Plot Scale：在 Spot Diagram 对话框中点列图的最大显示尺寸。如果选择 0，则系统会自己设置合理的显示尺寸。

Use Symbols：如果选中，则会显示不同的标记来区分不同的波长。

Use Polarization：如果选中，则将用偏振光追迹每个需要的光线，通过系统的透过强度将被考虑。

Show Airy Disk：在点列图中显示艾里斑的圆环。艾里斑是因为有限的孔径造成光的衍射。像点光斑中央是明亮的圆斑，周围有一组较弱的明暗相间的同心环状条纹，把其中以第一暗环为界限的中央亮斑称为艾里斑。如果系统是多个波长入射，则艾里斑根据主波长计算。主波长指的是 Zemax 的计算中优先考虑的波长。下文会介绍相关设置。

另外，这里 RMS Radius 先把每条光线和参考点之间的距离进行平方，求出所有光线的平均值，然后取平方根。点列图中的 RMS Radius 取决于每一根光线。GEO Radius 是在点列图中最远的点到参考点之间的距离。

单击工具栏 Analyze 选项，选择 Aberrations 图标，并单击下拉菜单 Ray Aberration，显示以光瞳坐标函数的光线像差图，出现如图 2-21 的 Ray Fan 图。光瞳是入瞳和出瞳的简称，因为入瞳和出瞳是一一对应的，所以这里统称"光瞳"。这部分内容会在第 5 章详细介绍。这里我们初步理解为光学系统中对轴上光束起到限制作用的光学元件孔径。因为它对光束有限制作用，所以在软件的计算中只考虑光束通过光瞳内部的成像情况。

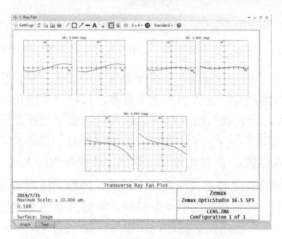

图 2-21 在三种视场角下的 Ray Fan 图

为了说明 Ray Aberration 的物理含义，这里进一步说明在 Zemax 中的相关定义。在 Zemax 中的坐标系如图 2-22（a）所示，值得注意的是 Zemax 中的光轴方向是 z 轴，而在应用光学里面光轴方向是 x 轴。

（a）Zemax 中的坐标系　　　　　　　　　（b）应用光学中的坐标系

图 2-22 Zemax 与应用光学中的坐标定义

进一步在 Zemax 中物平面、入射光瞳及像平面的坐标系关系图如图 2-23 所示。入射光瞳与光学系统中限制光束的孔径呈一一对应的关系，起限制光束作用的可能是透镜的边框，或者是特定放置的一个限制光束的光学元件等。我们在第 5 章会详细介绍。通过入射光瞳某一坐标（P_x,P_y）的光线在像面上有唯一的位置（E_x,E_y），以 P_x、P_y 为横坐标，E_x、E_y 为纵坐标，分别建立坐标系。把通过入射光瞳的光线，都在坐标系里描点就得到了 Ray Fan 图。关于 Zemax 中坐标系的建立，将在 4.4.1 节中进一步介绍。

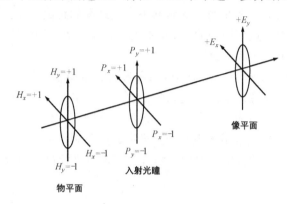

图 2-23　在 Zemax 中物平面、入射光瞳及像平面的坐标系关系图

图 2-24 所示为 Ray Aberration 物理含义示意图。平行光入射，将近轴焦面的位置作为像面，考察光学系统成像质量。这里因为上下对称，只需要考虑在 P_y 从 0 到+1 的区域。因为 P_y 已经归一化了，所以在入射光瞳最边缘为+1。通过光线追迹确定光线与像平面的交点位置δy，并将其投影在以 P_y 为横坐标、E_y 为纵坐标的坐标系上。入射光线不同的投射高度具有不同的像点位置δy，以此绘制曲线图，该图即 Ray Fan（光线扇面面）图。可以看到像面在光轴不同的位置时这条曲线是不同的。曲线的绝对值越小越好。由此可知，单色光在一种视场角下，光线扇面图有 4 条曲线，坐标系分别为[P_x,E_x]、[P_x,E_y]、[P_y,E_x]及[P_y,E_y]。由于常用的光学系统是圆对称的，所以对于轴上点（平行光轴入射是点在无穷远处）[P_x,E_y]及[P_y,E_x]的光线扇面图曲线都为0。但是对于轴外点的情况，光线扇面图曲线就变得复杂很多，会出现包括彗差、像散及场曲等多种复杂像差情况。这些内容会在第 7 章进一步介绍。

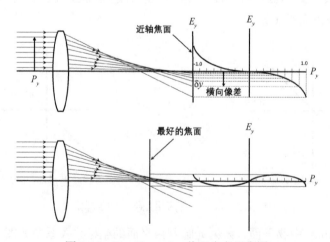

图 2-24　Ray Aberration 物理含义示意图

下面介绍如何设置最基本的光学系统，以及分析光线扇面图。

2.5.2 纯离焦

打开 Zemax 软件，在工具栏 File（见图 1-10）中单击 New 图标新建一个空白设计文件。如图 2-25 所示，在 System Explorer 中单击 Aperture 选项，其中 Aperture Type 采用默认类型 Entrance Pupil Diameter，即入射光瞳，Aperture Value 设置为 10。在 Wavelengths 里面设置波长为 0.55μm，其他采用系统默认参数。另外，在 Units 里面可以看到 Lens Units 默认为 Millimeters，即毫米。这是软件中光学结构尺寸的单位，如果没有特殊说明，则在本书中都采用默认值。

图 2-25　System Explorer 对话框

打开 Lens Data 编辑器（见图 2-26），可以看到在 Surface Type 列初始状态只有 3 行（3 个面）。具体解释如下。

第 0 面为 OBJECT，表示物面。该面的 Radius 采用默认值 Infinity，表示物面半径无穷大，即理想平面。如果平行光入射，那么 OBJECT 那面的 Thickness（厚度）输入 Infinity，即第 0 面到第 1 面之间距离为无穷远。

第 1 面为 STOP，表示孔径光阑。透镜等现实的光学元件的直径都是有限的，所以光线只有在有限的孔径角范围内才能透过光学系统参与成像。而 STOP 面对轴上物点发出的光束起到关键限制作用。光学元件对光束的限制作用及入射光瞳等概念，将在第 5 章中详细解释。因为这里的目的是让读者熟悉 Zemax 基本操作流程，仿真的光学元件都很简单，所以可以不用考虑光束限制对成像的影响。

第 2 面为 IMAGE，表示像面。一般该面的 Radius 也采用默认值 Infinity，即平面。

另外，这里每一面都有两个表头，即 Clear Semi-Dia 和 Mech Semi-Dia，都表示半径。当采用默认值时，这两个值会根据计算的光束自动调整。Clear Semi-Dia 表示光通过该面时，光束（或通光区域）最边缘的垂轴高度。Mech Semi-Dia 表示考虑了镜框等边缘厚度，即对成像并不起作用的部分，从而得到总的半径。这两个参数对考察光束结构及光学设计都带来了很大的帮助。在后面章节如第 5 章"Zemax 中渐晕的设计方法"等部分，将会进一步介绍。

在 STOP 面的下拉菜单中选择 Paraxial，该选择表示透镜工作在近轴区域，可以认为是理想成像系统，所以没有球差等像差存在。当选择了 Paraxial 时，会发现在该行出现新的表头 Focal Length（焦距）。在 Thickness 输入 50，该数值表示 STOP 面与 IMAGE 面之间的距离。在 Focal Length 也输入 50，在 OBJECT 面参数使用系统默认参数，Radius 为 Infinity，即理想平面。Thickness 也为 Infinity，即物体处于无穷远或者指平行光入射。最终设置的 Lens Data 编辑器如图 2-26 所示。

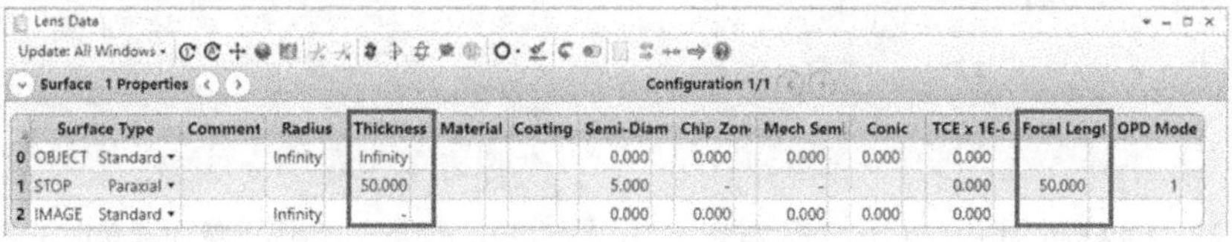

	Surface Type	Comment	Radius	Thickness	Material	Coating	Semi-Diam	Chip Zon	Mech Semi	Conic	TCE x 1E-6	Focal Lengt	OPD Mode
0	OBJECT Standard ▾		Infinity	Infinity			0.000	0.000	0.000	0.000	0.000		
1	STOP Paraxial			50.000			5.000	-	-			50.000	1
2	IMAGE Standard ▾		Infinity	-			0.000	0.000	0.000	0.000	0.000		

图 2-26　Lens Data 编辑器设置 1

从光学成像基本原理可以知道，平行光入射到理想光学系统，最后在焦距处会聚一点。选择工具栏中 Setup 选项，或者工具栏中 Analyze 选项，进一步单击 Cross-Section 图标，可以看到设置的光学系统的光路结构横截面图，如图 2-27（a）所示。经过理想透镜后，光线完美聚焦到一点。选择工具栏 Analyze 选项，并单击 Aberrations 图标及下拉菜单 Ray Aberration，打开 Ray Fan 图。可以看到此时是没有像差的。当然，因为光的波动性，这种情况在现实中是不可能发生的。

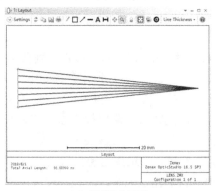
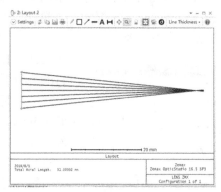

（a）像面在焦平面 　　　　　　　　　　　　（b）像面离焦

图 2-27　Paraxial 情况下的光路结构图

当人为设置像面偏离焦平面时，设置 STOP 面的 Thickness 值为 52。单击 Cross-Section，可以看到像面处于离焦面，如图 2-27（b）所示。单击工具栏 Analyze 选项中 Aberrations 图标，选择下拉菜单中 Ray Aberration，打开 Ray Fan 图，单击图框左上角的 Settings，对话框中设置 Ray Fan 图相关参数，如图 2-28 所示。其中，Tangential 表示子午面，对应图 2-29 中的 P_y 轴。Sagittal 表示弧矢面，对应图 2-29 中的 P_x 轴。下拉菜单有两个选项分别为 X Aberration 和 Y Aberration 对应像面上的坐标轴 E_x 和 E_y。这样坐标系 $[P_y,E_y]$ 与 $[P_x,E_x]$ 可以看到光线像差曲线是两条方向一致的倾斜直线，如图 2-29 所示（注：Ray Fan 图中显示的是小写 ex 和 ey，以及 Py 和 Px）。直线的斜率可正可负，取决于是正离焦还是负离焦，目前这种情况为纯离焦时的 Ray Fan 图。

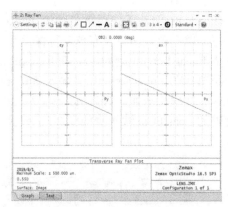

图 2-28　Ray Fan 图中 Settings 对话框 　　　图 2-29　Paraxial 情况下像面离焦时的 Ray Fan 图

单击工具栏 Analyze 选项下的 Rays&Spots 图标，选择下拉菜单中 Standard Spot Diagram 选项，出现两种情况下的 Spot Diagram，如图 2-30 所示。可以看到图 2-30（a）

图像点为一个理想点，而图 2-30（b）中因为像面已经离焦，所以形成一个弥散的光斑了，直径达到 200μm，其中黑色圆环为艾里圆。

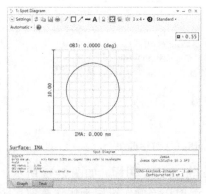 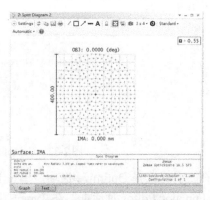

（a）像面在理想焦平面时候的 Spot Diagram　　　（b）像面在透镜后 52mm 处的离焦情况

图 2-30　两种情况下的 Spot Diagram

2.5.3　纯球差

前面已经讲过单折射球面成像会产生球差。这里进一步基于 Zemax 分析球差以此加深对球差的理解。打开 Zemax，在工具栏 File 中单击 New 图标新建一个设计文件。在 System Explorer 对话框中 Aperture 选项下的 Aperture Value 设置为 10，其他参数为系统默认值，即波长为 0.550μm，视场为 0。

光标移动到 Lens Data 编辑器，如果界面没有 Lens Data 编辑器，则在工具栏选择 Setup 选项，进一步选择 Lens Data 选项。第 0 面 OBJECT 为系统默认值，即 Radius 与 Thickness 均为 Infinity，表明无穷远处的平面物体入射平行光。

光标移动到第 1 面 STOP 行。Radius 为默认的 Infinity，Thickness 设置为 2，Material 设置为 BK7。BK7 是系统的材料库中自带的德国肖特（SCHOTT）公司生产的一种玻璃牌号。

光标移动到 STOP 行，并单击选中该行，然后右击鼠标，在下拉菜单中选择 Insert Surface After 选项。这样在 STOP 行下面插入新的一行（第 2 面）。Radius 选择-20，负号表示第二个球面的圆心在球面顶点的左侧，该符号定义与 2.1 节应用光学理论中的定义相同。Thickness 中设置 35。

最终设置的 Lens Data 编辑器如图 2-31 所示。这种结构为平凸透镜，在第 5 章会进一步讲到该透镜的光学特性。因为只有一面是球面，这里设置的光平行于光轴入射，所以成像特性与单折射球面相同。

	Surf:Type	Comment	Radius	Thickness	Material	Coating	Clear Semi-Dia	Chip Zone	Mech Semi-Dia	Conic	TCE x 1E-6
0 OBJECT	Standard ▾		Infinity	Infinity			0.000	0.000	0.000	0.000	0.000
1 STOP	Standard ▾		Infinity	2.000	BK7		5.000	0.000	5.000	0.000	-
2	Standard ▾		-20.000	35.000			5.000	0.000	5.000	0.000	0.000
3 IMAGE	Standard ▾		Infinity				0.096	0.000	0.096	0.000	0.000

图 2-31　Lens Data 编辑器设置 2

为了使像面在第 2 面后方 35mm 的位置有比较好的成像效果，需要对第 2 面的曲率进行优化。单击该面 Radius 列右侧空格框，跳出 Curvature solve on surface 2 对话框，在 Solve

Type 下拉菜单中选择 Variable 选项，如图 2-32 所示。此时 Radius 出现后缀 V 字。也可以利用快捷键"Ctrl+Z"设置 Variable。这样，第 2 面的 Radius 成为变量，在优化过程中该数值会发生改变。

图 2-32　Curvature solve on surface 2 对话框

在工具栏选择 Optimize 选项，单击 Merit Function Editor 图标，如图 2-33 所示。跳出 Merit Function Editor 对话框。在 Type 中选择 EFFL 选项，该操作符用于优化有效焦距值。Wave 设置为 1，Target 设置为 35，Weight 设置为 1。此时的编辑器显示如图 2-34 所示。不需要保存，系统会默认保存，直接关掉编辑器对话框即可。此外，在优化向导 Optimization Wizard 中均采用默认值。

这里值得注意的是，对于 Optimization Function 中 Image Quality 选择不同的标准得到的结果差别很大。这里选择默认的 Wavefront，即波前优化，如图 2-35 所示，其具体的含义在第 9 章会做进一步说明。这里的操作符是 Zemax 为了方便优化光学系统结构而设置的，一个操作符对应一个需要优化的变量，如焦距或者某个像差值。每个操作符的含义读者可以查阅软件 Help 文件。

在工具栏 Optimize 选项中单击 Optimize!图标，出现 Local Optimization 对话框如图 2-36 所示。可以看到 Current Merit Function 为 3.571140760。单击 Start 按钮变为 0。此时，第 2 面的 Radius 显示为-18.148。打开 Cross-Section 图及对应的 Ray Fan 图，得到图 2-37。

图 2-33　Merit Function Editor 图标

图 2-34　Merit Function Editor 对话框

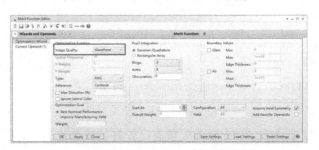

图 2-35　Optimization Wizard 界面

图 2-36　Optimize!图标的 Local Optimization 对话框

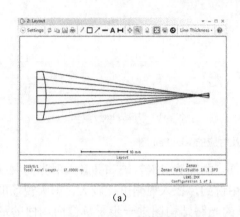
（a）

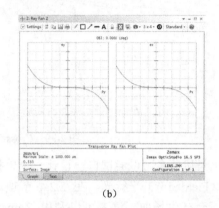
（b）

图 2-37　优化后的光线追迹 Cross-Section 图及对应的 Ray Fan 图

Zemax 不同的版本优化出来的结果可能有细微不同，这是因为在多核计算时新版本对算法进行了一定的改善。若都是单核运算则结果相同。这个差异造成的影响很小，按流程操作都可以得到较为理想的优化结果。

从 Ray Fan 图看到坐标原点附近的曲线斜率为 0，表明像面正好是近轴像面，可看成为理想成像，没有离焦。曲线整体上来说斜率为负，表示球差欠校正。图 2-38 是 Spot Diagram（Settings 中 Pattern 选择 Hexapolar），可以看出在像的中心光斑比较聚集，但是远离中心后光斑发散越来越严重，这与 Ray Fan 图是吻合的。

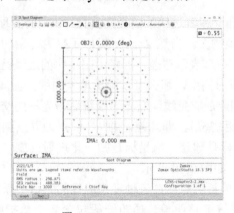

图 2-38　Spot Diagram

2.5.4　球差和离焦

如果把第 2 面的 Radius 设置为-19，那么会出现如图 2-39 所示的 Cross-Section 图及对应的 Ray Fan 图。可以看到坐标原点附近的曲线斜率不为零，表明像面不在近轴像面，存在离焦。经过一个拐点向下的一段曲线说明还有欠校正的球差存在。

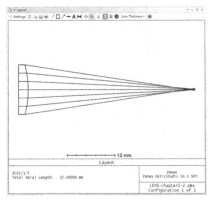
（a）离焦后的光线追迹 Cross-Section 图

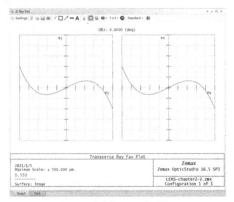
（b）对应的 Ray Fan 图

图 2-39　Cross-Section 及对应的 Ray Fan 图

最后读者可以尝试自己设计一个单折射球面，材质为 BK7 玻璃并且入射光为大视场的（Field>15°）平行光。在 2.2.4 节理论知识中讲到，在入射角度比较大，即大视场的情况下会产生场曲。读者可以利用 Zemax 计算的光路结构图进一步了解像面场曲的形成机制，以及对应的 Spot Diagram 与 Ray Fan 图。当然在第 7 章像差理论部分会专门讲到场曲。

2.5.5　自动优化设计概念初步

对于单折射球面不可避免地会产生球差。但是可以通过设计折射面的结构（如非球面）进行矫正。现有一个非球面的单折射表面表示为

$$z = \frac{cr^2}{1+\sqrt{1-(1+k)c^2r^2}} \tag{2-55}$$

式中，r 为单折射表面（或者透镜）的径向直径，c 为曲面顶点的曲率，k 为二次曲面系数，当 $k=-1$ 时曲面为抛物面。当然 Zemax 提供了更为复杂的非球面数学形式，可以查阅软件的 Help 文件。如果 $\delta L'$ 表示球差，h 表示归一化的透镜孔径的径向坐标值（h 最大值为 1），即入射光线的投射高度，那么可以画出球差曲线，如图 2-40 所示。该曲线的含义是某一个归一化投射高度 h 的光线经过光学系统后与光轴的交点为 A，这个交点与近轴理想像点 A_0 之间的轴向距离 $\delta L'$，即球差，并以 A_0 点为原点到实际光线交点 A，向右为正，向左为负。如果横坐标是球差，纵坐标是归一化投射高度，则可以绘制出一条曲线，这条曲线即"球差曲线"，如图 2-40 所示。

虽然前文已经给出了单折射球面在近轴理想成像的物像关系的解析表达式，但是实际情况非常复杂，存在球差等多种像差。透镜一般包含多个单折射球面，甚至还包括非球面，所以可以借助数值算法进行计算机辅助设计。

这里假设光学系统由多个单折射抛物面构成，如果已经给定系统的像方焦距 f' 和球差 $\delta L'$ 的具体设计指标要求，则根据式（2-55），像方焦距和球差的数学形式可以表示为

$$\delta L' = F_1 = f_1\left(r_1, n_1, k_1, c_1; r_2, n_2, k_2, c_2; \cdots\right)$$

$$f' = F_2 = f_2\left(r_1,n_1,k_1,c_1;r_2,n_2,k_2,c_2;\cdots\right) \qquad (2\text{-}56)$$

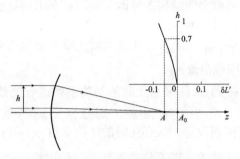

图 2-40　球差曲线示意图

为了实现特定性能的光学系统需要求解这个方程组，即得到光学系统的结构参数，也就是说对于一个光学系统，终究可以通过方程组所建立的数学模型来描述其光学性能。在一般情况下，这是一个非线性方程组，因为过于复杂而无法得到解析解。但是当某几个结构参数设为变量的时候，可以设计算法，编写程序，利用计算机进行数值求最优解。也就是说，为了满足所需要的性能指标，程序可以计算出光学系统某几个结构参数的具体值。这个过程称为计算机自动优化设计。

在计算机处理过程中为了方便执行，首先对非线性方程进行线性方程近似。为了更为广泛的表达，假设输入的光学系统结构可变参数的初始值为 $[x_{01},\cdots,x_{0n}]$，式（2-56）中的第 i 个方程基于幂级数进行展开并保留一次项得到：

$$F_i = F_0 + \frac{\partial f_i}{\partial x_1}(x_1 - x_{01}) + \cdots + \frac{\partial f_i}{\partial x_n}(x_n - x_{0n}) \qquad (2\text{-}57)$$

式中，F_0 为初始猜测结构时的焦距、球差、像差等光学性能参数，F_i 为设计目标性能参数。因为光学系统的复杂性，无法知道函数 $f_i(x_1,\cdots,x_n)$ 的具体表达式，所以此时偏导数 $\left[\dfrac{\partial f_i}{\partial x_1},\cdots,\dfrac{\partial f_i}{\partial x_n}\right]$ 依旧是未知数。但是计算机可以对原始光学系统结构参数进行微小的数值上的改变，即 $[\delta x_1,\cdots,\delta x_n]$，通过大量的光线进行追迹计算，可以得到数值 δf_i。进一步用差商 $\left[\dfrac{\delta f_i}{\delta x_1},\cdots,\dfrac{\delta f_i}{\delta x_n}\right]$ 代替偏导数。这样式（2-57）可以写成：

$$F_i = F_0 + \frac{\delta f_i}{\delta x_1}\Delta x_1 + \cdots + \frac{\delta f_i}{\delta x_n}\Delta x_n \qquad (2\text{-}58)$$

最后对于方程组 $[F_1,\cdots,F_m]$ 可以写成一个线性方程组矩阵形式：

$$\begin{bmatrix} \dfrac{\delta f_1}{\delta x_1},\cdots,\dfrac{\delta f_1}{\delta x_n} \\ \vdots \qquad \vdots \\ \dfrac{\delta f_m}{\delta x_m},\cdots,\dfrac{\delta f_m}{\delta x_n} \end{bmatrix} \begin{bmatrix} \Delta x_1 \\ \vdots \\ \Delta x_1 \end{bmatrix} = \begin{bmatrix} F_1 - F_{01} \\ \vdots \\ F_m - F_{0m} \end{bmatrix} \qquad (2\text{-}59)$$

简单写成：

$$A\Delta x = \Delta F \qquad (2\text{-}60)$$

式中，A 为系数矩阵，Δx 代表了结构参数，ΔF 称为方程残余量。现在这个方程就可以求解了。但是因为每次只能有微小的结构参数改变，所以在求解过程中需要多次渐进迭代，逼近最优解。整个迭代计算过程如下。

（1）给定一个初始结构 $[x_{01},\cdots,x_{0n}]$，通过大量光线追迹及改变结构参数微小量，计算系数矩阵 A，同时计算方程残余量 ΔF。

（2）计算式（2-60）得到 Δx。采用此时的结构参数进行光线追迹计算像差等光学性能，比较是否得到改善。如果没有改善，则寻找合适的系数 p $(p<1)$，总能够在 $\Delta x_p = \Delta x \cdot p$ 时，系统像差得到改善。保存此时的结构参数 $[x_1,\cdots,x_n]$。

（3）如果像差符合设计要求，即系统像差达到我们可接受的范围内（或 ΔF 小到我们需要的值），那么终止计算；否则，进行步骤（4）。

（4）将新的结构参数设置为初始结构，并进一步改变结构参数微小量，计算系数矩阵和方程残余量，重复以上步骤（2）。

可以看到，给定一个初始结构参数并设置好变量，计算机会以这个初始参数为基础进行多次迭代计算找到初始结构附近潜在的令人满意的解。这个解不一定是全局最优解，只是局部比较好的结果。为了得到较好的结果，在优化过程中需要设计人员对结果进行判断，并对结构参数进行调整，根据自己的经验反复优化，直到得到满意的结果。

以上是光学自动设计的主要过程。在真实计算过程中，方程式个数 m 往往不等于变量 n，有可能 $m>n$，也有可能 $m \leqslant n$。所以迭代步骤（2）中线性方程组式（2-59）的求解并不容易，甚至不存在准确解，只能求方程组的近似解，即用最小二乘法求解。这种求解法中需要设置像差等光学性能指标的评价函数。因此，在 Zemax 优化前设计人员需要在 Merit Function Editor 编辑器中设置评价函数。

此外，为了更加有效求解，需要对最小二乘法改良，即阻尼最小二乘法。以上迭代求解过程是搜索初始结构附近的局部最优解，所以初始结构参数的设置很关键，对设计人员的经验要求很高。为了得到光学系统的全局最优解，研究人员也发展出了多种全局智能优化算法，如模拟退火算法及人工神经网络等。优化的更多内容将在第 9 章中进一步介绍。

除了前面已经介绍的球差和场曲，光学系统还存在很多其他类型的像差。按目前介绍的理论知识，读者已经可以提前学习第 7 章像质评价相关内容。Zemax 建立了完善的优化设计程序和丰富的材料特性等知识库，具有强大的自动优化功能，极大地方便了设计。具体优化相关内容在第 9 章会进一步介绍。

这里实际上给出了基于 Zemax 设计一个光学系统的基本流程（见图 1-20），首先输入初始结构，该结构需要通过理论计算、设计者的经验或者查阅公开的经典结构而得到。为了得到所需的设计指标，需要对待优化的参数设置对应的操作符，设置某几个可优化的结构参数为变量，然后 Zemax 自动优化。在很多情况下，为了权衡多个性能指标，需要修改结构参数、反复优化，最后得到满足设计要求的光学结构、相关的像差曲线等。一般在送出去制造前，还需要进行公差分析，考虑制造误差对性能的影响，以及该影响是否可以被接受。

在后面的学习过程中，可以进一步体会到从理论知识的学习到面向工程的实际设计还有很长一段距离。两者甚至具有完全不同的思维方式和处理手段。在后面章节中会继续给出具体的设计案例，读者可以慢慢体会基于计算机辅助的光学设计思路。当然读者也可以查阅相关设计案例反复锻炼，增加设计经验。

思考题

（1）透过装满白酒的酒瓶或者装满矿泉水的瓶子看这个世界，这个世界是怎样的？请解释其中的光学现象。

（2）汽车两侧的反光镜一般是凸面镜还是凹面镜？在反光镜中看到的远处的物体感觉比直接看到的物体是远还是近？

（3）在手机摄像头前面滴一颗水珠是否可以放大成像的倍率？如果水珠溶解了盐，那么放大倍率会怎么变化？读者可以观察人民币上面花纹的细节来验证自己的结论。

（4）沈括在《梦溪笔谈》卷三中指出：用手指放在一镜面前成像，随着手指和镜面的距离远近移动，像就发生变化。当手指迫近镜面的时候，得到的是正立的像；渐远某个点就看不见像，他把这点称为"碍"。再远一点像就变成倒像，且他指出该镜面能"聚光为一点"。请问沈括描述的是什么类型的镜子？"碍"是我们光学系统中的什么？

（5）与在空气中相比，我们人眼在水中看前方物体会发生什么变化？

计算与证明题

2-1 请根据本书中几何光学符号规则对如下数据作图并标注。

（1）$r = 30$ mm，$L = -70$ mm，$U = 15°$；

（2）$r = -30$ mm，$L = 60$ mm，$U = -20°$；

（3）$r = 30$ mm，$L' = 60$ mm，$U' = -30°$。

2-2 单折射球面的半径为25mm，球心在顶点右侧。物方和像方的折射率分别为$n=1$，$n' = 1.5$。平行于光轴的光线入射到折射球面，投射高度为8mm。求（1）实际出射光线的像距；（2）考虑近轴条件时的像距。

2-3 单折射球面半径为20mm，球心在顶点右侧。物方和像方的折射率分别为$n = 1$，$n'=1.5$。现有一个高度为10mm的物体置于折射球面顶点前200mm处，求像的位置、大小及虚实情况；如果需要得到倒立等大的像，那么物体置于哪里？

2-4 若空气中有一个玻璃球的折射率为1.5，半径为20mm，则：

（1）物体在玻璃球左侧100mm处，求像的位置及大小；

（2）若玻璃球放置在水（$n=1.333$）中，则求此时像的位置。

2-5 近轴平行光入射至两个紧挨且相同的玻璃球，折射率为n，放在空气中。当玻璃球的半径R和折射率n分别为多少时，出射光也是平行光？

2-6 球面反射镜前15mm处放置一个高为8mm的物体，其像为2mm高的虚像。求球面反射镜的凹凸情况及曲率半径。

2-7 一束平行细光束入射到半径为25mm、折射率为1.5的玻璃球上，求：

（1）光束会聚在何处？

（2）若在玻璃球凹面上镀金属反射膜，那么反射后的光束会聚点又在何处？

2-8 一个置于空气中的凸球面反射镜，半径为 30mm：

（1）该反射球面镜左侧 60mm 处有一高度为 10mm 的物体，求像的位置及大小；

（2）若将该物体右移 50mm，则此时像位置及大小又如何？

2-9 双胶合透镜组的结构参数如下：

		$n = 1.0$
$r_1 = 90$ mm		
	$d_1 = 3$mm	$n_1' = n_2 = 1.5168$
$r_2 = 35$ mm		
	$d_2 = 8$ mm	$n_2' = n_3 = 1.7174$
$r_3 = -120$ mm		
		$n_3' = 1.0$

求 $L_1 = -250$ mm，$U_1 = -3°$ 与 $-5°$ 时的实际光线及近轴光线光路。

2-10 试用费马原理证明阿贝不变量。

第3章　理想光学系统

在分析某个物理现象或规律的时候，一个有效的办法是建立数学模型，并在此基础上分析该规律的特性。由于现实问题往往比较复杂，为此，一般会省略一些细节，并简化出一个理想的模型。对于光学系统的分析也是一样的。根据第1章和第2章的基础理论可知，实际光学系统在近轴区域成像可以认为是完善像。本章把光学系统在近轴区域成完善像这一理论，推广到对于任意大的空间和任意宽的光束都能成完善像的光学系统，并称该系统为"理想光学系统"。显然，理想光学系统是实际光学系统的理想模型。理想光学系统将物空间的同心宽光束转换到像空间的同心光束。这种从一个空间变换到另一个空间的情况，在数学上可以归结成"共线变换"或"共线成像"的问题。这种共轴理想光学系统理论是由高斯于1841年建立起来的。因此理想光学系统理论上也被称为"高斯光学"，理想光学系统所成的像被称为"高斯像"。

3.1　理想光学系统的基本理论

为了系统地研究几何光学中光学系统的成像问题，得到光学系统的基本参量，并把物、像和系统之间的内在联系表示出来，可以暂不考虑光学系统组件的具体结构参数 (n,r,d)。将光学系统在近轴区域形成的完善像，拓展到对于任意大的空间和任意宽的光束都能成完善像的理想模型，这个理想模型就称为"理想光学系统"或称为"理想光组"。

在理想光学系统中，任一位置的物点发出的光线经过光学系统后，所有出射光线依然相交于一点，这一点称为"像点"。由光路的可逆性和反射定律、折射定律中光线方向的确定性可知，一个物点有且只有一个像点与之对应，这种物像之间的对应关系称为"共轭"。根据光线的直线传播定律，如果光学系统的物像空间都为折射率恒定的透明介质，则入射光线和出射光线都为直线。由物像空间满足点对应点的关系，可以推出直线成像为直线，平面成像为平面的关系。理想光学系统理论的基本核心就是物像之间的一一对应关系，这些对应关系可以概括如下：

（1）物空间的任意点，在像空间都有唯一一个与之相对应的像点；

（2）物空间的任意直线，在像空间都有唯一一条与之相对应的直线；

（3）物空间的任意平面，在像空间都有唯一一个与之相对应的平面。

显然，根据这一基本理论经过证明可以得到以下推论：

（1）如果任意一条物方光线经过物点 O，则对应的像方光线必定经过其共轭像点 O'；

（2）如果物所在的平面垂直于光轴，则像对应的共轭平面也垂直于光轴；

（3）在任意一对物像共轭的垂轴平面内，若垂轴放大率为一常数，则对垂轴平面内的物体，理想光学系统所成的物像具有相似的性质。

因此，满足上述理论的光学系统，其成像是完善且理想的。

按照上述理论，对于一个共轴理想光学系统，如果知道两对共轭面的位置和放大率，或者一对共轭面的位置和放大率，同时又知道轴上的两对共轭点的位置，那么根据这些已知的共轭面和共轭点可以找到其他一切物点的像点。因此，通常将这些已知的共轭面和共轭点分别称为共轴系统的"基面"和"基点"。可用作图法证明如下。

图 3-1 所示为两对共轭面已知的情况，M 为理想光学系统，点 O_1 所在物平面与点 O_1' 所在像平面共轭，已知其对应的放大率为 β_1；点 O_2 所在物平面与点 O_2' 所在像平面共轭，已知其对应的放大率为 β_2。若要得到物空间中的任意一点 O 的像的位置，先过 O 点作两条分别过 O_1 和 O_2 两点的光线，光线 OO_2 经过第一个物平面上的 A 点，因为 β_1 是已知的，所以 A 的共轭像点 A' 就可以确定。光线 OO_1 经过第二个物平面上的 B 点，同样因为 β_2 是已知的，所以 B 的共轭像点 B' 就可以确定。因为 O_1 与 O_1' 共轭，所以与 OO_1 共轭的光线必定经过 $O'O_1'$；O_2 与 O_2' 共轭，所以与 OO_2 共轭的光线必定经过 $O'O_2'$。又因为 A' 必然在 $O'O_2'$ 上，B' 必然在 $O'O_1'$ 上，所以 $O_1'B'$ 与 $O_2'A'$ 的交点必然是 O 的共轭点 O'。

图 3-2 所示为一对共轭面及两对共轭点已知的情况，M 为理想光学系统，点 O_1 所在物平面与点 O_1' 所在像平面共轭，其对应的放大率 β_1 已知；另外，轴上的两对共轭点 O_2、O_2'、O_3 和 O_3' 的位置也确定。若要确定物空间中任意一点 O 的像点位置，先过 O 点作两条光线 OO_2 和 OO_3，分别交 O_1 所在物平面于 A、B 两点。由于 β_1 是已知的，所以 A、B 两点的共轭点 A'、B' 也可以确定。连接 $A'O_2'$ 和 $B'O_3'$，即入射光线 OO_2 和 OO_3 的共轭光线，则它们的交点即物点 O 的共轭像点 O'。

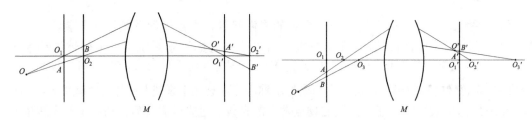

图 3-1　两对共轭面已知的情况　　　图 3-2　一对共轭面及两对共轭点已知的情况

由上述两个论证可以知道，用理想光学系统模型可以不用考虑光学系统的具体结构，且并没有要求具体的共轭面和共轭点位置，只要知道其中一些物像关系就可以计算出其他物点的共轭像了。

3.2　理想光学系统的基点、基面

由 3.1 节可知，在一个理想光学系统中，不管光线在系统中的真正光路如何，若已知一些物像共轭关系，就可以确定其他任意点的物像关系。因此可以用这些已知的共轭关系来定义一个光学系统，而不需要考虑 (n,r,d) 等具体结构参数。为了便于分析问题，人们统一规定了一些特殊物像的共轭点和共轭面，这些点和面被称为理想光学系统的"基点"和"基面"。这些具有共轭关系的特殊物像如下。

（1）无限远的轴上物点和与之对应的共轭像点；

（2）无限远的轴上像点和与之对应的共轭物点；

（3）一对垂轴放大率为+1 的共轭平面；

（4）一对角放大率为+1 的物像共轭点。

一般来说，根据（1）、（2）、（3）给出的一对共轭面和两对共轭点就可以定义为一个理想光学系统，再利用（4）这对特殊的物像共轭点，就可以在分析和解决问题时得到许多帮助。

3.2.1 焦点、焦面与焦距

1. 无限远的轴上物点和其对应的像点 F'

当被观察对象或成像对象位于无限远或者准无限远处时，其入射光线可看成平行于光轴。如图 3-3 所示，光线 AB 平行于光轴入射到理想光学系统，出射后光线 $E'F'$ 与光轴相交于 F' 点。根据理想光学系统成像理论，F' 则为无限远处轴上物点的共轭像点，称为"像方焦点"。经过 F' 点垂直于光轴的平面称为"像方焦平面"（简称"像方焦面"）。这个焦平面的共轭面为无限远处垂直于光轴的物平面。

将出射光线 $E'F'$ 反向延长并与入射光线 AB 相交于点 Q'，如图 3-4 所示。过 Q' 点作垂直于光轴的垂面并交光轴于点 H'。像方焦距定义为 H' 点为起始点到像方焦点 F' 之间的距离，一般用 f' 表示，其符号遵从符号规则，即 H' 为原点，向右为正，反之负。根据图 3-4 中几何关系可以得到：

$$f' = \frac{h}{\tan U'} \tag{3-1}$$

其中 h 为入射光线 AB 的投射高度，U' 为出射光线 $E'F'$ 的像方孔径角。

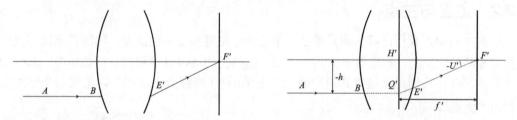

图 3-3　理想光学系统的像方焦点　　　　图 3-4　理想光学系统的像方参数

像方焦点和像方焦平面归纳有以下两个性质：

（1）物空间任意一条平行于光轴的入射光线，其出射后必经过像方焦点 F'。这是因为任何一条平行于光轴的入射光线都可以看成由无限远处轴上物点发出，所以经过光学系统后这些光线必然会聚于其共轭像点 F'；

（2）如果平行光束斜入射，即光线与光轴成一定角度 $(\omega \neq 0)$，则这些光线在像方空间中会聚于或成像于像方焦平面上某一个轴外点。该点的位置由斜入射角度 ω 确定。由物像共轭关系可以知道，斜入射平行光束可以看作是轴外物点在无限远处点发出的光束。不同入射角度表示不同光轴垂向距离的无穷远物点发出的光束。它们的共轭像点位于像方焦平面上光轴垂向距离不同的点。

2. 无限远的轴上像点和其对应的物点 F

如图 3-5 所示，光轴上某一物点 F 发出的光线经过光学系统后平行于光轴出射，即对应的共轭像点位于光轴上像空间无限远处，则 F 点称为"物方焦点"。过 F 点作垂直于光轴的平面，该面称为"物方焦平面"（简称"物方焦面"）。类似前文像方焦点的情况，物方焦平面和像方无限远处的像平面共轭。由物方焦点 F 发出的入射光线和平行出射光线反向延长线相交于 Q 点。过 Q 点作垂直于光轴的垂面，并交光轴于 H 点。这样，我们定义物方焦距定义为以 H 为原点到物方焦点 F 之间的距离，用 f 表示，其正负由符号规则确定。设由焦点 F 发出的入射光线的孔径角为 U，根据图 3-5 中几何关系可以得到：

$$f = \frac{h}{\tan U} \tag{3-2}$$

显然，对于轴外物点，即物方焦平面上任何一点发出的入射光线束，经过理想光学系统后为平行出射光束，其与光轴的夹角大小反映了轴外物点到光轴的垂直距离。显然，物方焦点和焦平面的性质和像方焦点和焦平面的性质类似。

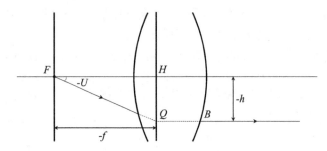

图 3-5　理想光学系统的物方参数

3.2.2　主面与主点

在第 2 章中，我们已经知道垂轴放大率随物体位置的变化而改变。物面在光轴不同位置具有不同的共轭面，对应着不同的放大率。但是我们总可以寻找到一对共轭面，其垂轴放大率 $\beta = +1$。我们定义这对共轭平面为"主平面"（简称为"主面"），主面与光轴的交点称为"主点"。

再回顾 3.2.1 节中关于焦点、焦平面的定义。如图 3-6 所示，一投射高度为 h 且平行于光轴的光线入射到理想光学系统中，其对应的出射光线必定经过像方焦点 F'；再过物方焦点 F 作一条入射光线，并调整入射光线的孔径角 U，使得相应的出射光线的投射高度也为 h。这两条入射光线都经过 Q 点，与之对应的两条出射光线都经过 Q' 点，显然这两点是一对共轭点。而且 QH 与 $Q'H'$ 的高度都等于 h 且在光轴的同一侧，即这一对共轭面的垂轴放大率为+1。我们称 H 为物方主点，H' 为像方主点；QH 为物方主（平）面，$Q'H'$ 为像方主（平）面。主面上任意一对共轭点的垂轴放大率 $\beta = +1$。这一性质在用作图法进行追迹光路时非常有用，即出射光线在像方主面上的投影高度必定与入射光线在物方主面上的投影高度相等。

对于一个理想光学系统，如果已知它的物像方主点和焦点的位置就可以完全确定该系统的成像性质了。利用这些基点和基面可以分析该系统中任意位置处的物像共轭关系。

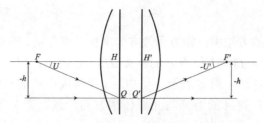

图 3-6　两主面间的关系

3.2.3　节点

光学系统中一对角放大率等于+1 的共轭点称为"节点"，用 J、J' 表示，其物理意义是过物方节点的入射光线经过系统后，出射光线方向不变且必定通过像方节点，如图 3-7 所示。显然，利用这一性质可方便地用图解法确定物像方的光线方向及像的位置。3.3.2 节将证明，当系统位于空气中，或者物空间与像空间的介质相同时，节点和主点重合。

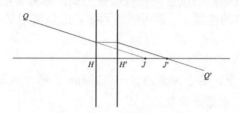

图 3-7　理想光学系统的节点

3.3　理想光学系统的物像解析关系

在讨论共轴理想光学系统的成像理论时，只要确定了主平面这一对共轭面及无限远物点和像方焦点与无限远像点和物方焦点这两对共轭点，则任一位置处物点的像点都可以根据由这些已知的基点和基面的几何关系建立起来的一套物像关系计算公式得出。根据以上理论，可以使用解析法求理想光学系统所成的像。

3.3.1　物像位置计算

在解析法中，按照物（像）位置中坐标原点选取方式的不同，有两种计算物像的方法：其一是牛顿公式，是以系统的焦点为原点的物像关系；其二是高斯公式，是以系统的主点为原点的物像关系，如图 3-8 所示。

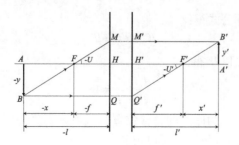

图 3-8　牛顿公式和高斯公式中的符号意义

1. 牛顿公式

利用牛顿公式计算的方法中，物方和像方的坐标原点分别为光学系统的物方焦点 F 和像方焦点 F'，即以物点 A 到物方焦点 F 的距离 AF 为焦物距，用 x 表示；以像点 A' 到像方焦点 F' 的距离 $A'F'$ 为焦像距，用 x' 表示。焦物距 x 和焦像距 x' 的正负符合前述符号规则，如果从 F 到 A 或者从 F' 到 A' 的方向与光线传播方向一致，则符号为正，反之为负。在图 3-8 中，$x < 0$，$x' > 0$。

由图 3-8 中两对相似三角形 $\triangle ABF$、$\triangle HMF$ 和 $\triangle H'Q'F'$、$\triangle A'B'F'$ 的简单几何关系，可得：

$$\frac{y'}{-y} = \frac{-f}{-x}, \quad \frac{y'}{-y} = \frac{x'}{f'}$$

由此可得：

$$xx' = ff' \tag{3-3}$$

式（3-3）描述的是以焦点为原点的物像位置公式，称为"牛顿公式"，已知光学系统的焦距 f 和 f'，以及物体的位置 x，就可以得到像点的焦像距 x'。

例 3-1

在一个理想光学系统中，其物方焦距 $f = -120\text{mm}$，像方焦距 $f' = 100\text{mm}$，又已知物体的焦物距 $x = -120\text{mm}$，求像的位置。

解： 将相关条件与参数代入式（3-3），得：

$$x' = \frac{ff'}{x} = \frac{(-120) \times 100}{-120} = 100(\text{mm})$$

即所成的像位于系统像方焦点 F' 的右方 100mm 处，为实像。

一般光学系统都有 $ff' < 0$，故由式（3-3）可知，必有 $xx' < 0$，即焦物距 x 和焦像距 x' 符号相反。其物理意义是物和像分别位于各自焦点的不同侧，即当物在像方焦点 F 的右侧时，其对应的像必定位于像方焦点 F' 的左侧。

2. 高斯公式

利用高斯公式计算的方法中，物方和像方的原点分别为光学系统的物方主点和像方主点。如图 3-8 所示，用 l 表示物点 A 到物方主点 H 的距离，用 l' 表示像点 A' 到像方主点 H' 的距离。l 和 l' 的正负同样符合前述符号规则，如果由 H 到 A 或 H' 到 A' 的方向和光线传播方向一致，则为正，反之为负。图 3-8 中，$l < 0$，$l' < 0$。根据图 3-8 中几何关系可得：

$$-x = -l - (-f), \quad x' = l' - f' \tag{3-4}$$

将式（3-4）代入牛顿公式得：

$$lf' + l'f = ll' \tag{3-5}$$

式（3-5）两边同时除以 ll' 得：

$$\frac{f'}{l'} + \frac{f}{l} = 1 \tag{3-6}$$

式（3-6）描述的以主点为原点的物像位置公式被称为"高斯公式"。

此外，根据图 3-8 中的几何关系可以得到：

$$yf \tan U = -y'f' \tan U' \tag{3-7a}$$

这被称为理想光学系统的"拉赫不变式"。对于小角度，正切值可以用角度的弧度值取代，因此式（3-7a）变为

$$yfu = -y'f'u' \tag{3-7b}$$

根据光学系统在近轴区成像时的拉赫不变量式（2-33），可以进一步得到：

$$\frac{f'}{f} = -\frac{n'}{n} \tag{3-8}$$

式（3-9）给出了共轴球面折射型光学系统物方焦距和像方焦距之间的关系。如果物像方置于相同介质中，即 $n=n'$，那么：

$$f' = -f \tag{3-9}$$

式（3-10）代入式（3-6）中可得：

$$\frac{1}{l'} - \frac{1}{l} = \frac{1}{f'} \tag{3-10}$$

在实际情况下，光学系统的物像方常常至于空气等相同的介质中，所以物像方的焦距相反，绝对值相等。

例 3-2

在一个理想光学系统中，其物方焦距 $f = -120\text{mm}$，像方焦距 $f' = 100\text{mm}$，又已知物体的物距 $l = -120\text{mm}$，求像的位置。

解：将相关条件与参数代入式（3-6a），得：

$$l' = \frac{f'l}{l - f} = \frac{100 \times (-240)}{(-240) - (-120)} = 200(\text{mm})$$

即所成的像位于系统像方主点 H' 的右方 200mm 处，为实像。像方焦距为 100mm，即成像位于像方焦点 F' 右方 100mm 处。

例 3-1 和例 3-2 为同一理想光学系统，物体的位置都相同。分别采用牛顿公式和高斯公式计算，采用了不同的参考点来表示物像的位置，实际得到的最终结果是相同的。由此可见，牛顿公式和高斯公式在计算中并没有任何区别，体现了计算物像关系的一致性。

3.3.2　放大率及相互关系

理想光学系统的成像特性主要表现在像的位置、大小、正倒和虚实上，其放大率不受近轴区域的限制，可以适用于任意位置物体的成像性质。

1. 垂轴放大率 β

理想光学系统的"垂轴放大率"和近轴光学系统相同，定义为像高 y' 与物高 y 之比，即

$$\beta = \frac{y'}{y} \tag{3-11}$$

由图 3-8 中的几何关系可得：

$$\beta = \frac{y'}{y} = -\frac{x'}{f'} = -\frac{f}{x} \tag{3-12}$$

式（3-12）是用牛顿公式求得的垂轴放大率，同样可以用高斯公式来表示垂轴放大

率。在 $x' = \dfrac{ff'}{x}$ 的两边同时加 f' 得：

$$x' + f' = \frac{ff'}{x} + f' = \frac{f'}{x}(x+f) \tag{3-13}$$

显然，式（3-13）中的 $x'+f'$ 和 $x+f$ 即 l' 和 l，则

$$\frac{x'+f'}{x+f} = \frac{f'}{x} = \frac{x'}{f} = \frac{l'}{l}$$

又因为 $\beta = -\dfrac{x'}{f'}$，进一步可得：

$$\beta = \frac{y'}{y} = -\frac{f}{f'} \times \frac{l'}{l} \tag{3-14}$$

式（3-14）即用高斯公式表示的垂轴放大率。式（3-12）和式（3-14）都表明，在系统的焦距确定后，垂轴放大率只随物体位置而异，某一垂轴放大率只对应一个物体位置。

2. 轴向放大率 α

理想光学系统的"轴向放大率"定义为物平面沿光轴作一微小移动量 $\mathrm{d}x$ 或 $\mathrm{d}l$ 与其像平面移动一相应的距离 $\mathrm{d}x'$ 或 $\mathrm{d}l'$ 之比，即

$$\alpha = \frac{\mathrm{d}x'}{\mathrm{d}x} = \frac{\mathrm{d}l'}{\mathrm{d}l} \tag{3-15}$$

对牛顿公式进行微分，得：

$$x\mathrm{d}x' + x'\mathrm{d}x = 0$$

则可得牛顿公式的轴向放大率：

$$\alpha = \frac{\mathrm{d}x'}{\mathrm{d}x} = -\frac{x'}{x} \tag{3-16}$$

对高斯公式进行微分可得：

$$-\frac{f'}{l'^2}\mathrm{d}l' - \frac{f}{l^2}\mathrm{d}l = 0$$

因此，可得高斯公式的轴向放大率：

$$\alpha = \frac{\mathrm{d}l'}{\mathrm{d}l} = -\frac{l'^2 f}{l^2 f'} \tag{3-17}$$

将用高斯公式表示的垂轴放大率式（3-14）代入式（3-17），得：

$$\alpha = -\frac{f'}{f}\beta^2 \tag{3-18}$$

式（3-18）表明，一般情况下，轴向放大率和垂轴放大率不相等，一个小的正方体的像一般不再是正方体，除非理想光学系统的物方空间和像方空间的介质一样且物体位于 $\beta = \pm 1$ 的位置。若光学系统位于同一种介质中，那么根据式（3-10）可得 $\alpha = \beta^2$。

3. 角放大率 γ

过光轴上的一对共轭点，作一对共轭光线 AM 和 $M'A'$，如图 3-9 所示。

共轭光线 AM 和 $M'A'$ 与光轴的夹角分别为 U 和 U'。这两个夹角的正切之比定义为理想光学系统的"角放大率"，即

$$\gamma = \frac{\tan U'}{\tan U} \qquad (3-19)$$

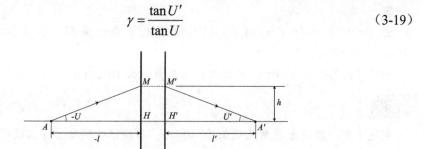

图 3-9　理想光学系统的角放大率

由图 3-9 的几何关系可得：

$$\gamma = \frac{\tan U'}{\tan U} = \frac{\dfrac{h}{l'}}{\dfrac{h}{l}} = \frac{l}{l'} \qquad (3-20)$$

将式（3-20）代入式（3-14）得：

$$\gamma = -\frac{f}{f'} \times \frac{1}{\beta} \qquad (3-21)$$

比较式（3-18）和式（3-21）可得：

$$\alpha\gamma = \beta \qquad (3-22)$$

式（3-22）就是理想光学系统三种放大率之间的关系式。

例 3-3

证明当光学系统位于空气中时，光学系统的节点与主点位置重合。

证明：

因为节点是角放大率为+1 的一对共轭点，由式（3-21）和式（3-9）得：

$$\gamma = \frac{n}{n'} \times \frac{1}{\beta} = \left(\frac{n}{n'}\right) \times \left(-\frac{f'}{x'_J}\right) = \left(\frac{n}{n'}\right) \times \left(-\frac{x_J}{f}\right) = +1$$

即

$$x_J = -\frac{n'}{n}f, \quad x'_J = -\frac{n}{n'}f'$$

当光学系统位于空气中时，有 $n' = n = 1$，因此得到节点的位置为

$$x_J = -f = f' \text{ 和 } x'_J = -f' = f$$

由此可知，物方节点的焦物距 x_J 距离物方焦点为 f'，即可证明物方节点与物方主点的位置重合。同理可知，像方节点也和像方主点重合。另外，这里也可以看到，只要物方和像方的折射率相等，节点和主点位置也是重合的。

例 3-4

有一放大镜头位于空气中，其焦距 f'=80mm，若要得到缩小 20 倍的照片（β=-1/20），则底片和被放大物体各应放在离镜头（视为理想光学系统）多远处？

解：

由 β=-1/20 可知 l =-20 l'，代入理想光学系统高斯公式（3-6b）中，解得 l=-1680mm，l'=84mm，

即底片应离镜头 84mm，被放大物体应离镜头 1680mm。

例 3-5

空气中有一理想光学系统焦距为 40mm，当物体分别处于什么区域时，成的像倒立缩小或者倒立放大？若更为一般情况焦距为 f'，则画出放大率与物距的关系曲线。

解： 将焦距代入理想光学系统高斯公式有：

$$\frac{1}{l'} - \frac{1}{l} = \frac{1}{40}$$

即

$$\beta = \frac{l'}{l} = \frac{40}{40+l}$$

当物体成倒立缩小的像时，有 $0 > \beta > -1$，解得 $l < -80(mm)$；

当物体成倒立放大的像时，有 $\beta < -1$，解得 $-40(mm) > l > -80(mm)$；

即物体在系统左侧 80mm 外成倒立缩小的像，在系统左侧 40～80mm 内成倒立放大的像。如果焦距为 f'，则计算得到的放大率与物距的关系曲线如图 3-10 所示。

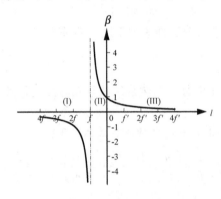

图 3-10　计算得到的放大率与物距的关系曲线

3.4　理想光学系统的图解法

根据理想光学系统物像共轭的关系，利用系统的基点、基面的性质，用光线描迹的作图方法，可以求出与给定位置的物体（点、线、面）共轭的像。这种通过光线描迹来确定成像的方法就是通常所说的图解法。

通过图解法来确定光学系统的物像关系，能够快捷且直观地确定像的位置、大小和虚实，对建立和加深物像共轭的概念很有帮助。由于理想光学系统成完善像，从同一物点发出的所有光线必定相交于同一像点。因此采用图解法时，只需要使用从物点发出的两束不同光线即可确定所对应的像点。

虽然物体发出的所有光线均能被使用，但为了便于确定共轭光线，一般采用几条具有

特征性的光线来代表物体发出的所有光线。通常利用基点、基面的性质来选择图解法所需要的特殊光线，典型的光线如下。

（1）平行于光轴的入射光线，经过光学系统后的共轭光线必过像方焦点 F'；

（2）经过物方焦点 F 的入射光线，经过光学系统后的共轭光线平行于光轴；

（3）经过物方节点 J 的入射光线，该光线经过光学系统后的共轭光线经过像方节点 J'，并且平行于物方的入射光线；

（4）物方的斜入射平行光束，该光束经过光学系统后的共轭光束会聚于像方焦平面上的轴外一点；

（5）物方焦平面上轴外某点发出的光束，该光束经过光学系统后的共轭光束为像方的斜入射平行光束。

例 3-6

利用图解法求轴外物点 B 的像点。

解：图 3-11 所示为轴外物点作图求像，主点 H、H' 和焦点 F、F' 位置确定，B 为轴外的一个物点。可选取经过物点 B 的以下两条典型的光线来作图。

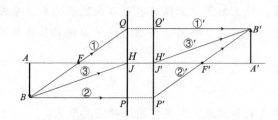

图 3-11　轴外物点作图求像

一条是经过物点 B 和物方焦点 F 的入射光线①，交物方主面于点 Q。点 Q 的像方主面共轭点 Q' 与点 Q 距光轴等高。经过点 Q' 作一平行于光轴的射线，即①的共轭光线①'。另一条是经过物点 B 且平行于光轴的入射光线②，交物方主面于点 P。点 P 的像方主面共轭点 P' 与点 P 距光轴等高。经过点 P' 与像方焦点 F' 的射线，即②的共轭光线②'。两条出射光线①'和②'的交点 B'，即物点 B 的像点。

如果该光学的节点也可以确定，则可以选取经过物点 B 和物方节点 J 的入射光线③。经过像方节点作一平行于入射光线③的射线，即③的共轭光线③'。该出射光线③'也会与①'和②'相交于点 B'。本例题假定物方和像方位于同一介质中，节点与主点重合。

例 3-7

利用图解法求轴上物点 A 的像点。

解：由高斯光学理论可知，位于轴上的物点的共轭像点也位于光轴上。因此在求轴上物点的像点时，只需要选取一条物点发出的非轴线方向的光线，该光束的共轭光线与光轴的交点即像点。以下介绍两种图解方法。

方法一：如图 3-12 所示，轴上物点 A 发出的一条光线①交于物方焦平面的点 B 和物方主平面的点 P。因此，光线①也可以看作是由点 B 发出的。点 B 位于物方焦平面上，因此由点 B 发出的光经光学系统后的共轭光束为像方的斜射平行光束。为确定光线①经过

点 P 的共轭点 P' 后的光线①'的传播方向，自点 B 作一平行于光轴的光线②，交物方主面于点 Q。其出射光线②'应经过点 Q 的共轭点 Q' 及像方焦点 F'。光线①'与光线②'平行，光线①'与光轴的交点即像点 A'。

方法二：如图 3-13 所示，轴上物点 A 发出的一条光线①交于物方主平面的点 P。因此，光线①也可以看作是无穷远处发出的斜平行光束中的一条。该光束经过光学系统后的共轭光束会聚于像方焦平面上的轴外一点。经过物方焦点 F 且平行于①的光线②交物方主面于点 Q，其共轭光线②'将经过点 Q 的共轭点 Q' 并平行于光轴出射，交像方焦平面于点 B。因此，光线①'也将经点 P' 后经过点 B，其与光轴的交点即像点 A'。

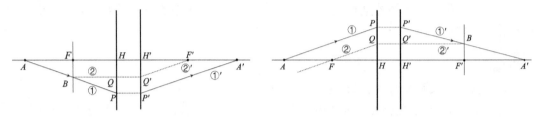

图 3-12　轴上物点作图求像方法一　　　图 3-13　轴上物点作图求像方法二

除上面两种方法外，轴上物点 A 的像点也可以经过求过点 A 垂轴面上的轴外物点的像点求得，具体解法如例 3-6 所示。另外，当理想光学系统的节点确定后，参考光线也可以选择经过节点的光线。

例 3-8

已知一理想光组的主点和焦点，利用作图法确定其节点。

解： 如图 3-14 所示，经物方焦点 F 作一条入射光线①，其共轭光线①'与光轴平行，交像方焦平面于点 O'。根据像方焦平面的性质，与光线①平行的物方光束都将会在像方会聚于点 O'，其中也包括经过物方节点的入射光线。经过物方节点的入射光线必然与其共轭光线平行。过点 O' 作与光线①平行的光线②'，光线②'与光轴的交线即像方节点 J'。得到②'后便可作出其物方共轭光线②，光线②与光轴的交点即物方节点 J。

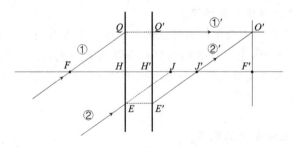

图 3-14　作图求节点

例 3-9

利用图解法求物 AB 经正光组所成的像。

解： 如图 3-15 所示，选取以下两条光线：一条是经过物点 B 和物方焦点 F 的入射光线①，其共轭光线①'与光轴平行；另一条是经过物点 B 且平行于光轴的入射光线②，其共轭光线②'经过像方焦点 F'。两条出射光线①'和②'的反向延长线相交于一点 B'，即物点 B 的像点。过点 B' 向光轴作垂线，垂足 A' 即物点 A 的像点。

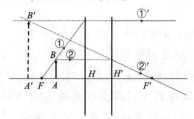

图 3-15　实物成虚像

例 3-10

主点与节点重合，试利用图解法求解物 AB 经正光组所成的像。

解：如图 3-16 所示，选取以下两条光线：一条是经过物点 B 且平行于光轴的入射光线①（指延长线经过物点 B），其共轭光线①'经过像方焦点 F'；另一条是经过物方节点 J（本题中主点与节点重合）和物点 B 的入射光线②（指延长线经过物点 B），其共轭光线②'经过像方节点 J' 且与入射光线平行。两条出射光线①'和②'相交于一点 B'，即物点 B 的像点。过点 B' 向光轴作垂线，垂足 A' 即物点 A 的像点。

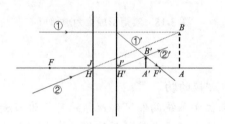

图 3-16　虚物成实像

例 3-11

利用图解法求解物 AB 经负光组所成的像。

解：负光组的物方焦点和像方焦点均为虚点，对应的物方入射光和像方出射光并不会实际经过两点。但图解法与例 3-6 一致，如图 3-17 所示，一般选取以下两条光线：

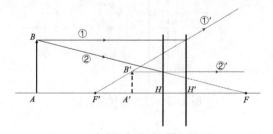

图 3-17　负光组作图求像

一条是经过物点 B 和物方焦点 F 的入射光线②（其延长线经过物方焦点 F），其共轭光线②'与光轴平行；另一条是经过物点 B 且平行于光轴的入射光线①，其共轭光线①'的延长线经过像方焦点。两条出射光线①′和②′的延长线相交于一点 B′，即物点 B 的像点。

例 3-12

利用图解法求解矩形物体 ABCD 经正光组所成的像。

解： 本题涉及二维图形经理想光学系统成像的问题，其本质上依旧可以看作是轴外物点的成像。如图 3-18 所示，考虑 B、C 两点，对于 B 点，选取以下两条光线：一条是经过物点 B 和物方焦点 F 的入射光线①，其共轭光线①′与光轴平行；另一条是经过物点 B 且平行于光轴的入射光线②，其共轭光线②′经过像方焦点 F′。两条出射光线①′和②′的反向延长线相交于一点 B′，即物点 B 的像点，过 B′向光轴作垂线，垂足 A′即物点 A 的像点。

对于 C 点，同理可得其像点 C′，不再赘述。连接 A′B′C′D′，即可得到矩形 ABCD 经正光组后的像。

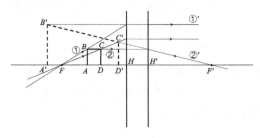

图 3-18　实矩形成像为虚梯形

例 3-13

利用图解法确定像 A′B′相应的物。

解： 由物方主点和焦点位于系统两侧可知此系统可视为凹透镜。如图 3-19 所示，选取两条特殊光线：一条是出射后平行于光轴，最终经过像点 B′的光线①，其共轭光线的延长线经过物方焦点 F；另一条是入射时平行于光轴的光线②，出射后的反向延长线经过像方焦点 F′。将入射光线①的共轭光线和入射光线②延长并交于一点，即像点 B′的物点，且为虚物。过点 B 作垂线与光轴交于 A 点，即像点 A′的虚物点 A。

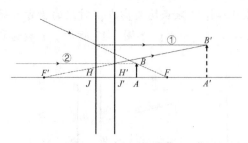

图 3-19　已知像作图求物

3.5　理想光学系统的组合

在实际应用中，经常需要将多个光学系统组合起来使用。在分析一些复杂的光学系统时，也经常需要将其分成若干部分分别进行计算，再进行组合。本节将分析双光组光学系统和多光组光学系统，并介绍几种典型的光学系统组合。

3.5.1　双光组光学系统

如图 3-20 所示，已知两个光学系统的物方和像方焦距分别为 f_1、f_1' 和 f_2、f_2'。两个光学系统的相对位置用第一个系统的像方焦点 F_1' 与第二个系统的物方焦点 F_2 的距离来表示，该距离被称为"光学间隔"，符号为 Δ。F_1' 为原点，F_2 在其右侧，Δ 为正，反之 Δ 为负。整个复合系统的物方焦距和像方焦距用 f 和 f' 表示，物方焦点和像方焦点用 F 和 F' 表示。复合系统的焦距正负号以 H'（或 H）为原点到 F'（或 F），从左到右为正，反之为负，所以图 3-20 中 $F'H'=-f'$，$HF=f$。

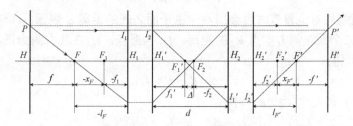

图 3-20　双光组光学系统

首先求像方焦点 F' 的位置。平行于光轴入射的光线，经第一个系统后将经过 F_1'，经过第二个系统后将经过组合系统的像方焦点 F'。因此，对于第二个光学系统来说 F_1' 与 F' 是一对共轭点。应用牛顿公式：

$$x_{F'} = -\frac{f_2 f_2'}{\Delta} \tag{3-23}$$

式中，$x_{F'}$ 为 F_2' 到 F' 的距离，F_2' 为原点，F' 在其右侧故 $x_{F'}$ 为正，左侧为负。

物方焦点可用同样方法求得。经过物方焦点 F 的光线经整个系统后一定平行于光轴，所以它也会经过第二个系统的物方焦点 F_2。因此，对第一个光学系统应用牛顿公式：

$$x_F = \frac{f_1 f_1'}{\Delta} \tag{3-24}$$

式中，x_F 为 F_1 到 F 的距离，F_1 为原点，F 在其左侧故 x_F 为负，右侧为正。

焦点位置确定后，只需要求出焦距，便可以确定组合系统的主平面。平行于光轴的入射光线和出射光线的延长线交点 P' 一定位于像方主平面上。由图 3-20 可知，$\triangle P'F'H' \backsim \triangle I_2'H_2'F'$，$\triangle I_2 H_1'F_1' \backsim \triangle I_1'H_2F_1'$，又因为 $P'H'=I_2 H_1'$，$I_2'H_2'=I_1'H_2$，进而有

$$\frac{H'F'}{F'H_2'} = \frac{H_1' F_1'}{F_1'H_2} \tag{3-25}$$

由图 3-20 可知：

$$H'F' = -f'; \quad F'H_2' = f_2' + x_{F'}; \quad H_1'F_1' = f_1'; \quad F_1'H_2 = \Delta - f_2 \tag{3-26}$$

进而有

$$\frac{-f'}{f_2' + x_{F'}} = \frac{f_1'}{\Delta - f_2} \tag{3-27}$$

将式（3-23）代入式（3-27），可得：

$$f' = -\frac{f_1'f_2'}{\Delta} \tag{3-28}$$

若组合系统物方介质的折射率为 n_1，两个系统间介质的折射率为 n_2，像方介质的折射率为 n_3，则根据物方焦距和像方焦距的关系，有

$$f = -f'\frac{n_1}{n_3} = \frac{f_1'f_2'}{\Delta} \times \frac{n_1}{n_3} \tag{3-29}$$

将 $f_1' = -f_1\dfrac{n_2}{n_1}, f_2' = -f_2\dfrac{n_3}{n_2}$ 代入式（3-29），可得：

$$f = \frac{f_1 f_2}{\Delta} \tag{3-30}$$

两个系统间的相对位置有时也会用两个主平面之间的距离 d 表示，即第一个系统的像方主点 H_1' 到第二个系统物方主点 H_2 的距离。H_1' 为原点，H_2 在其右侧为正，左侧为负。

由图 3-20 可得：

$$\Delta = d - f_1' + f_2 \tag{3-31}$$

将式（3-31）代入式（3-28）可得：

$$\frac{1}{f'} = -\frac{\Delta}{f_1'f_2'} = -\frac{f_2}{f_1'f_2'} + \frac{1}{f_2'} - \frac{d}{f_1'f_2'} \tag{3-32}$$

当两个系统位于同一种介质时，$f_2' = f_2$，则

$$\frac{1}{f'} = -\frac{\Delta}{f_1'f_2'} = \frac{1}{f_1'} + \frac{1}{f_2'} - \frac{d}{f_1'f_2'} \tag{3-33}$$

通常用 Φ 表示像方焦距的倒数，称为"光焦度"。光焦度代表了光组对光线会聚或者发散的能力，其单位称为"屈光度"，用字母"D"表示。式（3-33）可以写为

$$\Phi = \Phi_1 + \Phi_2 - d\Phi_1\Phi_2 \tag{3-34}$$

当两个系统主平面之间的距离 d 为 0 时，即在密接薄镜组的情况下，有

$$\Phi = \Phi_1 + \Phi_2 \tag{3-35}$$

密接薄镜组的总光焦度为两个薄透镜的光焦度之和。

由图 3-20 可得：

$$l_{F'} = f_2' + x_{F'}, \quad l_F = f_1 + x_F \tag{3-36}$$

将式（3-23）中的 x_F 代入式（3-36）中的 l_F 表达式，有

$$l_{F'} = f_2' - \frac{f_2 f_2'}{\Delta} = \frac{f_2'\Delta - f_2 f_2'}{\Delta}$$

进一步结合式（3-31）和式（3-32），可得：

$$l_{F'} = f'\left(1 - \frac{d}{f_1'}\right) \tag{3-37}$$

同理可得：

$$l_F = f\left(1 + \frac{d}{f_2}\right) \tag{3-38}$$

由式（3-37）和式（3-38）可得主平面的位置：

$$l_{H'} = H_2'H' = l_{F'} - f' = -f'\frac{d}{f_1'} \tag{3-39}$$

$$l_H = -HH_1 = l_F - f = f\frac{d}{f_2} \tag{3-40}$$

3.5.2　多光组光学系统正切计算法

当多个光组组合成一个光学系统时，如果依旧按照计算双光组光学系统时的方法，按系统顺序依次进行计算，那么过程将十分复杂。可以采用基于光线投射高度和角度追迹计算的方法来求解组合系统。因为计算过程中涉及计算孔径角的正切值，所以称为正切计算法。

如图 3-21 所示，可以追迹一条投射高度为 h 的平行于光轴的光线。只要计算出最后出射光线与光轴的夹角（孔径角）U_k'，则

$$f' = \frac{h}{\tan U_k'} \tag{3-41}$$

式中，下标 k 代表系统中的光组数量，投射高度 h 指入射光线投射到第一个光学系统主面时与光轴的距离。

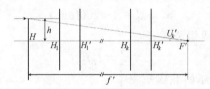

图 3-21　组合系统的焦距

对任意一个单独的光组，将高斯公式两边同乘共轭点光线在主面上的投射高度 h，则

$$\frac{h}{l'} - \frac{h}{l} = \frac{h}{f'} \tag{3-42}$$

因为 $\tan U' = \dfrac{h}{l'}$，$\tan U = \dfrac{h}{l}$，则

$$\tan U' = \tan U + \frac{h}{f'} \tag{3-43}$$

利用光组间的过渡公式和 $\tan U_{i-1}' = \tan U_i$，可以得到同一条光线在第 $i-1$ 个光组和第 i 个光组上的投射高度之间的关系式为

$$h_i = h_{i-1} - d_{i-1}\tan U_{i-1}' \tag{3-44}$$

将式（3-43）和式（3-44）连续用于三光组系统，任取 h_1，令 $\tan U_1 = 0$，则

$$\tan U_1' = \tan U_2 = \frac{h_1}{f_1'}$$

$$h_2 = h_1 - d_1\tan U_1'$$

$$\tan U_2' = \tan U_3 = \tan U_2 + \frac{h_2}{f_2'} \tag{3-45}$$

$$h_3 = h_2 - d_2\tan U_2'$$

$$\tan U_3' = \tan U_3 + \frac{h_3}{f_3'}$$

例 3-14

已知两个光组组成的系统置于空气中。第一个光组的像方焦距为 80mm，第二个光组的像方焦距为 100mm，两个主平面之间的距离 $d=140$mm，物体 A 放置在距离第一个光组物方主面前方 120mm 处，求这两个光组形成的光学系统的焦距，以及物体 A 对应的像的位置。

解：

方法一：对两个光组逐个计算。

由题可知第一个光组的主平面到物体 A 距离 $l_1=-120$mm，则物体 A 对第一个光组的物方焦物距为

$$x_1 = l_1 - f_1 = -40(\text{mm})$$

对第一个光组，由牛顿成像公式可知物体 A 对第一个光组的像方焦像距为

$$x_1' = \frac{f_1 f_1'}{x_1} = 160(\text{mm})$$

将物体 A 经第一个光组成的像视为对于第二个光组的物，则此时物方焦物距为

$$x_2 = x_1' - \Delta = 200(\text{mm})$$

对第二个光组，由牛顿成像公式得

$$x_2 x_2' = f_2 f_2'$$

可知物体 A 对第二个光组的焦像距为

$$x_2' = \frac{f_2 f_2'}{x_2} = -50(\text{mm})$$

则第二个光组的像方主平面到物体 A 最终成像点距离为

$$l_2' = f_2' + x_2' = 50(\text{mm})$$

方法二：使用双光组组合公式。

首先计算组合光组的焦距。由光组前后介质都是空气可知：

$$-f_1 = f_1' = 80(\text{mm})$$
$$-f_2 = f_2' = 100(\text{mm})$$

参考图 3-20 中该光学系统的光学间隔为

$$\Delta = d - f_1' + f_2 = -40(\text{mm})$$

则由式（3-28），组合光学系统的像方焦距为

$$f' = -\frac{f_1' f_2'}{\Delta} = 200(\text{mm})$$

由式（3-30），组合光学系统的物方焦距为

$$f = \frac{f_1 f_2}{\Delta} = -200(\text{mm})$$

接着计算物体 A 的成像位置。

由式（3-23）可知，第二个光组的像方焦点到组合光学系统的像方焦点的距离为

$$x_{F'} = -\frac{f_2 f_2'}{\Delta} = -250(\text{mm})$$

第一个光组的物方焦点到组合光学系统的物方焦点的距离为

$$x_F = \frac{f_1 f_1'}{\Delta} = 160 (\text{mm})$$

第一个光组的物方主平面到组合光学系统的物方主平面距离为

$$l_H = -f + x_F + f_1 = 280 (\text{mm})$$

第二个光组的像方主平面到组合光学系统的像方主平面距离为

$$l_{H'} = f_2' + x_{F'} - f' = -350 (\text{mm})$$

则与第一个光组的物方主平面距离 $l_1 = -120\text{mm}$ 的物体 A 相对于组合光学系统的焦物距为

$$x = -x_F - f_1 + l_1 = -200 (\text{mm})$$

对组合光学系统，由牛顿成像公式得

$$xx' = ff'$$

可知组合光学系统像方焦点到物体 A 最终成像点 A′的距离为

$$x' = \frac{ff'}{x} = 200 (\text{mm})$$

即成像点 A′距离第二个光组像方主平面的距离为

$$l_2' = x' + f_2' + x_{F'} = 50 (\text{mm})$$

综上所述，可得两个光组形成的组合光学系统物方焦距为-200mm，像方焦距为200mm。由两种方法均可以得出物体 A 最终成像在第二个光组主平面后方 50mm 处。

3.6　透镜

透镜是光学系统中最简单的一种，是其他复杂光学系统中的基本单元。它是由两个折射面包围一种透明介质（如玻璃）组成的光学元件。

透镜根据其对光的作用可以分为两大类：对光具有会聚作用的称为"会聚透镜"，又称为"凸透镜"，它的光焦度 Φ 为正值；对光具有发散作用的称为"发散透镜"，也称为"凹透镜"，它的光焦度 Φ 为负值。若光焦度为 0，则表示光学系统对光线没有偏折能力，一般可以视为平行平板玻璃。

在分析透镜的成像原理中可以将透镜的两个折射面看作是两个单独的光组，故透镜又可看作是双光组的组合。设两个折射球面的半径分别为 r_1 和 r_2，中间的透明介质的折射率为 n，厚度为 d，只要分别求出这两个光组的基点和焦距位置，再利用前述分析的多光组光学系统理论就可以得到透镜的基点和焦距位置。

3.6.1　单折射球面的基点、基面与焦距

如图 3-22 所示，由单个折射球面构成的光学系统，其半径为 r，两边介质的折射率分别是 n 和 n'。考虑近轴区从左向右入射的平行光线 A 经过折射面后交于光轴 A′。根据主点的定义可知，M 点即为像方主点 H′。另一方面，从右向左入射的平行光线 B′经过折射面

后交于光轴 B 点。显然，物方主点 H 也与 M 点重合。当投射高度 $h \to 0$ 时，M 点无限接近于 O 点，则物方与像方主点都与折射球面的顶点相重合。

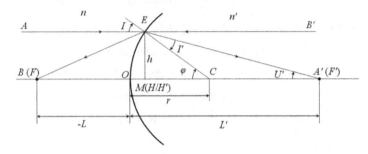

图 3-22 光线经过单折射球面的折射

其焦距可以根据单折射球面的成像公式得：

$$\frac{n'}{l'} - \frac{n}{l} = \frac{n'-n}{r}$$

只需要在上式中分别令 l 或 l' 为无穷大，就有 $l' \to f'$ 或者 $l \to f$，则像方和物方焦点位置的表达式分别为

$$l_{F'} = \frac{n'r}{n'-n} = f' \text{和} l_F = -\frac{nr}{n'-n} = f \tag{3-46}$$

显然，根据式（3-46）可知其两个主点都重合于球面的顶点，即

$$l_H = l_F - f = 0, \quad l'_H = l'_F - f' = 0 \tag{3-47}$$

这里 l_H 和 l'_H 分别是物方和像方折射球面顶点为原点到主点的距离，从左向右为正，反之为负。另外，由上述结果可知像方焦距和物方焦距的关系为：

$$\frac{f'}{n'} = -\frac{f}{n} \tag{3-48}$$

3.6.2 透镜的基点与焦距

假设透镜放置在空气中，即 $n_1 = n_2' = 1$；透镜材料的折射率为 n，即 $n_1' = n_2 = n$；透镜的两个折射球面的曲率半径分别为 r_1 和 r_2，则根据式（3-46），有

$$f_1 = -\frac{r_1}{n-1}, \quad f_1' = \frac{nr_1}{n-1} \tag{3-49a}$$

$$f_2 = \frac{nr_2}{n-1}, \quad f_2' = -\frac{r_2}{n-1} \tag{3-49b}$$

透镜间的光学间隔为

$$\Delta = d - f_1' + f_2 \tag{3-50}$$

式中，d 为透镜的光学厚度。

将式（3-49）和式（3-50）代入双光组的合成焦距公式（3-23）和式（3-24）可以得到透镜的焦距公式为

$$f' = -f = -\frac{f_1' f_2'}{\Delta} = \frac{nr_1 r_2}{(n-1)\left[n(r_2 - r_1) + (n-1)d\right]} \tag{3-51}$$

将式（3-51）写成光焦度的形式，有

$$\phi = \frac{1}{f'} = (n-1)(\rho_1 - \rho_2) + \frac{(n-1)^2}{n}d\rho_1\rho_2 \tag{3-52}$$

式中，ρ_1 和 ρ_2 分别为双光组球面 1 和 2 的球面曲率半径的倒数。

透镜的焦点和主点可分别由双光组光学系统的焦点位置和主点位置计算得到：

$$l_{F'} = f'\left(1 - \frac{n-1}{n}d\rho_1\right), \quad l_F = -f'\left(1 + \frac{n-1}{n}d\rho_2\right) \tag{3-53a}$$

$$l_{H'} = -f'\frac{n-1}{n}d\rho_1, \quad l_H = -f'\frac{n-1}{n}d\rho_2 \tag{3-53b}$$

为了便于分析下面透镜的结构特性，引入一个变量 D，定义为透镜主面之间的距离，其方向为物方主点 H 指向像方主点 H'，从左往右为正，反之为负，则

$$D = d + l_{H'} - l_H = \frac{(n-1)d(r_2 - r_1 + d)}{n(r_2 - r_1) + (n-1)d} \tag{3-54}$$

1. 双凸透镜

图 3-23 所示为几种不同基点位置和焦距的双凸透镜，对于给定的双凸透镜的半径 $r_1 > 0$ 和半径 $r_2 < 0$ 条件下，其成像特性将随着透镜厚度 d 的不同而发生改变。

（1）当透镜厚度满足 $d < \frac{n}{(n-1)}(r_1 - r_2)$ 时，由式（3-51）可知，此时 $f' = -f > 0$，即双凸透镜为一个会聚透镜。且当 $d < r_1 - r_2$ 时，由式（3-54）可知，$D > 0$，即像方主点在物方主点的右边，其基点位置和焦距如图 3-23（a）所示。

（2）当透镜厚度满足 $d = r_1 - r_2$ 时，有 $D = 0$，即物方主点和像方主点的位置重合且位于双凸透镜的公共球心处，基点位置和焦距如图 3-23（b）所示。

（3）当透镜厚度增大满足 $d = \frac{n(r_1 - r_2)}{(n-1)}$ 时，有 $f' = -f \to \infty$。此时双凸透镜的成像特性类似于望远镜如图 3-23（c）所示，其基点和基面位置都位于无穷远处。

（4）当透镜厚度满足 $d > \frac{n(r_1 - r_2)}{(n-1)}$ 时，由式（3-51）可知，此时 $f' = -f < 0$，即双凸透镜为一个发散透镜，且由式（3-49b）可知，$l_H < 0$，$l_{H'} > 0$，则物方主平面和像方主平面都位于透镜的外部，其基点位置和焦距如图 3-23（d）所示。

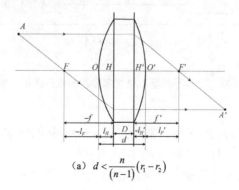

(a) $d < \frac{n}{(n-1)}(r_1 - r_2)$

图 3-23　几种不同基点位置和焦距的双凸透镜

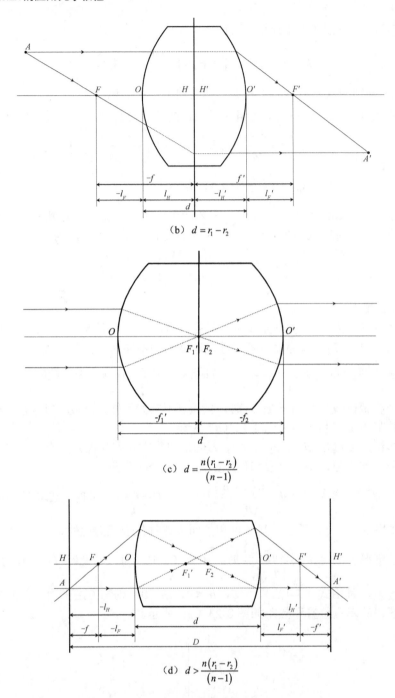

(b) $d = r_1 - r_2$

(c) $d = \dfrac{n(r_1 - r_2)}{(n-1)}$

(d) $d > \dfrac{n(r_1 - r_2)}{(n-1)}$

图 3-23　几种不同基点位置和焦距的双凸透镜（续）

2．双凹透镜

对于一个双凹透镜有 $r_1<0$，$r_2>0$，则由式（3-54）可知 $f'=-f<0$ 恒成立。因此双凹透镜为一个发散透镜，其基点位置和焦距如图 3-24 所示。

实际光学系统经常由多个透镜及透镜组组合而成。在对多个透镜进行组合时，需要先进行高斯光学计算。一方面需要用高斯间距来满足组合要求，另一方面在确保高斯间距的同时，需要考虑实际光学透镜表面之间的间距，因为过小的高斯间距可能会造成透镜间的实际间距不足，镜头表面相互碰撞。

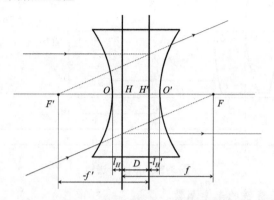

图 3-24 双凹透镜的基点位置和焦距

3. 其他形式的透镜

除了上述的透镜形式，通过组合不同的球面还可以得到如图 3-25 所示的各种形式的透镜，以满足不同场合的需求。

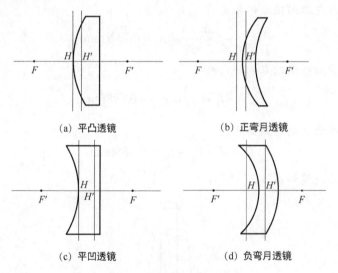

(a) 平凸透镜   (b) 正弯月透镜

(c) 平凹透镜   (d) 负弯月透镜

图 3-25 各种形式的透镜

例 3-15

例 2-4 利用光线追迹法分析了一双胶合镜组。为了方便阅读，这里再次将该结构参数列出，如图 3-26 所示，其结构参数如下：

$n=1.0$ （空气）

$r_1=30.819$mm，$d_1=2.0$mm，$n_1'=n_2=1.5168$（BK7 玻璃）

$r_2=-25.028$mm，$d_2=2.0$mm，$n_2'=n_3=1.7174$（SF1 玻璃）

$r_3=-62.710$mm，$n_3'=1.0$（空气）

试利用理想光学系统物像关系公式计算该双胶合透镜的像方焦距。

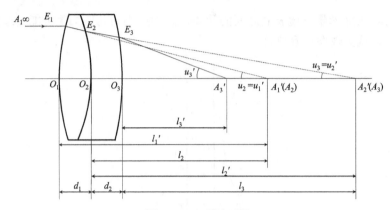

图 3-26 双胶合透镜

解：首先计算双凸透镜的光学参数。

将该透镜的前折射球面曲率半径 r_1=30.819mm、后折射球面曲率半径 r_2=-25.028mm、材料折射率 n_2=1.5168、厚度 d_1=2mm 代入式（3-51）中，可得焦距：

$$f_1' = -f_1 = \frac{n_2 r_1 r_2}{(n_2-1)[n_2(r_2-r_1)+(n_2-1)d_1]} = 27.055(\text{mm})$$

物方主平面离左球面顶点的距离为

$$l_{H_1} = -f_1' \frac{n_2-1}{n_2} d_1 \rho_2 = 0.737(\text{mm})$$

像方主平面离右球面顶点的距离为

$$l_{H_1'} = -f_1' \frac{n_2-1}{n_2} d_1 \rho_1 = -0.598(\text{mm})$$

物像双方主平面之间的距离为

$$D_1 = d_1 + l_{H_1'} - l_{H_1} = 0.665(\text{mm})$$

系统中的双凸透镜如图 3-27 所示。

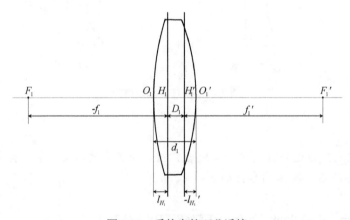

图 3-27 系统中的双凸透镜

现在计算弯月透镜的光学参数。将该透镜的前折射球面曲率半径 r_2=-25.028mm、后折射球面曲率半径 r_3=-62.710mm、材料折射率 n_3=1.7174、厚度 d_2=2mm 代入式（3-51）

中，可得焦距：

$$f_2' = -f_2 = \frac{n_3 r_2 r_3}{(n_3 - 1)[n_3(r_3 - r_2) + (n_3 - 1)d_2]} = -59.375 \text{(mm)}$$

物方主面离左球面顶点的距离为

$$l_{H_2} = -f_2' \frac{n_3 - 1}{n_3} d_2 \rho_3 = -0.791 \text{(mm)}$$

像方主面离右球面顶点的距离为

$$l_{H_2'} = -f_2' \frac{n_3 - 1}{n_3} d_2 \rho_2 = -1.982 \text{(mm)}$$

物像双方主面之间的距离为

$$D_2 = d_2 + l_{H_2'} - l_{H_2} = 0.809 \text{(mm)}$$

弯月透镜如图 3-28 所示。

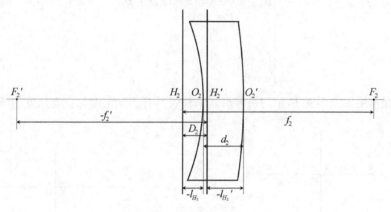

图 3-28 弯月透镜

接着，通过双光组组合公式来计算胶合透镜的总焦距。双凸透镜的像方主点 H_1' 到弯月透镜的物方主点 H_2 的距离为

$$D = d + l_{H_2} - [d - (-l_{H_1}')] = l_{H_2} - l_{H_1}' = -0.193 \text{(mm)}$$

即如图 3-29 所示，弯月透镜的物方主平面在双凸透镜的像方主平面的左侧。

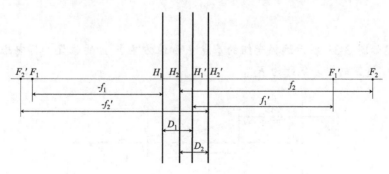

图 3-29 组合系统

由式（3-21）可知，该系统中双凸透镜和弯月透镜的光学间隔，即 F_1' 到 F_2 的距离为

$$\Delta = D - f_1' + f_2 = 32.127(\text{mm})$$

再将该光学间隔值代入式（3-19）中，可得系统焦距：

$$f' = -f = -\frac{f_1' f_2'}{\Delta} = 50.001(\text{mm})$$

在本章的最后，将用 Zemax 计算得到此结构并与本例题相互验证。

3.6.3　薄透镜与薄透镜组

如果单个透镜的厚度 d 很小或者厚度与其口径（透镜的有效直径）相比很小时，则称该透镜为薄透镜（$d=0$），此时薄透镜公式组为

$$\begin{cases} f_{\text{thin}}' = \dfrac{r_1 r_2}{(n-1)(r_2 - r_1)} = -f_{\text{thin}} \\[2mm] \phi_{\text{thin}} = \dfrac{1}{f_{\text{thin}}'} = (n-1)(\rho_1 - \rho_2) \\[2mm] l_{H'} = 0 \\[1mm] l_H = 0 \\[1mm] a = 0 \end{cases} \qquad (3\text{-}55)$$

此外，通常用如图 3-30 所示的符号形式来代表具有正光焦度与负光焦度的薄透镜。

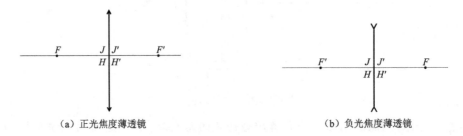

（a）正光焦度薄透镜　　　　　　　　　　　　（b）负光焦度薄透镜

图 3-30　薄透镜示意图

由此可以看出，在进行光学设计时，可以先将透镜看作是薄透镜进行高斯计算分析后，在考虑像差或者具体结构时再进行加厚处理。

例 3-16

作图确定如图 3-31 所示远摄光组的基点 F' 和像方主点 H' 的位置，其中凸透镜的像方焦距为 F_1'，凹透镜的像方焦距为 F_2'。

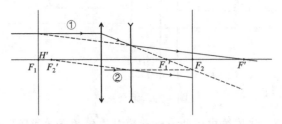

图 3-31　确定远摄光组的像方基点和像方主点

解：如图 3-31 所示，为确定光组整体的像方焦点 F'，需要求平行于光轴入射的光线经过光组出射后与光轴的交点。首先作一条平行于光轴的光线①，经凸透镜出射后沿出射点与像方焦点 F_1' 连线方向出射。为确定该光线经凹透镜出射的方向，我们需要借助另一条光线，过凹透镜的物方焦点作垂线以表示焦平面，延长凸透镜出射光线并找到其与焦平面的交点。作一条平行于光轴入射至凹透镜且延长线经过该交点的光线②，其出射光线的反向延长线交于像方焦点 F_2'。由于光线①经凸透镜出射后的延长线和光线②的延长线都经过凹透镜物方焦平面上的同一点，光线①和光线②经凹透镜出射后的光线应互相平行。于光线①在凹透镜上的出射点处作光线②出射后的平行线，即光线①的出射光线。光线①的出射光线与光轴的焦点 F' 即该光组的像方焦点。将光线①的出射光线反向延长，与其入射光线交于一点，作该点与光轴的垂线，即垂轴放大率为 1 的共轭面之一——像方主平面的位置，与光轴的交点即像方主点 H'。

例 3-17

一组合系统如图 3-32 所示，薄凸透镜的焦距为 40mm，薄凹透镜的焦距为-40mm，两单透镜之间的间隔为 40mm，当一物体位于凸透镜前方 150mm 处时，求组合系统的像的位置和垂轴放大率。如果像的位置在凹透镜后方 40mm 处，那么两单透镜之间的间隔需要调整到多少？

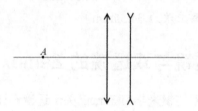

图 3-32 凸透镜、凹透镜组合系统

解：对单凸透镜来说：

$$l_1 = -150\text{mm}$$
$$f_1' = 40\text{mm}$$

代入到高斯公式中：

$$\frac{1}{l_1'} - \frac{1}{-150} = \frac{1}{40}$$

解得：

$$l_1' = 54.55(\text{mm})$$

对凹透镜来说：

$$l_2 = l_1' - d = 54.55 - 40 = 14.55(\text{mm})$$

将 $f_2' = -40\text{mm}$ 代入高斯公式中：

$$\frac{1}{l_2'} - \frac{1}{14.55} = \frac{1}{-40}$$

解得：

$$l_2' = 22.87(\text{mm})$$

即最后像位置在凹透镜后 22.87mm 处。

根据垂轴放大率：

$$\beta = \beta_1 \beta_2 \text{ 及 } \beta_1 = \frac{l_1'}{l_1}, \quad \beta_2 = \frac{l_2'}{l_2}$$

可得：

$$\beta = \frac{l_1'}{l_1} \times \frac{l_2'}{l_2} = \frac{54.55}{-150} \times \frac{22.87}{14.55} = -0.57$$

即垂轴放大率为-0.57。

若要求成像在凹透镜后方 40mm 处，则将 l_2'=40mm，f_2'=-40mm 代入高斯公式：

$$\frac{1}{40} - \frac{1}{l_2} = \frac{1}{-40}$$

解得：

$$l_2 = 20(\text{mm})$$

又有：

$$l_2 = l_1' - d$$

将 l_1'=54.55mm 代入上式，解得：

$$d = l_1' - l_2 = 34.55(\text{mm})$$

即此时两单透镜间的距离应改为 34.55mm。

3.7 单透镜与双透镜的 Zemax 设计实例

本节通过介绍单透镜和双透镜来学习 Zemax 关于透镜设计的基本使用方法、基本的像差分析及参数优化，了解 Zemax 光学设计的基本流程。

3.7.1 单透镜 Zemax 设计实例

设计要求：设计一个 F/5 的透镜，焦距为 50mm，透镜中心厚度为 2mm，在轴上可见光谱范围内，用 BK7 玻璃。

1. 知识补充

F 数为镜头的光圈系数或光圈数，$F=f'/D$。其中 f' 为镜头焦距，D 为入瞳直径。D/f' 为相对孔径。相关知识的具体介绍将在第 8 章讲述。F/5 表示 F 数为 5。如果焦距为 50mm，那么 D 为 10mm。

本章主要讲理想光学系统，但是真实的光学系统存在各种像差。第 2 章已经讲到了球差，这里简单讲述一下色差。早在 1666 年，牛顿利用三棱镜将太阳光分解出一条色带，这是因为光学材料对不同光波长的折射率是不同的。而对于透镜，不同波长具有不同的焦距（见图 3-33），即轴向色差，从而导致整个光学系统的成像质量下降。以下两个例子中利用 Zemax 简单分析透镜的色差，色差的进一步讲述可以参看第 7 章。

首先确定玻璃材料（折射率、色散等参数）等条件后，可以根据 3.6 节关于透镜的相关理论知识设计出透镜的基本结构参数，如两个球面的曲率半径等。该透镜结构称为初始结构。当然一个经验丰富的设计者会根据自己的经验配合一定理论计算出初始结构，然后计算该透镜的像差等光学性能参数，并在此基础上反复修改参数进行优化，直到满足要求。而现在 Zemax 的自动优化功能具有强大的像差运算能力，可以给光学设计带来极大的便利。可以将初始结构输入 Zemax，并通过软件自动优化，能非常高效地达到良好的成像质量。

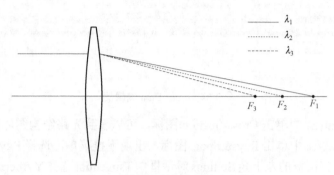

图 3-33　轴向色差示意图，λ 为波长

以下仿真分析的主要目的是让读者了解 Zemax 的设计的过程及使用方法，所以如何计算透镜的初始结构就不再介绍了。在第 9 章"库克三片式成像镜头设计"实例中将进行介绍，读者也可以查阅相关文献。

2. 仿真分析

首先双击桌面上的 Zemax 图标，运行 Zemax 软件。在界面的左边对话框 System Explorer 中将光标移动到 Wavelengths 并单击，出现下拉菜单 Settings、Wavelength 及 Add Wavelength。单击 Wavelength 1 按钮，在 Wavelength 对话框中输入 0.486，单位为 μm，Weight （权重）设为 1。单击 Add Wavelength 按钮并进一步单击 Enable 按钮，可以增加新的波长。在 Wavelength 对话框中输入 0.588，单位为 μm，权重也设为 1，并选择为 Primary，这表明目前这个波长是主波长。再单击 Add Wavelength 按钮，同样单击 Enable 按钮，在 Wavelength 对话框输入 0.656，权重设为 1。这样就为系统设置了 3 个波长用于成像系统的像质评价。此外，在 Settings 中可以看到 F、d、C 分别表示氢、汞、氧元素特征谱线的波长。

在 System Explorer 对话框单击 Aperture 按钮，在 Aperture Type 中选择 Entrance Pupil Diameter 选项。当然也可以选择其他类型的孔径设置。在 Aperture Value 对话框中输入 10，Units 中的单位采用默认值 Millimeters（毫米）。这里再次说明，透镜单位可以在 System Explorer 下面的 Units 选项中选择。可以看到有 Lens Units （透镜单位），一般采用默认值 Millimeters。

光标移到 Lens Data 编辑器对话框。软件默认为三个面（第 0 面到第 2 面）分别是 OBJECT、STOP 和 IMAGE。具体含义已经在第 2 章中解释，读者可以回顾此前内容。光标移动到 IMAGE 面，右击选择下拉菜单中的 Insert Surface，这样就在 IMAGE 面前面插入第 2 面。或者也可以右击 STOP 面，在下拉菜单中选择 Insert Surface After 选项，同样在 STOP 面后（此处也是 IMAGE 面前）插入第 2 面。移动光标至第 1 面（STOP 面）的一行，Thickness 输入 2，Material 输入 BK7（表示玻璃牌号），在 Radius 输入 50。这里再次提醒，符号约定为曲率中心在镜片的右边为正，在左边为负，这和应用光学理论中的符号规则是相同的。

在第 2 面的 Radius 输入-50，这样就设计了一个等凸镜片。此外，在第 2 面的 Thickness 输入 50，即到像面的距离为 50mm。此时，Lens Data 编辑器如图 3-34 所示。

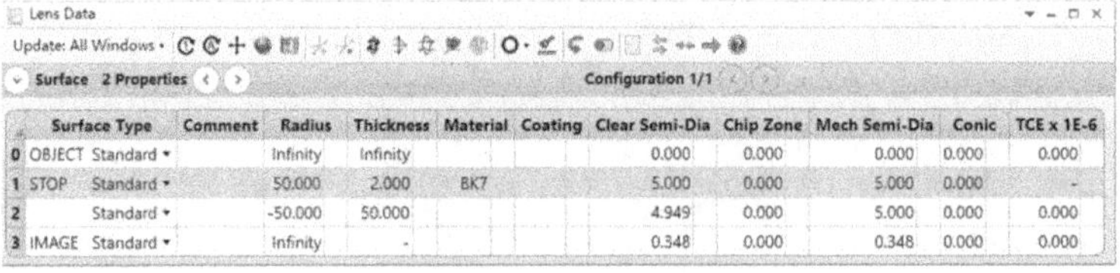

	Surface Type	Comment	Radius	Thickness	Material	Coating	Clear Semi-Dia	Chip Zone	Mech Semi-Dia	Conic	TCE x 1E-6
0	OBJECT Standard ▾		Infinity	Infinity			0.000	0.000	0.000	0.000	0.000
1	STOP Standard ▾		50.000	2.000	BK7		5.000	0.000	5.000	0.000	-
2	Standard ▾		-50.000	50.000			4.949	0.000	5.000	0.000	0.000
3	IMAGE Standard ▾		Infinity	-			0.348	0.000	0.348	0.000	0.000

图 3-34　Lens Data 编辑器

在工具栏 Analyze 中单击 Cross-Section 图标，可以看到光路结构图，如图 3-35 所示。

在工具栏 Analyze 中单击 Rays&Spots 图标，出现下拉菜单，选择 Ray Aberrations 选项跳出 Ray Fan 图。在图框的左上角 Settings 对话框中 Tangential 选择 Y Aberration，在 Sagittal 选择 X Aberration 得到图 3-36。可见像差约为 340，且有离焦现象。说明该设计有缺陷，需要优化透镜参数。

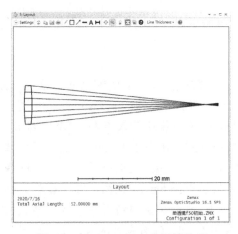

图 3-35　Cross-Section 光路结构图

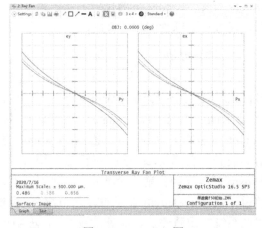

图 3-36　Ray Fan 图

为了实现镜片优化的目的，根据设计目标，需要确定可以满足设计目标的系统优化变量，具体如哪些镜头参数是可以变化的。对于本设计可以看出有以下参数可以改变：镜片的前后曲率、第 2 面的厚度。这些变量可以用于优化镜片。

将光标移到 Lens Data 对话框中第 1 面的 Radius 列，单击数值 50 右侧空格框，出现 Curvature solve on surface1 对话框。在 Solve Type 下拉菜单中选择 Variable 选项，这样出现后缀 V 字，表示该值为可变参数，参与优化。也可以把光标移到 Radius 项，利用快捷键 "Ctrl+ Z" 设置为 Variable。此外，第 2 面 Radius 与 Thickness 都设置为变量。这样，3 个可变化量就设置好了。

下一步为镜片定义一个 "Merit Function（评价函数）"，作为评价成像质量的判据。在优化过程中，前面设置的可变结构参数会不停变化，而评价函数值（Current Merit Function）不断减小到最终一个值，这个值越小越好。在理想情况下，此值为 0 表示一个理想的镜头。关于优化与评价函数在第 9 章会详细介绍，读者感兴趣的话可以提前学习。在工具栏中单击 Optimize 按钮，出现 Merit Function Editor 图标，即评价函数编辑器。单击该图标跳出评价函数设置对话框，一开始可以看到在 Type 列为 BLNK，说明尚未设置操作符。

Zemax 已经预设了默认的评价函数。在 Merit Function Editor 编辑器中 Default Merit Functions（DMFS）下面都是软件默认的操作符。在一些情况下，只要调用该评价函数即可，不需要再专门设置操作符。这给初学者带来了很多便利，因为设置操作符本身就需要对光学系统设计具有深入的了解。为了方便，这里也直接调用该函数。

单击 Merit Function Editor 编辑器左上角 Wizards and Operands，或者单击工具栏 Optimize 中 Optimization Wizard 图标，跳出图 3-37 所示对话框，参看相关参数设置，单击 Apply 及 OK 按钮，可以看到在 Merit Function Editor 编辑器对话框中会自动产生很多操作符。读者可以查阅 Zemax 的 Help 文件了解这些操作符的含义和作用。此外，若想要焦距为 50mm，则需要额外设置一个关于焦距的操作符 EFFL。光标移动到 Type 下面第 1 行，右击并选择该行后单击，在下拉菜单中选择 Insert Operand 选项，这样插入新一行。Type 中选择 EFFL 选项，此操作符控制有效焦距。在 Target 中输入 50，Weight 中输入 1。这样我们的评价函数设置完成，如图 3-38 所示。不需要保存，直接关掉对话框即可，Zemax 会自动记录评价函数设置。

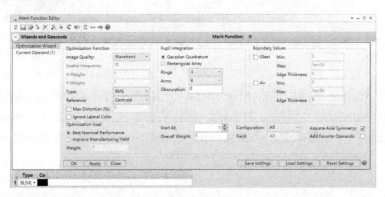

图 3-37　Merit Function Editor 编辑器中 Optimization Wizard 设置对话框

	Type	Comment									
1	EFFL		2					50.000	1.000	48.708	1.177
2	DMFS										
3	BLNK	Sequential merit function: RMS wavefront centroid GQ 3 rings 6 arms									
4	BLNK	No air or glass constraints.									
5	BLNK	Operands for field 1.									
6	OPDX		1	0.000	0.000	0.336	0.000	0.000	0.291	-11.463	26.968
7	OPDX		1	0.000	0.000	0.707	0.000	0.000	0.465	-0.356	0.042
8	OPDX		1	0.000	0.000	0.942	0.000	0.000	0.291	12.033	29.713
9	OPDX		2	0.000	0.000	0.336	0.000	0.000	0.291	-7.646	11.998
10	OPDX		2	0.000	0.000	0.707	0.000	0.000	0.465	-0.292	0.028
11	OPDX		2	0.000	0.000	0.942	0.000	0.000	0.291	8.113	13.508
12	OPDX		3	0.000	0.000	0.336	0.000	0.000	0.291	-6.137	7.729
13	OPDX		3	0.000	0.000	0.707	0.000	0.000	0.465	-0.261	0.022
14	OPDX		3	0.000	0.000	0.942	0.000	0.000	0.291	6.554	8.815

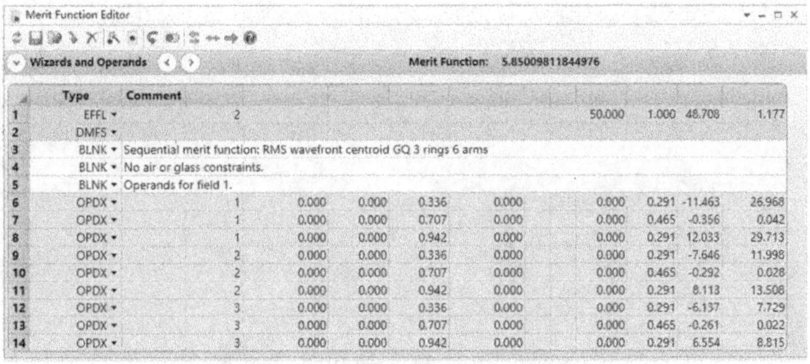

图 3-38　Merit Function Editor 编辑器中操作符设置

光标回到工具栏 Optimize 选项，单击 Optimize！图标，出现图 3-39 所示的对话框。

单击 Start 按钮，Current Merit Function 的值从 5.850098118 变到最小 0.758631470，最后得到优化后的镜片参数。此时，第 1 面的半径为 31.517，第 2 面的半径为-141.134，第

2 面的厚度为 48.531。此时查看 Merit Function Editor 编辑器中 EFFL 行 Value 显示为
50.052，或者查看软件界面左下角边框显示 EFFL 的值，如图 3-40 所示。

图 3-39 优化函数 Local Optimization 对话框

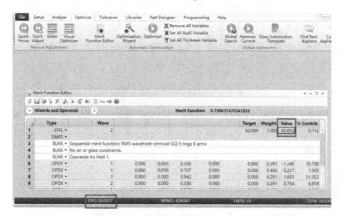

图 3-40 优化后 EFFL 的值

在工具栏 Analyze 选项中单击 Aberrations 图标，在下拉菜单中选择 Ray Aberration 选
项，打开 Ray Fan 图，得到图 3-41（a）。优化后的最大像差约为 61。设计者也可以在
Rays&Spots 图标的下拉菜单中，单击 Standard Spot Diagram 按钮，得到图 3-41（b）。

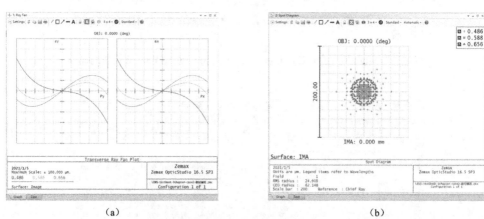

(a)   (b)

图 3-41 Ray Fan 图与 Spot Diagram

Zemax 为一阶色差提供了一种简便的工具：Chromatic Focal Shift 多色光焦点偏移图。
在工具栏 Analyze 选项中单击 Aberrations 图标，在下拉菜单里面选择 Chromatic Focal Shift
选项。因为玻璃色散导致不同波长的折射率不同，所以造成了不同波长的焦距不同。该选

项显示了对于不同波长的光的焦点变化，其参考的原始焦点是主波长的焦点。最后得到图 3-42 焦距关于波长的偏移图。在 0.486μm 处焦距的偏差约为−530μm。关于色散的内容在第 7 章中会进一步介绍。如果读者对光学知识具有一定的了解，可以提前结合第 7 章内容展开学习。

另外，读者可以尝试同时把透镜厚度（第 1 面厚度）也设置为变量进行优化，对比一下结果。

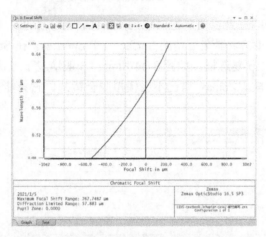

图 3-42 焦距关于波长的偏移（Focal shift）图

3.7.2 双胶合透镜 Zemax 设计实例

1．设计要求

设计一个 *F*/5 的胶合透镜，焦距为 50mm，透镜中心总厚度为 4mm。两个透镜分别采用 BK7 和 SF1 两种玻璃，改善色差。

2．知识补充

在第 2 章中利用光线追迹法计算了该胶合透镜的光路结构，在第 3 章基于高斯公式进行了计算分析。这里进一步利用 Zemax 来仿真该类透镜的光学特性。第 3 章理论计算中用到了主平面等概念，Zemax 自带宏里面也有个计算主平面位置的功能，读者可以自行了解。对于简单结构的设计，可以不用计算主平面位置。

此外，胶合透镜可以利用两块透镜不同的色散特性，有效消除一阶色差。一般来讲，正光焦度的透镜选用冕牌玻璃，负光焦度的透镜选用火石玻璃，具体可以参看第 7 章色差相关内容，也可以参考 Smith 的 *Modern Optical Engineering* 里给出的例子。由于此例的主要目的是了解如何使用 Zemax，所以这里选择 BK7 和 SF1 这两种玻璃作为例子。至于初始结构的选取可以根据理论计算得到，这里不进行介绍。

3．仿真分析

在此前优化后的单透镜的基础上，在 Lens Data 编辑器第 1 面下面插入一个新的面，半径为−170，并设置为变量，厚度为 2，材料为 SF1，并把第 1 面的厚度也改为 2。如果已经把单透镜参数丢失了，那么输入如图 3-43 所示的数据。

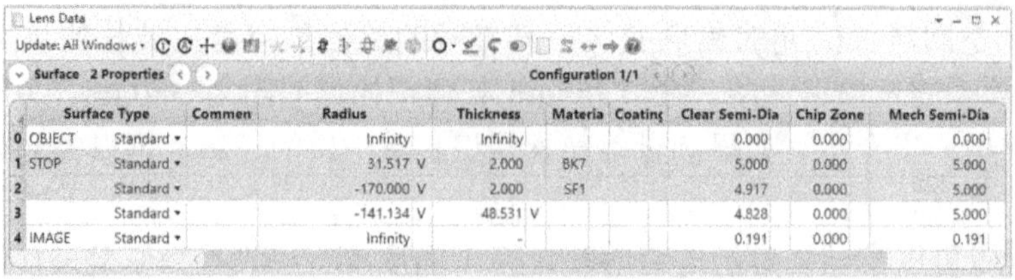

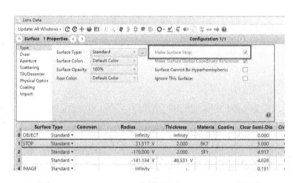

图 3-43　Lens Data 编辑器设置

如果需要移动光阑的位置以使其他面成为光阑面，如第 1 面，可以双击该面，或者选择该面后单击 Lens Data 编辑器左上角的 Surface 1 Properties。在 Surface 1 Properties 设置中勾选 Make Surface Stop 复选框，如图 3-44 所示。一般情况下，认为胶合透镜的 BK7 和 SF1 两种介质中没有空隙。Zemax 自己不会模拟胶合镜片，它只能简单地模拟使两片玻璃紧密接触。

图 3-44　Lens Data 编辑器中 Stop layer 设置

如果在先前的例子中，仍然保留了评价函数，那么可直接沿用此前的评级函数；否则，请按前例方法重新创建一个评价函数，包括 EFFL 操作符。因为上一个例子中 EFFL 操作符 Target 中已经输入 50，所以这里不需要进行任何改动。焦距为 50 也是例 3-15 中计算得到的值。

从工具栏选择 Optimize 选项，单击 Optimize!图标进行优化。可以看到评价函数值从 2.889996182 一直减小到 0.044393762 停止。优化后 Lens Data 编辑器相关参数如图 3-45 所示。可以看到此时胶合透镜的结构参数和例 3-15 给出的值是相同的。这里读者可以思考一个问题，如果确定了设计的目标参数，如焦距还有玻璃的选择等，那么透镜的结构参数是否是唯一的？

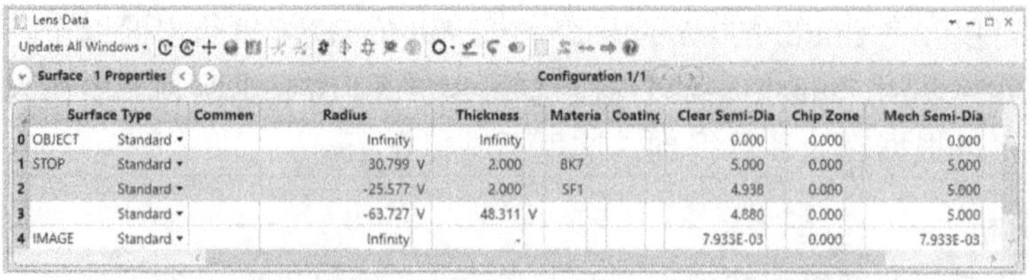

图 3-45　优化后 Lens Data 编辑器相关参数

在工具栏 Analyze 选项中单击 Aberrations 图标，在下拉菜单中选择 Chromatic Focal Shift 选项，即多色光焦点偏移图，得到图 3-46，可以看到色散值有所改善。可以看到

0.486μm 波长时波长偏移约为 10μm。现在二阶色散占主导，所以呈抛物线形。当然，可以选择玻璃，对色散进一步优化。在工具栏 Libraries 中的 Materials Catalog 选项中可以选择不同公司的玻璃，如 ANGSTROMLINK.AGF，以及能看到不同玻璃的光学参数。也可以导入软件没有设为默认的其他玻璃，如国产玻璃。

　　在工具栏中 Analyze 选项中单击 Rays&Spots 图标，并在下拉菜单中选择 Ray Aberrations 选项，软件跳出如图 3-47 所示的 Ray Fan 图。可以看到最大像差约为 8，与前例单透镜相比得到很大的提高。

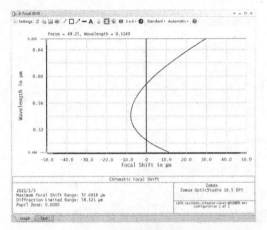 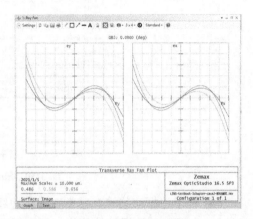

图 3-46　焦距关于波长的偏移（Focal shift）图　　　　　　图 3-47　Ray Fan 图

　　通过 Analyze 中的 Cross-Section 工具看到透镜光路结构图，如图 3-48 所示。查看 Merit Function Editor 编辑器中 EFFL 操作符 Value 值，可以看到优化后胶合透镜的有效焦距值。

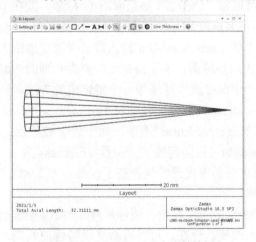

图 3-48　Cross-Section 光路结构图

　　查看优化后的透镜边缘的相关尺寸参数，一般要求透镜边缘不能太薄，这样可以给加工和装配等提供边缘空间。将光标移动到第 1 面的任意一列并单击（如在 Lens Data 中有"BK7"字样）。现在单击工具栏 Analyze 中的 Reports 图标，选择下拉菜单中 Surface Data 选项，如图 3-49 所示。系统会出现一个窗口，告诉用户该面的边缘厚度，所给出的值是 1.11021，厚度尚可，如图 3-50 所示。

图 3-49 Reports 图标

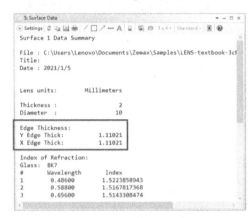

图 3-50 Surface Data 报告图

为了利于边框安装等，常常在透镜边缘留有装配空间。可以设置第 1 面 Mech Semi-Dia 为 8，可以看到透镜边缘增加了平板玻璃区域。此时，后缀显示字母 U。U 是 User-defined（用户自定义）的简称，标志着这个口径是用户自定义的。如果 U 没有显示或者后缀是空白的，则 Zemax 自动给出口径大小，其计算依据是实际光线通过的口径，也可以看作是该面的有效口径。可以按"Ctrl+Z"键来取消 U 标志，或在半口径上双击，并为求解类型选择 Automatic。不管怎样，都应该设置第 1 面 Mech Semi-Dia 为 8。

此外，可以在第 1 面的 Clear Semi-Dia 输入数值来改变透镜大小，后缀也会显示 U。但不同的是第 1 面边缘依旧是球面。为了得到一个更为合理的边缘厚度以方便制造，可以增加中心厚度。这里有一个保持边缘厚度为一个特定值的方法。假设需要保持边缘厚度在 2mm，单击第 1 面的 Thickness 列右侧，会出现 Thickness solve on surface 1 对话框。从所显示的求解列表中选择 Edge Thickness 选项，两个值会被显示，一个是"Thickness（厚度）"，一个是"Radial Height（径向高度）"。设置 Thickness 为 2，Radial Height 为 0。在 Lens Data 编辑器中，第 1 面的厚度已经被调整了，显示为 2.902，后缀字母 E 表示此参量为一个活动的边缘厚度解。

再次查阅第 1 面的 Surface Date 报告，边缘厚度 2.02219 会被列出。通过调整厚度，已对镜片的焦距进行了一点改变。现在，可以查看光学特性曲线图，然后进行优化，单击工具栏 Optimize 选项下的 Optimize！图标，以及对话框中 Start 按钮，最佳化后单击 Exit 按钮。此时，再次通过 Merit Function Editor 编辑器或者软件界面边框查看 EFFL 的值为 50，与前面例 3-15 理论计算值是一样的，但是优化出来的透镜结构和例题中结构参数略有不同，如图 3-51 所示，这是为了方便镜片制造而增加了边缘厚度。

图 3-52 所示为 Cross-Section 光路结构图。因为在 System Explorer 中已经选择了 Update: All Windows，所以软件会自动刷新图形。

Lens Data

Update: All Windows ▾ | Surface 2 Properties | Configuration 1/1

	Surface Type		Commen	Radius		Thickness		Materia	Coating	Clear Semi-Dia	Chip Zone	Mech Semi-Dia		Conic	TCE x 1E-(
0	OBJECT	Standard ▾		Infinity		Infinity				0.000	0.000	0.000		0.000	0.000
1	STOP	Standard ▾		30.790	V	2.910	E	BK7		5.000	0.000	8.000	U	0.000	-
2		Standard ▾		-25.208	V	2.000		SF1		4.887	0.000	8.000		0.000	-
3		Standard ▾		-62.909	V	47.811	V			4.829	0.000	8.000		0.000	0.000
4	IMAGE	Standard ▾		Infinity		-				7.700E-03	0.000	7.700E-03		0.000	0.000

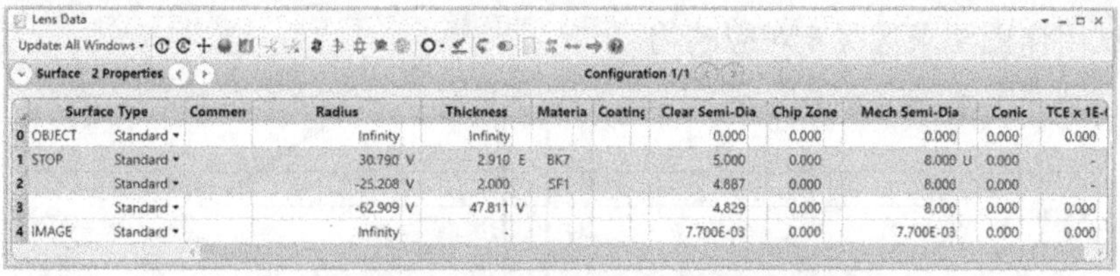

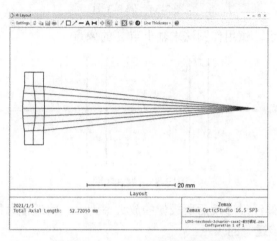

图 3-51 为优化后的 Lens Data 编辑器参数

图 3-52 Cross-Section 光路结构图

计算题

3-1 将物体放置在以下位置：$-\infty$，$-2f$，$-f$，$-\dfrac{f}{2}$，0，$\dfrac{f}{2}$，f，$2f$，$+\infty$，透镜分别为凸透镜和凹透镜时，求：

（1）试用作图法求对应的像平面位置；

（2）当物体从$-\infty$移动到$+\infty$时，尝试考虑像的整个变化过程。

3-2 试用作图法求下列物体 AB 对应的像。

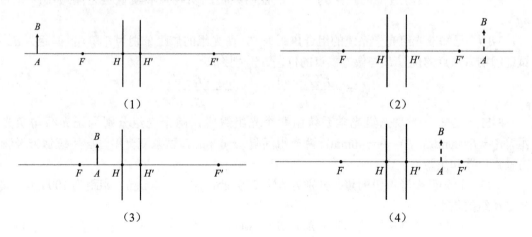

图 3-53 题 3-2 图

3-3 试用作图法求像 $A'B'$ 对应的物。

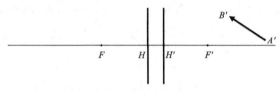

图 3-54 题 3-3 图

3-4 已知一透镜组，试用作图法求轴上点 A 的像点。

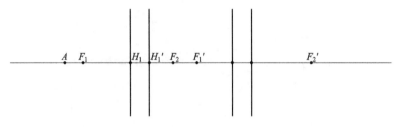

图 3-55 题 3-4 图

3-5 已知一个物体经过透镜后所成像的放大率为–6，将透镜向物体移动 30mm，像的放大率变为–8，试求该透镜的焦距。

3-6 已知一个薄透镜对一物体成实像，且放大率为–1，现将另一个薄透镜紧贴在第一个透镜上，像向透镜方向移动了 10mm，放大率变为–1/2，试求两块透镜的焦距。

3-7 已知一个薄透镜对一物体成实像，且放大率为–1/3，现将物体向透镜移动 60mm，放大率变为–1，试求该透镜的焦距。

3-8 已知一个像方焦距为 f' 的凸透镜对一个实物成实像，且放大率为 β。试证明物体到透镜的距离为

$$l = \frac{1-\beta}{\beta} f'$$

3-9 已知一凸薄透镜的焦距为 f'，试证明共轭的实物点和实像点之间最小距离为 $4f'$。

3-10 已知双光组光学系统的组合焦距为 f'，两光组的焦距分别为 f_1 和 f_2，间距为 d。试证明物方焦点的位置 l_F 与像方焦点的位置 $l_{F'}$ 分别为

$$l_F = -\frac{f'(f_2'-d)}{f_2'}, \quad l_{F'} = -\frac{f'(f_1'-d)}{f_1'}$$

3-11 已知一个双光组光学系统由两个光组组成，两个光组分别为正光组与负光组，$f_1'=-f_1=80\text{mm}$，$f_2'=-f_2=-40\text{mm}$，两光组间隔 $d=60\text{mm}$，试求双光组光学系统像方及物方基点位置和焦距。

3-12 已知两个薄透镜的焦距分别为 $f_1' = 200\text{mm}$，$f_2' = -150\text{mm}$，相距为 100mm，试求透镜组的焦距。

3-13 已知两个薄透镜的焦距分别为 $f_1' = 30\text{mm}$，$f_2' = -90\text{mm}$，且该透镜组可以对实物成放大率为 4 的实像，第一个透镜的放大率为–2。试求两个薄透镜之间的距离。

3-14　有一个薄透镜对某一位置的物体成实像，放大率为-1，将另一个薄透镜紧贴在第一个薄透镜上，发现像向透镜方向移近 10cm，放大率变为原先的 3/4 倍。求两块透镜的焦距分别为多少？

3-15　已知三个透镜的焦距分别为 $f_1' = 200mm$，$f_2' = 100mm$，$f_3' = -100mm$，两侧的两个透镜与中间的透镜间距分别为 $d_1 = 20mm$，$d_2 = 10mm$，试求透镜组的基点位置。

3-16　已知一由两组薄透镜组成的物镜，第一个薄透镜组的焦距 $f_1' = 300mm$，第二个薄透镜组的焦距 $f_2' = -200mm$，两薄透镜组的间距为 400mm。试求该物镜的焦距 f' 及对处于无限远处的物体成像时的像面位置。若要求保持像面不变，则将物体置于距离物镜 600mm 处，用此物镜来观察，第二个薄透镜组应该靠近还是远离第一个薄透镜组，试求移动距离及组合焦距。

3-17　如图 3-56 所示，已知有两个完全相同的平凸透镜，凸面的半径为 12mm，厚度为 3.2mm，折射率为 1.6，若想要获得焦距为 500mm 的透镜组，则试求两平凸透镜之间的距离 d。

3-18　某光学系统由放置于空气中的焦距为 $f_1' = -100mm$ 和 $f_2' = -100mm$ 的两个凹薄透镜 L_1 和 L_2 组成，相邻透镜的主面间距为 100mm，如图 3-57 所示，请根据公式计算该组合光学系统的光学间隔 Δ、像方焦距 f'、像方焦面位置 x_F' 和像方主面位置 x_H'；采用作图法画出该组合光学系统的像方焦面位置和像方主面位置，并在图中标注光学间隔 Δ、像方焦距 f'、像方焦面位置 x_F' 和像方主面位置 x_H'。

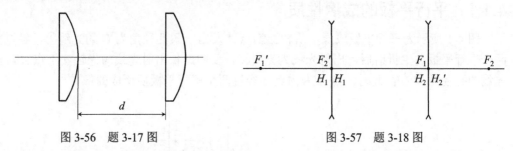

图 3-56　题 3-17 图　　　　　　　　图 3-57　题 3-18 图

3-19　已知双胶合望远镜的物镜如图 3-58 所示，$n_1 = 1$，$n_1' = n_2 = 1.5$，$n_2' = n_3 = 2.0$，$n_3' = 1$，$r_1 = 25$，$r_2 = -20$，$r_3 = -100$，$d_1 = 5.0mm$，$d_2 = 3mm$，求该物镜的焦距 f'。

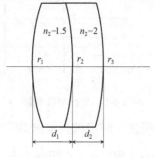

图 3-58　题 3-19 图

3-20　已知三个薄透镜焦距分别是 $f_1' = 50mm$，$f_2' = -35mm$，$f_3' = 60mm$。用三个薄透镜组合成一个光学系统，$d_1 = 10mm$，$d_2 = 15mm$，计算光学系统的焦距和基点位置，并画出示意图。

第 4 章 平面系统

第 3 章主要介绍了共轴球面系统等内容。在共轴球面系统中，各球面光轴必须在同一直线上，这导致了在实际使用中存在着诸多限制。为了达到折叠光路缩小系统体积、反射光束完成转像、改变光束传播方向、分光、测微等目的，常常需要在光路中加入平面系统或平面光学元件。平面系统在实际光学系统中常常使用，如在日常生活中常常使用的镜子、手机屏幕表面的平板玻璃、潜望镜中的反射棱镜等。

平面系统元件按照工作方式可分为折射元件和反射元件两种，两种元件的工作面皆为平面。折射元件包括平行平板、折射棱镜、光楔等，反射元件包括反射棱镜、反射镜等。虽然平面系统结构似乎比球面系统简单，但是它在具体的光学系统中起到了重要的作用。本章将重点介绍平行平板、反射棱镜和反射镜的基本概念、工作原理及 Zemax 仿真计算。

4.1 平面折射与平行平板玻璃成像性质

4.1.1 平行平板的成像性质

图 4-1 所示为平行平板成像，从轴上物点 A 发出一条孔径角为 U 的光线①，经过前后两个平行平板发生折射后，出射光线为光线②，反向延长出射光线与光轴交于点 A'，出射光线的孔径角为 U'。此时，点 A' 为物点 A 经过两个平行平板后所成的像。

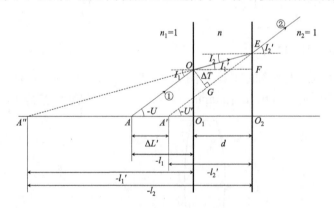

图 4-1 平行平板成像

光线经过两个平行平板发生折射，应用折射定律得：

$$\sin I_1 = n \sin I_1' = n \sin I_2 = \sin I_2' \qquad (4-1)$$

式中，n 为平板材料折射率。由平行平板几何关系可知 $I_1'=I_2$，所以：

$$I_1 = I_2' = -U = -U' \qquad (4-2)$$

即出射光线与入射光线平行。由于平面可视为半径无限大的球面，在近轴区可以对平行平

板的入射面和出射面两次应用单折射球面的共轭关系式（2-20），则

$$\frac{n}{l_1'} - \frac{1}{l_1} = 0 \quad 即 \quad l_1' = nl_1 \tag{4-3a}$$

$$\frac{1}{l_2'} - \frac{n}{l_2} = 0 \quad 即 \quad l_2' = \frac{l_2}{n} \tag{4-3b}$$

以及

$$l_2 = l_1' - d = nl_1 - d \tag{4-3c}$$

可以得到：

$$l_2' = l_1 - \frac{d}{n} \tag{4-4}$$

式中，d 为两块平行平板之间的距离，l_1 为物平面对第一面的物距，l_2' 为像平面对第二面的像距。利用式（4-4）可以直接求出近轴区物体通过平行平板后像的位置。

由于光线通过平行平板玻璃后入射光线和出射光线保持平行，所以入射光线的孔径角 U 和出射光线的孔径角 U' 相等。同时，物、像空间的折射率也相等，根据放大率公式可以得到：

$$\gamma = \frac{\tan U'}{\tan U} = 1 \tag{4-5}$$

$$\beta = \frac{1}{\gamma} = 1 \tag{4-6}$$

$$\alpha = \beta^2 = 1 \tag{4-7}$$

式（4-7）说明，近轴区平行平板成像不会使物体放大或缩小，经过平板的光束既不发散也不会聚。这些现象说明平行平板是一个无光焦度的光学元件，在光学系统中对光焦度不产生贡献。与此同时，物体经过平行平板成正立像，物像始终位于平板的同一侧，且虚实相反。

由图 4-1 平行平板成像特性可知，出射光线和入射光线并不重合，存在侧向位移 $\Delta T = OG$ 和轴向位移 $\Delta L' = AA'$。因为在 $\triangle OEG$ 和 $\triangle OEF$ 中，OE 为其中的公共边，所以：

$$\Delta T = OG = OE \sin(I_1 - I_1') = \frac{d}{\cos I_1'} \sin(I_1 - I_1') \tag{4-8}$$

通过三角函数公式可得侧向位移：

$$\Delta T = d \sin I_1 (1 - \frac{\cos I_1}{n \cos I_1'}) \tag{4-9}$$

又因为：

$$\Delta L' = \frac{OG}{\sin I_1} = d(1 - \frac{\cos I_1}{n \cos I_1'}) \tag{4-10}$$

应用折射定律：

$$\frac{\sin I_1}{\sin I_1'} = n \tag{4-11}$$

可以得到：

$$\Delta L' = d(1 - \frac{\tan I_1'}{\tan I_1}) \tag{4-12}$$

由式（4-12）可知，轴向位移 $\Delta L'$ 随着入射角 I_1（入射光线孔径角 U）的变化而变化，即轴上物点发出的不同孔径角的光线经过平行平板之后，与光轴的交点不同，同心光束经过平行平板之后就变成了非同心光束。因此，平行平板不能形成完整的像。$\Delta L'$ 是 I_1 的函数，成像不完整。当考虑近轴光线时，I_1 很小，则弧度值可以近似代替角度的正切值和正弦值。此时式（4-10）可以进一步简化得到：

$$\Delta L' = d(1 - \frac{1}{n}) \tag{4-13}$$

可以看出，$\Delta L'$ 不再是 I_1 的函数。此时近轴光线近似满足理想成像条件，像可以认为是由物体经过轴向位移得到的。

4.1.2　平行平板的等效空气层的概念

光线在空气中以直线传播时，可以通过简单计算得出不同光线的相交位置。但当光传播时穿过平行平板，虽然入射光线和出射光线方向平行，但比较难确定光线所经处的相交点高度。为了便于进行反射棱镜外形尺寸（反射棱镜可展开为平行平板玻璃）与像面位置关系的相关计算，在这里引入"等效空气层"的概念。如果光线经过平行平板之后的传播状态与经过一段空气层之后的传播状态相同，则将该空气层称为平行平板的"等效空气层"。

如图 4-2 所示，入射光线 SP_1 在传播过程中经过玻璃平行平板 $ABCD$，传播路径为 S—P_1—P_2—P_3。如果从第二面的出射点 P_2 作光轴的平行线，并与入射光线交于 K 点，易得 $KP_2 = \Delta l'$。如果入射光线 SP_1 不经过玻璃平行平板，而是持续在空气中直线传播，则经过空气层 $ABFE$，其传播路径应为直线 S—P_1—K—P_4。两种情况下路径 P_2P_3 与路径 KP_4 平行且长度相同，同时可以看出两种情况下的像距与出射高度均相同，即 $OP_4 = O'P_3$，$OK = O'P_2$。此时，空气层 $ABFE$ 称为平行平板 $ABCD$ 的"等效空气层"。

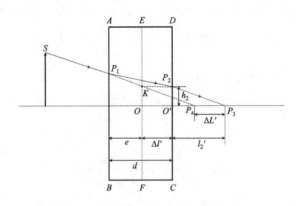

图 4-2　平行平板的等效空气层

这里考虑近轴情况，根据图 4-2 中的几何关系 $OO' = KP_2 = P_3P_4$，即 $\Delta l' = \Delta L'$，以及式（4-13），可以得到等效空气层的厚度为

$$e = d - \Delta l' = \frac{d}{n} \tag{4-14}$$

式中，n 为平行平板玻璃的折射率。

利用等效空气层的概念进行像平面位置计算和棱镜外形尺寸计算会便捷很多。只需要计算出平行平板玻璃（等效空气层）的像方位置，然后沿光轴移动一个轴向位移 $\Delta L'$，即可得到实际光路，而不需要对平行平板玻璃逐面进行计算。

需要注意的是，等效空气层厚度公式是在近轴光学条件下导出的近似情况。在入射角较小时，误差不大。但当入射角很大，并且平行平板玻璃的厚度较大（如展开反射棱镜）时，继续按照此公式计算会产生很大的误差。因此，我们需要导出适用条件更宽泛的计算公式。

若用 E 表示一般条件下的等效空气层厚度，则

$$E = d - \Delta L' \tag{4-15}$$

将式（4-12）代入式（4-15），则

$$E = \frac{d}{n} \times \frac{\cos I_1}{\cos I_1'} = e\frac{\cos I_1}{\cos I_1'} \tag{4-16}$$

令

$$K = \frac{\cos I_1}{\cos I_1'} \tag{4-17}$$

则式（4-16）又可表示为

$$E = Ke = K\frac{d}{n} \tag{4-18}$$

且可将 K 视为近轴等效空气层厚度公式的修正系数。

为了简便计算，这里列出了一些不同入射角所对应的修正系数 K 值（棱镜材料取通用玻璃 K9，$n=1.5163$），如表 4-1 所示。

表 4-1　平行平板玻璃等效空气层厚度的修正系数（K）变化规律

I_1	10°	15°	20°	25°	30°	35°	40°	45°	50°	55°	60°
K	0.991	0.980	0.965	0.944	0.917	0.885	0.846	0.799	0.745	0.682	0.609

例 4-1

如图 4-3 所示，人位于 E 处观察物体 PQ，在物体与人眼间放置一个玻璃平板，折射率为 1.5，厚度 $d=15\text{cm}$，求物体的像与原来物体像的距离为多少？

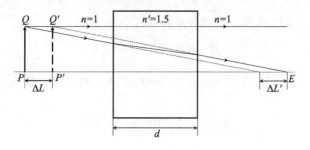

图 4-3　例 4-1 题图

解：

考虑近轴区物体发出的光线通过平行平板后，其像点平行右移一段距离。反向延长出射光线并与 Q 点发出的平行光线交于 Q' 点。Q' 点即 Q 点的像点。根据等效空气层定义及式（4-13）可以得到：

$$\Delta L = \Delta L' = d(1 - \frac{1}{n}) = 15 \times (1 - \frac{1}{1.5}) = 5(\text{cm})$$

即像与原来物体像的距离为 5cm。

例 4-2

图 4-4 为一平行平板和两个薄透镜 L_1 和 L_2 组成的光学系统。平板厚度为 30mm，材料折射率为 1.5，$f_1' = 100$mm，$f_2' = -50$mm，两透镜相距 25mm。物高为 5mm，距平板 30mm，平板距第一个透镜 L_1 为 50mm。求物体经系统后所成的像的位置和大小。

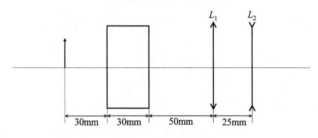

图 4-4　例 4-2 题图

解： 等效空气层厚度为

$$e = \frac{d}{n} = \frac{30}{1.5} = 20(\text{mm})$$

物体经过平行平板后的中间像点向透镜方向移动一段距离 $\Delta L'$，等效的物距需要将真实距离减去 $\Delta L'$，即平行平板的厚度被等效空气层厚度替代。因此，第一个透镜 L_1 的物距可以认为：

$$l_1 = -30 - 20 - 50 = -100(\text{mm})$$

可以看到，物体位于透镜 L_1 的物方焦面上，所以平行光出射，成像无穷远，即 $l_1' = \infty$。这样，对于第二个透镜 L_2 而言，物距为 $l_2 = \infty$。

可以得到像距为

$$l_2' = f_2' = -50(\text{mm})$$

像在透镜 L_2 左方 50mm 处。系统的垂轴放大率为

$$\beta = \beta_1 \beta_2 = \frac{l_1'}{l_1} \times \frac{l_2'}{l_2} = 0.5$$

故物体经此系统后在透镜 L_2 左方 50mm 处成一缩小正立的虚像，像高为 2.5mm。

4.2　平面反射镜

把反射面呈光滑平面的镜子叫做"平面反射镜"，它是最简单的一种平面成像元件，如生活中的镜子、平静的水面、平滑的玻璃、光滑的金属器具表面等。

4.2.1　平面反射镜的成像特性

把能够呈现在光屏上的像叫做"实像"，实像可以用眼睛直接观察。把只能用眼睛观察，不能在光屏上呈现的像叫做"虚像"，它不是由实际光线会聚而成的，而是由反射光线的反向延长线相交而成的。

平面反射镜的成像特性可以用反射定律来解释，如图 4-5 平面反射镜成像所示。由光源 S 发出的一束光线入射到反射面 MN 上的 B 点并被反射，沿 BC 方向射出，入射光与反射光分别位于垂直于 MN 的直线 AB（法线）两侧，并且反射角 ∠ABC 等于入射角 ∠SBA。由于光是沿直线传播的，从 B 点反射出来的光线 BC 相当于从反射面另一侧发出，穿过 MN 面到达 C 处。当光源 S 发出的另一光线同样经 E 点反射到 F 点时，该光线相当于沿 EF 的反向延长线由 MN 面的另一边发出。很容易证明，BC、EF 的反向延长线在反射面 MN 的另一侧相交于同一点 S′，该点与光源 S 点关于 MN 面对称。当与 S 点在同一侧通过 MN 观察时，光线似乎由 MN 右侧的 S′ 点发出。也就是说，在反射面的右侧得到光源 S 的像，这就是平面反射镜的成像特性。光线实际上并非直接由 S′ 点发出。由于认为光线是沿直线传播而产生错觉，感觉光线是从 S′ 点发出的，所以它是一个虚像。

平面反射镜成像的物像关系还可以利用球面镜的物像公式和垂轴放大率公式来计算，令 $r=\infty$，对于任意给定物点，可得：

$$l' = -l$$
$$\beta = 1 \tag{4-19}$$

式（4-19）说明，平面反射镜成像的物像位置关系关于平面反射镜对称，虚实相反，像正立且垂轴放大率的绝对值为 1（既不放大也不缩小）。

由于这种对称性，平面反射镜能使一个右手坐标系的物体，变换成左手坐标系的像。就像照镜子时，你的右手和镜子中"你"的左手能完全重合一样。不论物和像是虚或实，若它们的尺度相同且其位置对称于平面反射镜，则这种像被称为"镜像"。如图 4-6 所示，一个右手坐标系 O-xyz，经过平面反射镜 M 后，其像为一个左手坐标系 O′-x′y′z′。当正对着物体即沿着 Oz 方向观察物体时，y 轴在左边。当正对着像即沿着 O′z′ 方向观察像时，y′ 在右边。成像过程中这种坐标系的变换也称为"转像"。显然，物体经过平面反射镜一次反射后成镜像，经过两次反射后则得到与物体坐标系相同的像，称为"一致像"。由此可以推论，物体被平面反射镜奇数次反射后成镜像；被偶数次反射后成一致像。光学仪器在使用平面反射镜时，必须考虑坐标方向的变化问题，尽量避免最终结果成镜像。

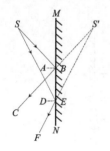

图 4-5　平面反射镜成像

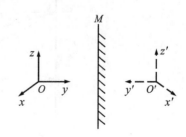

图 4-6　镜像的坐标系

4.2.2 平面反射镜的旋转效应

入射光线角度固定，当平面反射镜旋转 α 角时，其反射光线将以相同转向改变 2α 角的方向出射，如图 4-7 所示。这是平面反射镜的另一个重要特性。根据反射定律可以证明：当平面反射镜绕经 O 点垂直于纸面的轴线旋转 α 角时，法线由 ON 变为 ON'，反射面由 O_1O_2 变为 J_1J_2，光线 A 的入射角改变 α 角。根据反射定律，反射角相对于法线 ON' 也改变了 α 角，因此旋转后的反射光线 OA'' 相对于旋转前的反射光线 OA' 改变了 2α 角，即旋转后反射光线的改变角度为

$$\theta = -I_2' - (-I_1' - \alpha) = I_2 + \alpha - I_1 = (I_1 + \alpha) + \alpha - I_1 = 2\alpha \tag{4-20}$$

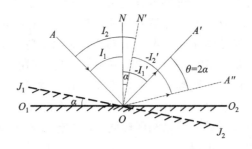

图 4-7　平面反射镜的旋转

平面反射镜的旋转特性放大了反射光的转动角度。基于这点我们可以实现微小位移或拉伸量的检测装置。如图 4-8 所示，准直物镜 L 的物方焦平面上放置刻有标尺的分划板且设置标尺零位点 A 与物方焦点 F 重合。平面反射镜 M 放置在物镜右侧且垂直于光轴。在 A 点处装配点光源，发射的光束经物镜 L 后平行于光轴并传播至反射镜。则平行光经反射镜反射后沿着原光路返回，重新会聚于焦点 F 上。若反射镜端面因拉伸等原因导致微小位移量 x，这导致镜面转动 α 角，那么平行光束经反射镜后与光轴成 2α 角反射回来，经物镜 L 后会聚在 A' 点。这样通过观察 A' 点的位置即可判断位移量 x。假设 $AA'=y$，物镜焦距为 f'，可以得到

$$y = f'\tan 2\alpha \approx 2f'\alpha \tag{4-21}$$

由于 y 与焦距 f' 成正比，我们选择长焦距透镜就可使微小角度改变量 α（或微小位移量 x）的变化得到极大的放大，从而实现高精度测量。这种检测原理也称为"光学杠杆"原理。

平面反射镜的这一旋转特性也使得对反射镜的制作与安装提出了很高的精度要求，任何安装角度的不准确及局部的凹凸不平，都会给光线带来较大误差。

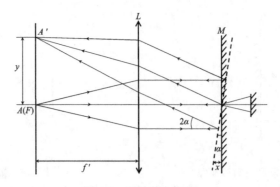

图 4-8　测量微小位移

4.2.3 两面角镜的成像特性

两面角镜是指两个平面镜按一定夹角所组成的系统。图 4-9 是一个两面角镜的截面图，它由两个平面镜 MO 与 NO 所组成。该截面垂直于两个平面镜的交线，称为"主截面"。光线被两个平面镜相继反射后出射。为了方便，这里只讨论光线在主截面内每一个反射面上各反射一次后的成像特性。图 4-10 所示的两面角镜中，一右手坐标系的物体 xyz，经两面角镜 OMN 的两个平面反射镜 ON 和 OM 依次成像 x'y'z'和 x"y"z"。经 ON 第一次反射的像 x'y'z'为左手坐标系，经 OM 第二次反射所成像（称为"连续一次像"）x"y"z" 还原为右手坐标系。图 4-9 中我们用圆圈中加点表示坐标方向为垂直纸面向外，若圆圈中加×，则表示坐标方向垂直纸面向里。由于：

$$\angle y''Oy = \angle y''Oy' - \angle yOy' = 2\angle MOy' - 2\angle NOy' = 2\alpha \tag{4-22}$$

因此，连续一次像可认为是由物体绕棱边旋转 2α 角形成的，旋转方向由第一反射镜转向第二反射镜。同样，先经 OM 反射的连续一次像是由物体逆时针方向旋转 2α 而形成的。当 $\alpha=90°$时，这两个连续一次像重合，并与物体相对于棱对称。显然，只要两面角镜的夹角 α 不变，当两面角镜转动时，连续一次像不变。

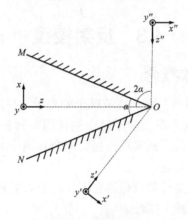

图 4-9 两面角镜

如图 4-10 所示，设两面角镜之间的夹角为 α，任意一条在主截面内传播的光线经两面角镜的两个反射面反射后，入射光线与出射光线的夹角为 β，则由 ΔO_1O_2P 得 α 与 β 有下列关系：

$$2i_1=2i_2 + \beta \tag{4-23}$$

或者：

$$\beta = 2(i_1 - i_2) \tag{4-24}$$

因两个平面镜的法线交于 Q 点，故由 ΔO_1O_2Q 得：

$$i_1 = \alpha + i_2 \tag{4-25}$$

或者：

$$\alpha = i_1 - i_2 \tag{4-26}$$

代入式（4-24）得：

$$\beta = 2\alpha \tag{4-27}$$

从式（4-27）可知，β 与 i 角大小无关，只取决于两面角镜之间的夹角 α。因此，光线方向的改变可以根据设计需要通过选择适当的 α 角来实现。如果保持两面镜之间的夹角不变，在入射光线方向不变的情况下，当平面镜绕垂直于图平面的轴旋转时，它的出射光线方向始终不会改变。

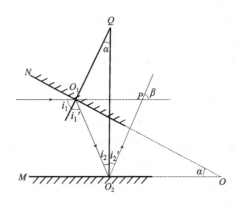

图 4-10　两面角镜

4.3　反射棱镜

4.3.1　反射棱镜的基本概念

将一个或多个反射平面制作在同一块玻璃上的光学元件叫做"反射棱镜"。反射棱镜可以展开并等效成平行玻璃板。在光学系统中的作用有转折光路以缩小仪器的尺寸和重量、以适当的运动来扩大观察范围或实现扫描、配合共轴球面系统完成转像等，其中又以改变光轴方向和转像功能最为重要。

一般来说，反射棱镜利用全反射原理进行工作。当入射角度小于全反射临界角时，需要在反射面镀上金属反射层以减少损耗。

反射棱镜中的各结构命名如下。

（1）工作面：光线在棱镜中进行透射或反射的抛光平面，如图 4-11 所示的反射棱镜中的平面 $ABCD$ 和平面 $CDEF$。

（2）棱：相邻工作面之间的交线，如图 4-11 所示的反射棱镜中的线段 CD。

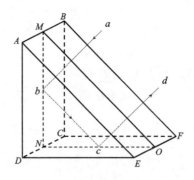

图 4-11　反射棱镜

（3）光轴：系统的光轴在棱镜内部形成的折线，如图 4-11 所示的反射棱镜中的折线 *abcd*。

（4）主截面：垂直于棱的平面，包含光轴的主截面又称为光轴截面，一般分析时说的主截面就是光轴截面，如图 4-11 所示的反射棱镜中的平面 *MNO*。

根据结构的不同，反射棱镜又可以分为以下几类。

（1）简单棱镜：只有一个主截面的棱镜，如图 4-12 所示的简单棱镜，根据反射次数可以分为一次反射棱镜、二次反射棱镜和三次反射棱镜。

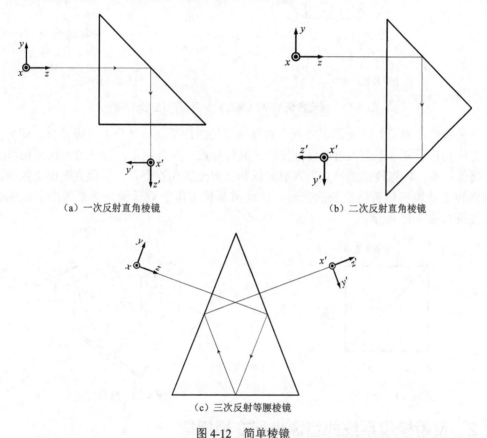

（a）一次反射直角棱镜　　　　　　　　　　　　　（b）二次反射直角棱镜

（c）三次反射等腰棱镜

图 4-12　简单棱镜

（2）屋脊棱镜：如图 4-13 所示，棱镜中的一个或多个反射面被两个互相严格垂直的反射面（称为"屋脊面"）取代，且屋脊面的交线位于主截面内。屋脊棱镜的主要作用是改变像坐标系中垂直于主截面的坐标轴的方向。经过屋脊面反射成像的坐标系可以通过如图 4-13（a）所示的辅助光线法进行判断：沿光轴的坐标轴在传播过程中方向不变，可首先通过一条沿光轴方向传播的光线确定此坐标轴的方向。然后在剩余两个坐标轴上各取一点，分别画出它们发出的光线经屋脊棱镜反射传播的路径，根据这两条光线出射后的光线与沿光轴出射光线的位置关系便可确定成像时这两个坐标轴的方向。一般也可以用图 4-13（b）中的两条直线来表示屋脊面。

（3）复合棱镜：由简单棱镜和屋脊棱镜组合而成的棱镜，可以实现一些单一棱镜难以实现的功能，如分光、分像、转像、成双像等。

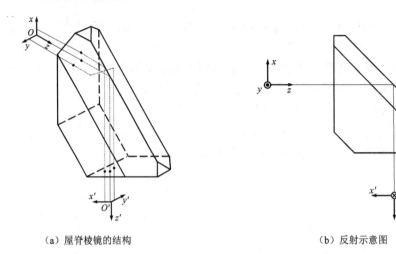

（a）屋脊棱镜的结构　　　　　　　　　　　（b）反射示意图

图 4-13　屋脊棱镜的结构及反射示意图简化表示方法

　　分光棱镜：如图 4-14 所示，将两个直角棱镜的斜边平面以半反半透膜黏合，即分光棱镜。光线垂直于任意平面入射都会被按比例进行分束，并且两束出射光的光程是相等的。

　　转像棱镜：转像棱镜的特点为入射光轴和出射光轴相互平行，呈现完全倒立的像，并且因为转像棱镜可以折转很长的光路，因此常常被应用于望远镜光学系统中实现倒像。转像棱镜如图 4-15 所示。

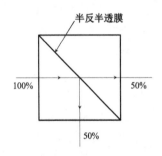

图 4-14　分光棱镜

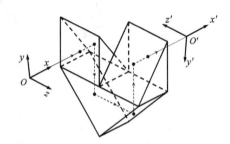

图 4-15　转像棱镜

4.3.2　反射棱镜系统的物像坐标变换规律

　　反射棱镜和平面反射镜统称为"平面反射系统"，具有相同的作用和成像特性。而平时在照镜子时，可以发现"镜中人"的左右手和现实世界是相反的。这就说明，平面反射系统成像时，像的坐标系相比物体发生了变化。这意味着包含平面反射系统的光学系统所成的像的坐标系可能与实际物体的坐标系不同。因此，分析平面反射系统的转向规律就很有必要。

　　反射棱镜相当于由多个平面镜组成，光线在每个平面镜上发生反射，若反射次数为奇数次，则成的是镜像，而沿光轴方向的坐标轴在传播过程中始终沿光轴方向。屋脊面不改变坐标系的左右手性，但是可以同时改变沿光轴方向以外的坐标轴的方向。在设计平面反射系统时可以根据以上棱镜结构的特性来分辨棱镜系统的成像方向，如图 4-16 所示，一般可以分为以下三步。

　　第一步，沿光轴方向的坐标轴在传播过程中始终不变，所以可以最先确定经平面反射系统出射后沿光轴方向的坐标轴与物体坐标系中的 x 轴相同，为 x' 轴。

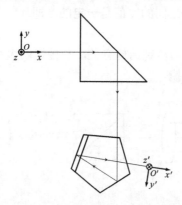

图 4-16　确定平面反射系统的成像坐标系

第二步，确定垂直于主截面的坐标轴方向。在简单棱镜中垂直于主截面的坐标轴方向是不变的，而每经过一次屋脊面，垂直于主截面的坐标轴便会反向一次。在图 4-16 中，光线经过一次屋脊面的反射，因此物体坐标中垂直于纸面向外的 z 轴出射后变为垂直于主截面向里的 z' 轴。

第三步，确定剩下的 y' 轴的方向。在确定了出射后 x' 轴和 z' 轴的方向后，y' 轴的方向就可以通过像坐标系的左右手性来确定。经过奇数次的反射后像坐标系的左右手性改变，经过偶数次的反射后不改变像坐标系的左右手性。从图 4-16 中可以看到，光线在屋脊面上反射时，实际进行了两次反射，所以屋脊面不会改变坐标系的左右手性。

这里将屋脊面记为两次反射。光线总共经过了四次反射，为偶数，则像坐标系与物坐标系均为右手系。因此可确定 y' 轴的方向与物体坐标系中 y 轴的方向相反，垂直向下。

可以根据图 4-11 与图 4-12 验证上述坐标系方向判断原则。若是各部分光轴不在同一平面内的复合棱镜，则在各部分的主截面内上述原则仍然成立，分步进行分析即可。

另外，在分析光学系统的成像方向时，还必须考虑透镜的作用。透镜无论成正像还是倒像，虚像还是实像，成像坐标轴的左右手性与物坐标系相比都不会变化。沿光轴方向的坐标轴成像后方向不变，仍然沿光轴的原方向。当成倒像时，垂直于主截面和平行于主截面的坐标轴方向都会变为与原来相反。

4.3.3　反射棱镜的展开与结构尺寸计算

前文中提到过，反射棱镜的作用之一是将光路折叠以缩小仪器的尺寸。如果将被折叠的光路"拉直"，不考虑反射面作用，那么光线在反射棱镜中经历的光路可以等效为经过了一块平行玻璃板，这个过程称为"棱镜的展开"。

棱镜的展开过程即将棱镜的反射面逐次成镜像。如图 4-17 所示，物方平行光线经由透镜和反射棱镜的作用后，在下方 X' 点处成像。当计算光路时，需要将棱镜、反射光线所成的像沿反射面 AC 进行翻转，要注意此时 X' 的位置并非透镜 L 的像方焦点，而是由于棱镜或者等效玻璃板的作用有微小的位移。翻转以后出射面由 BC 变为 CD，这样可以更直观地计算光轴长度。光线经历棱镜传播的路程可以等效为从透镜出射后穿过平行玻璃板 $ABCD$ 的路程。棱镜的光轴经展开"拉直"后，与整个光学系统的光轴仍在同一条直线上，则含有这种反射棱镜的光学系统仍属于共轴系统。并且特定结构的棱镜中等效平行玻璃板的厚度 L 与棱镜的口径 D 之间的比值是一定的，即

$$L=KD \tag{4-28}$$

由几何相似性原理，K 仅与棱镜结构有关，与棱镜的大小无关，称为"棱镜的结构参数"。此处 $K=1$ 为等腰直角棱镜。

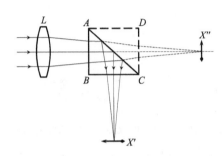

图 4-17　简单一次反射等腰直角棱镜的展开

另外，图 4-18 中列举了一些常见的棱镜展开例子。

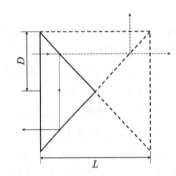

（a）二次反射直角棱镜（DⅡ-180°）$K=2$

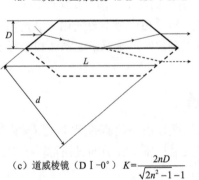

（c）道威棱镜（DⅠ-0°）$K=\dfrac{2nD}{\sqrt{2n^2-1}-1}$

（b）等腰棱镜（DⅠ-β）$K=\tan(\beta/2)$

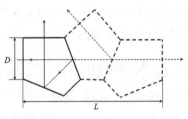

（d）五角棱镜（WⅡ-0°）$K=3.414$

图 4-18　各种常见棱镜的展开

在这些棱镜甚至更复杂的棱镜中，不论形状怎么变化，其展开原则是一样的，即将棱镜沿着反射面进行翻转，等效为光线通过翻转后的棱镜。在下一个反射面进行同样的处理，直到光线最终出射。屋脊棱镜也可以沿屋脊棱按照相同方法展开。不过在相同的通光口径 D 下，为了确保光束通过而不被切割，屋脊棱镜的尺寸会比相同光路下的简单棱镜要

大，如直角屋脊棱镜（DI_J—90°）的结构参数 K=1.732，大于一次反射直角棱镜。使光轴偏转 90°的屋脊五棱镜（WII_J—90°）的结构参数 K=4.223，靴形屋脊棱镜（FX_J—90°）的结构参数 K=2.980，施密特屋脊棱镜（$DIII_J$—45°）的结构参数 K=3.040 等。

例 4-3

如图 4-19 所示，有一使光线偏转 90°的五棱镜，通光孔径为 D，试展开求光轴长度和结构参数。

解： 该五棱镜的展开过程如图 4-20 所示。

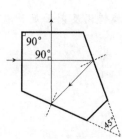

图 4-19　使正入射光线偏转 90°出射的五棱镜

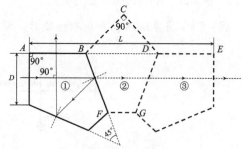

图 4-20　五棱镜的展开

首先将原五棱镜区域①沿第一个反射面 BF 进行翻转，得到区域②。光线在区域②中等效传播时，将在 DG 面上进行第二次反射。然后将区域②继续沿第二个反射面 DG 面进行翻转，得到区域③。光线将经区域③传播后出射，不再发生反射。此时，光轴已被"拉直"。

现在来计算光轴的长度。如图 4-20 所示，光轴长度 L 可分为 AB、BD、DE 三部分。三角形 BCD 为等腰直角三角形，则

$$AB = DE = D$$
$$BD = \sqrt{2}D$$

光轴总长度为

$$L = AB + BD + DE = (2 + \sqrt{2})D$$

结构参数为

$$K = \frac{L}{D} = 2 + \sqrt{2}$$

例 4-4

如图 4-21 所示，现有一物体 A 放在焦距为 f_1'=40mm 的薄凸透镜 L_1 前 60mm 处。薄透镜后方 25mm 处有一个等腰直角折射棱镜，材料折射率为 1.5，腰长 L=60mm。该棱镜下方 25mm 处有一焦距为 f_2'=-40mm 的凹透镜。

（1）试求物体 A 经该系统所成的像的位置。

（2）如图 4-22 所示，如果把棱镜改为反射面位置相同的平面反射镜，其他条件不变，求此时物体 A 经系统成像的位置。

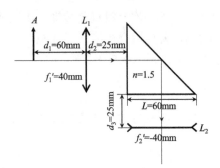

图 4-21　具有折射棱镜的光学系统

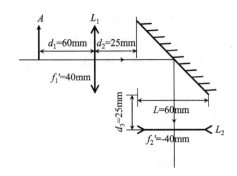

图 4-22　具有反射镜的光学系统

解：（1）当系统内包含折射棱镜时，首先按图 4-23 将棱镜沿反射面展开。

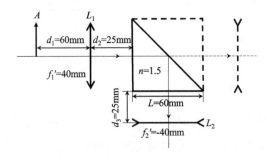

图 4-23　将系统中的棱镜展开

棱镜展开后为光轴长度 L=60mm 的平行玻璃板，对应的等效空气层厚度为

$$e = \frac{L}{n} = \frac{60}{1.5} = 40 (\text{mm})$$

则考虑等效空气层，展开后两透镜间的距离为

$$d = d_2 + d_3 + e = 25 + 25 + 40 = 90 (\text{mm})$$

先对凸透镜 L_1 使用高斯成像公式：

$$\frac{1}{l_1'} - \frac{1}{l_1} = \frac{1}{f_1'}$$

将 l_1=-60mm，f_1'=40mm 代入，解得：

$$l_1' = 120 \, \text{mm}$$

则相对于凹透镜 L_2 的物距为

$$l_2 = l_1' - d = 120 - 90 = 30 (\text{mm})$$

再对凹透镜 L_2 使用高斯成像公式：

$$\frac{1}{l_2'} - \frac{1}{l_2} = \frac{1}{f_2'}$$

将 l_2=30mm，f_2'=-40mm 代入，解得：

$$l_2' = 120 \text{mm}$$

即最终成像在凹透镜下方 120mm 处。

（2）若将该折射棱镜换成反射面位置相同的平面反射镜，则对凸透镜 L_1 的计算步骤不变，凹透镜 L_2 的物距产生变化。此时由于介质始终是空气，故如图 4-24 所示，直接将光线和凹透镜 L_2 作关于平面反射镜的对称图，转变在光轴上求解。

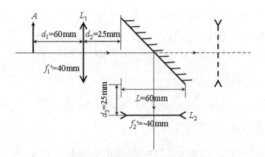

图 4-24　反射镜对称展开

此时展开后两透镜间的等效空气中的距离为

$$d = d_2 + d_3 + L = 25 + 25 + 60 = 110 \text{(mm)}$$

则相对于凹透镜 L_2 的物距变为

$$l_2 = l_1' - d = 120 - 110 = 10 \text{(mm)}$$

再对凹透镜 L_2 使用高斯成像公式：

$$\frac{1}{l_2'} - \frac{1}{l_2} = \frac{1}{f_2'}$$

将 l_2=10mm，f_2'=-40mm 代入，解得：

$$l_2' = 13.33 \text{mm}$$

即最终成像在凹透镜 L_2 下方 13.33mm 处，为实像。

4.4　折射棱镜和楔镜

4.4.1　折射棱镜

棱镜除了使光线产生反射，还有一类作用是使光线产生折射，这类棱镜称为"折射棱镜"。折射棱镜的结构示意图如图 4-25 所示，对光线起折射作用的两个工作面成一定角度 α，称为"棱镜顶角"。

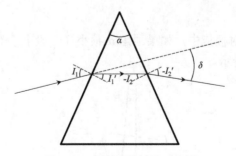

图 4-25　折射棱镜结构示意图

光线经过折射棱镜两个工作面的折射，最终将以偏离原光线一定的角度 δ 出射，称为"偏向角"。现在来计算偏向角的大小。

在图 4-25 所示的折射棱镜工作过程中，由几何关系有：

$$\alpha = I_1' - I_2 \tag{4-29}$$

$$\delta = (I_1 - I_1') + (I_2 - I_2') = I_1 - I_1' + I_2 - I_2' \tag{4-30}$$

式（4-29）与式（4-30）相加可得：

$$\alpha + \delta = I_1 - I_2' \tag{4-31}$$

再由折射定律：

$$\sin I_1 = n \sin I_1', \quad n \sin I_2 = \sin I_2' \tag{4-32}$$

将式（4-32）代入式（4-29），有：

$$I_2' = \arcsin(n \sin I_2) = \arcsin[n \sin(I_1' - \alpha)]$$

$$= \arcsin[n(\sin I_1' \cos \alpha - \cos I_1' \sin \alpha)]$$

$$= \arcsin[n(\cos \alpha \frac{\sin I_1}{n} - \sin \alpha \sqrt{1 - (\frac{\sin I_1}{n})^2})] \tag{4-33}$$

$$= \arcsin[\cos \alpha \sin I_1 - \sin \alpha \sqrt{n^2 - \sin^2 I_1}]$$

再将式（4-33）代回式（4-31），可得偏向角：

$$\delta = I_1 - \alpha - \arcsin[\cos \alpha \sin I_1 - \sin \alpha \sqrt{n^2 - \sin^2 I_1}] \tag{4-34}$$

偏向角也可以根据三角函数和差化积公式表示成隐函数：

$$\sin \frac{\alpha + \delta}{2} = \frac{n \sin \frac{\alpha}{2} \cos \frac{I_1' + I_2}{2}}{\cos \frac{I_1 + I_2'}{2}} \tag{4-35}$$

不难看出，偏向角由折射棱镜的顶角 α、折射率 n 和光线的入射角 I_1 共同决定。且通过求导可以得出，偏向角随入射角 I_1 的变化而变化的过程中，存在极小值 δ_{min}，且：

$$\sin \frac{\alpha + \delta_{min}}{2} = n \sin \frac{\alpha}{2} \tag{4-36}$$

最小偏向角通常可以用来测定材料的折射率。调整入射光线角度以测出最小偏向角后，再测出折射棱镜的顶角，便可以推算出棱镜材料的折射率 n。

4.4.2 楔镜

在 4.4.1 节介绍的折射棱镜中，如果顶角 α 很小（一般小于 0.1rad），则称为"光楔"或"楔镜"，如图 4-26 所示。

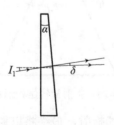

图 4-26 楔镜结构示意图

由于顶角 α 很小，偏向角 δ 也很小，所以有：

$$\sin\alpha \approx \alpha, \quad \sin\delta \approx \delta \tag{4-37}$$

将式（4-37）代入式（4-35）中可得到：

$$\alpha + \delta = n\alpha \frac{\cos\dfrac{I_1' + I_2}{2}}{\cos\dfrac{I_1 + I_2'}{2}} \tag{4-38}$$

由于楔镜在工作时一般接近垂直入射，即入射角 I_1 很小，故出射角 I_2' 也很小，所以有：

$$\cos\frac{I_1' + I_2}{2} \approx \cos\frac{I_1 + I_2'}{2} \approx 1 \tag{4-39}$$

将式（4-39）代入式（4-38）中，可得：

$$\delta = (n-1)\alpha \tag{4-40}$$

由此可见，当入射角较小时，楔镜使光线产生的偏向角与入射角大小无关，仅与楔镜顶角 α 和材料折射率 n 有关。

在军事、建筑等领域，有时需要测量一些微小的距离或者微小的角度，这时候便需要用到楔镜。

1．测量微小距离

当楔镜被用来测量微小距离时，工作方式一般如图 4-27 所示。

当楔镜前后移动距离 ΔL 时，光线在屏上的照射点移动了 Δl，且：

$$\Delta l = \Delta L \sin\delta \approx \Delta L\delta = \Delta L(n-1)\alpha \tag{4-41}$$

如此便把屏上待测两点间的微小距离 Δl 转化成了较大的楔镜移动距离 ΔL，通过测量楔镜移动距离 ΔL 即可根据式（4-41）反推出照射点移动的微小距离 Δl。

2．测量微小角度

当楔镜被用来测量微小角度时，工作方式一般如图 4-28 所示。

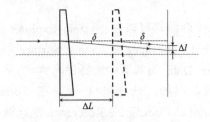

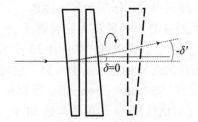

图 4-27 楔镜测量微小距离　　　　图 4-28 楔镜测量微小角度

光线沿同一光轴穿过两个相对放置的相同尺寸的楔镜后将以一定的偏向角出射。当两个楔镜相对转动时，出射光线的偏向角也会改变，且偏向角 δ 和两楔镜间相对角度 φ 间存在关系：

$$\delta = 2(n-1)\alpha\cos\frac{\varphi}{2} \tag{4-42}$$

随着两楔镜相对角度 φ 从 0 变化到 2π，偏向角 δ 也将从初始的 $2\delta_0$ 减小到 $-2\delta_0$，再增

大到 $2\delta_0$，以此为周期变化。其中 δ_0 为单个楔镜工作时的偏向角。如此便可将待测的小角度 δ 转化为楔镜间变化幅度较大的相对角度 φ。测量楔镜间的相对角度 φ 便可根据式（4-42）反推出待测量的小角度 δ。

例 4-5

如图 4-29 所示，一束光通过一个顶角为 60° 的折射棱镜，棱镜对该束光的折射率为 1.5，求入射光与经过棱镜后出射光的偏向角最小值 δ_{min}。

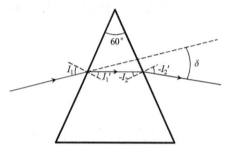

图 4-29 例 4-5 题图

解： 由相关条件代入式（4-36）可以得到：

$$\sin\frac{60°+\delta_{min}}{2}=1.5\times\sin\frac{60°}{2}$$

计算可得：

$$\delta_{min}=37.18°$$

4.5 Zemax 中的坐标断点

4.5.1 Zemax 中的坐标系

在讲坐标断点前先介绍一下 Zemax 中的坐标系。Zemax 中序列模型采用的是局部坐标系，而非序列模型则采用全局坐标系。

在序列模型中，事实上也设置了一个全局坐标系，其可以在 System Explorer 下面 Aperture 选项中进行设置。如图 4-30 所示，在 Global Coordinate Reference Surface 中选择不同的面作为全局坐标系的参考点，也可以在 Lens Data 编辑器中选择序号为#的某一个面，然后在 Surface # Properties 界面中进行修改。例如，选择第 1 面，在 Surface 1 Properties 对话框 Type 选项中勾选 Make Surface Global Coordinate Reference 复选框，如图 4-31 所示。当选择不同面作为全局坐标系参考点时，在 Cross-Section 等工具中坐标系原点位置发生变化，但是这不会影响系统的光学性能。因为两个面之间相对距离的设定是利用 Lens Data 编辑器中的 Thickness 参数，所以本质上序列模型的光学元件坐标设置是局部坐标系。

相比之下，非序列模型中的光学元件坐标设置是在 Non-Sequential Component Editor 编辑器中 X Position、Y Position 及 Z Position 表头中进行的。此为全局坐标值，如图 4-32 所示。

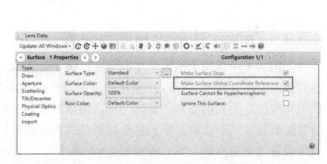

图 4-30 System Explorer 中全局坐标设定　　　图 4-31 Surface 1 Properties 中全局坐标设定

图 4-32 非序列模型中光学元件坐标值设置

4.5.2　坐标变换

为了描述光路的折转，在数学上通过光轴坐标的变换来实现。此外，在公差设计中也需要用坐标变换来描述光学元件的方位变化。这里简单介绍一下坐标变换的数学方法。如果坐标系(x, y, z)先按 x 轴旋转 θ 角，坐标变换可以表示为

$$\begin{bmatrix} x' \\ y' \\ z' \end{bmatrix} = \begin{bmatrix} 1 & 0 & 0 \\ 0 & \cos\theta & \sin\theta \\ 0 & -\sin\theta & \cos\theta \end{bmatrix} \begin{bmatrix} x \\ y \\ z \end{bmatrix} \tag{4-43}$$

θ 角的符号规则：旋转方向面对 x 轴方向从旧坐标系(x, y, z)逆时针转到新坐标系(x', y', z')为正，反之为负。

进一步坐标系(x', y', z')绕 z'轴旋转 α 角得到坐标系(x'', y'', z'')，其坐标变换可以表示为

$$\begin{bmatrix} x'' \\ y'' \\ z'' \end{bmatrix} = \begin{bmatrix} \cos\alpha & \sin\alpha & 0 \\ -\sin\alpha & \cos\alpha & 0 \\ 0 & 0 & 1 \end{bmatrix} \begin{bmatrix} x' \\ y' \\ z' \end{bmatrix} \tag{4-44}$$

这样如果从坐标系(x, y, z)变换到(x'', y'', z'')，我们可以表示为

$$\begin{aligned} \begin{bmatrix} x'' \\ y'' \\ z'' \end{bmatrix} &= \begin{bmatrix} \cos\alpha & \sin\alpha & 0 \\ -\sin\alpha & \cos\alpha & 0 \\ 0 & 0 & 1 \end{bmatrix} \begin{bmatrix} 1 & 0 & 0 \\ 0 & \cos\theta & \sin\theta \\ 0 & -\sin\theta & \cos\theta \end{bmatrix} \begin{bmatrix} x \\ y \\ z \end{bmatrix} \\ &= \begin{bmatrix} \cos\alpha & \sin\alpha\cos\theta & \sin\alpha\sin\theta \\ -\sin\alpha & \cos\alpha\cos\theta & \cos\alpha\sin\theta \\ 0 & -\sin\theta & \sin\alpha \end{bmatrix} \begin{bmatrix} x \\ y \\ z \end{bmatrix} \end{aligned} \tag{4-45}$$

最后在式（4-45）中可以得到变换矩阵为

$$T = \begin{bmatrix} \cos\alpha & \sin\alpha\cos\theta & \sin\alpha\sin\theta \\ -\sin\alpha & \cos\alpha\cos\theta & \cos\alpha\sin\theta \\ 0 & -\sin\theta & \sin\alpha \end{bmatrix} \tag{4-46}$$

4.5.3 Zemax 中的坐标断点设置

在很多光学系统中加入了反射镜面、棱镜等光学元件时，光轴会发生折转。为了模拟这类情况，可以利用 Zemax 中坐标断点的功能——即将坐标轴打断，并设置其倾斜和偏心的折转参数。系列模型基于局部坐标，所以断点的使用有一个基本原则：坐标轴在某个位置发生折转，其后续的光学元件坐标都是按折转点后的局部坐标右手法则放置的。坐标断点的设置方法有两种：其一是序号为#的某个面，"Surface # Properties"对话框自带的坐标断点；其二是插入坐标断点面，下面分别进行介绍。

1．某个面自带的坐标断点

建立一个简单的光学系统结构。在 System Explorer 对话框中 Aperture 的 Aperture Type 中选择 Entrance Pupil Diameter 选项，其值为 10，即入瞳为 10。Lens Data 编辑器设置 1 如图 4-33 所示。可以看到此时的光路结构图，如图 4-34 所示。选择第 2 面，并打开 Surface 2 Properties 对话框。进一步在菜单中单击 Tilt/Decenter 按钮，可以看到如图 4-35 所示的界面。Before Surface 是第 2 面前面的坐标轴折转设置，After Surface 是第 2 面后面的坐标轴折转设置。参数设置包括了偏心（Decenter）和倾斜（Tilt）。

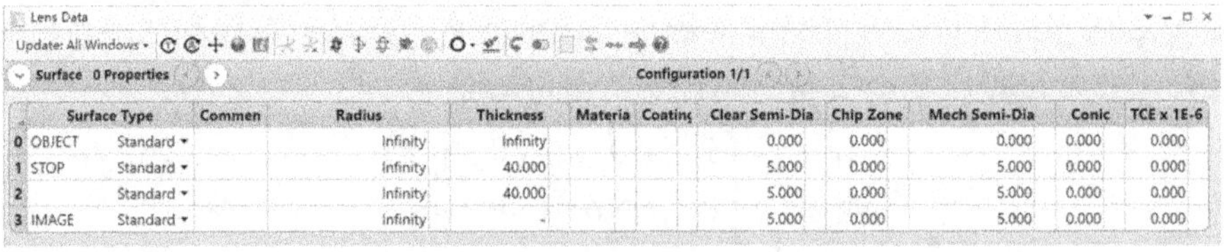

图 4-33　Lens Data 编辑器设置 1

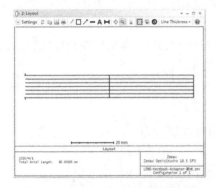

图 4-34　Cross-Section 光路结构图

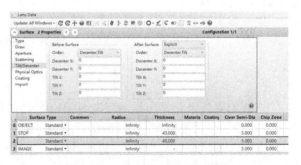

图 4-35　Surface 2 Properties 界面

先在 Before Surface 中设置 Tilt X 为 45°，可以看到光路结构图如 4-36 所示。这里为了方便观察，在 Settings 的 Rotation 中 X、Y 及 Z 都设为 0。第 2 面及后面 z 轴（虚线）沿顺时针绕 x 轴转动 45°，后面的光学元件相应转动 45°，可以看到像面的转动。我们进一步在 After Surface 中的 Tilt X 设置为-45°，z 轴进一步沿逆时针转动 45°。此时 z 轴又恢复到原来水平状态，像面也恢复到原来角度，如图 4-37 所示。此时的 Cross-Section 视图工具不起作用，因为该功能只对旋转对称性的光学系统起作用。但是这里光轴已经发生折转，认为该光学系统不再旋转对称。可以单击 3D Viewer 或者 Shaded Model 显示设计的系统。可以通过键盘上的 Pg Up、Pg Dn 及方向箭头键等控制其旋转角度和视角。图 4-36 是在图框左上角的 Settings 中输入 Rotation 参数 X、Y 和 Z 都为 0 时的视角。

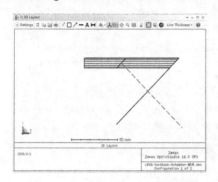

图 4-36　Before Surface 设置倾斜

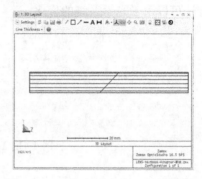

图 4-37　After Surface 进一步设置倾斜

2. 插入坐标断点面（Coordinate Break）

设置一个简单的平板玻璃，在 System Explorer 对话框中设置入瞳为 10，Lens Data 编辑器设置 2 如图 4-38 所示。其中第 2 面 Material 为 BK7，Clear Semi-Dia 输入 8。因为用户自己输入的值，所以后缀变为 U，即 User-Defined 的简写。

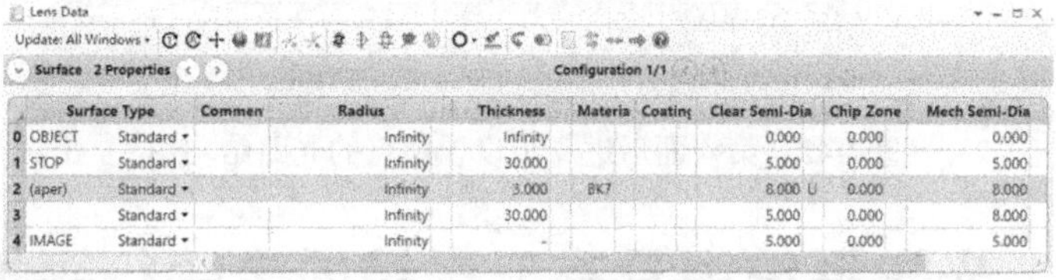

	Surface Type	Commen	Radius	Thickness	Materia	Coating	Clear Semi-Dia	Chip Zone	Mech Semi-Dia
0 OBJECT	Standard ▾		Infinity	Infinity			0.000	0.000	0.000
1 STOP	Standard ▾		Infinity	30.000			5.000	0.000	5.000
2 (aper)	Standard ▾		Infinity	3.000	BK7		8.000 U	0.000	8.000
3	Standard ▾		Infinity	30.000			5.000	0.000	8.000
4 IMAGE	Standard ▾		Infinity	-			5.000	0.000	5.000

图 4-38　Lens Data 编辑器设置 2

此时，光路结构图如图 4-39 所示。在第 2 面前插入新的一面，并把 Surface Type 选择为 Coordinate Break。在该面的 Tilt About X 表头填入 25，此时的光路结构图如图 4-40 所示。可以看到第 2 面及后面的 z 轴（虚线）沿顺时针绕 x 轴转动 25°，像面也相应发生转动。

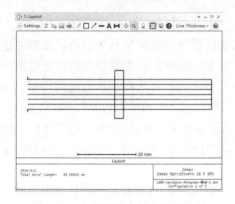

图 4-39　未设置断点的光路结构图

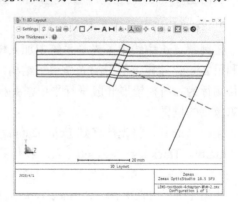

图 4-40　第 2 面前设置断点的光路结构图

进一步在第 4 面后面插入新的一面，Surface Type 选择为 Coordinate Break 选项。在该面的 Tilt About X 表头填入-25。此时 Lens Data 编辑器设置 3 如图 4-41 所示，对应的光路结构图如图 4-42 所示。可以看到 z 轴在第 4 面后面开始逆时针旋转 25°，恢复到原来水平状态。也可以看到，虽然这里改变了坐标折转方向，但是因为平板玻璃参数未变，所以平行光束传播特性也未发生改变，这是因为坐标断点面是独立面且参数可以设置为变量，因此该方法可以用于光学系统的优化。

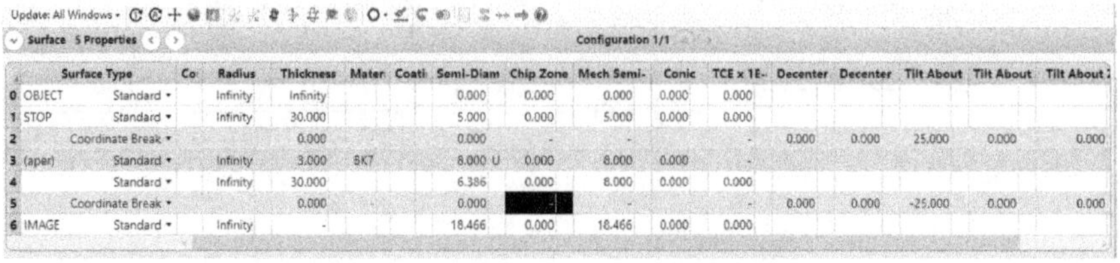

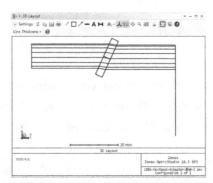

图 4-41　Lens Data 编辑器设置 3

图 4-42　第 4 面后进一步设置断点的光路结构图

4.6　光学系统中具有反射镜或者平行平板的 Zemax 仿真分析

1．设计要求

以例题 4-4 的光学系统参数为基础，基于 Zemax 进行仿真分析。

2．仿真分析

在例题 4-4 中给出了光学系统中加入棱镜或者反射镜对成像特性的影响。本例中进一步利用 Zemax 建模该例中的光学系统结构，并计算相关结果，从而理解光路在光学系统中的传输行为。将棱镜展开成平行平板，并根据等效空气层的概念将该参数加到光路，从而计算像点的位置。

运行 Zemax，将光标移到 Lens Data 编辑器的第 0 面即 OBJECT 面，曲率半径为默认值 Infinity。Thickness 输入 60，表示物体到后方薄凸透镜 L_1 的距离。Clear Semi-Dia 输入 0，表示该物体为点源。其他参数都为默认值。

在第 1 面即 STOP 面，Surface Type 选择 Paraxial 选项，表示透镜为近轴成像时理想薄透镜。设置理想透镜是为了和例题 4-4 的情况相同。Thickness 输入 110，即透镜 L_1 到透镜

L_2 的距离。Focal Length 输入 40，表示凸透镜的焦距为 40。

第 1 面后插入新的一面（第 2 面），Surface Type 同样选择 Paraxial 选项。单击 Thickness 选项右侧空格，跳出后缀对话框 Thickness solve on surface 2，其中 Solve Type 项选择 Marginal Ray Height，表示第二个透镜到下一个面的距离（本例即到像面的距离）自动调整为边缘光线高度最小，即可以认为像面会自动移到理想像点的位置，如图 4-43 所示。为了方便查看像点的位置，在后面的建模中都保留该设置。此外，在 Focal Length 项输入-40，表示凹透镜的焦距。

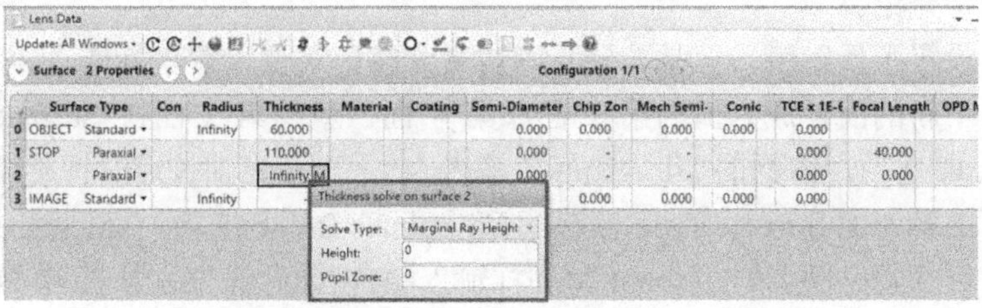

图 4-43　Thickness solve on surface 2 对话框设置

在 System Explorer 对话框中 Aperture 选项下面 Aperture Type 中选择 Object Cone Angle 选项，Aperture Value 为 5。该选项表示通过设置物空间边缘光线的半角度来定义系统的孔径角。一旦设定这个值，Zemax 中会自动调整其他透镜等光学元件的半径，以优先确保该角度的入射光正好通过整个光学系统。其他都采用默认值。设置好的参数如图 4-44 所示。

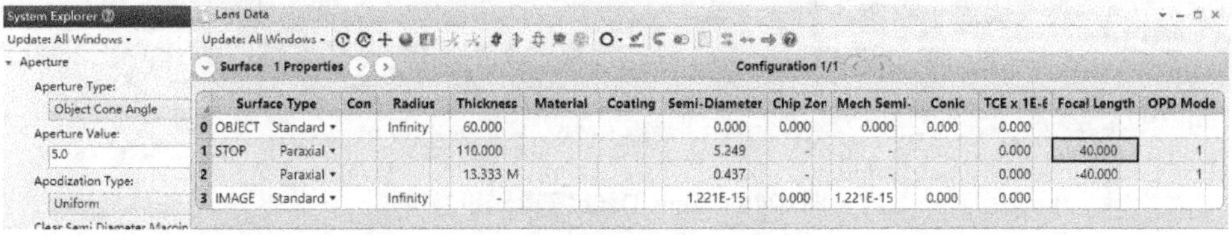

图 4-44　Lens Data 编辑器与 Aperture Type 设置

Cross-Section 光路结构图如图 4-45 所示。此时是在图框左上角的 Settings 中输入 Rotation 参数 X、Y 和 Z 都为 0 时的视角。

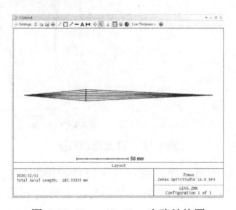

图 4-45　Cross-Section 光路结构图

物点通过 L_1 成中间像点，其位于 L_2 右侧。所以中间像点对于 L_2 而言是虚物点。在

Lens Data 编辑器中，第 2 面的 Thickness 值显示为 13.333。该值和例题 4-4 中反射镜情况下计算的像点位置是相同的。

也可以用插入虚构面的方法模拟反射镜对光路的反射作用。首先选择 Lens Data 编辑器中的第 1 面，Thickness 输入 55，表示透镜 L_1 到反射镜的距离为 55mm。右击鼠标选择 Insert Surface After，这样在该面后插入一个新的面（成为第 2 面）用于模拟反射镜。在 Material 项输入“MIRROR”。如果没有进一步在 Coating 选项中进行设置，那么这里的 MIRROR 默认为镀铝膜，复折射率为 0.7−7.0i，且没有光能透过铝膜。关于镀膜的设置在第 6 章中进一步介绍。

这里虽然设置了反射镜，但是若要正确仿真光路，需要设置坐标断点。在第 2 面上、下分别插入两个新的面，成为新的第 2 面和第 4 面。新的第 2 面在 Surface Type 中选择 Coordinate Break 选项，该面的 Tilt About X 输入−45，表示光轴按逆时针旋转 45°。其他采用默认值。新的第 4 面 Surface Type 也选择 Coordinate Break 选项。Thickness 输入−55，表示成像在反射镜的物空间。Tilt About X 同样输入−45，此时光轴累加折转−90°。最后 Lens Data 编辑器设置如图 4-46 所示。可以看到第 5 面的 Thickness 显示为−13.333，表示像点在透镜 L_2 后面 13.333mm 处。可以看到相对于透镜 L_2，像的位置未因反射镜而发生改变。图 4-47 所示为 3D 光路结构图。

Lens Data
Update: All Windows
Surface 2 Properties
Configuration 1/1

	Surface Type		Con	Radius	Thickness		Material	Coati	Semi-Diame	Chip Zor	Mech Semi-	Conic	TCE x 1E-	Decenter X	De	Tilt About	Tilt About Y	Tilt About Z	Order
0	OBJECT	Standard		Infinity	60.000				0.000	0.000	0.000	0.000	0.000						
1	STOP	Paraxial			55.000				5.249	-	-		0.000	40.000					
2		Coordinate Break			0.000		-		0.000	-	-		-	0.000	0.0.	-45.000	0.000	0.000	
3		Standard		Infinity	0.000		MIRROR		4.205	0.000	4.205	0.000	0.000						
4		Coordinate Break			-55.000		-		0.000	-	-		-	0.000	0.0.	-45.000	0.000	0.000	
5		Paraxial			-13.333	M			0.437	-	-		0.000	-40.000					
6	IMAGE	Standard		Infinity	-				4.385E-15	0.000	4.385E-15	0.000	0.000						

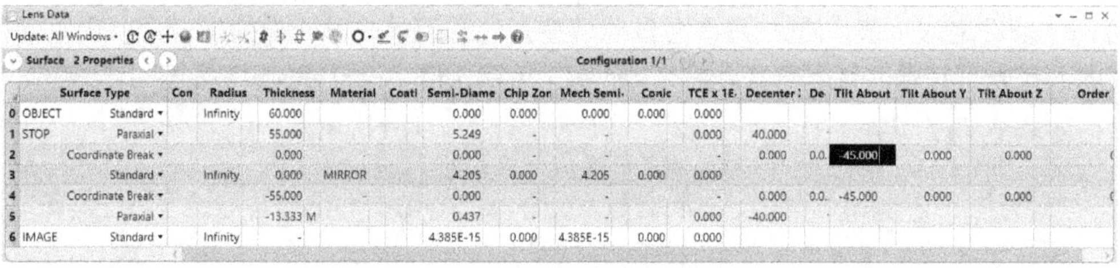

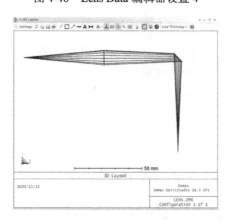

图 4-46　Lens Data 编辑器设置 4

图 4-47　3D 光路结构图

当光路中反射镜改成等腰直角棱镜时，为了方便建模和仿真，在光路相应位置插入棱镜展开后的平行平板。在 Lens Data 编辑器中参数设置恢复到最早如图 4-44 所示的设置。第 1 面的 Thickness 改为 25，并在下面插入新的一面，即新的第 2 面，Thickness 输入 60，即平行平板的厚度。Material 的后缀对话框 Glass solve on surface 2 中 Solve Type 选择 Model

选项，Index Nd 输入 1.5，即自定义材料折射率为 1.5。此外，Abbe Vd 与 dPgF 都为 0。Abbe Vd 为阿贝系数表示玻璃色散，dPgF 为局部色散，具体含义读者可以查阅软件 Help 文档。此时可以看到在 Lens Data 编辑器中显示 1.50，0.0，后缀变为 M，如图 4-48 所示，表示该参数为用户自定义的数值。

第 2 面下面插入新的一面，Thickness 输入 25，表示棱镜到透镜 L_2 的距离。其他采用默认值。设置后的 Lens Data 编辑器如图 4-48 所示。可以看到第 4 面即透镜 L_2 的 Thickness 值自动调整为 120，说明了像点在 L_2 后方 120mm 处。该值和前面理论计算是一样的。打开 Cross-Section 工具可以看到光路结构图，如图 4-49 所示。可以放大观察光路的细节，从而加深理解平行平板对光学成像的影响。可以看到平行平板对会聚的光束具有一定的发散作用。物点对于 L_1 成的中间像对于 L_2 而言是虚物点，且物距更大了，所以像点位置远离了 L_2。这也验证了等效空气层的概念。

	Surface Type		Con	Radius	Thickness	Material	Coating	Semi-Diameter	Chip Zon	Mech Semi-	Conic	TCE x 1E-6	Focal Length	OPD Mode
0	OBJECT	Standard		Infinity	60.000			0.000	0.000	0.000	0.000	0.000		
1	STOP	Paraxial			25.000			5.249	-	-		0.000	40.000	1
2		Standard		Infinity	60.000	1.50,0.0 M		4.156	0.000	4.156	0.000	0.000		
3		Standard		Infinity	25.000			2.407	0.000	4.156	0.000	0.000		
4		Paraxial			120.000 M			1.313	-	-		0.000	-40.000	1
5	IMAGE	Standard		Infinity	-			3.717E-03	0.000	3.717E-03	0.000	0.000		

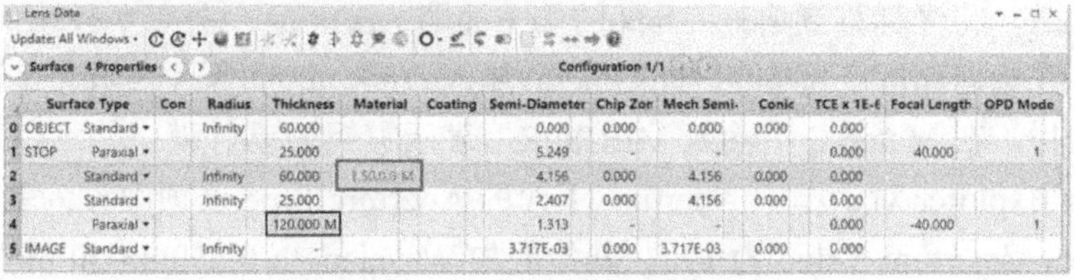

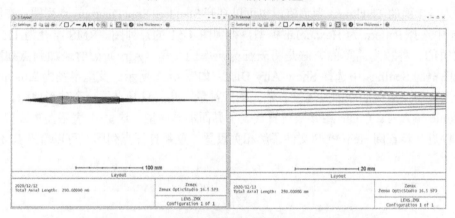

图 4-48 Lens Data 编辑器设置 5

图 4-49 Cross-Section 光路结构图及平行平板处细节图

4.7 具有反射镜的光学系统 Zemax 设计方法实例——牛顿望远镜

1. 设计要求

反射镜为一个抛物线型镜面，用于纠正所有阶的球差；焦距为 760mm *F*/4。牛顿望远镜原理图与实物图如图 4-50 所示。

2. 知识补充

抛物线型反射镜具有完美成像功能。具体可以采用第 1 章提到的费马原理进行解释，

第 2 章式（2-55）也给出了抛物线型的具体数学表达式。根据 $F=f'/D$，f' 为焦距，D 为光孔直径，焦距 760mm $F/4$ 表明我们可以选择一个曲率半径为 1520mm 的镜面，且光学系统的孔径可为 190mm。

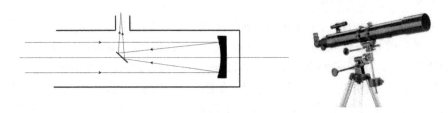

图 4-50　牛顿望远镜原理图与实物图

3．仿真分析

运行 Zemax，将光标移到 Lens Data 的第 1 面即 STOP 面，曲率半径输入-1520，负号表示为凹面，在此面即同一行中的 Thickness 输入-760，这个负号表示通过该面折射后，光线向后方传播。在 Material 中输入 MIRROR，表示镀铝的反射膜。

在 System Explorer 对话框中 Aperture 下面的 Aperture Type 选项中设为默认的 Entrance Pupil Diameter，Aperture Value 为 190。其他的如 Wavelength(0.550µm)和 Fields (X=0,Y=0) 等都采用默认值。打开 Cross-Section 工具，可以看到光线的轨迹。像平面在镜面的左侧，这是因为第 1 面的 Thickness 为负值。也可以打开 Standard Spot Diagram 点列图，在图框的 Settings 中选择 Pattern 为 Hexapolar 模型，得到图 4-51 的点列图。RMS 半径为 115.527。评价像质的一种较为简单的方法是将表征分辨率的艾里（Airy）衍射斑加到点列图的顶部。在图框的 Settings 中选择 Show Airy Disk，如图 4-51 所示。艾里半径为 2.689µm，光斑直径远大于艾里斑的原因是还没有输入圆锥常量，此前只是定了一个球形曲面。在第一面的 Conic 输入-1。Conic 中参数设置代表了界面不同面型，这里-1 表示抛物线型镜面。读者可以进一步查阅 Help PDF 文件了解相关设置。重新打开点列图，可以看到 RMS 半径为 0。

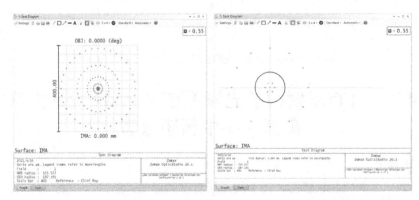

图 4-51　Spot Diagram 与显示 Airy Disk 的 Spot Diagram

但是这种光学结构由于像处在入射光路的光程中，图像无法接收，所以通常在主镜面后放一个反射镜面用于折转光线。反射镜面以 45°角度倾斜，将像从光轴上往外转出来。下面设计折转面的位置。由于入射的光束宽度为 190mm，这需要像面至少离开光轴

95mm。这里选择 160mm，这样折叠反射镜距离主反射面有 600mm。

将第 1 面的 Thickness 改为-600。将光标移到 IMAGE 面，在第 1 面与 IMAGE 面之间插入新的一面。因为不是用于对光产生折射等作用，所以称之为虚构面。这个虚构面被用于设计折叠面。在这个虚构面上的 Thickness 输入-160，并用光标选中虚构面，插入一个折叠面。这里展示一种基于坐标断点实现反射镜与光轴折转的简易操作。如图 4-52 所示，单击 Add Fold Mirror 图标，跳出 Add Fold Mirror 对话框设置参数。Fold Surface 采用默认的第 2 面，Reflect Angle 输入 90°。此时，Lens Data 编辑器设置如图 4-53 所示。可以看到第 2 面变成第 3 面，前后自动插入第 2 面和第 4 面两个坐标断点面，且 Tilt About X 都为45°，最后光轴折转 90°。另外，可以看到第 4 面的 Tilt About X 后缀为 P。单击 P，跳出对话框 Parameter 3 solve on surface 4，如图 4-54 所示。Solve Type 默认为 Pickup，所以后缀为 P。From Surface 2 为 2，From Column 为 Current。这表明当前第 4 面 Tilt About X 的值和第 2 面相同。查看此时的光路结构图，单击 3D Viewer 如图 4-55 所示。

图 4-52　在 Lens Data 中加入折叠反射镜面

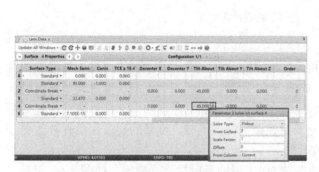

图 4-53　加入了折叠反射镜面的 Lens Data 编辑器设置

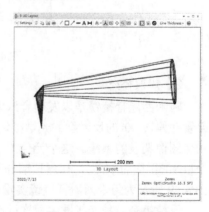

图 4-54　坐标断点的 Pickup 设置　　　　图 4-55　3D 光路结构图

对于折叠反射式牛顿望远镜系统，入射光落在折叠反射镜区域的光线会被阻挡。所以在设计中需要把这部分光挡住，不允许落在像面上。首先将光标停在第 1 面，在 STOP 面前插入一个虚构面，Thickness 设置为 800。单击 Surface 1 Properties 跳出设置对话框。在Aperture 选项中的 Aperture Type 选择 Circular Obscuration 选项，以及 Maximum Radius 中为 40，如图 4-56 所示。为了方便显示，Lens Data 编辑器中该面 Semi-Diameter 中也输入 40。最后打开 Shaded Model 图，如图 4-57 所示。可以看到部分入射光已经被挡住。

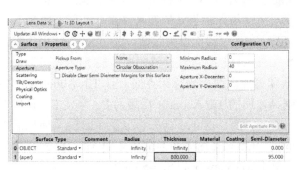

图 4-56　Surface 1 Properties 对话框中设置孔径参数

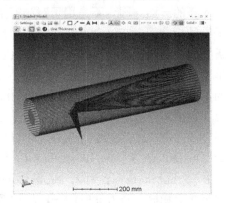

图 4-57　Shaded Model 光路结构图

4.8　具有阿米西（Amici）屋脊棱镜与五棱镜组合的光学系统 Zemax 设计实例

1. 设计要求

利用阿米西屋脊棱镜与五棱镜实现光束往上偏移 4mm，其转像为水平方向实现镜像对称，如图 4-58 所示。

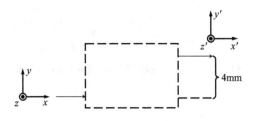

图 4-58　光学系统设计需求图

2. 知识补充

阿米西屋脊棱镜是以发明者意大利天文学家乔凡尼·阿米西命名的，是一种用于图像倒置并偏转 90°的反射型的光学棱镜，如图 4-12 所示。它在望远镜的目镜中常常被使用，用作图像架设的系统。这个元件的形状像是在最长边附加上屋顶的标准直角棱镜（包括两个以 90°正交的平面），在屋顶部分的全反射使图像侧向翻转。图像的旋向性没有被改变。图 4-59 所示为阿米西屋脊棱镜实物示意图。

五棱镜是一种光线发生两次反射并偏转 90°出射的反射性光学棱镜，如图 4-60 所示。五棱镜通常使用在单透镜反射式（单反）相机内，用来折转光线，如图 4-61 所示。在按快门前，光线通过五棱镜进入取景器，人眼可直接观察被摄影的景物。

在第 1 章 Zemax 软件的介绍中讲到非序列模型用于一条光线可以与同一物体相交不止一次，或者以任意顺序与多个物体相交，如照明与杂散光分析等。光线在棱镜中常常发生多次反射与折射，适合非序列模型。所以本例将采用序列/非序列混合模型进行光学设计。

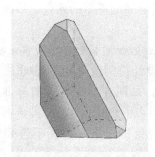

图 4-59　阿米西屋脊棱镜实物示意图

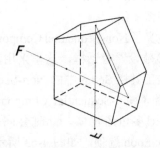

图 4-60　五棱镜光线传播示意图

按下快门按钮前的状态

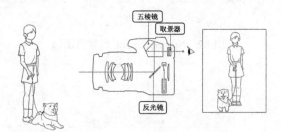

按下快门按钮后的状态

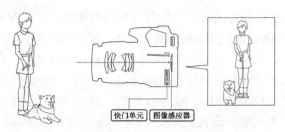

图 4-61　五棱镜在单反相机中的功能示意图

另外，光线通过反射棱镜也常常会发生光偏振的变化。Zemax 等光学设计软件都考虑了这种偏振变换。偏振光线的追迹是几何光线追迹的拓展。电场偏振矢量可以写成式（4-47）。描述光偏振态及相位的变化可以采用琼斯矩阵。在本例中可以看到光束经过屋脊棱镜后偏振态分成了两种情况。

$$E = \begin{bmatrix} E_x \\ E_y \\ E_z \end{bmatrix} \tag{4-47}$$

3．仿真分析

运行 Zemax，将光标移动到 System Explorer 对话框，Aperture 选项下面的 Aperture Type 为默认的 Entrance Pupil Diameter，Aperture Value 输入 0.9。其他的如

Wavelengths(0.550μm)和 Fields (X=0,Y=0)等都采用默认值。将光标移动到 Lens Data 对话框设置 STOP 面的厚度值为 1.0。右击鼠标，在 STOP 面后插入新的一面。Surface Type 中选择 Non-Sequential Component 选项。此时，我们插入了非序列模型的元件。后面进一步用于设计棱镜系统。

当定义了 Non-Sequential Component 面时，System Explorer 对话框中出现 Non-Sequential的系统参数设置对话框，这里采用默认值。此时，该设计模型改变为序列/非序列混合模型。单击工具栏 Setup 中的 Non-Sequential 编辑器图标，如图 4-62 所示。打开非序列模型的编辑器（Non-Sequential Component Editor）。在第 1 面 Object Type 列选择 Polygon Object，即多边形物体。此时会同时跳出 Data File 对话框，进一步在下拉列表中选择 Amici_roof.pob 选项，如图 4-63 所示。

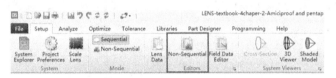

图 4-62　Non-Sequental 编辑器图标

图 4-63　Polygon Object 的 Data File 对话框

这是 Zemax 软件中已经定义好的阿米西屋脊棱镜模型，可以在此基础上调整结构参数。在 X Position、Y Position 和 Z Position 都输入 0，Material 选择 BK7 玻璃。右击该面，并在下面插入新的一面，在 Object Type 中选择 Polygon Object 选项，此时会同时跳出 Data File 对话框，进一步在下拉列表中选择 penta.pob 选项。在 Y Position 输入 4，Z Position 输入 2.7，Tilt About Y 输入 180.0，Material 输入 BK7，Scale 输入 2，该参数表示棱镜整体缩放比例。此时非序列模型的编辑器设置如图 4-64 所示。其中 X Position、Y Position 与 Z Position 的值代表了棱镜的位置。

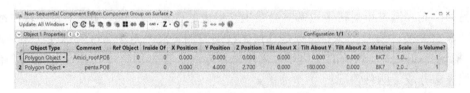

图 4-64　非序列模型的编辑器设置

进一步回到 Lens Data 对话框，在 Non-Sequential Component 一行的 Exit Loc Y 与 Exit Loc Z 中输入 4.0。其代表了棱镜的出光端口相对于入射端口的相对位置。在该面下面插入新的一面。Thickness 输入 1，Clear Semi-Dia 输入 0.510。此时插入了一个虚构面，使得棱镜的出光面到像面的距离为 1mm。此时，棱镜光学系统的设置完成。Lens Data 编辑器设置 7 如图 4-65 所示。打开工具栏 Analyze 选项中的 Shaded Model，图框左上角 Settings 中设置 Opacity 为 All 50%，得到如图 4-66 所示的光路结构图。

中 4 章 平面系统 | 115

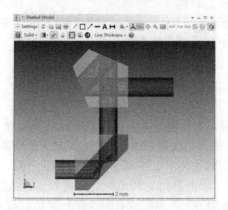

图 4-65　Lens Data 编辑器设置 7

图 4-66　设计的棱镜系统光路结构图

单击工具栏中 Analyze 选项下的 Polarization 图标，如图 4-67 所示。选择下拉菜单中的 Polarization Pupil Map 选项，并在图框左上角 Settings 中的 Surface 选项选择需要观察的面，可以看到在该面上的偏振图案，如图 4-68 所示。

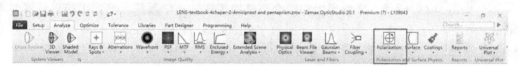

图 4-67　Polarization 图标

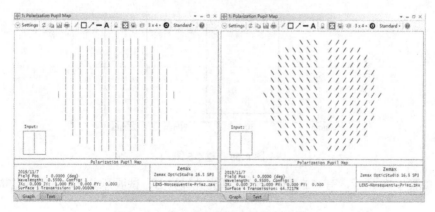

图 4-68　第 1 面和像面上的偏振态情况

思考题

（1）现有一个会聚的光学系统对一实物成实像。如果在该光学系统光轴的一侧放置平板玻璃，那么该光学系统的成像特性会发生什么样的变化？

（2）反射膜的用处有很多，如夜间开车，车灯照射到路牌上可以非常清楚地看到路牌上明亮的文字。请设计一个反射膜，该膜能实现光在不同方向入射并在相同方向高效反射。

（3）一束光沿着一个镜面水平入射进入双面角镜然后反射回来。请分析当角镜的角度多大时，光束在角镜内部的路程最长。

（4）棱镜具有分光作用。如果一个自然光照明的物体经过分光棱镜后又经过透镜成像。那么看到的像是什么样子的？

（5）尝试设计一个特殊形状的棱镜，其棱镜中间是空洞（中空）结构，且可以让光路经过多次折射或反射绕过中空区域，然后沿原始入射方向出射。如果要实现这种功能，那么在中空区域放一个物体，是否能看得见？

计算题

4-1 城市里有一座楼房，为了测量其高度，现在在距离高楼 12m 处放置一面 2m×1.5m 的平面镜，一个身高 1.7m 的人站在镜前 0.5m 处正好看到整座高楼，求楼房的高度。

4-2 一束光以 I_1 角入射到夹角为 α 的双平面镜系统的一面，光束从另一面以 I_2 角反射出来，已知 $I_1=30°$，$\alpha=75°$，求出射角 I_2 和出射光线与入射光线的夹角 β。

4-3 人位于 A 处观察物体 BC，中间放有一个平行平板，厚度为 20cm，发现观察到物体的像与原来像相差 5cm，问平行平板的折射率 n 为多少？

4-4 如图 4-8 所示，测量微小位移装置，为测量一平行光管物镜的焦距 f，把物镜装在该装置上，当移动测杆导致平面镜倾斜而使物镜焦点 F 移动到相对于 F 点 20mm 距离的 B 上，记录下移动的角度 θ 为 5°，求平行光管物镜的焦距 f'。

4-5 如图 4-69 所示，平行平板和两个凸透镜组成的光学系统。已知平行平板厚度为 30mm，折射率为 1.5，两透镜焦距分别为 $f_1'=100mm$ 和 $f_2'=50mm$，且两透镜间距离为 25mm，第一面凸透镜距离平行平板的距离为 30mm。物体高为 5mm，距离平行平板 50mm，求其像的位置和像高。

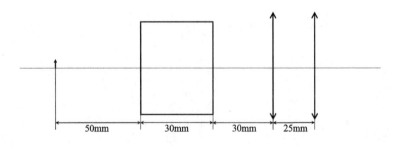

图 4-69 题 4-5 图

4-6 如图 4-70 所示，有一施密特棱镜，通光孔径为 D，试展开求光轴长度和结构参数。

图 4-70 题 4-6 图

4-7　如图 4-71 所示，位于凸透镜 L_1 前 d_1=60mm 处有一物体 A，L_1 的焦距 f_1'=50mm，L_1 后方 d_2=30mm 处有一五棱镜，BC=50mm，五棱镜的上方距离 30mm 处有焦距 f_2'=20mm 的凸透镜 L_2，求物体 A 经过系统所成像的位置。

4-8　如图 4-72 所示，一条光线水平入射至一个 α=6°，n=1.50 的楔镜，经楔镜折射后，光线射到一个与水平呈 45°的平面镜上，问光线经反射后的反射角为多少？若将平面镜顺时针旋转 15°，则反射角会发生什么改变？

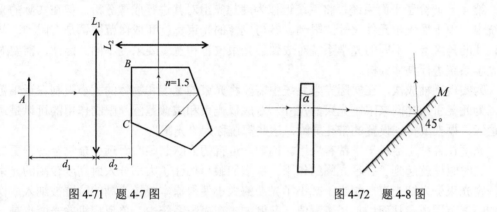

图 4-71　题 4-7 图　　　　　　　　图 4-72　题 4-8 图

4-9　如图 4-73 所示，求棱镜反射后像的坐标系。

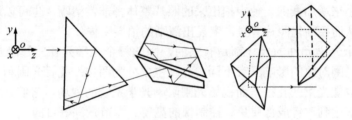

图 4-73　题 4-9 图

4-10　根据图 4-74 中平面镜和棱镜系统的成像方向要求，画出虚线框内所需的反射棱镜。

（1）要求入射光线和出射光线在同一水平面。

（2）要求出射光线和像坐标系不发生改变。

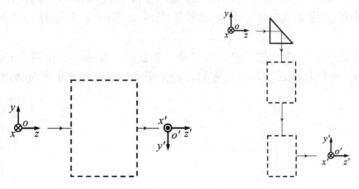

图 4-74　题 4-10 左图问题（1）；右图问题（2）

第5章　光学系统的光束限制

第4章研究了平面系统，将系统近似为理想光组对其进行成像分析。但在实际的光学系统中，由于受光学元件尺寸的限制，参与成像的光束宽度和成像范围都是有限的。从光学设计的角度看，不同的光学系统对成像的光束位置和宽度要求也不同。因此，需要对具体光学系统进行具体分析。

为实现近轴成像，在实际光学系统中需要将光束的宽度和物体的大小限制在近轴范围内，为此要引入光阑来限制光束的尺寸。对成像光束和成像范围起限制作用的可以是透镜的边缘、框架或特别设置的带孔屏障，这些都统称为"光阑"。

光阑在各种生活场景下都有应用。例如，近视的人眯起眼睛看远处事物会变得更加清晰，这时眼缝就起到了孔径光阑的作用。狭窄的眼缝挡住了大部分入射高度较高的光束，使得宽光束变为细光束，相当于减小了光圈的大小使得原本成像模糊的位置被纳入成像清晰的距离范围内，从而增加了景深值。又例如，在摄影系统中，单反相机的光圈也是一种光阑直径大小的表示方法。与前文提到的小孔视物增加景深的原理类似，相机也可以通过减小光圈的大小来增加景深，使得拍出来的照片整体都非常清晰。也可以通过增大光圈值使景深变浅，从而模糊化照片背景，突显出清晰的拍摄主体。

实际上每个光学元件的尺寸都是有限的，因此每个光学元件的边缘都相当于一个光阑，但是各种光阑对象的影响又有不同。光阑主要分为两类：孔径光阑和视场光阑。孔径光阑限制参加成像光束的孔径，而视场光阑限制光学系统的视场。它们分别通过限制光束和限制视场，来达到改善成像质量、控制像的亮度、调节景深等目的。

5.1　光学系统中的孔径光阑、入射光瞳与出射光瞳

每个光学系统都有一定数量的光阑，每个光阑都对光束起到了限制作用。其中对光束孔径限制最多的光阑，即决定光学系统成像光束宽度的光阑称为"孔径光阑"。被孔径光阑限制的光束中的边缘光线与物、像方光轴的夹角 u 和 u'，分别称为"入射孔径角"和"出射孔径角"。

孔径光阑可以安装在透镜前，也可以安装在透镜后，如图 5-1 和图 5-2 所示。它们对于限制孔径角大小的作用相同，但不同位置的孔径光阑参与成像的光束通过透镜的部位不同。

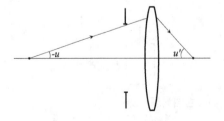

图 5-1　孔径光阑安装在透镜前

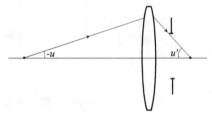

图 5-2　孔径光阑安装在透镜后

5.1.1 孔径光阑的判断

按照定义，孔径光阑是对轴上点发出的光束限制最大的光阑。因此，需要确定孔径光阑就需要将所有光阑都一一成像到物空间，并求出像的位置与大小。然后从物的位置对这些像的边缘一一连线并求张角，张角最小的那个像所共轭的光阑就是孔径光阑。

如图 5-3 所示，透镜 L_1、L_2 和光阑 P 对前面的光学系统成像分别得到 L_1'（与透镜 L_1 重合）、L_2' 和 P'。依次将这些像的边缘与物点 A 进行连线，分别得到对应的张角 u_1、u_P 和 u_2。因为张角 u_2 最小，所以对应的透镜 L_2 的边框为孔径光阑。

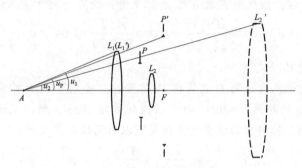

图 5-3　孔径光阑求法

例 5-1

现有一个孔径为 6cm、焦距为 50cm 的凸透镜 L_1，物点 A 置于 L_1 前方 90cm 处。一个孔径为 4cm 的光阑 P 放置在光轴 4 个不同位置，具体位置分别为置于 L_1 前方 70cm 与 20cm 处；L_1 后方 20cm 与 40cm 处，如图 5-4 所示。求光阑分别在 4 个位置时，光学系统中哪个光学元件是孔径光阑。

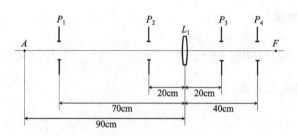

图 5-4　例 5-1 题图

解： 物点 A 对于 L_1 的张角为

$$u_L = \arctan \frac{D_{L_1}/2}{l_{L_1}} = \arctan \frac{6/2}{90} = 1.91°$$

（1）如图 5-5 所示，当光阑 P 放置在 P_1 位置时，物点 A 对于 P_1 的张角为

$$u_1 = \arctan \frac{D_{P_1}/2}{l_{L_1} - l_1} = \arctan \frac{4/2}{90 - 70} = 5.71° > u_L$$

故此时透镜 L_1 为孔径光阑。

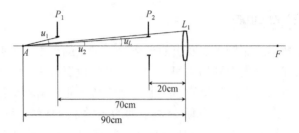

图 5-5　例 5-1 图解

（2）如图 5-5 所示，当光阑 P 放置在 P_2 位置时，物点 A 对于 P_2 的张角为

$$u_2 = \arctan\frac{DP_2/2}{l_{L_1} - l_2} = \arctan\frac{4/2}{90 - 20} = 1.64° < u_L$$

故此时光阑 P 为孔径光阑。

（3）如图 5-6 所示，当光阑 P 放置在 P_3 位置时，将光阑 P_3 对前方的光学系统成像，因为光阑 P 到透镜 L_1 的距离 l_3'=20cm 小于 L_1 透镜焦距 50cm，所以光阑对前方光学系统所成的像在透镜的右侧。其对应的物空间像位置可以用高斯公式表示：

$$\frac{1}{l'} - \frac{1}{l} = \frac{1}{f'}$$

已知对于光阑 P_3 的 l_3'=20cm，则其对应的物空间像位置为

$$l_3 = \frac{1}{\dfrac{1}{l_3'} - \dfrac{1}{f'}} = \frac{1}{\dfrac{1}{20} - \dfrac{1}{50}} = 33.33\text{(cm)}$$

根据垂轴放大率公式，物空间对应像 P_3' 的孔径为

$$D_{P_3}' = \frac{l_3}{l_3'}D_{P_3} = \frac{33.33}{20} \times 4 = 6.67\text{(cm)}$$

物点 A 对于 P_3' 的张角为

$$u_3 = \arctan\frac{D_{P_3}'/2}{l_{L_1} + l_3} = \arctan\frac{6.67/2}{90 + 33.33} = 1.55° < u_L$$

故此时光阑 P 为孔径光阑。

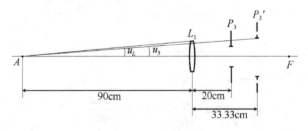

图 5-6　例 5-1 图解

（4）如图 5-7 所示，当光阑 P 放置在 P_4 位置时，将光阑 P_4 对前方的光学系统成像，同理，光阑所成的像在透镜 L_1 的右侧。已知对于光阑 P_4 的 l_4'=40cm，其对应的物空间像位置为

$$l_4 = \frac{1}{\dfrac{1}{l_4'} - \dfrac{1}{f'}} = \frac{1}{\dfrac{1}{40} - \dfrac{1}{50}} = 200(\text{cm})$$

物空间对应像 P_4' 的孔径为

$$D_{P_4}' = \frac{l_4}{l_4'} D_{P_4} = \frac{200}{40} \times 4 = 20(\text{cm})$$

物点 A 对于 P_4' 的张角为

$$u_4 = \arctan \frac{D_{P_4}'/2}{l_{L_1} + l_4} = \arctan \frac{20/2}{90 + 200} = 1.97° > u_L$$

故此时透镜 L_1 为孔径光阑。

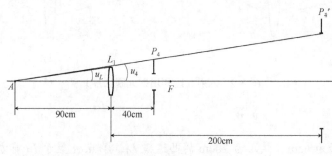

图 5-7　例题 5-1 图解

5.1.2　入射光瞳与出射光瞳

孔径光阑对光学系统物空间和像空间所成的像均称为"光瞳"。具体地，孔径光阑经过其前面系统所成的像，称为"入射光瞳"，简称"入瞳"；孔径光阑经过其后面的系统所成的像，称为"出射光瞳"，简称"出瞳"。显然，孔径光阑和入瞳之间是物像关系，两者共轭；孔径光阑和出瞳之间也是物像关系，两者也共轭。因此，入瞳、出瞳及孔径光阑三者之间具有一一对应、互为共轭关系。

依照判断孔径光阑的办法，也可以直接判断哪个是出瞳。将所有边框和开孔屏的内孔经其后方的系统成像到整个系统的像空间，比较这些像的边缘对轴上像点张角的大小，其中张角最小者即出瞳。与出瞳共轭的实际光阑为孔径光阑。

图 5-8（a）和图 5-8（b）分别为光阑加在透镜前后的情况。它们限制光束的作用都比透镜口径大，因此都是孔径光阑。其中，光阑 P 和 P' 为共轭关系。在图 5-8（a）中，孔径光阑 P 在物方，入射孔径角直接由它确定。但是从像方的角度可以设想 P 是 P' 的像，因此出射孔径角由 P' 确定。同样地，图 5-8（b）中的孔径光阑 P 在像方，出射孔径角直接由它确定，入射孔径角由它的像 P' 确定。显然，在图 5-8（a）中的孔径光阑 P 在物方，则 P 是入瞳，P' 是出瞳。图 5-8（b）中孔径光阑 P 在像方，P 是出瞳，P' 是入瞳。

在实际的光学系统中，孔径光阑的共轭像往往是虚像，如图 5-9（a）和图 5-9（b）所示。在图 5-9（a）中，孔径光阑 P 是出瞳，共轭像 P' 是入瞳；在图 5-9（b）中孔径光阑 P 是入瞳，共轭像 P' 是出瞳。下面通过例题来熟悉以上概念。

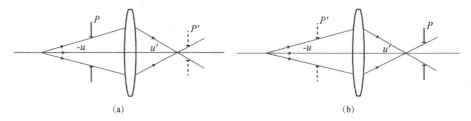

图 5-8　入射光瞳和出射光瞳

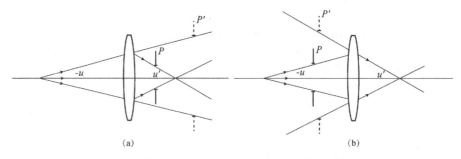

图 5-9　入射光瞳和出射光瞳（虚）

例 5-2

现有一个孔径为 6cm、焦距为 20cm 的凸透镜 L_1，物点 A 置于 L_1 前方 80cm 处。L_1 后方 40cm 处放置一个孔径为 2.5cm 的光阑 P。L_1 后方 60cm 处放置一个凹透镜 L_2，其孔径为 8cm、焦距为 -20cm，如图 5-10 所示。求该光学系统哪一个光学元件是孔径光阑，并求入瞳和出瞳的位置。

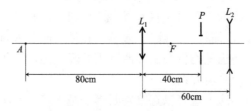

图 5-10　例 5-2 题图

解： 将透镜 L_1、L_2 和光阑 P 分别对自身前方的光学系统成像，分别得到 L_1'、L_2' 和 P'，这三个元件在物空间的像的位置可以利用高斯公式分别求出来。再依次求它们对应像的孔径大小及物点发出的光线对各元件孔径边缘的张角大小，来判断哪一个光学元件是孔径光阑。

透镜 L_1：对物空间成像，即与透镜 L_1 重合，张角为

$$u_{L_1} = \arctan \frac{D_{L_1}/2}{l_{L_1}} = \arctan \frac{6/2}{80} = 2.15°$$

光阑 P：光阑位置为 $l_P' = 40\text{cm}$，其对应的物空间成像的像的位置为

$$l_P = \frac{1}{\dfrac{1}{l_P'} - \dfrac{1}{f_1'}} = \frac{1}{\dfrac{1}{40} - \dfrac{1}{20}} = -40(\text{cm})$$

根据垂轴放大率公式，物空间对应像的孔径为

$$D_P = \left| \frac{l_P}{l_P{}'} D_P{}' \right| = \left| \frac{-40}{40} \times 2.5 \right| = 2.50(\text{cm})$$

张角大小为

$$u_P = \arctan \frac{D_P/2}{l_{L_1} + l_P} = \arctan \frac{2.5/2}{80 + (-40)} = 1.79°$$

透镜 L_2：透镜 L_2 的位置为 $l_{L_2}{}' = 60\text{cm}$。其对应的物空间成像的像的位置为

$$l_{L_2} = \frac{1}{\dfrac{1}{l_{L_2}{}'} - \dfrac{1}{f_1{}'}} = \frac{1}{\dfrac{1}{60} - \dfrac{1}{20}} = -30(\text{cm})$$

物空间对应像的孔径为

$$D_{L_2} = \left| \frac{l_{L_2}}{l_{L_2}{}'} D_{L_2}{}' \right| = \left| \frac{-30}{60} \times 8 \right| = 4(\text{cm})$$

张角大小为

$$u_{L_2} = \arctan \frac{D_{L_2}/2}{l_{L_1} + l_{L_2}} = \arctan \frac{4/2}{80 + (-30)} = 2.29°$$

由于张角 u_P 最小如图 5-11 所示，因此对应的光阑 P 为该光学系统的孔径光阑。

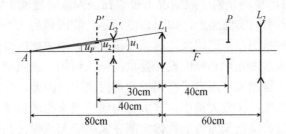

图 5-11　例 5-2 图解

接下来求入瞳与出瞳位置。其中入瞳位置就是光阑 P 经过其前面的光学系统所成的像的位置，即 $l_P = -40\text{cm}$。出瞳位置就是光阑 P 经过其后面的光学系统所成的像的位置，根据高斯公式可以求得：

$$l_P{}'' = \frac{1}{\dfrac{1}{l_{L_2}{}' - l_p{}'} + \dfrac{1}{f_2{}'}} = \frac{1}{\dfrac{1}{-60 - (-40)} + \dfrac{1}{-20}} = -10(\text{cm})$$

综上所述，入瞳的位置在透镜 L_1 前 40cm 处，出瞳在透镜 L_1 后方 50cm 处，如图 5-12 所示。

通过 5.1.1 节和 5.1.2 节，学习了光阑对成像光束的限制作用及相关计算方法。实际生活中，光阑可保证近轴条件、改善成像质量（像的清晰度）、控制景深、控制成像物空间的范围、控制像面的亮度。其中，孔径光阑的位置在一些光学系统中有特定要求。例如，对于目视光学系统，出瞳一定要在光学系统以外，使眼睛的瞳孔与之重合，达到良好的观察效果。有些光学系统合理地选择光阑的位置还可以改善轴外点的成像质量。因为在不改

变轴上点光束的前提下，对于轴外点发出的宽光束，不同的光阑位置可以选择不同部分的光束参与成像，即可以选择成像质量较好的那部分光束。

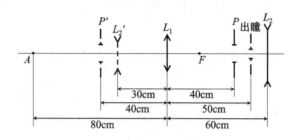

图 5-12　例 5-2 图解

5.2　视场光阑、窗与渐晕

5.2.1　视场光阑

孔径光阑确定了物点在光轴上所形成像点的高度，透过的光线锥的立体角越大，则透过的光通量越大，像也就越亮。而对于离开光轴的物平面上的点，经过光学系统所形成的像，其成像位置还与视场光阑有关。也就是说，视场光阑在光学系统中起着限制成像范围（或视场大小）的作用。视场光阑一般情况下设置在像面或者物面上，有时也设置在光学系统成像过程中的某个中间实像面上，如图 5-13 所示。物或像的大小受到视场光阑的孔径限制，孔径以外部分被遮挡而不能成像。这就使得光学系统成像的范围有着相当清晰的边界。视场光阑的大小通常由光学系统的设计要求决定。例如，在照相系统中，接收器的边框就是视场光阑，接收器的大小决定了照相机的拍摄范围。因此，只有与边框区域相共轭的物面区域才能参与成像；在放大镜中，放大镜与眼睛组合构成目视光学系统。此时放大镜是视场光阑，只有放大镜框范围内的物体才能在人眼睛上成像；在显微镜和望远镜系统中，视场光阑通常设置在物镜和目镜之间的物镜实像面上。而在开普勒望远镜系统中，物镜的后焦面上放置的分划板的框即视场光阑。显然，视场光阑的位置在不同系统中都可能发生改变。根据光束限制的共轭原理，无论是设置在物面、像面，还是设置在中间实像面上的视场光阑，它对视场范围的限制都是等价的。

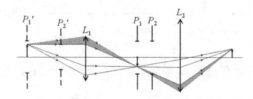

图 5-13　视场光阑在中间实像面附近的位置

根据视场光阑的不同位置可以分以下几种情况来计算物方视场范围的大小。

1．视场光阑与像面重合

当视场光阑与成像系统的像面重合时，像的大小受视场光阑的口径（$D_{视}$）限制，即

像高可以认为是 $y' = D_{视}/2$，因此，物方视场为

$$y = \frac{y'}{\beta} \quad \text{（物在有限远处，} \beta \text{ 为系统的放大率）} \tag{5-1}$$

$$\tan\omega = \frac{y'}{f'} \quad \text{（物在无限远处，} f' \text{为系统的焦距）} \tag{5-2}$$

当视场光阑与中间实像面重合时，其计算方法与此类似，此时的 β 和 f' 取为前面成像系统的参数。

2. 视场光阑与物面重合

当视场光阑与有限远处物面重合时，可认为视场光阑与物的大小相同。此时物方视场可以直接由视场光阑计算得到，即

$$y = \frac{D_{视}}{2} \quad \text{（用物高表示视场）} \tag{5-3}$$

$$\tan\omega = \frac{y}{l - l_\lambda} \quad \text{（用物方视场角表示视场）} \tag{5-4}$$

式中，l 为物距，l_λ 为入瞳距。

5.2.2　入射窗与出射窗

同孔径光阑一样，视场光阑经其前面的光学系统所成的像称为"入射窗"或"入窗"。视场光阑经其后面的光学系统所成的像称为"出射窗"或"出窗"。如果视场光阑放置在像平面上，则入射窗就与物平面重合，出射窗就是视场光阑本身。如果视场光阑放置在物平面上，则出射窗就与像平面重合，入射窗就是视场光阑本身。因此，视场光阑、入射窗和出射窗三者之间是互为物像关系的，三者之间的共轭关系类似于孔径光阑、入瞳、出瞳三者之间的关系。它们在各自的空间中对视场的限制是等价的。

具有一定物高的物点发出的是圆锥光束。为了定义视场角，这里需要介绍主光线的概念。轴外物点发出并通过入瞳中心的光线称为"主光线"，如图 5-14 所示。在没有渐晕的情况下，主光线是圆锥光束的中心光线，并常常利用主光线来代表圆锥光束。主光线与光轴的夹角为视场角。Zemax 软件中 Spot Diagram 的原点默认为主光线与观察面的交点（见图 2-20）。主光线在分析轴外光束像质评价中也具有重要意义，在第 7 章中会进一步讲到。

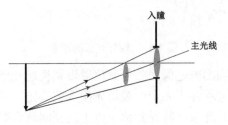

图 5-14　主光线

轴外物点发出的锥形光束同时受到入瞳和入射窗的限制。入瞳中心向入射窗直径边缘所引连线的夹角为 2ω，称为"物方视场角"，如图 5-15 所示。同样，由出瞳中心向出射窗

直径边缘所引连线的夹角为 $2\omega'$，称为"像方视场角"。以上定义是由主光线所决定的视场角。在实际应用中，根据需要可将被系统成像的视场范围用角量表示（2ω），称为"角视场"；也可以用线量表示，称为"线视场"。

判断常见光学系统的入射窗和出射窗需要首先确定系统光阑，具体方法如下。

（1）把孔径光阑以外的所有光孔经前面的光学系统成像到物空间，并确定入瞳中心位置。

（2）计算这些像的边缘对入瞳中心的张角大小。张角最小者即入射窗，入射窗对应的光学元件为视场光阑。入射窗边缘对入瞳中心的张角为物方视场角 2ω，同时决定了视场边缘点。视场光阑经后面光学元件所成的像即出射窗，出射窗对出瞳中心的张角即像方视场角 $2\omega'$。需要注意的是，视场光阑是对一定位置的孔径光阑而言的。

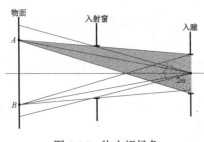

图 5-15　物方视场角

5.2.3　渐晕

1. 渐晕的概念与渐晕视场

如图 5-16 所示，斜入射轴外物点光束中阴影部分被遮挡了而不能参与成像，所以只有宽度为 D_ω 的光束参与成像。相比平行于光轴（轴上点）的光束宽度 D，轴外物点成像光束宽度减小，因此像平面的边缘部分就比像面中心暗。这种现象称为"渐晕"，图 5-16 中该光阑起了"拦光"作用，通常称为"渐晕光阑"。

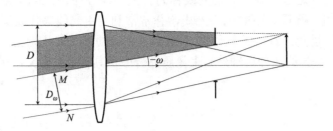

图 5-16　轴外光束的渐晕

一些光学系统无法在物面或是像面的任意位置设置视场光阑，也不存在中间实像面。在大多数情况下，系统的视场并不完全由视场光阑入窗决定，还有孔径光阑（入瞳）甚至其他光阑。轴外物点发出的光束同时受到两个以上的光阑联合限制。这个时候参与成像的光束随着视场角不同而不同，即在像面不同的位置光强度不同。

下面首先考虑如图 5-17 所示的视场情况。随着物平面内物点的垂轴高度的增加，视场角也在增加。入射的光束同时受到入瞳和视场光阑限制。轴外物点不同的视场角透过的光束面积不同，所以对于不同的视场角，最后参与成像的通光孔径（换句话说，光强度）也是不同的。这就导致了在像面边缘会暗淡，我们称之为"渐晕"。

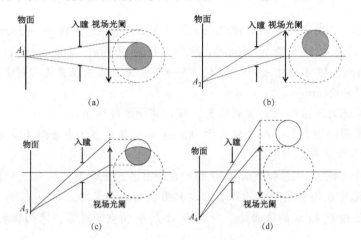

图 5-17 轴外点不同位置的渐晕

2. 光学系统的渐晕现象

图 5-17 所示的系统由一个透镜和一个光孔组成。因为光孔对光束起到限制作用，所以光孔为孔径光阑，也是系统的入瞳。在物平面上未设置视场光阑，物平面上从中心向外的所有点都可以向入瞳射入光束。图 5-17 比较了物平面上不同位置处的点射入系统的光束情况，图中的虚线圆为透镜的通光孔径，实线圆为物点经过入瞳射入的光束在透镜面上相交的截面。在垂轴物平面上，当物点 A 分别移至 $A_1 \sim A_4$ 位置时，入射光束与透镜相交的截面圆逐渐向上移动。然而由于受到透镜的口径大小限制，部分光线被逐渐拦截在透镜框外面。由于透镜框的限制，视场由中心点 A 向外射入系统的光束，在 A_4 点的时候已经减少到零。此时透镜框对视场范围起到限制作用，显然图 5-17 中的透镜就是视场光阑。该视场光阑与物面或者像面都不重合，轴外物点远离光轴过程中成像光束逐渐减弱直到消失。这种情况下，像面上表现出没有明显的明暗边界，这样的视场便称为"渐晕视场"。

由上述分析可知，当视场光阑与物面或像面都不重合时，系统必然产生渐晕，如图 5-18 所示。假定轴向光束的口径为 D，视场角为 ω 的轴外光束在子午截面内的光束宽度为 D_ω，则 D_ω 与 D 的比值称为"线渐晕系数"，用 K_ω 表示为

$$K_\omega = \frac{D_\omega}{D} \tag{5-5}$$

另一种用来表示渐晕的方法是采用轴外物点通过光学系统的光束面积 S_ω，即图 5-18 中斜线阴影部分面积与轴上物点通过系统的光束面积 S 之比，称为"面渐晕系数"：

$$K_S = \frac{S_\omega}{S} = \frac{S_\omega}{\pi D^2 / 4} \tag{5-6}$$

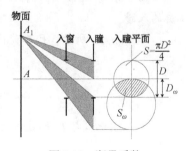

图 5-18 渐晕系数

这里需要注意的是，Zemax 中使用面渐晕系数。但是在很多场合为了简便计算，多采用线渐晕系数。当系统存在渐晕时，视场边缘的光强度逐渐减小且无清晰的边界。当然视场边缘的分辨率也会降低，所以在很多光学仪器的设

计中需要避免这种渐晕。

例 5-3

现有一个光学系统由两个凸透镜组成。第一个凸透镜 L_1 焦距 $f_1'=25\text{mm}$，边框直径为 10mm。第二个凸透镜 L_2 焦距 $f_2'=30\text{mm}$，边框直径为 60mm，置于 L_1 后 110mm 处。在第一个透镜前 50mm，即 A 点处放一个物体。有一个光阑 P 放置在 A 点经过 L_1 成像的像面处（中间像），孔径为 24mm。

（1）求该系统的入瞳和入射窗的位置，并计算物方视场角。

（2）如果光阑放置在第一个透镜后方 90mm 处，那么当物点垂轴高度分别在 3mm 和 8mm 处时，线渐晕系数分别是多少？

解：（1）将透镜 L_1、L_2 和光阑 P 分别对自身前方的光学系统成像，分别得到 L_1'、L_2' 和 P'。这三个元件在物空间的像的位置可以利用高斯公式求得。易知 L_1' 为 L_1 本身，光阑 P 处于 A 点经过透镜 L_1 成的像面处。所以 P 对 L_1 的物空间成像，像面和物体重合。容易计算得到：

$$D_P = D_{P'} = 24(\text{mm})$$
$$u_P = 90°$$

对于 L_2 而言：

$$l_{L_2} = \frac{1}{\dfrac{1}{l_{L_2}'} - \dfrac{1}{f_1'}} = \frac{1}{\dfrac{1}{110} - \dfrac{1}{25}} = -32.35(\text{mm})$$

物空间对应像的孔径大小为

$$D_{L_2'} = \left| \frac{l_{L_2}}{l_{L_2}'} D_{L_2} \right| = \left| \frac{-32.35}{110} \times 60 \right| = 17.65(\text{mm})$$

张角大小为

$$u_2 = \arctan \frac{D_{L_2'}/2}{l_1 - l_{L_2}} = \arctan \frac{17.65/2}{50 - 32.35} = 26.57°$$

式中，l_1 表示物点 A 到 L_1 的距离，L_1 所对应的张角大小为

$$u_1 = \arctan \frac{D_{L_1}/2}{l_1} = \arctan \frac{10/2}{50} = 5.71°$$

由于张角 u_1 最小，因此对应的透镜 L_1 为该光学系统的孔径光阑，则 L_1 也为该光学系统的入瞳。

如图 5-19 所示，已知光阑 P 对透镜 L_1 成的像在物面处，即位于透镜 L_1 的左侧，所以：

$$\omega_P = \arctan \frac{D_P'/2}{l_1} = \arctan \frac{24/2}{50} = 13.50°$$

而入瞳中心与 L_2' 的连线与光轴所构成的夹角大小为

$$\omega_{L_2} = \arctan \frac{D_{L_2'}}{2|l_{L_2}|} = \arctan \frac{17.65}{2 \times 32.35} = 15.26°$$

所以可以判断光阑 P 为系统视场光阑，像 P' 为入射窗。物方视场角为

$$2\omega_P = 27°$$

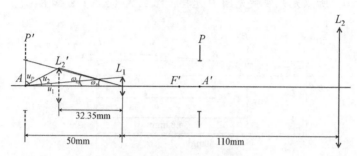

图 5-19　例题 5-3 图解 1

（2）如图 5-20 所示，当光阑 P 放置在透镜 L_1 后 90mm 处时，透镜 L_2 对前方系统所成的像 L_2' 不变，而光阑 P 所成的像的位置可以根据高斯公式算得：

$$l_P = \frac{1}{\dfrac{1}{l_P'} - \dfrac{1}{f_1'}} = \frac{1}{\dfrac{1}{90} - \dfrac{1}{25}} = -34.62 \text{(mm)}$$

物空间对应像的孔径为

$$D_{P'} = \left| \frac{l_P}{l_P'} D_P \right| = \left| \frac{-34.62}{90} \times 24 \right| = 9.23 \text{(mm)}$$

此时可以计算孔径光阑依旧是透镜 L_1。对于入瞳中心计算张角为

$$\omega_P = \arctan \frac{D_{P'}/2}{|l_P|} = \arctan \frac{9.23/2}{34.62} = 7.59°$$

即 $\omega_P < \omega_{L_2}$，所以视场光阑应为 P，入射窗为 P'。

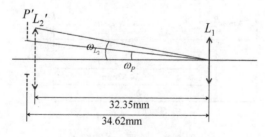

图 5-20　例题 5-3 图解 2

对于物点垂轴高度为 3mm 的情况而言，如图 5-21 所示，作透镜 L_1 的高度辅助线交由 A 顶点发出的经过光阑的光线于 B 点，由相似三角形比例关系可得：

$$\frac{x}{(D_{L_1} - D_{P'})/2} = \frac{b}{-l_P - b}$$

另外，

$$\frac{x}{D_{L_1}/2 - h_1} = \frac{b}{l_1 - b}$$

式中，h_1 为物体的高度，b 为透镜 L_1 到交点 B 的距离。联立两个等式可得：

$$x = 3.25\text{(mm)} \quad b = 30.95\text{(mm)}$$

因为 x 大于 0，所以无光线被光阑 P 遮挡，根据式（5-5）可知 $K=1$。

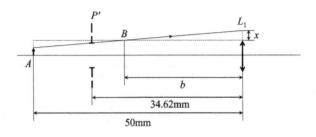

图 5-21　例题 5-3 图解 3

对于物点垂轴高度为 8mm 的情况而言，如图 5-22 所示，同理，作透镜 L_1 的高度辅助线交由 A 顶点发出的经过光阑的光线于 B 点，由相似三角形比例关系可得：

$$\frac{(D_{L_1} - D_{P'})/2}{h_2 - D_{L_1}/2} = \frac{b + l_P}{l_1 - b}$$

$$\frac{x}{h_2 - D_{L_1}/2} = \frac{b}{l_1 - b}$$

式中，h_2 为物体的高度。联立两个等式可得：

$$x = 8.00\text{(mm)} \quad b = 36.37\text{(mm)}$$

$$K = \frac{D_{L_1} - x}{D_{L_1}} = \frac{10 - 8.00}{10} = 0.20$$

所以对于物点垂轴高度为 8mm 的情况而言，渐晕系数 K 为 0.20。

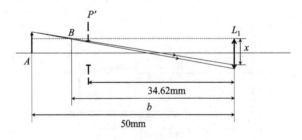

图 5-22　例题 5-3 图解 4

在一些复杂的光学系统中，通常希望在保持光学特性不变的情况下，尽可能减小系统后方的光学元件口径，以减小整个仪器的外形尺寸，并有利于该元件的像差校正及结构简化。此外，为满足某些（如入瞳与出瞳位置）特定的要求，需要改变系统中成像光束的位置。为此，通常在系统的像面或其附近加入一块凸透镜，来改变斜光束的方向，但不影响系统的成像特性，称之为"场镜"。图 5-23 所示为开普勒望远镜中的场镜。

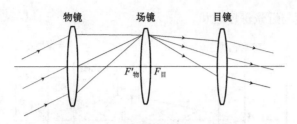

图 5-23　开普勒望远镜中的场镜

5.3　光学系统的景深

在使用光学仪器时，如在用显微镜观察的时候，看到的微小物体只有在一个有限的深度范围内是清晰的。这个清晰的范围在设计光学系统时是需要考虑的。从理论上讲，理想光学系统中的物像之间关系是相互对应的。根据前面章节的共线理论可知，像方的一个平面有且只有一个物方平面与之对应。但在实际生活中，有时得到的并不仅仅是一个平面物体的像，而是具有一定空间深度的景物像。物体的光束受限与这种现象的发生有关。因为受孔径光阑的限制，任意物点成像都将受到有限孔径光束的限制。当入射光瞳直径为一定值时，便可确定成像空间的深度。在此深度范围内的物体，都能在接收器上成清晰图像。把这种能在景像平面上可以获得清晰像对应的物方空间深度范围称为"景深"。设对准平面、远景平面和近景平面到入瞳的距离分别为 p、p_1 和 p_2，并以入射光瞳中心点 P 为坐标原点，则上述各值均为负值。而在像空间对应的共轭面到出射光瞳的距离分别为 p'、p_1' 和 p_2'，并以出射光瞳中心点 P' 为坐标原点，则上述各值均为正值。

如图 5-24 所示，设入射光瞳直径为 $2a$，景像平面与对准平面上所形成的有限大小的光斑（弥散斑）直径分别为 z_1、z_2 和 z_1'、z_2'。因为这两个平面是一对共轭平面，所以可以得到：

$$z_1' = \beta z_1, \quad z_2' = \beta z_2 \tag{5-7}$$

式中，β 为景像平面与对准平面之间的垂轴放大率。由图 5-24 中相似三角形关系可得：

$$\frac{z_1}{2a} = \frac{p_1 - p}{p_1}, \quad \frac{z_2}{2a} = \frac{p - p_2}{p_2} \tag{5-8}$$

于是有：

$$z_1 = 2a \frac{p_1 - p}{p_1}, \quad z_2 = 2a \frac{p - p_2}{p_2} \tag{5-9}$$

以及：

$$z_1' = 2\beta a \frac{p_1 - p}{p_1}, \quad z_2' = 2\beta a \frac{p - p_2}{p_2} \tag{5-10}$$

因此，景像平面上的弥散斑大小除了与入射光瞳有关，还与距离 p、p_1 和 p_2 有关。

景深表示了像面上获得清晰像（物点所成的弥散圆不能被接收器分辨）的物空间深度，以 Δ 表示。其中，能成清晰像的最远平面称为"远景平面"；能成清晰像的最近平面称为"近景平面"。它们分别用 Δ_1 和 Δ_2 表示，则有如下关系：

$$\Delta_1 = p_1 - p, \quad \Delta_2 = p - p_2; \quad 且 \Delta = \Delta_1 + \Delta_2 \tag{5-11}$$

即景深等于远景深度与近景深度之和。

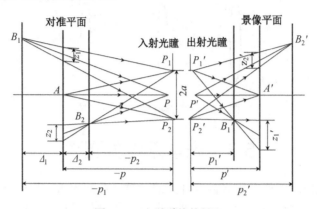

图 5-24 光学系统的景深

对于一个普通的照相物镜，若照片上各点的弥散斑直径对人眼的张角小于人眼的极限分辨角（1′～2′），给人的感觉类似于点像，则可认为得到的图像是清晰的。由此，弥散斑直径的允许值决定于光学系统的用途。通常，用 ε 表示弥散斑对人眼的极限分辨角。

确定极限分辨角后，允许的弥散斑大小还和眼睛与照片之间的距离有关。因此，还需要知道这一观察距离。当用一只眼睛观察空间的平面像时，观察者往往会把像面上自己所熟悉的物体的像投射到空间而产生空间感，即立体感觉。然而在获得立体感觉时，各个物点间相对位置的正确性随眼睛观察照片的距离不同而发生改变。因此，为了获得正确的立体感觉且景象不发生歪曲，需要以适当的距离去观察照片，即应当让图像的各点对人眼的张角与直接观察空间时各对应点对眼睛的张角相等。将这一符合条件的距离称为"正确透视距离"，该距离用 d 表示。如图 5-25 所示，假设人眼在 R 处时可得到正确的透视，景像平面上的像点 B'对点 R 的张角$-\omega'$应与物空间的共轭物点 B 对入射光瞳中心 P 的张角$-\omega$ 相等，即

$$\tan(-\omega) = \frac{-y}{-p} = \tan\omega' = \frac{y'}{d} \qquad (5\text{-}12)$$

则

$$d = \frac{y'}{y}p = \beta p \qquad (5\text{-}13)$$

所以景像平面上或弥散斑直径的允许值应为

$$z' = z_1{}' = z_2{}' = d\varepsilon = \beta p\varepsilon \qquad (5\text{-}14)$$

对应于对准平面上弥散斑的允许值为

$$z = z_1 = z_2 = \frac{z'}{\beta} = p\varepsilon \qquad (5\text{-}15)$$

即相当于从人眼光瞳中心来观察对准平面时，其弥散斑直径 z_1 和 z_2 对眼睛的张角也不能够超过人眼睛的极限分辨角 ε。

当确定对准平面上弥散斑直径后，根据式（5-9）可求得远景和近景到入射光瞳的距离 p_1 和 p_2 为

$$p_1 = \frac{2ap}{2a - z_1}, \quad p_2 = \frac{2ap}{2a + z_2} \tag{5-16}$$

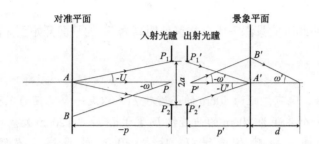

图 5-25 正确透视

因此，可得到远景和近景到对准平面的距离，即远景深度 Δ_1 和近景深度 Δ_2 为

$$\Delta_1 = p_1 - p = \frac{pz_1}{2a - z_1}, \quad \Delta_2 = p - p_2 = \frac{pz_2}{2a + z_2} \tag{5-17a}$$

将 $z = z_1 = z_2 = p\varepsilon$ 代入式（5-17a），可以得到：

$$\Delta_1 = \frac{p^2 \varepsilon}{2a - p\varepsilon}, \quad \Delta_2 = \frac{p^2 \varepsilon}{2a + p\varepsilon} \tag{5-17b}$$

根据式（5-17b）可知，当光学系统的入射光瞳直径 $2a$ 和对准平面的位置，以及极限分辨角确定后，远景深度 Δ_1 比近景深度 Δ_2 大。

知道了远景深度和近景深度后，总的成像深度即景深 Δ 为

$$\Delta = \Delta_1 + \Delta_2 = \frac{4ap^2 \varepsilon}{4a^2 - p^2 \varepsilon^2} \tag{5-18}$$

由图 5-25 可知，孔径角 U 和入射光瞳直径的关系为

$$2a = 2p \tan U \tag{5-19}$$

将式（5-19）代入式（5-18）得到：

$$\Delta = \frac{4p\varepsilon \tan U}{4 \tan^2(U) - \varepsilon^2} \tag{5-20}$$

由式（5-20）可知，入射光瞳的直径越小，即孔径角越小，景深越大。

如果要使对准平面的整个空间都能在景像平面上成清晰像，即远景深度 $\Delta_1 = \infty$，则由式（5-17b）可知，当 $\Delta_1 = \infty$ 时，$2a - p\varepsilon$ 应为零，则

$$p = \frac{2a}{\varepsilon} \tag{5-21}$$

即从对准平面中心看入射光瞳时，其对眼睛的张角应该与极限分辨角 ε 相等。这时近景位置 p_2 为

$$p_2 = p - \Delta_2 = p - \frac{p^2 \varepsilon}{2a + p\varepsilon} = \frac{p}{2} = \frac{a}{\varepsilon} \tag{5-22}$$

因此，当将物镜调焦于 $p = \dfrac{2a}{\varepsilon}$ 处时，在景像平面上可以得到自入射光瞳前距离为 $\dfrac{a}{\varepsilon}$ 处的平面起至无限远的整个空间内物体的清晰像。

如果把物镜调焦到无限远处，即 $p = \infty$，将 $z_2 = p\varepsilon$ 代入式（5-17a）的近景深度 Δ_2 中，并

对 $p=\infty$ 求极限，则可得到近景位置为

$$p_2 = \frac{2a}{\varepsilon} \tag{5-23}$$

式（5-23）表明此时的景深等于自物镜前距离为 $\frac{2a}{\varepsilon}$ 的平面开始到无限远处。

例 5-5

如图 5-26 所示，现有焦距为 40cm 的凸透镜 L_1，以及一个孔径为 1.8cm 的光阑 P 置于 L_1 后方 90cm 处，一个焦距为 20cm 的凸透镜 L_2 置于 L_1 后方 120cm 处。已知光阑 P 为该光学系统的孔径光阑，眼睛在透镜 L_2 后方 30cm 处观察，人眼的极限分辨角 $\varepsilon=1'=0.00029\text{rad}$。

（1）求该光学系统的景深是多少？

（2）当要求该光学系统的景深为 2cm 时，光阑 P 的孔径应该调整为多少？

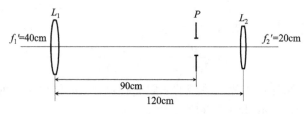

图 5-26　例 5-5 题图

解：（1）以眼睛观察位置为景象平面，求取对应的对准平面位置。已知 $l_2'=30\text{cm}$，故经过透镜 L_1 所成像的位置（相对于透镜 L_2 的物距）为

$$l_2 = \frac{1}{\dfrac{1}{l_2'} - \dfrac{1}{f_2'}} = \frac{1}{\dfrac{1}{30} - \dfrac{1}{20}} = -60.00(\text{cm})$$

其相对于透镜 L_1 的像距为 $l_1'=60\text{cm}$，故物方对准平面的位置为

$$l_1 = \frac{1}{\dfrac{1}{l_1'} - \dfrac{1}{f_1'}} = \frac{1}{\dfrac{1}{60} - \dfrac{1}{40}} = -120.00(\text{cm})$$

同时，已知对于孔径光阑 P 有 $l_P'=90\text{cm}$，求得入瞳位置为

$$l_P = \frac{1}{\dfrac{1}{l_P'} - \dfrac{1}{f_1'}} = \frac{1}{\dfrac{1}{90} - \dfrac{1}{40}} = -72.00(\text{cm})$$

故对准平面到入瞳的距离 $p = l_P - l_1 = 48(\text{cm})$，同时求取入瞳大小为

$$2a = D_P = \left| \frac{l_P}{l_P'} D_P' \right| = \left| \frac{-72}{90} \times 1.8 \right| = 1.44(\text{cm}), \quad a = 0.72(\text{cm})$$

此时该光学系统的景深大小为

$$\Delta = \frac{4ap^2\varepsilon}{4a^2 - p^2\varepsilon^2} = \frac{4 \times 0.72 \times 48^2 \times 0.00029}{4 \times 0.72^2 - 48^2 \times 0.00029^2} = 0.93(\text{cm})$$

（2）设新的入瞳大小为 $2a'$，令景深为 2cm，则

$$\Delta = \frac{4a'p^2\varepsilon}{4a'^2 - p^2\varepsilon^2} = \frac{4a' \times 48^2 \times 0.00029}{4a'^2 - 48^2 \times 0.00029^2} = 2.00(\text{cm}),$$

上述关于 a' 的方程中，舍去 a' 的负值解，可得到入瞳大小为

$$a' = 0.33(\text{cm})$$

则孔径光阑 P 直径大小应调整为

$$D_{P'} = \left| \frac{l_P'}{l_P} 2a \right| = \left| \frac{90}{-71.94} \times 2 \times 0.33 \right| = 0.83(\text{cm})$$

例 5-6

假设 $\varepsilon = 1' = 0.00029\text{rad}$，入射光瞳直径为 $2a = 20\text{mm}$。现将物镜调焦在 15m 处，则求该光学系统的景深。

解： 已知 $p = 15000\text{mm}$，根据式（5-12b）可求出远景、近景的深度和位置分别为

$$\Delta_2 = \frac{p^2\varepsilon}{2a + p\varepsilon} = \frac{15000^2 \times 0.00029}{20 + 15000 \times 0.00029} = 2.68(\text{m})$$

$$p_2 = p - \Delta_2 = 15 - 2.68 = 12.32(\text{m})$$

$$\Delta_1 = \frac{p^2\varepsilon}{2a - p\varepsilon} = \frac{15000^2 \times 0.00029}{20 - 15000 \times 0.00029} = 4.17(\text{m})$$

$$p_1 = p + \Delta_1 = 15 + 4.17 = 19.17(\text{m})$$

因此可得到景深为

$$\Delta = \Delta_1 + \Delta_2 = 4.17 + 2.68 = 6.85(\text{m})$$

即从物镜前 12.32m 到 19.17m 范围内均可成清晰的像。

光学系统除通过成像光束外，还会有一部分非成像物体发出的光进入系统，由仪器内壁反射而透射到成像面上。另外，成像光束在透过光学元件成像的同时还有一部分被折射面反射，经多次反射后也会投射到像面，这些光称为"杂光"或"杂散光"。杂光投射系统后均匀地分布在成像面上，可能淹没照度低的部分，损坏成像质量，所以安装消杂光光阑拦掉一部分杂光。对于一些重要的光学系统，如天文望远镜、长焦距平行光管等，也专门装配了消杂光光阑。在一个光学系统的镜筒中可以有多个消杂光光阑。

而在一般的光学系统中，为了减少消杂光的影响，一种方法是镜筒内壁加工成螺纹并涂黑色，这样尽可能让周围杂散光不进入透镜；另一种方法是将光阑装在仪器物镜的前面，即遮光罩。

5.4　Zemax 中光束限制的设计方法——单透镜光束限制的设计与分析

1. 设计要求

设计一单透镜并分析光阑对透镜成像的影响。

2. 知识补充

首先介绍 Zemax 中与光束限制有关的设置。根据前文理论知识，可以根据光阑的尺寸计算对光束的限制效果，从而确定哪个光学元件是孔径光阑，并确定相应的光瞳。在 Zemax 中为了方便系统设计与像差计算，光瞳设置有所不同。Zemax 可以优先设置某个面为孔径光阑，或者直接设置入瞳尺寸，其他透镜等光学元件的尺寸会按系统光瞳设置值自动调整。System Explorer 中 Aperture Type 可以选择光瞳尺寸的具体设置方法。

Entrance Pupil Diameter（入瞳直径）：设置物空间的入瞳直径。一旦用户设置了该参数，光学系统中的诸如透镜半径等都会自动调整，满足入瞳直径为设置值。

Image Space F/#（像空间 F/#）：设置像空间的 F 数（光圈数），即 $F = f' / D$。D 为入瞳直径。当透镜结构固定后，f' 也固定，所以调整 F 值等效于调整入瞳直径。

Object Space NA（物空间数值孔径）：设置物空间的数值孔径值（$n = \sin\theta_m$），该值用于物体有限距离的处理。

Float By Stop Size（通过光阑尺寸浮动）：通过 Lens data 编辑器中设置 STOP 面的孔径大小来确定系统的入瞳孔径尺寸。

Paraxial Working F/#（近轴工作 F/#）：设置共轭像空间的近轴 F 值。

Object Cone Angle（物方锥形角）：设置物空间边缘光线的半角度。

此外，Zemax 中并没有视场光阑、入射窗与出射窗相关概念。用户可以自定义光束的入射角度，而且可以通过 Zemax 可视化工具，如 Cross-Section、3D Viewer 等来判断光阑限制轴外点光束的细节。但是 Zemax 提供了渐晕的计算工具。工具栏 Analyze 选项中 Rays&Spots 图标下拉菜单 Vignetting Plot 中可以显示设计的光学系统渐晕曲线。在 Lens Data 编辑器中，打开第#面的 Surface # Properties 对话框，里面 Aperture 选项有 Aperture Type，其下拉菜单选择孔径类型。Obscuration 类型的孔径也起到对光束的限制作用。

3. 仿真分析

运行 Zemax 软件，在 System Explorer 对话框中 Aperture 选项下面的 Aperture Type 设置 Entrance Pupil Diameter 值为 3.0。Fields 选项中 Y 方向三个视角分别设置为 0、10 和 15 度。Lens Data 编辑器中的设置如图 5-27 所示。第 2 面和第 3 面当我们在 Clear Smei-Dia 中输入了具体值时，后缀变为 U，且 Surface Type 显示(aper)。设置第 4 面为 STOP 面，具体地，打开该面 Surface 4 Properties 对话框，单击 Type 选项，勾选 Make Surface Stop 复选框。同时在 Aperture 选项中设置其 Aperture Type 采用默认值 None。

	Surf:Type	Comment	Radius	Thickness	Material	Coating	Clear Semi-Dia	Chip Zone	Mech Semi-Dia	Conic	TCE x 1E-6
0	OBJECT	Standard ▾		Infinity	Infinity			Infinity	0.000	Infinity	0.000	0.000
1		Standard ▾		Infinity	6.000			4.551	0.000	4.551	0.000	0.000
2	(aper)	Standard ▾		10.000	1.000	BK7		3.000 U	0.000	3.000	0.000	–
3	(aper)	Standard ▾		-10.000	3.000			3.000 U	0.000	3.000	0.000	0.000
4	STOP	Standard ▾		Infinity	6.500			3.000 U	0.000	3.000	0.000	0.000
5	IMAGE	Standard ▾		Infinity	-			4.585	0.000	4.585	0.000	0.000

图 5-27　Lens Data 编辑器设置 1

单击 Cross-Section 按钮，可以看到如图 5-28 所示的光路结构图。

由于设置了 Entrance Pupil Diameter 为 3.0，所以可以看到限制光束的并非是透镜等光学元件。

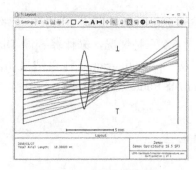

图 5-28　光路结构图

进一步将 System Explorer 中的 Aperture Type 设置为 Float By Stop Size。此时，入瞳尺寸受 STOP 面控制，为了方便使 IMAGE 面的 Clear Semi-Dia 为 5.0，分别设置 STOP 面的 Clear Semi-Dia 为 2.0、1.0 和 0.5，得到的光路结构图如图 5-29 所示，可以看到 STOP 面的尺寸限制了入射光束的尺寸。

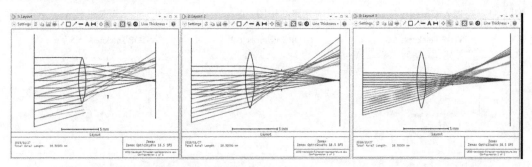

图 5-29　STOP 面 Clear Semi-Dia 的值分别为 2.0、1.0 和 0.5 情况下的光路结构图

设置 STOP 面 Clear Semi-Dia 的值为 1.0，并在该面下面插入新的一面。调整 STOP 面的 Thickness 为 3.0。新的一面的 Thickness 为 3.5，Clear Semi-Dia 的值为 3，以及其 Surface Properties 里面 Aperture Type 为 Circular Obscuration。Minimun Radius 与 Maximum Radius 分别为 1 与 3。此时的 Lens Data 编辑器的设置如图 5-30 所示。

	Surf:Type		Comment	Radius	Thickness	Material	Coating	Semi-Diameter	Chip Zone	Mech Semi-Dia	Conic	TCE x 1E-6
0	OBJECT	Standard ▾		Infinity	Infinity			Infinity	0.000	Infinity	0.000	0.000
1		Standard ▾		Infinity	6.000			4.566	0.000	4.566	0.000	0.000
2	(aper)	Standard ▾		10.000	1.000	BK7		3.000 U	0.000	3.000	0.000	-
3	(aper)	Standard ▾		-10.000	3.000			3.000 U	0.000	3.000	0.000	0.000
4	STOP	Standard ▾		Infinity	3.000			1.000 U	0.000	1.000	0.000	0.000
5	(aper)	Standard ▾		Infinity	3.500			3.000 U	0.000	3.000	0.000	0.000
6	IMAGE	Standard ▾		Infinity	-			5.000 U	0.000	5.000	0.000	0.000

图 5-30　Lens Data 编辑器设置 2

单击 Cross-Section 按钮得到如图 5-31 所示的光路结构图。可以看到在大视场角下，光线被 Obscuration 这一面遮挡。在 Rays&Spots 图标下拉菜单中选择 Vignetting Plot 选项，得到渐晕曲线如图 5-32 所示。需要说明的是，Zemax 是按面积来计算渐晕系数的。可以看到在视场角 12 度以上情况已经没有光线能透射到像面，该结果和光路结构图吻合。

按前文所述，孔径光阑的尺寸对成像的景深有影响。根据在图 5-33 不同的 STOP 面的尺寸下，光束的大小可以判断该现象。显然，在孔径光阑较大的时候，像面上的光束容易形成更加弥散的斑点，导致景深减小。我们也可以通过计算 Spot Diagram 来验证该结论。

为了方便，把第 5 面 Obscuration 删除，并把第 4 面 STOP 面的 Clear Semi-Dia 设置为 1.0，把 Thickness 设置为 6.0、6.3 及 6.5 三种情况，来计算 Spot Diagram。进一步设置 STOP 面的 Clear Semi-Dia 为 1.0 并计算 Spot Diagram。计算结果如图 5-33、图 5-34、表 5-1 和表 5-2 所示。从计算的光斑的 RMS Radius 值可以看出，孔径光阑小，像不同位置的光斑弥散小，景深大。

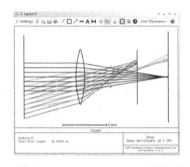

图 5-31　在加入 Circular Obscuration 后的光路结构图

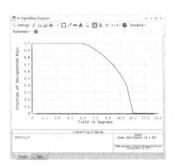

图 5-32　渐晕曲线

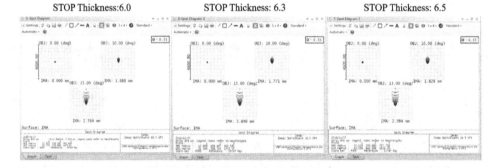

图 5-33　Clear Semi-Dia 设置为 1.0

表 5-1　Clear Semi-Dia 为 1.0 在三种 Thickness 和三种视角下的 RMS Radius 值

Thickness	视角		
	0	10	15
6.0	27.351	159.545	450.656
6.3	12.800	188.847	490.582
6.5	32.028	209.866	517.718

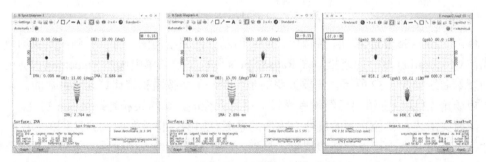

图 5-34　Clear Semi-Dia 设置为 0.5

表 5-2　Clear Semi-Dia 为 0.5 在三种 Thickness 和三种视角下的 RMS Radius 值

Thickness	视角		
	0	10	15
6.0	22.824	51.936	168.001
6.3	6.421	66.810	187.485
6.5	4.827	77.559	200.719

这里进一步给出了在 STOP 面 Clear Semi-Dia 为 1.0、Thickness 为 6.5 与 STOP 面 Clear Semi-Dia 为 0.5、Thickness 为 6.5 两种情况下的光路结构图，如图 5-35 和图 5-36 所示。可以看到前者因为光阑口径比较大，光束质量比较差的部分都投射在像面。尤其是视场角为 15 度的情况，光斑明显弥散开了，这导致了成像质量严重恶化；后者光阑口径比较小，把光束质量差的部分都遮挡了，所以最后投射在像面的光斑比较小，成像质量好很多。当然由于小的光阑口径也损失了较多光能量，而且衍射效应更加显著，这也会导致成像分辨率降低。对于大光阑口径情况，因为景深小，也常常用于人物摄影中的背景虚化，突出人物主题。

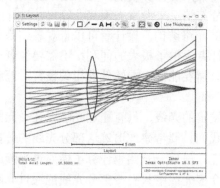

图 5-35　STOP 面 Clear Semi-Dia 为 1.0、
Thickness 为 6.5 的光路结构图

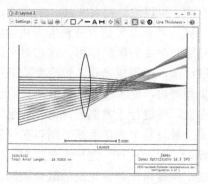

图 5-36　STOP 面 Clear Semi-Dia 为 0.5、
Thickness 为 6.5 的光路结构图

读者也可以将 STOP 面设置在不同的位置观察对成像的影响，如设置在透镜的前面，计算在不同的孔径直径大小时的光路结构图，也可以设置多个 Obscuration 面计算渐晕曲线、景深等成像特性，以增加对本章内容的理解。在透镜后侧插入一个 STOP 面及两个 Obscuration 面。Thickness 分别为 2.5、2 和 3；Clear Semi-Dia 分别为 0.5 和 3。此时的 Shaded Model 图与渐晕曲线如图 5-37 和图 5-38 所示。可以看到光学系统中若有多个光阑，则轴外点的光束更容易被遮挡，渐晕也更加严重。这些情况在设计时都需要认真考虑。

图 5-37　Shaded Model 图

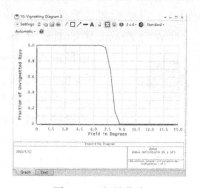

图 5-38　渐晕曲线

5.5 Zemax 中渐晕的设计方法

1. 设计要求

以例题 5-3 为基础，基于 Zemax 进行渐晕设计与分析。

2. 设计说明

前文理论部分先确定视场光阑与入射窗，再进行渐晕计算。在计算机辅助的设计中，我们并不需要先确定视场光阑，而是直接通过光线追迹计算光阑等光学元件对光束的限制，从而给出渐晕等相关特性。面向工程应用的设计思路和理论知识有较大差别，读者可以通过具体的设计案例体会设计思路与流程。

按前述的理论知识，常常需要先计算得到入射窗和入瞳，然后根据两者的孔径大小来计算渐晕。但是现在引入了计算机辅助设计，因为强大的计算功能，对于渐晕的设计思路完全不同。可以追迹很多光线，然后通过光线的分布情况来考察光阑等孔径尺寸设计的合理性。甚至 Zemax 等仿真软件能直接给出可视化的光路结构，设计者可以直观看到哪个光阑对光路起主要的限制作用。这些对于当代的设计者提供了极大的便利，不需要像老一辈光学设计师，对每根光线、每个参数进行计算，只需要能够掌握软件的相关设置，理解计算结果和评价，绝大部分的事情都交给软件。

前文已经进行了大量的讨论，对于轴上物点发出的光线，只有通过光瞳或孔径光阑的光线才会经过整个光学系统，所以在计算过程中我们只要考察或追迹这部分光线的传播与成像行为。对于具有一定视场角情况，即轴外物点，虽然一开始也计算了能通过光瞳的所有光线，但是由于其他光阑的联合限制，发出的众多光线中只有一部分光线能通过光瞳内部一个有限区域，这部分光线是可以通过整个光学系统并能参与成像的。正因为只有光瞳内部一个区域的光线参与了成像，所以才产生了渐晕。如图 5-39 所示，圆形的实线是轴上物点光瞳形状，阴影区域是轴外点发出的光束，因为光阑尺寸有限，所以轴外点只有一部分光通过。当然可以增加光阑的直径，这样所有的轴外物点的光都能参与成像，如虚线的圆环。

如果确定了物点的位置，并已经设计了一个具有渐晕的光学系统，Zemax 经过大量的光线追迹，则可以计算出任何一个面上的光的分布，计算出渐晕系数。这里 Zemax 按面积来计算渐晕系数，并通过 Vignetting Plot 给出渐晕曲线。

例题 5-3 已经对渐晕等进行了理论计算。为了加深理解，这里依旧以该例题作为设计案例进一步说明 Zemax 中的渐晕设计。重建一个 Zemax 文件。首先在 System Explorer 对话框中 Aperture 选项下面的 Aperture Type 中选择 Entrance Pupil Diameter 选项，即入瞳直径，Aperture Value 为 10。在后面可以看到，添加了透镜、光阑等元件，其半径都会自动调整以满足这里设置的入瞳直径。单击 Fields 选项，在 Settings 中的 Type 选择 Object Height 选项，Normalization 选择 Rectangular 选项。然后输入 5 个物点的垂轴高度，分别为 0、3、5、8 和 10。其他采用默认值 0。设置后如图 5-40 所示。单击 Open Field Data Editor 按钮，

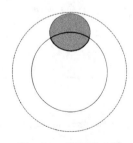

图 5-39 渐晕示意图

跳出窗口，可以看到设置的相关参数及 5 个物点的坐标分布图，如图 5-41 所示。

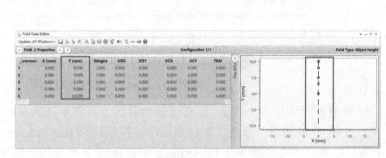

图 5-40　物点的设置　　　　　　　　　　图 5-41　设置的 Field Data Editor 图

在 Lens Data 编辑器中设置第 0 面 OBJECT 的 Thickness 为 50，即物体到透镜的距离为 50。第 1 面为默认的 STOP 面，即孔径光阑。因为前方没有其他光学元件，所以孔径光阑和入瞳重合。Surface Type 为 Paraxial，该类型为在旁轴近似下理想成像的透镜。因为这里只考察渐晕，所以为了方便采用这种面型，Thickness 为 90，Focal Length 为 25。

在下面插入一个新的面即第 2 面，该面用于设置光阑，即在透镜后方 90 处有一个光阑。单击选择该面，单击 Surface 2 Properties 图标，跳出对话框，进行相关设置。单击 Aperture 选项，在 Aperture Type 选项中选择 Circular Aperture 选项，其中 Minimum Radius 为 0，Maximum Radius 为 12。该设置表示光阑半径沿光轴垂直方向在 0～12mm 内可以通过光。这里系统默认的单位是毫米（mm）。读者也可以在 System Explorer 的 Units 选项中选择其他单位。Thickness 输入 20。相关设置如图 5-42 所示。

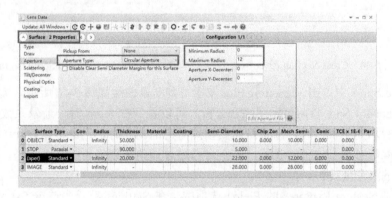

图 5-42　Surface 2 Properties 的相关设置

在第 2 面后面插入新的一面，即第 3 面。Surface Type 为 Paraxial，即一个理想透镜。Thickness 的后缀对话框 Thickness solve on surface 3 中 Solve Type 选择 Marginal Ray Height 选项。这样显示字母 M。该选择功能为软件自动调整第 3 面的 Thickness 值，实现第 4 面即像面上边缘光线高度最小，即可以认为点像在像面。Semi-Diameter 为 30，即透镜的半径为 30，该值足够大，对轴外物点光束不会产生限制作用。后面可以看到，第 2 面的光阑对光束有限制作用，即视场光阑。因为是用户自己设置的，所以后缀为 U，即 User-Defined 的简写。Focal Length 输入 30。此时，Thickness 值自动调整为 60，即成像在第二个透镜后方 60 处。该结果与理论计算是一样的。设置后的 Lens Data 编辑器如图 5-43 所示。

图 5-43　Lens Data 编辑器设置 3

最后打开 Cross-Section 可以清楚地看到光束在不同物高即不同入射角度被阻挡的情况，如图 5-44 所示。单击工具栏 Analyze 按钮选择 Rays&Spots 选项，单击 Standard Spot Diagram 按钮，在图框左上角 Settings 中选择第 2 个面即光阑面，为了方便观察，Pattern 选择 Hexapolar。可以看到不同的入射角度像面上的光斑形状如图 5-45 所示。物体上越高的点发出的光束能用于成像的比重越来越少，即导致渐晕。读者也可以通过 3D Viewer 和 Shaded Model 调整角度观察光路细节结构。

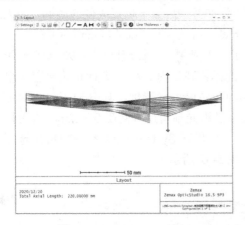

图 5-44　Cross-Section 图 1

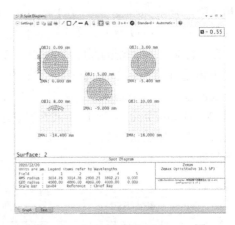

图 5-45　Standard Spot Diagram 图

在 Rays&Spots 中单击 Vignetting Plot 按钮得到渐晕曲线如图 5-46 所示。读者可以将该曲线结合 Standard Spot Diagram 图综合分析。可以看到在 8mm 时，渐晕系数仅为 12%。对于设计大视场光学仪器时，渐晕是需要重点考虑的。此时，已经根据设计的光学系统结构，并对渐晕等参数都进行了计算，完全可以通过调整每个元件的孔径大小，逐步优化参数得到需要的渐晕情况。

重新回到 System Explorer 的 Fields 选项中。在 Settings 菜单中单击 Set Vignetting 按钮。此时，再查看 Cross-Section 图如图 5-47 所示。对比图 5-44，可以发现当单击 Set Vignetting 按钮后，原本被光阑挡住的那部分光线，一开始就没有参与光线追迹的计算。进一步打开 Field Data Editor 窗口如图 5-48 所示。回顾图 5-41，对比发现有些物高的 VDY、VCX 及 VCY 都并不为 0 了，说明几个参数改变了软件用于光线追迹的光源设定。

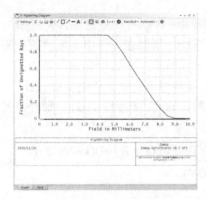

图 5-46　渐晕曲线

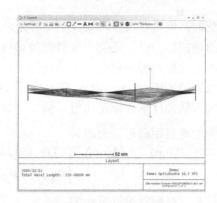

图 5-47　Cross-Section 图 2

	Commen	X (mm)	Y (mm)	Weight	VDX	VDY	VCX	VCY	TAN
1		0.000	0.000	1.000	0.000	0.000	0.000	0.000	0.000
2		0.000	3.000	1.000	0.000	0.000	0.000	0.000	0.000
3		0.000	5.000	1.000	0.000	-0.125	2.948E-03	0.125	0.000
4		0.000	8.000	1.000	0.000	-0.800	0.373	0.800	0.000
5		0.000	10.000	1.000	0.000	0.000	1.000	1.000	0.000

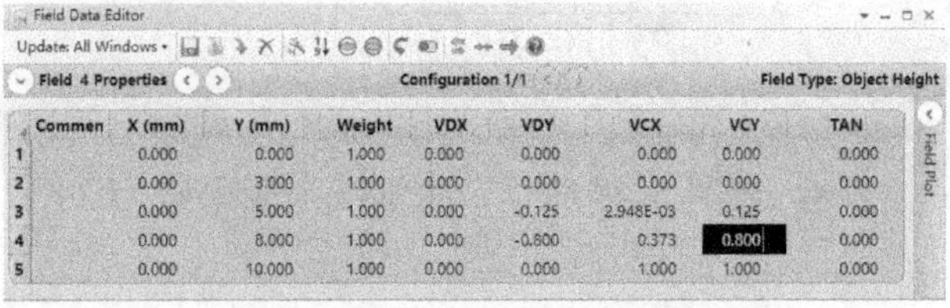

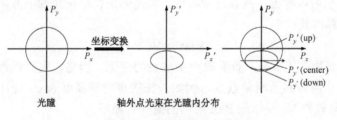

图 5-48　Field Data Editor 窗口

如果查看软件 Help 文件，则可以知道这几个参数的相关含义为

$$P_x' = \mathrm{VDX} + P_x(1 - \mathrm{VCX})$$
$$P_y' = \mathrm{VDY} + P_y(1 - \mathrm{VCY}) \tag{5-24}$$

这是一个坐标变换的公式。其中 P_x 和 P_y 是光瞳的两个坐标。VDX 和 VDY 表示了平移，VCX 和 VCY 表示了坐标的压缩系数。这样 P_x'和 P_y'可以通过图 5-49 来表示。P_x'和 P_y'描述了一个坐标系，该坐标系用于表示轴外点光束通过所有光学元件联合限制后形成通光区域在光瞳内的分布。也就是说 Zemax 是通过 VCX、VCY 来缩放光瞳，并且通过 VDX、VDY 来平移光瞳的。经过缩放加平移形成椭圆拟合轴外点的通光区域，Zemax 一开始就只追踪这个椭圆内的光线。所以才有了图 5-47 的 Cross-Section 图。这里称 VCX、VCY 及 VDX、VDY 为渐晕结构参数。

图 5-49　坐标变换示意图

到目前为止，这样的操作似乎看不出对设计有什么帮助。那么这里为什么要有这个功能呢，对设计有什么好处呢？

显然，一方面是节省计算力。存在渐晕之后，系统实际通过的光束变小，设置了渐晕就不需要追踪那么多的光线了。这对于光学软件刚开始发展的那个年代而言，是非常重要的。

另一方面是在很多情况下，设计目标是得到特定的渐晕曲线。渐晕虽然让像的边缘光

强度变弱，但是在很多时候并不是坏处。当视场角很大时，本身畸变也非常大，如第 2 章讲到的场曲。另外，还会产生彗差等导致像质严重恶化。所以在设计中需要设置光阑将大视场的光线过滤掉一部分，提高成像质量。事实上，当给出了需要设计的渐晕曲线时，完全可以通过设置 VDX、VDY 及 VCX、VCY 来利用软件进行光学元件的辅助设计。

因为后面计算的都是比值，所以光瞳是归一化的，即 P_x、$P_y \in [-1, +1]$。轴外点光束在光瞳内的垂直距离可以表示为

$$P_y(\text{up}) - P_y(\text{down}) = [\text{VDY} + P_y(+1)(1 - \text{VCY})] - [\text{VDY} + P_y(-1)(1 - \text{VCY})] \\ = [P_y(+1) - P_y(-1)](1 - \text{VCY}) \tag{5-25}$$

这样，线渐晕可以表示为

$$K = \frac{P_y'(\text{up}) - P_y'(\text{down})}{P_y(+1) - P_y(-1)} = (1 - \text{VCY}) \tag{5-26}$$

式中，$P_y'(\text{up})$ 和 $P_y'(\text{down})$ 分别为光瞳内部轴外点的通光区域的上下边缘。在本例中物点垂轴高度 8mm 处 VCY 为 0.8，如图 5-48 所示，也即线渐晕系数为 20%，该值和前面理论计算是相同的。

按渐晕原理，轴外点的通光区域投射在光瞳的边缘如图 5-49 所示。这样可以计算 VDY 如下：

$$P_y'(\text{center}) - P_y(0) = \text{VDY}(P_y(0) - P_y(-1)) \tag{5-27}$$

即

$$\text{VDY} = \frac{P_y'(\text{center}) - P_y(0)}{P_y(0) - P_y(-1)} \tag{5-28}$$

$P_y'(\text{center})$ 是椭圆的中心坐标。因为椭圆是上下对称的，所以也可以看到：

$$\frac{P_y'(\text{up}) - P_y'(\text{down})}{P_y(+1) - P_y(-1)} = \frac{P_y'(\text{center}) - P_y(-1)}{P_y(0) - P_y(-1)} = \frac{P_y'(\text{center}) - P_y(0)}{P_y(0) - P_y(-1)} - 1 \tag{5-29}$$

即

$$\text{VDY} = -\text{VCY} \tag{5-30}$$

从图 5-48 中也可以看出，两者符号相反。但是如果物点在光轴下方，即垂轴高度为负数，那么可以计算得到：

$$\text{VDY} = \text{VCY} \tag{5-31}$$

读者可以改变物高正负号，查看软件中参数的变化。当然，也可以通过这些参数来计算椭圆的面积，从而得到面渐晕系数。例如，在物点垂轴高度 8mm 处计算得到的面渐晕系数为 12.5%，与软件 Vignetting Plot 给出的值吻合很好。

如果给定了一个视场角下的渐晕系数，那么去设计光阑的尺寸是多少呢？Zemax 可以很方便地计算。依旧以例题 5-3 的光学系统为基础，希望在 5mm 物高的时候线渐晕系数为 30%，可以得到 VCY=0.7，VDY=-0.7。删除其他物点，保留一个高 5mm 的物点，并设置 VCY 和 VDY 的值。其他参数都不变。查看 Cross-Section 图如图 5-50 所示，可以看到光阑通光孔径覆盖了光束。如图 5-51 所示，回到 Lens Data 编辑器并与图 5-43 比较，可以看到第 2 面光阑面的 Semi-Diameter 改变为 7.4。该值表示光阑可以覆盖光束最小的半径，

而并不是设置的透光孔径。这是 Zemax 非常好的功能，这样可以清楚地知道光束在每一个面上的尺寸大小。

图 5-50　Cross-Section 图 3

	Surface Type	Con	Radius	Thickness	Material	Coating	Semi-Diameter	Chip Zor	Mech Semi-Dia	Conic	TCE x 1E-t	Par 1(unusec	Par 2(unuse
0	OBJECT Standard ▾		Infinity	50.000			5.000	0.000	5.000	0.000	0.000		
1	STOP Paraxial ▾			90.000			5.000		-		0.000	25.000	1
2	(aper) Standard ▾		Infinity	20.000			7.400	0.000	12.000	0.000	0.000		
3	Paraxial ▾			60.000 M			30.000 U		-		0.000	30.000	1
4	IMAGE Standard ▾		Infinity	-			5.000		5.000		0.000		

图 5-51　Lens Data 编辑器设置 4

前面讲过，在设置 VCX 等渐晕结构参数后，软件会拟合一个椭圆的通光孔径，并在该范围内追迹光线。这里按线渐晕的要求设置这些参数，计算的结果就是在该渐晕情况下的光束大小。如果光阑的孔径正好覆盖这个光束，那么此时就可以得到所需要的光学系统。选择第 2 面即光阑面，在 Surface 2 Properties 对话框中 Aperture 选项下设置 Maximun Radius 为 7.4。此时，渐晕系数即 30%。为了验证，可以在 System Explorer 的 Fields 中单击 Clear Vignetting 按钮，清除 Field Data Editor 中 VCX 等参数值，让软件在整个光瞳范围内进行光路追迹。打开 Cross-Section 进行查看如图 5-52 所示。放大后查看坐标，可以计算线渐晕系数约为 30%。读者也可以通过例题 5-3 的理论计算线渐晕系数并进行核对。当然，也可以通过渐晕结构参数来逆向设计面渐晕系数。

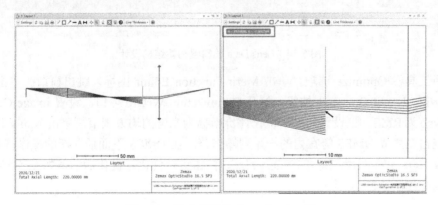

图 5-52　放大前后的 Cross-Section 图

这种设置方法虽然给设计者带来了不少便利，但是因为这里的椭圆通光孔径是拟合出来的，与真实的形状还是有区别的。而追迹光线只考虑椭圆内的情况，所以这可能会对像质评价如第 7 章讲到的光学传递函数等计算带来误差。另外，通光孔径过小会导致衍射效应的增强，造成像点的模糊，成像质量下降，所以设计者需要权衡多方面的性能进行优化。

5.6 Zemax 的多重结构设计——反射式扫描系统设计

1. 设计要求

设计一个反射式扫描系统，改变反射镜的角度从而改变扫描角度，如图 5-53 所示。

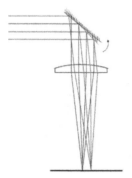

图 5-53 可变角度反射式扫描系统结构示意图

2. 知识补充

日常使用的成像镜头往往需要光学镜头参数可调，如焦距、光圈数 F/#值等。而可调参数的镜头需要在光学设计中，对某几个关键参数情况下的系统成像质量同时优化。因此，这里介绍一下 Zemax 的多重结构设计功能。此外，本案例用到第 4 章介绍的 Zemax 坐标断点功能。读者若不了解，则需要复习相关内容。

3. 仿真分析

先设计一个厚度为 10mm、玻璃为 BK7 的透镜，并通过优化半径得到焦距为 100mm 左右的简易镜头。在 System Explorer 的 Aperture 选项下面，将 Aperture Type 设置为 Entrance Pupil Diameter，Aperture Value 为 20。根据透镜的计算公式进行简单计算，其初始结构设计参数如图 5-54 所示。其中第 3 面和第 4 面的 Radius 及第 4 面的 Thickness 为变量。

Lens Data

Update: All Windows · Surface 0 Properties · Configuration 1/1

	Surface Type		Comment	Radius		Thickness		Materia	Coating	Clear Semi-Dia	Chip Zone	Mech Semi-Dia	Conic	TCE x 1E-6
0	OBJECT	Standard ▾		Infinity		Infinity				0.000	0.000	0.000	0.000	0.000
1	STOP	Standard ▾		Infinity		30.000				10.000	0.000	10.000	0.000	0.000
2		Standard ▾		Infinity		20.000				10.000	0.000	10.000	0.000	0.000
3		Standard ▾		60.000	V	10.000		BK7		10.000	0.000	10.000	0.000	-
4		Standard ▾		-350.000	V	100.000	V			9.480	0.000	10.000	0.000	0.000
5	IMAGE	Standard ▾		Infinity		-				0.720	0.000	0.720	0.000	0.000

图 5-54 Lens Data 编辑器初始结构设计

选择工具栏 Optimize 选项，单击 Merit Function Editor 图标，跳出窗口。单击对话框左上角 Wizards and Operands 按钮，打开 Optimization Wizard 窗口。设置 Image Quality 为 Spot，Type 为 RMS。该设置定义了优化评价指标为光斑的均方根值。单击 Apply 和 OK 按钮，系统自动生成 DMFS 等在内的一系列操作符。在 DMFS 下面插入新的操作符 EFFL，Target 为 100，Weight 为 1。单击 Optimize！按钮进行优化。优化后的值如图 5-55 所示，光路结构图如图 5-56 所示。

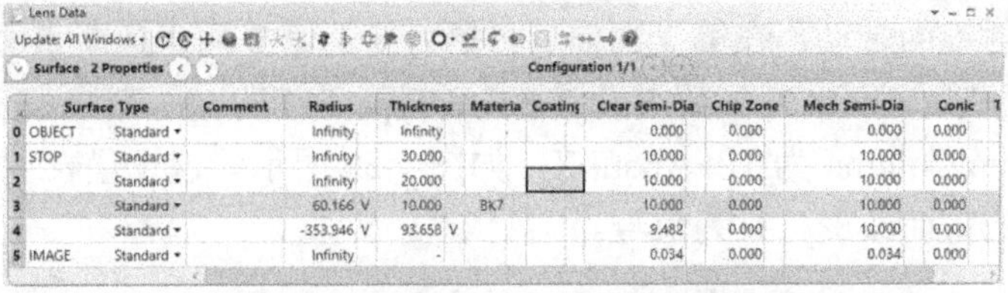

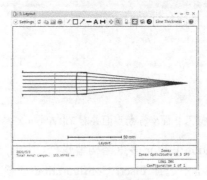

图 5-55　优化后的 Lens Data 编辑器图

图 5-56　光路结构图 1

接下来，将第 2 面设置成 Mirror 面，并使得光线按照 90 度向下反射。应用 Zemax 中的坐标断点进行设置，即在 Mirror 面的上下各插入 Coordinate Break 虚拟面，即成为新的第 2 面和第 4 面。被称为"虚拟面"是因为该面型只是改变坐标结构而不参与改变光线的变化。在这两个虚拟面行的 Tilt About X 参数设置为-45，也就是让后续的坐标系统进行-45度折转。另外，这里值得注意的是，应用了 Mirror 面以后，其后续面上的 Thickness 及 Radius 数值都需要进行反向，也就是取负，即表示光线成像在反射镜反射后的空间。最后 Lens Data 编辑器及光路结构图如图 5-57 和图 5-58 所示。这里我们在 3D Layout 的图框 Settings 中设置 Rotation X、Y 和 Z 的参数分别都为 0。

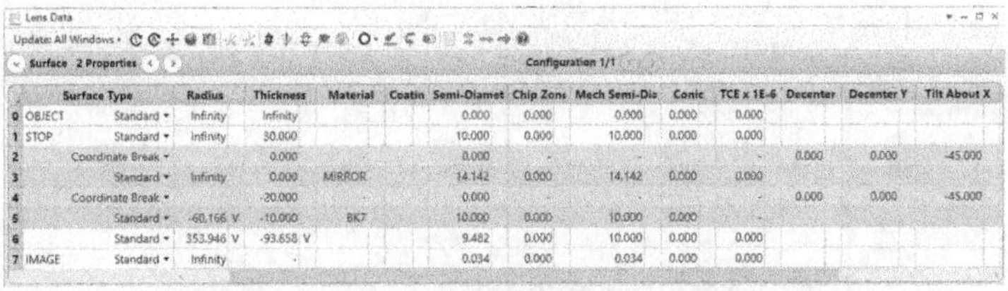

图 5-57　插入坐标断点面的 Lens Data 编辑器图

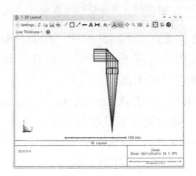

图 5-58　光路结构图 2

为了模拟反射镜的转动，在第 3 面前后再插入新的第 2 面坐标断点面，即第 3 面和第 5 面。并在第 5 面 Tilt About X 参数中设置 Solve Type 为 Pickup，From Surface 为 3，Scale Faction 为-1，From Column 为 Tilt About X，如图 5-59 所示。该设置表示第 5 面 Tilt About X 参数随第 3 面的值而改变，且为负号。

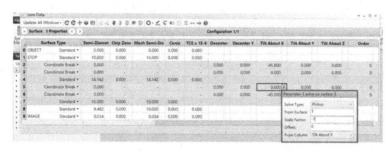

图 5-59　新插入 2 面坐标断点面并对 Tilt About X 参数进行设置

打开 Multiple Configuration Editor 多重结构编辑器，如图 5-60 所示。第一行操作符选择 PRAM，并右击在下拉菜单中选择 Insert Configuration 选项，插入 2 个新结构。其相关设置如图 5-61 所示。Surface 3 表示第 3 面，Parameter 3 表示对第 3 个参数即 Tilt About X 进行设置。这里新增两个角度为 10 度和-10 度。

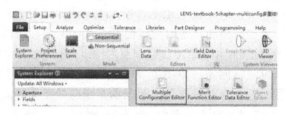

图 5-60　多重结构编辑器

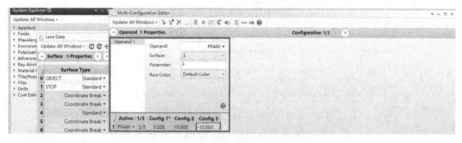

图 5-61　多重结构参数设置

单击 3D Viewer 按钮，查看设置的光路结构图，相关参数设置如图 5-62 所示。可以看到反射镜三个角度的光路结构图，如图 5-63 所示。可以看到在-10 度与 10 度的时候，离焦现象比较严重，需要对透镜进一步优化。

再次打开 Merit Function Editor，并在 Optimization Wizard 中进行设置。Image Quality 为 Spot，Configuration 为 All，其他采用默认设置。单击 Apply 与 OK 按钮，可以看到增加了操作符 CONF1、CONF2 与 CONF3。在这三个操作符下面分别插入 EFFL，并设置 Target 为 100，Weight 为 1。单击 Optimize！按钮进行优化，最后得到图 5-64 所示优化后的光路结构图，可以看到三个扫描角度同时得到了优化。

图 5-62　光路结构图中关于多重结构的设置

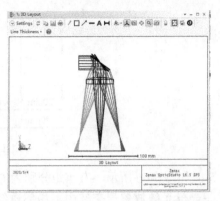

图 5-63　三个扫描角度下的光路结构图

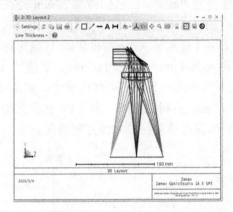

图 5-64　优化后的三个扫描角度下的光路结构图

计算题

5-1　已知照相机物镜的焦距 $f'=75mm$，相对孔径 $D/f'=1:2.8$，D 为入瞳直径，底片尺寸为 24×36mm²，求最大的入瞳直径和视场角。若底片尺寸改为 34×52mm² 时，那么视场角为多少？

5-2　一个由焦距为 100mm 的透镜和光阑组成的光学系统。已知光阑位于透镜后方 20mm 处，透镜的孔径为 15mm，光阑的孔径为 10mm，光线从左到右和从右到左时的相对孔径分别为多少？

5-3　一个光学系统由一个焦距为 25mm、通光孔径为 25mm 的凸透镜和一个孔径为 2mm 的光阑所组成，二者间距离为 50mm，现在透镜前方 23mm 处光轴上放置一个物体 A，问整个系统的孔径光阑是什么，求出入瞳、出瞳的位置和大小。

5-4　现有一个光学系统，它由两个完全相同的薄透镜组成，已知薄透镜的焦距 $f'=300mm$，通光孔径 $D=80mm$，两个薄透镜间的距离 $d=50mm$，求该光学系统的焦距，平行光沿光轴入射时，入瞳和出瞳的位置和大小，以及整个系统的相对孔径。

5-5　有一孔径为 30mm 的光阑 P，物点 A 置于光阑 P 的前方 70mm 处。将一个孔径为 60mm，焦距为 100mm 的凸透镜 L 分别放置在光轴的 4 个不同位置，分别是置于 P 处前方 50mm 处的 L_1 位置；P 处前方 30mm 处的 L_2 位置；P 处后方 40mm 处的 L_3 位置；P 处后方 60mm 处的 L_4 位置。如图 5-65 所示，求透镜位于哪一位置时，透镜作为光学系统的孔径光阑？

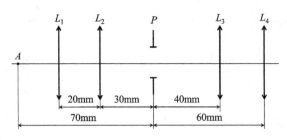

图 5-65 题 5-5 图

5-6 如图 5-66 所示，有焦距分别为 $f_1'=100mm$，$f_2'=100mm$ 的两个凸透镜 L_1 和 L_2 组成的理想光学系统放置于空气中，相邻透镜的主面间距为 100mm。现把它们作为一个薄透镜组，该薄透镜组的通光直径为 40mm。在它们前面 50mm 处有一个直径为 35mm 的圆形光孔。物点 A 应处于什么范围时，光孔为入瞳？处于什么范围时，薄透镜组本身为入瞳？

5-7 一个视觉放大率 $\Gamma=6$（视觉放大率=物镜焦距/目镜焦距，$\Gamma=f_o'/f_e'$）的望远镜，物方视场角为 5°，物镜的焦距为 300mm，直径为 60mm；目镜的直径为 20mm；目镜和物镜的距离为 350mm。物镜的后方焦面与目镜的前焦面重合，如图 5-67 所示。现在物镜的后方焦点处放置一个直径为 15mm 的圆孔光阑。求（1）孔径光阑、入瞳和出瞳的位置及大小；（2）视场光阑、入窗和出窗的位置；（3）像方视场角。

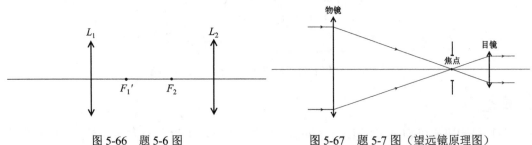

图 5-66 题 5-6 图   图 5-67 题 5-7 图（望远镜原理图）

5-8 一个由凸透镜 L_1 和凹透镜 L_2 组成的光学系统，已知凸透镜的焦距 $f_1'=180mm$，通光孔径 $D_1=50mm$；凹透镜的焦距 $f_2'=-30mm$，通光孔径 $D_2=10mm$，L_2 位于 L_1 后方 120mm 处，在 L_2 后方 8mm 处放置一个直径为 2mm 的孔径光阑作为凹透镜的出瞳，求在此系统中，哪个是渐晕光阑，并求渐晕光阑在物空间和像空间的像的位置，以及若光学系统的放大率为 9，则当 K 为 1 和 0.5 时，视场角为多少？

5-9 已知人眼的分辨角 $\varepsilon=1.5'$，人眼和一个入射光瞳直径为 12mm 的薄透镜组成了一个光学系统。该系统的近景深度为 4m，远景深度为 2.5m。求该系统的景深和透镜的焦距。若要使得该景深达到 9m，在相同的焦距下，则透镜的入瞳直径为多少？

5-10 现有一焦距为 100mm，相对孔径为 1/8 的照相机用于拍摄远处挂在墙上的一幅画，并且在拍摄下来时，需要将画进行放大 50 倍以便观众可在 10m 远处看清楚画像，已知人眼的分辨角 $\varepsilon=1.5'$，求对准平面和近景平面的位置。

第6章　光度学基础

在前面几个章节中，重点探讨了光线在光学系统中的传播路径，但是并未讨论光在传播过程中光强的计量。一般在光学系统使用过程中，光的强弱是光学系统必须要关注的一个问题。而光的强弱问题又可以分为光源发出光的强弱和成像处接收光的强弱两种情况。在光学系统中分析光强问题时，还需要关注光源照明强度在空间的分布情况。例如，在购买灯具时，为了达到期望的空间照明效果，就需要知道光源的配光曲线，如图 6-1 所示。这是将各个方向上的长度坐标与该坐标上与发光强度成正比的矢量末端连接而成的曲线。光学系统在本质上是传输能量的系统。在本章中，将介绍光度学的基本概念、光度学物理量的定义及相关单位，并计算光能在光学系统传播过程中的变化。

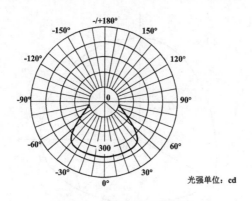

图 6-1　某灯具的配光曲线

6.1　光能和光度学的基本概念

光能是光子运动对应的能量形式，一个光子的能量为 $\varepsilon=h\nu$。其中，$h=6.626\times10^{-34}\mathrm{J\cdot s}$ 为普朗克系数，ν 为光子的频率。在介绍光度学的基本概念之前，首先介绍什么是可见光。可见光就是电磁波谱中人眼可以感知的部分，可见光谱没有精确的范围，一般人的眼睛可以感知的电磁波的波长为 380～780nm。光学系统就是一个传输辐射能量的系统，能量传输的强弱会影响像的亮暗。光度学就是在人眼视觉的基础上，研究可见光的测试、计量、计算的学科。光度学只处理人眼可感知的光，即可见光。在可见光波段内，考虑到人眼的主观因素后的相应计量学科称为"光度学"。其中定义了光通量、发光强度、光照度、光亮度等主要参量。在此之前，首先介绍立体角的概念。

6.1.1　立体角的概念

在有关光源的研究中，最常用的几何量就是立体角。立体角涉及三维空间问题，任一光源辐射的能量都分布在它周围一定的空间内。因此，在有关光辐射的讨论和计算时，也涉及一个立体空间问题。与平面角度相似，可以把整个空间以某一个点为球心划分成若干立体角，并称以球心为顶点的任一封闭的锥面所包围的空间部分为锥面顶点处的立体角，以 Ω 表示。

如图 6-2 所示，S 是半径为 r 球面上截出来的阴影部分，S 的边缘上的各点对球心 O 点连线所包围的那部分空间叫"立体角"。立体角的数值为所涉及的部分球面面积 S 与球半径 r 的平方之比，即

$$\Omega = \frac{S}{r^2} \qquad (6\text{-}1)$$

这样立体角元可以表示为

$$\mathrm{d}\Omega = \frac{\mathrm{d}S}{r^2} \qquad (6\text{-}2)$$

因此，立体角是立体角元对面元 $\mathrm{d}S$ 的积分：

$$\Omega = \iint_A \mathrm{d}\Omega = \iint_A \frac{\mathrm{d}S \cdot r}{r^3} \qquad (6\text{-}3)$$

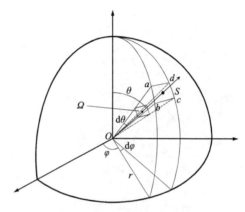

图 6-2　立体角的计算

当锥面在半径为 r 的球面上截出一个面积为 r^2 的球面时，则面积为 r^2 的球面对球心的张角即单位立体角，或者称之为"立体弧度角"，或者"球面度"，单位符号为 Sr。

所以，围绕球心的整个空间的立体角为

$$\Omega = \frac{4\pi r^2}{r^2} = 4\pi \qquad (6\text{-}4)$$

整个球所对应的立体角是整个空间，又称为 4π 空间。同理，半球对应的立体角为 2π 空间。

如图 6-2 所示，以点 O 为坐标原点，立体角元 $\mathrm{d}\Omega$ 由小四面锥体围成，其所截的面积元 $\mathrm{d}S$ 由空间极坐标 r、θ 和 φ 决定。当 $\mathrm{d}\theta$ 很小时，顶点 $abcd$ 所围成的矩形面元 $\mathrm{d}S$ 可以看成是小矩形，则 $\mathrm{d}S$ 可以表示为

$$\mathrm{d}S = ab \times bc = r\mathrm{d}\theta \times r\sin\theta\mathrm{d}\varphi = r^2 \sin\theta\mathrm{d}\theta\mathrm{d}\varphi \qquad (6\text{-}5)$$

将式（6-5）代入式（6-2）中，则得到计算空间任意方位的立体角元的普遍公式如下：

$$\mathrm{d}\Omega = \frac{\mathrm{d}S}{r^2} = \sin\theta\mathrm{d}\theta\mathrm{d}\varphi \qquad (6\text{-}6)$$

例 6-1

假定一个球面半顶角为 α，求该圆锥所包含的立体角大小。

如图 6-3 所示，以 r 为半径作一个圆球，假定在圆球上取一个 $d\alpha$ 对应的环带，环带宽度为 $rd\alpha$，环带半径为 $r\sin\alpha$，所以环带半径长度为 $2\pi r\sin\alpha$，环带总面积为

$$dS = rd\alpha \cdot 2\pi r\sin\alpha = 2\pi r^2\sin\alpha d\alpha \tag{6-7}$$

由式（6-6）得到 dS 对应的立体角为

$$d\Omega = \frac{dS}{r^2} = 2\pi\sin\alpha d\alpha = -2\pi d\cos\alpha \tag{6-8}$$

将式（6-8）积分得：

$$\Omega = -\int_0^\alpha 2\pi d\cos\alpha = 2\pi(1-\cos\alpha)$$

或者：

$$\Omega = 4\pi\sin^2\frac{\alpha}{2} \tag{6-9}$$

当 α 较小时，$\Omega = \pi\alpha^2$。该结果表明立体角近似地与半顶角 α（或孔径角）的平方成正比。因此，当增大半顶角 α（或孔径角）时，可使进入系统的光能量按平方关系增长。

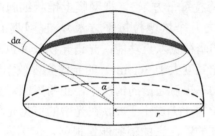

图 6-3　圆锥立体角的计算

6.1.2　辐射通量、光谱光视效率与光通量

1. 辐射通量

物体（辐射体）以辐射形式发射或传输电磁波（主要指紫外、可见光和红外辐射）的能量，称为"辐射能量"或"辐射能"，常用 Q_e 表示，单位是焦耳（J）。同一辐射体发出的辐射能与时间 t 有关，辐射时间越长，辐射的能量越多。为了表示不同辐射体辐射能量的时间特性，引入辐射通量的概念。单位时间内通过任何面积的电磁辐射能量称为辐射通量或辐射功率，单位是瓦特（W）。辐射通量是辐射度量学中一个最基本的量。显然，在指定的时间间隔 Δt 内，辐射通量 ϕ 的时间积分即辐射能量：

$$Q_e = \int_{\Delta t}\phi dt \tag{6-10}$$

由于辐射体所发出的辐射中含有各种波长，各种波长具有不同的能量。将 $\Delta\phi(\lambda)$ 与波长 $\Delta\lambda$ 之比的极限值定义为辐射通量的谱密度，即

$$\phi_\lambda = \lim_{\Delta\lambda\to 0}\frac{\Delta\phi(\lambda)}{\Delta\lambda} = \frac{d\phi(\lambda)}{d\lambda} \tag{6-11}$$

对于连续的光谱，从 λ_1 到 λ_2 的波长范围内，总的辐射通量 ϕ 应该等于所有组成波长的

辐射通量谱密度的总和，即

$$\phi = \int_{\lambda_1}^{\lambda_2} \phi_\lambda \mathrm{d}\lambda \qquad (6\text{-}12)$$

若在整个波长范围内从 0 到 +∞ 积分，则总的辐射通量 ϕ 可以表示为

$$\phi = \int_0^\infty \phi_\lambda \mathrm{d}\lambda \qquad (6\text{-}13)$$

辐射通量代表的是整个光源在单位时间内辐射的总能量的多少。对于目视成像系统，重点是辐射通量中能引起视觉的部分。对于相等的辐射通量，波长不同人眼的感觉也不同。因此，需要针对人眼对不同波长光的响应度定义一个函数，从而研究相关物理量，即下文中的光谱光视效率、光通量等物理量。

2. 光谱光视效率

具有相等的辐射通量的各种辐射能在视觉上所引起的感觉并不相同。例如，红外线和紫外线都是不可见光。即使在可见光的区域范围内，人眼对各种不同波长光的感受灵敏度也不相同。因此，为了表征人眼对不同波长光的视觉灵敏度，我们引入了"光谱光视效率" $V(\lambda)$（也称为"视见函数"），从而进一步引入光通量这一概念。

人眼作为一种光学接收器对不同的波长具有不同的感受灵敏度。此外，人眼在明视条件下（光亮度大于几个坎德拉每平方米），视网膜上锥状细胞起主要光感受作用。在暗视条件下（光亮度小于百分之几个坎德拉每平方米），视网膜上柱状细胞起主要光感受作用。所以人眼具有明视觉和暗视觉双重功能，光谱光视效率也有两种，如图 6-4 所示。在明视觉条件下（通常认为光亮度大于 $3\mathrm{cd/m^2}$）的光谱光视效率以 $V(\lambda)$ 表示。根据大量的平均测试结果得知，在相同功率辐射通量的情况下，正常人眼对波长为 555nm 的绿光最为敏感，故取 $V_{555}=1$；其他波长的 $V(\lambda)$ 均小于 1。在光谱的可见光范围之外，$V(\lambda)\approx0$。例如，一块烧得很烫但还没有发红的铁，它的辐射能量很强，但因为它只发出红外线，所以看它也是"黑"的。在肉眼感知强度相等的视觉情况下，若所需的某一单色光的辐射通量越小，则说明人眼对该单色光的视觉灵敏度越高。在暗视条件下，光谱光视效率最大值在 507nm 处，即 $V_{507}=1$。

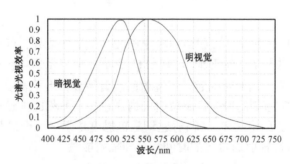

图 6-4 光谱光视效率

3. 光通量

人眼只对波长为 380～780nm 波段的电磁波敏感，所以这个波段的辐射能量称为光能量。辐射体在单位时间内所发出的光能量称为"光通量"，以 ϕ_v 表示，其单位为流明（lm）。本节为了方便区分辐射通量和光通量，下标分别以"e"和"v"描述。为了表示辐

射通量与光通量之间的转换关系，这里引入光谱光视效能系数 $K(\lambda)$ 和复色光的总的光视效能系数 K，用于描述单位光谱辐射通量 $\phi_{e,\lambda}$，以及相应的光谱光通量 $\phi_{v,\lambda}$。它们之间关系为

$$K(\lambda) = \frac{\phi_{v,\lambda}}{\phi_{e,\lambda}} \tag{6-14}$$

$$K = \frac{\phi_v}{\phi_e} = \frac{\int \phi_{v,\lambda} \mathrm{d}\lambda}{\int \phi_{e,\lambda} \mathrm{d}\lambda} = \frac{\int K(\lambda)\phi_{e,\lambda} \mathrm{d}\lambda}{\int \phi_{e,\lambda} \mathrm{d}\lambda} \tag{6-15}$$

$K(\lambda)$ 为波长 λ 处的光通量与辐射通量的比值，光谱光视效能系数 K 的单位为流明/瓦（lm/W）。

若在波长 λ 到 $\lambda + \mathrm{d}\lambda$ 间隔之内的极窄波段的单色光，光源辐射通量为 $\phi_{e,\lambda}\mathrm{d}\lambda$，则光通量可以表示为

$$\phi_v = \int_{\lambda} K(\lambda)\phi_{e,\lambda}\mathrm{d}\lambda = K_m \int_{380}^{780} \phi_{e,\lambda} V(\lambda)\mathrm{d}\lambda \tag{6-16}$$

式中，K_m 为辐射度量和光度量之间的比例系数，称为最大光谱光视效能，其单位为流明/瓦（lm/W）。$K_m = 683\mathrm{lm/W}$，表示在波长为 555nm 处，即人眼光谱光视效率最大（$V(\lambda)=1$）处，与 1W 的辐射通量相当的光通量为 683lm。换句话说，此时 1lm 相当于 1/683W。

例 6-2

已知某种 He-Ne 激光器的输出功率为 4mW，请计算激光器发出的光通量为多少 lm？

解： 查表可知：

$$V(\lambda = 632.8\,\mathrm{nm}) = 0.24$$

则光通量为

$$\phi_{v,\lambda} = K_\lambda \cdot \phi_{e,\lambda} = K_m V(\lambda)\phi_{e,\lambda} = 683 \times 0.24 \times 4 \times 10^{-3} = 0.66\,(\mathrm{lm})$$

6.1.3　光亮度、发光强度、光出射度和光照度

1. 发光强度

光度单位体系是一套反映视觉亮暗特性的光辐射计量单位。光度学是与观察者有关的量，只适用于可见光波段，被选为基本量的不是光通量而是发光强度。光源在给定方向上的单位立体角内所发射的光通量，将它称为"发光强度"。最初，人们用鲸的脑油制作成直径为 2.2cm、质量为 57.7g 的蜡烛，在标准大气压下以 7.78g/h 的速度燃烧，火焰高 4.5cm，规定其水平方向的发光强度为 1 烛光。后来经过若干次调整，最终规定发光强度的基本单位为坎德拉，记作 candela (cd)。坎德拉是国际单位制中七个基本单位之一，其定义是当 555nm 波长的单色辐射，在给定方向上的辐射强度为 1/683W/Sr 时，在该方向上的发光强度为 1cd。

点光源向各个方向发出可见光，在某一方向上，立体角元 $\mathrm{d}\Omega$ 内发出的光通量为 $\mathrm{d}\phi_v$，则该点的发光强度为

$$I = \frac{\mathrm{d}\phi_v}{\mathrm{d}\Omega} \tag{6-17}$$

点光源在某一方向上所张的立体角元为

$$d\Omega = \sin\theta d\theta d\varphi$$

对整个三维空间积分可以得出整个空间的立体角为

$$\Omega = \int_{\varphi=0}^{\varphi=2\pi} d\varphi \int_{\theta=0}^{\theta=\pi} \sin\theta d\theta = 4\pi$$

如果是各向均匀发光体，则总光通量为

$$\phi_v = 4\pi I \tag{6-18}$$

在明视条件下光源在给定方向上 1Sr 立体角内均匀发出波长为 555nm 的单色光，且光通量为 0.00146W 时的发光强度为 1cd=1lm/Sr。

2. 光照度

当光照射到某一表面时，该表面被照射的亮暗程度，可以用光照度来表示。

如图 6-5 所示，被照物体给定点处单位面积上的入射光通量称为该点的光照度，记作 E，其表达式为

$$E = \frac{d\phi_v}{dS} \tag{6-19}$$

光照度的单位为勒克斯，以符号 lx 表示。定义为光通量是 1lm 的光均匀地照射在表面积为 1m² 的表面上所产生的光照度为 1 勒克斯（1lx=1lm/m²）。若面积为 S，表面被均匀照射总光通量 ϕ_v，那么光照度为 $E = \dfrac{\phi_v}{S}$。

光照度的计算如图 6-6 所示，点光源 A 在某个特定方向照射到距离 r 的面元 dS 上，面元法线与光线夹角为 θ，则 dS 对光源构成的元立体角为 $d\Omega$，结合发光强度定义，面元上的光照度为

$$E = I \frac{d\Omega}{dS} = \frac{I\cos\theta}{R^2} \tag{6-20}$$

在特殊情况下，当 θ=0，即点光源垂直照射面元 dS 时，式（6-20）简化为

$$E = \frac{I}{R^2} \tag{6-21}$$

多个点光源在被照射平面各点所产生的照度应等于各点光源所产生的照度之和：

$$E = \sum \frac{I_k \cos\theta_k}{R_k^2} \tag{6-22}$$

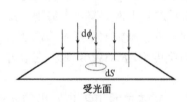

图 6-5 光照度

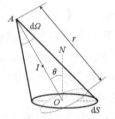

图 6-6 光照度的计算

光照度在很多行业都需要检测，如农业大棚中需要确定植物被照射量，还有街边的路灯和自动气象站等场景中都需要较为准确的光照度值。表 6-1 中列出了一些常见场所的光照度。

表 6-1　常见场所的光照度举例

场合	光照度/lx
月夜	0.02~0.2
观看仪器的示数	30~50
阅读和书写	50~75
室内日光灯	100
精细工作	100~200
日出日落	300
阴天	3000~10000
拍摄电影	10000
晴天	30000~130000

例 6-3

一个 50mW 的 LED 灯珠，其发光效率 $\eta=130\text{lm/W}$。灯珠发出的光经一聚光镜会聚，灯珠中心对聚光镜所张的孔径角 $\theta \approx \sin\theta = 0.6$。设灯珠是各向均匀发光。

（1）求该灯珠总的光通量及进入会聚镜的光通量；

（2）求平均发光强度。

解：（1）总的光通量为

$$\phi_v = P \cdot \eta = 50 \times 130 \times 10^{-3} = 6.5(\text{lm})$$

聚光镜所张的立体角为

$$\Omega = 4\pi \sin^2\left(\frac{\theta}{2}\right) = 2\pi(1-\cos\theta) = 0.4\pi$$

则进入聚光镜的光通量为

$$\phi_v' = 6.5 \times \frac{0.4\pi}{4\pi} = 0.65(\text{lm})$$

（2）平均发光强度为

$$I = \frac{\phi_v}{4\pi} = \frac{6.5\text{lm}}{4\pi} = 0.52(\text{cd})$$

3．光出射度和光亮度

为了表征面光源某一点处的发光强弱，引入"光出射度"概念。如图 6-7 所示，光源表面给定点处单位面积内所发出的光通量，称为光源在该点面元 $\text{d}S$ 向外辐射的光出射度，记作 M。其具体表达式为

$$M = \frac{\text{d}\phi_v}{\text{d}S} \tag{6-23}$$

单位为勒克斯（lx），$1\text{lx}=1\text{lm/m}^2$。可以看出，该物理量表示单位面积辐射出的光能量。

光出射度包含了面元在 2π 球面空间内所有方向辐射的光通量，并未考虑具体某个方向的光通量。为了表征不同方向的发光特性，这里引入"光亮度"的概念。如图 6-8 所示，光源表面一点处面元 $\text{d}S$ 在给定 AO 方向上的发光强度为 I，且 AO 方向与面元法线间的夹角为 θ，该面元在垂直于 AO 方向上投影面积 $\text{d}S_\theta$ 为 $\text{d}S\cos\theta$。那么面元 $\text{d}S$ 在 AO 方向上的"光亮度"（记作 L）表示为

$$L = \frac{I}{\text{d}S \cdot \cos\theta} = \frac{\text{d}\phi_v}{\text{d}S \cdot \cos\theta \cdot \text{d}\Omega} \tag{6-24}$$

光亮度单位为坎德拉/平方米（cd/m²）。式（6-24）说明发光面元 dS 光亮度等于面元 dS 在 AO 方向上的发光强度 I 与该面元在垂直于该方向上的投影面积 $\cos\theta\cdot\mathrm{d}S$ 之比。讲到这里大家可以查看一下手机等电子产品调节屏幕亮度是调节哪个物理量。

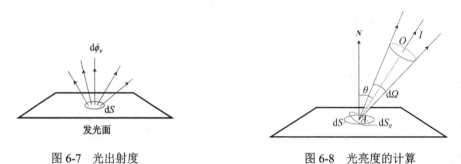

图 6-7 光出射度   图 6-8 光亮度的计算

表 6-2 列出了一些常见光源的光亮度。

表 6-2 常见光源的光亮度举例

光源名称	光亮度/（cd/m²）
人工照明下阅读的纸面	10
地球上看到的月亮表面	2500
白天的晴朗天空	5000
太阳照射下的白色表面	30000
白炽灯钨丝	$(3\sim15)\times10^6$
电弧	1.5×10^8
地球上看到的太阳	1.5×10^9

光度学的物理量和计量单位种类繁多且概念相近。图 6-9 所示为各光度学物理量示意图，方便读者记忆。投影仪为光源，出射的总能量为辐射通量，将其乘以光谱光视效率函数得到人眼能看到的部分，即光通量。光源（点光源）在单位面积/立体角上发射的光通量为光出射度/发光强度。被照射物体单位面积上的光通量为光照度。虽然屏幕反射了光，但是人观看屏幕时，在应用光学中可以认为屏幕也是光源。所以可以得到屏幕反射光的光出射度和光亮度。

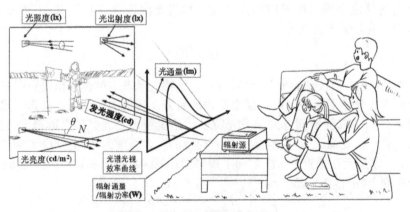

图 6-9 各光度学物理量示意图

4．朗伯余弦定律

一般情况下，发光面在不同的方向光亮度是不同的。但是在某些情况下发光面在各个方向上的光亮度可以近似认为相同，即光亮度 L 随方向变化是个常数。如图 6-10 所示。I_n 为法线上的发光强度，I_v 为与法线成任意角度 θ 方向上的发光强度。我们接下来讨论这种光源在不同观察方向上的发光强度的规律。

由式（6-24）关于光亮度的定义，可以得到在法线方向上的光亮度为

$$L_n = \frac{I_n}{dS \cdot \cos 0°} = \frac{I_n}{dS} \qquad (6\text{-}25)$$

与法线成角度 θ 方向的光亮度为

$$L_\theta = \frac{I_v}{dS \cdot \cos \theta} \qquad (6\text{-}26)$$

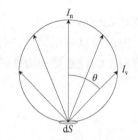

图 6-10　余弦辐射体不同方向上的发光强度

因此，可得法线与其余方向上的发光强度之间的关系为

$$I_\theta = I_n \cos \theta \qquad (6\text{-}27)$$

即各向同性光源在指定立体角上的发光强度与该方向和发光面元间的夹角成余弦关系，把这条定律称为"发光强度余弦定律"，又称为"朗伯余弦定律"。满足这种定律的光源称为"朗伯光源"，又叫"余弦辐射体"。黑体辐射被认为是这种光源。

6.1.4　光学系统中光亮度和光通量的传递

介绍完光能和光度学的基本概念后，开始研究光学系统中光能的传递与变化规律。光学系统可以看成是光能的传递系统，除了关注像面处（或人眼处）的光能情况，还关注光学系统中间过程光能的传递规律。

接下来，将主要讨论光学系统中光亮度、发光强度、光出射度和光照度的传递情况，对光束在均匀透明介质中的传输与在两种介质分界面上的折射和反射三种情况分别进行研究。

1．光束在均匀透明的同种介质中的传输情况

对于光束在均匀透明的同种介质中的传输过程，可以借助元光管的概念来研究。如图 6-11 所示，元光管就是指两端面积很小的锥形光管，光管内充满了光线，并且光能在其中传递。设光束的中心光线穿过了两个面元 dS_1、dS_2，dS_1 和 dS_2 之间的距离 l，N_1 和 N_2 分别为两面元的法线；θ_1 和 θ_2 为两法线与元光管中心轴线的夹角；$d\Omega_1$ 和 $d\Omega_2$ 分别为面元 dS_1、dS_2 对中心光线与端面交点所张的立体角元；L_1 和 L_2 分别为面元 dS_1、dS_2 的光亮度。假设光在元光管内传播时不从侧壁溢出，即在传输过程中没有光能损失，根据式（6-24），在元光管内由 dS_1 发出并到达 dS_2 面上的光通量 $d\phi_1$ 和由 dS_2 发出并到达 dS_1 面上的光通量 $d\phi_2$ 分别可以表示为

$$d\phi_1 = L_1 d\Omega_1 dS_1 = L_1 dS_1 \cos \theta_1 \frac{dS_2 \cos \theta_2}{l^2} \qquad (6\text{-}28)$$

$$d\phi_2 = L_2 d\Omega_2 dS_2 = L_2 dS_2 \cos \theta_2 \frac{dS_1 \cos \theta_1}{l^2} \qquad (6\text{-}29)$$

因为不考虑光能损失（介质中无散射和吸收），所以通过元光管任意截面的光通量是相等的，即 $\mathrm{d}\phi_1 = \mathrm{d}\phi_2$，因此可以得到：

$$L_1 \mathrm{d}S_1 \cos\theta_1 \frac{\mathrm{d}S_2 \cos\theta_2}{l^2} = L_2 \mathrm{d}S_2 \cos\theta_2 \frac{\mathrm{d}S_1 \cos\theta_1}{l^2} \qquad (6\text{-}30)$$

也就是 $L_1 = L_2$。

由此可以得出结论，光在同种均匀的透明介质中传播且不考虑光能损失时，在同一传播方向上的任意截面内所通过的光通量不变，且光亮度相等。

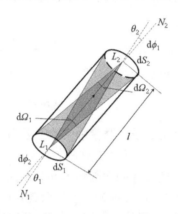

图 6-11　同种均匀透明介质中的元光管

2. 光束在介质分界面反射和折射后，光亮度的变化规律

当一光束投射到两透明介质的分界面时会形成反射和折射两束光。这时的反射光束和折射光束的光亮度发生变化。这两光束的方向可分别由反射定律和折射定律确定。可以继续利用元光管来分析反射光束和折射光束的变化规律。

如图 6-12 所示，面元 $\mathrm{d}S$ 是入射元光管、反射元光管和折射元光管的公共界面，ON 是面元 $\mathrm{d}S$ 上 O 点处的法线。θ、θ'、θ'' 分别是入射角、折射角和反射角；$\mathrm{d}\Omega$、$\mathrm{d}\Omega'$、$\mathrm{d}\Omega''$ 分别是入射光束、折射光束和反射光束的元立体角；$\mathrm{d}\phi$、$\mathrm{d}\phi'$、$\mathrm{d}\phi''$ 分别是入射光通量、折射光通量和反射光通量；L、L'、L'' 分别是入射光束、折射光束和反射光束的光点亮度。由式（6-6）和式（6-24）可得：

$$\mathrm{d}\phi = L\mathrm{d}S\cos\theta\mathrm{d}\Omega = L\mathrm{d}S\cos\theta(\sin\theta\,\mathrm{d}\theta\,\mathrm{d}\varphi) \qquad (6\text{-}31)$$

$$\mathrm{d}\phi' = L'\mathrm{d}S\cos\theta'\mathrm{d}\Omega' = L'\mathrm{d}S\cos\theta'(\sin\theta'\,\mathrm{d}\theta'\,\mathrm{d}\varphi') \qquad (6\text{-}32)$$

$$\mathrm{d}\phi'' = L''\mathrm{d}S\cos\theta''\mathrm{d}\Omega'' = L''\mathrm{d}S\cos\theta''(\sin\theta''\,\mathrm{d}\theta''\,\mathrm{d}\varphi'') \qquad (6\text{-}33)$$

因为入射光线、折射光线和反射光线共面，所以三个元光管的 ϕ 相等。对于反射光束，根据反射定律，$\theta''=\theta$，$\mathrm{d}\Omega''=\mathrm{d}\Omega$，则

$$\frac{\mathrm{d}\phi''}{\mathrm{d}\phi} = \frac{L''}{L} = \rho \qquad (6\text{-}34)$$

式中，ρ 为反射系数。式（6-34）表明，反射光束的光亮度等于入射光束光亮度与界面反射比之积。

透明介质的界面反射系数 ρ 很小，故反射光束的亮度很低。

对于折射光束，如果不考虑介质的吸收和散射损耗，则在两种介质分界面上的入射光束、折射光束和反射光束的光通量也应该满足能量守恒定律，即

$$d\phi = d\phi' + d\phi'' \tag{6-35}$$

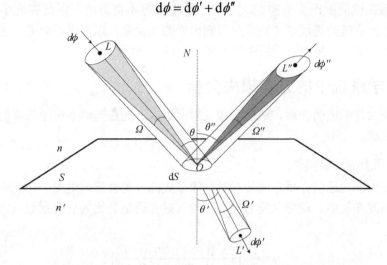

图 6-12　两种介质界面处折射光束、反射光束亮度的变化

将式（6-34）代入式（6-35）可得：

$$d\phi' = (1 - \rho)d\phi \tag{6-36}$$

将式（6-31）和式（6-32）代入式（6-36）可得：

$$\frac{L'}{L} = (1 - \rho)\frac{\cos\theta d\theta}{\cos\theta' d\theta'} \times \frac{\sin\theta}{\sin\theta'} = (1 - \rho)\frac{\cos\theta d\theta}{\cos\theta' d\theta'} \times \frac{n'}{n} \tag{6-37}$$

将折射定律 $n\sin\theta = n'\sin\theta'$ 等号两边分别对 θ 和 θ' 进行微分，可以得到：

$$n\cos\theta d\theta = n'\cos\theta' d\theta' \tag{6-38}$$

将式（6-38）代入式（6-37）可得：

$$L' = L(1 - \rho)\left(\frac{n'}{n}\right)^2 \tag{6-39}$$

式（6-39）表明，折射光束的光亮度与界面反射系数 ρ 及界面两边的折射率 n 和 n'有关。若界面反射损失可以忽略，即在 $\rho=0$ 的情况下，则式（6-39）可以改写成：

$$L' = L\left(\frac{n'}{n}\right)^2 \tag{6-40}$$

也可以表示为

$$\frac{L}{n^2} = \frac{L'}{n'^2} \tag{6-41}$$

式（6-41）表明，若不考虑光束传播过程中的光能损耗，则光束在经过折射后光亮度会产生变化，但 $\frac{L}{n^2}$ 比值不变。

6.2　光学系统中的光能损失分析与计算

在实际的光学系统中，即使没有任何遮挡，最终从系统出射的光通量也总是小于从系统入射的光通量。这是因为光在系统中传播时，介质对光的吸收、介质界面处对光的反射、反射面对光的吸收等造成了光能损失，可能会造成像面的照度减小、透射面的反射光经多次反射后在像面上产生有害的亮背景或次生像等不良影响。因此在光学系统的设计中，需要计算出系统的透过率才能最终得到出射的光通量，以及像面照度、像的亮度等。而为了计算透过率，则需要对系统中的光能损失进行分析。

6.2.1　光学系统中的光能损失分析

光学系统由若干透明介质、透射面和反射面组成。光在光学系统中传播时，损失主要由以下方面造成。

1. 透射面上的反射损失

光在界面光滑的透明介质之间传播时，除了大部分光会折射进另一介质中，还有小部分光会反射回原介质中。现定义反射光通量与入射光通量之比为反射系数 ρ，且由电磁理论可得：

$$\rho = \frac{1}{2} \times [\frac{\sin^2(i-i')}{\sin^2(i+i')} + \frac{\tan^2(i-i')}{\tan^2(i+i')}] \tag{6-42}$$

式中，i 和 i' 分别为入射角和折射角。当光垂直入射或以很小的入射角入射时，上述正弦值和正切值约等于其角度的弧度值，结合折射定律，式（6-42）可化简为

$$\rho = \left(\frac{n'-n}{n'+n}\right)^2 \tag{6-43}$$

式（6-43）表明，当光垂直入射或以很小的入射角由一介质经光滑界面入射至另一介质中时，反射系数 ρ 仅和界面两旁介质的折射率有关。且折射率之差越大，反射系数越大，而与具体的入射角度和传播方向无关。空气—冕牌玻璃界面的平均反射系数可取 0.04，空气—火石玻璃界面的平均反射系数可取 0.06。而对于用加拿大树胶黏合的火石玻璃和冕牌玻璃界面，由于这两种玻璃和加拿大树胶的折射率相差很小，可取 $\rho \approx 0$，即反射损失可以忽略。

如图 6-13 所示，在系统入射的光通量为 ϕ_0，且系统由 n 个折射面组成时，仅考虑折射面的反射损失，最终出射的光通量为

$$\phi = \phi_0 \cdot \prod_{i=1}^{n}(1-\rho_i) \tag{6-44}$$

系统总透过率为

$$\tau = \prod_{i=1}^{n}(1-\rho_i) \tag{6-45}$$

式中，ρ_i 为第 i 个折射面的反射系数，空气—玻璃界面的反射系数在进行粗略计算时可取平均值 0.05。在界面数量较多时，总的反射损失将会很大。

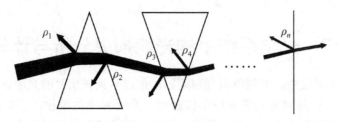

图 6-13　多个折射面时的光损耗

常见的降低反射损失的方法是在光学元件的表面镀上二氧化硅、二氧化钛、氟化镁等材质的增透膜。镀膜后每个界面处的反射系数 ρ 可由 0.05 降至 0.01，这样可以大幅减少折射界面较多时的反射损失。

2. 反射面上的吸收损失

在光学系统中时常需要使用反射面来改变光的传播方向，而在镀金属膜层的反射面上由于膜层上吸收和散射的存在，入射的光通量并不会完全反射，故反射系数 ρ 通常小于 1。

如图 6-14 所示，系统有 n 个反射面，入射的光通量为 ϕ_0，若只考虑反射时的吸收损失，则最终反射的光通量为

$$\phi = \phi_0 \cdot \prod_{i=1}^{n} \rho_i \tag{6-46}$$

此时，系统总反射率为

$$\rho = \prod_{i=1}^{n} \rho_i \tag{6-47}$$

式中，ρ_i 为第 i 个反射面的反射系数。这里列举几种常用的反射面：

抛光良好的反射棱镜的全反射面，反射系数 $\rho \approx 1$；

镀银反射面，反射系数 $\rho \approx 0.95$；

镀铝反射面，反射系数 $\rho \approx 0.85$。

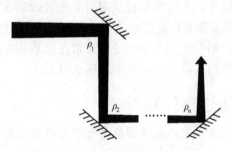

图 6-14　多个反射面时的光损耗

3. 介质内部的吸收损失

光在同种介质中传播时，由于介质对光的吸收及杂质、气泡等对光的散射，光通量和亮度将随着传播距离增大而减小。一般重点考虑介质吸收产生的损失。

假设初始光通量为 ϕ 的光束穿过厚度为 $\mathrm{d}l$ 的薄介质层，被薄介质层吸收的光通量 $\mathrm{d}\phi$ 与介质层厚度 $\mathrm{d}l$ 以及初始光通量 ϕ 成正比，那么三者之间的关系表示为

$$\mathrm{d}\phi = -k\phi\mathrm{d}l \tag{6-48}$$

积分后可得 $\ln\phi = -kl + C$，定义 ϕ_0 为 $l=0$ 时的入射光通量，那么经介质吸收后的光通量为

$$\phi = \phi_0 \mathrm{e}^{-kl} \tag{6-49}$$

现定义介质的透明系数 $P = \mathrm{e}^{-k}$，若 l 以 cm 为单位时，该物理量表示光束通过 1cm 介质后的出射光通量 ϕ_1 与入射光通量 ϕ_0 之比。对应的吸收系数 $\alpha = 1 - P$ 反映了介质的吸收损失。于是，当波导厚度 l 的单位为厘米，入射光通量为 ϕ_0 时便可得到出射光通量为

$$\phi = \phi_0 P^l \tag{6-50}$$

光学系统中介质厚度常取元件的中心厚度 d，故总厚度为 $\sum d_i = d_1 + d_2 + \cdots + d_n$，如图 6-15 所示，在多元件系统中入射光通量为ϕ_0。只考虑介质的吸收损失时，由式（6-50）可以得到出射光通量为

$$\phi = \phi_0 \cdot \prod_{i=1}^{n} P_i^{\sum di} \tag{6-51}$$

因此，系统总透过率为

$$\tau = \prod_{i=1}^{n} P_i^{\sum di} \tag{6-52}$$

式中，P_i 为第 i 种材料的透明系数，$\sum di$ 为对应材料的元件的中心厚度之和。

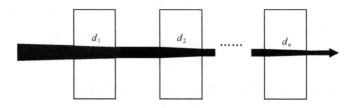

图 6-15　多元件的光吸收损失

透明系数和吸收系数均与材料性质和波长相关。例如，有色光学玻璃对不同波长的吸收系数不同，称为选择性吸收；无色光学玻璃对可见光波段的各种波长透明系数都相近且接近于 1；大部分普通光学玻璃对白光的吸收系数约为 0.01，透明系数约为 0.99；普通光学玻璃对紫外光吸收强烈，吸收系数大于 0.9。通常光学系统中的透明介质为不同型号的普通光学玻璃，且吸收系数相差很小，可取平均值 0.01。

6.2.2　光学系统的透过率计算

综合考虑上述的三种光能损失，系统的总透过率可以表示为

$$\tau = \tau_R \rho \tau_P \tag{6-53}$$

例如，当系统中有 N_1 个与空气接触的未镀增透膜的折射面，其透过率为 0.95；N_2 个与空气接触的已镀增透膜的折射面，其透过率为 0.99；N_3 个镀铝反射面及 N_4 个镀银反射面。且该系统介质沿光轴的中心总厚度为 l，其吸收系数为 0.01，则由式（6-53）可得到该系统的总透过率为

$$\tau = (0.95^{N_1} \times 0.99^{N_2}) \times (0.85^{N_3} \times 0.90^{N_4}) \times 0.99^{l} \tag{6-54}$$

需注意的是，上述计算的一些参数使用了平均值，仅为粗略计算。在需要更为精细的计算结果时，需要详细查询各材料的参数。

6.3　Zemax 中相对照度、镀膜简介及序列/非序列混合模型与照明设计实例

6.3.1　相对照度

Zemax 提供了相对照度（Relative illumination）的计算结果，如图 6-16 所示。该功能

以视场角（±x 与±y 四个不同方向）作为横坐标，并以零视场的照度归一化后的像面上一个微小区域的照度为相对照度，如图 6-17 所示。同时，该功能中也有选项选择考虑偏振的影响。

相对照度曲线是镜头设计中比较重要的性能评估参数。如果边缘视场的相对照度比较低，那么说明镜头在实际的成像过程中，在同样均匀的照明条件下，边缘视场拍出的图片会非常暗，这往往是不被允许的。因此在镜头设计过程中，要按照实际需求控制边缘视场的照度，使其不能过低。从理论上讲，像面上的照度与主光线入射像面的角度的平方是成比例关系的，因此在设计中要控制边缘视场的光线与像面的入射角不能过大。

图 6-16 相对照度的计算结果

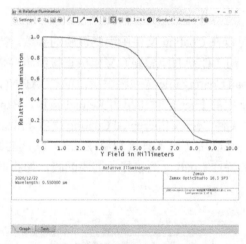

图 6-17 计算的相对照度曲线

6.3.2 镀膜

镀膜（Coating）在光学元件中经常被用到，其主要用于增加光学元件的反射率或者透射率。目前常用的主要是金属膜和介质膜。金属膜中常用的铝膜，其平均反射系数为 0.85，银膜的平均反射系数为 0.90。介质膜是利用介质分界面的折射率差而形成反射的［见式（6-43）］。例如，利用两种不同折射率的周期性介质膜，如图 6-18 所示，形成布拉格反射，其反射率可以接近 100%。工程设计人员还可以专门对介质的材料、厚度等参数进行膜系设计，从而得到所需要的反射率或透射率。当然镀膜的反射率和透射率与入射的角度和波长也有很大关系，如图 6-19 所示。光常用的镀膜介质材料有 MgF_2、Ta_2O_3、SiO_2 等。本节简单介绍 Zemax 中镀膜仿真的相关内容。

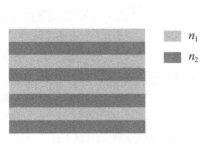

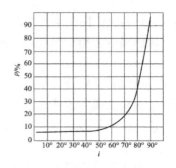

图 6-18　周期性介质膜示意图　　　　　图 6-19　光线从空气射入火石玻璃的 ρ-i 曲线

在 Zemax 工具栏 Libraries 选项下面有 Coating Catalog 和 Coatings Tools 两个图标。在 Coating Catalog 中具有 Zemax 默认提供的或者设计人员自己编辑的镀膜材料、膜系结构及光学特性等相关参数，以供设计者查看。Coatings Tools 下拉菜单中有三个选项，分别是 Edit Coating File、Reload Coating File 及 Export Encrypted Coating，如图 6-20 所示。

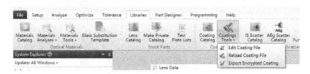

图 6-20　Coatings Tools 下拉菜单

Edit Coating File 中可以在 Coating 文件中编辑镀膜的参数。当然读者也可以在 Zemax 的根目录 Coating 文件夹下的 COATING.DAT 文档中直接编辑参数。值得注意的是，当编辑完参数后需要选择 Reload Coating File 选项将编辑过的 COATING.DAT 文档导入系统中。也可以在 System Explorer 中的 Files 选项中单击 Reload 按钮。Export Encrypted Coating 选项用于导出单个镀膜参数文件 Zemax Encrypted Coating (ZEC) file。

当镀膜的参数都定义好以后（或者直接利用 Zemax 默认的膜系参数），读者可以在 Lens Data 编辑器中需要的界面 Coating 列选择所需要的膜，如我们这里选择 ETALON，如图 6-21 所示。

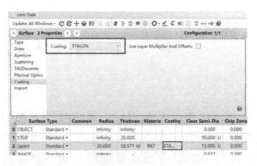

图 6-21　在镀膜列中选择 ETALON

在工具栏 Analyze 中的 Coatings 图标下拉菜单中选择 Reflection vs. Angle 选项，跳出曲线图框。单击该图框左上角 Settings 按钮，跳出设置对话框，Surface 项选择 2，即第 2 面。可以看到多峰反射谱，其中包括了 S 偏振、P 偏振及平均偏振值，如图 6-22 所示。此外，如果没有设置镀膜，那么 Zemax 按介质分界面的菲涅耳定律计算反射率和透射率。

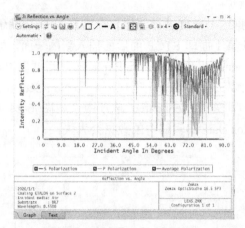

图 6-22　ETALON 膜反射率与入射角度的关系曲线

6.3.3　利用序列与非序列混合模型设计一个 LED（点光源）的照明系统

1. 设计要求

利用 PMMA 光学塑料实现照明系统，该系统让单颗 LED 光源能尽可能地以平行光出射。

2. 知识补充

PMMA 全称为聚甲基丙烯酸甲酯，俗称有机玻璃。该材料具有优良的光学特性及耐气候变化特性，所以常用于制造低成本的光学透镜等元件。

本例中拟采用双凸厚透镜实现 LED 光源（视为点光源）的准直，如图 6-23 所示。根据式（3-37）与式（3-38）可知（查看第 3 章相关内容），当材料选定后，该透镜的焦距或光焦度与两个折射球面的曲率半径 r_1 与 r_2 及透镜的光学厚度 d 有关，因此可以优化这三个参数以得到较为理想的结构。如果两个折射面进一步设计成非球面，则可以得到更好的结果。

本例的设计思路为利用序列模型设置轴上物点，并优化透镜参数实现平行光出射。其中透镜结构在非序列模型中设置。因为序列模型的优化是根据几何光学模型建立的数值优化理论，优化效率高。同时，将 LED 光源设置在物点位置，这样实现整体照明设计的优化。在序列里面优化镜头参数得到准直光线后，实际效果需要在非序列模型中进行光线追迹加以观察，如效果不好，需要在非序列模型中调整参数、继续优化，直到出现满意的效果。

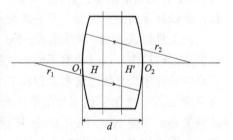

图 6-23　双凸透镜实现点光源的准直

3. 仿真分析

运行 Zemax 软件，在 System Explorer 的 Aperture 选项下面 Aperture Type 中选择 Object Cone Angle 选项，并输入 32。该值表示以轴上物点的边缘光线角度 32 度为系统优先值，

STOP 面的孔径光阑会根据这个角度进行调整。观察 Lens Data 编辑器，在第 0 面 Object 行 Thickness 中输入 0.1，在第 1 面即 STOP 面后面插入新的一面，并在 Surface Type 中选择为 Non-Sequential Component。此时，System Explorer 对话框里出现 Non-Sequential 选项，具体参数选用默认值。回到工具栏 Setup 选项，单击 Non-Sequential 图标。注意本例子所有的操作都在序列模型，即处于 Sequential 选项中，如图 6-24 所示。如果切换到 Non-Sequential 模型，则在 Lens Data 编辑器中的数据会丢失。

图 6-24　Non-Sequential 图标

单击 Non-Sequential 图标后会跳出 Non-Sequential Component Editor 窗口，如图 6-25 所示。

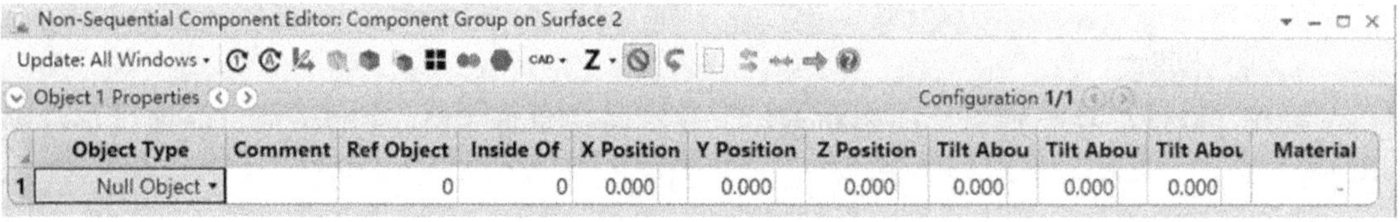

	Object Type	Comment	Ref Object	Inside Of	X Position	Y Position	Z Position	Tilt Abou	Tilt Abou	Tilt Abou	Material
1	Null Object ▾		0	0	0.000	0.000	0.000	0.000	0.000	0.000	-

图 6-25　Non-Sequential Component Editor 窗口

设置第一个物体为点光源以近似 LED。在 Object Type 中选择 Source Point，#Layout Rays 列为 200，#Analysis Rays 列为 10000，用于光线追迹。Cone Angle 为模拟 LED 的发光角，设置为 80°。右击第 1 行物体，选择 Insert Object After 选项，插入第 2 个物体。在 Object Type 列选择 Standard Lens，设置 Radius 1 为 3.8，Conic 1 为-1，Clear 1 为 9，Edge 1 为 9，Thickness 为 13.5，Radius 2 为-8.5，Conic 2 为-5，Clear 2 为 5，Edge 2 为 9。其中 Radius 为折射面的曲率半径，Conic 代表非球面参数，具体可以参看 Zemax 的 Help PDF 文件。Clear 为折射面垂直方向的半径，Edge 为该面垂直方向整体的半径。因为这是一个物体，所以具有两个折射面，两者之间的距离在 Thickness 中设置。

在工具栏 Analyze 中单击 Shaded Model 或者 3D Viewer 按钮，可以看到目前设置的物体的三维结构图。通过调整不同参数的设置来判断物体结构的变化，也可以在 Analyze 工具栏中的非序列光线追迹相关建模工具中参看如图 6-26 所示的 NSC Raytracing 图标。单击会生成如图 6-27 所示的下拉菜单，选择 NSC Shaded Model 选项如图 6-28 所示。这里需要注意的是，选择 NSC Raytracing 图标下拉菜单中的 Ray Trace 选项，并设置如图 6-29 所示，否则系统在三维建模时会报错。

图 6-26　NSC Raytracing 图标

图 6-27　NSC Raytracing 图标下拉菜单

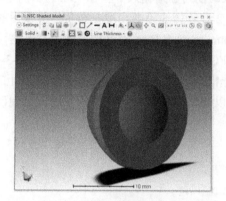

图 6-28　NSC Shaded Model

图 6-29　Ray Trace 设置对话框

在第 2 个物体下面插入第 3 个物体 Standard Lens。设置如下：Radius 1 为 0，Conic 1 为 0，Clear 1 为 2.8，Edge 1 为 2.8，Thickness 为 5，Radius 2 为 2.8，Conic2 为-3.2，Clear 2 为 2.8，Edge 2 为 2.8。此外，Ref Object 列为-1，该参数的含义为该物体的坐标相对于前面一个物体的相对坐标。详细的 Reference Object 的设置方法可参看 Zemax 的 Help PDF 文件。单击第 3 个物体，并单击 View Current Object 图标如图 6-30 所示，可以观察到图 6-31 中当前物体的三维模型。

图 6-30　View Current Object 图标

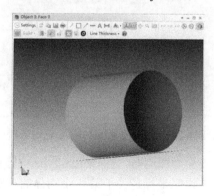

图 6-31　物体三维模型

下一步利用布尔运算在第 2 个物体中减掉第 3 个物体，从而形成一个双凸透镜和柱状孔以放置光源。在第 3 个物体下面插入一个新的物体，并在 Object Type 中选择 Boolean。在 Comment 列输入 a-b，表示为布尔运算的两个物体相减。在 Z Position 输入-1.5，表示 Boolean 运算以后的物体的 Z 坐标。Material 列中输入 PMMA。此时，跳出来对话框，如图 6-32 所示，说明 PMMA 材料并非在 Zemax 当下默认的材料库内，需要导入其他材料库，单击 Yes 按钮。也可以通过工具栏的 Libraries 里面 Materials Catalog 选项查到该材料的光学特性，如图 6-33 所示。在 Object A 和 Object B 列分别输入 2 和 3。此时，可以通过 NSC Shaded Model 查到所建的模型。为了让物体 2 和物体 3 不要出现在布尔运算以后的物体中，需要进行一些设置。在 Non-Sequential Component Editor 对话框左上角打开这两个物体的特性设置对话框，即 Object 2 Properties 和 Object 3 Properties 对话框。如图 6-34 所示，在 Draw 选项中勾选 Do Not Draw Object 复选框。同时，在 Coat/Scatter 选项里面 Face Is：的下拉菜单中选择 Absorbing 选项。这样可以忽略光线在物体侧面的作用，方便研究透镜的光学性能。

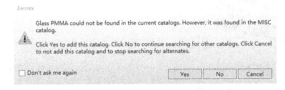

图 6-32   材料库提示

图 6-33   材料库选项

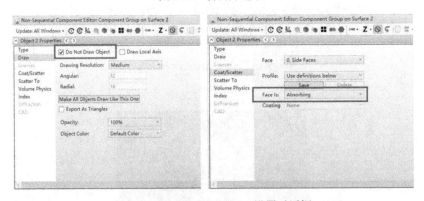

图 6-34   Object 2 Properties 设置对话框

在第 4 物体面插入新的一面为探测器，在 Object Type 中选择 Detector Rectangle 选项。进一步设置 Ref Object 为 4，说明坐标是关于第 4 个物体的相对值。Z Position 为 100，X Half Width 和 Y Half Width 都为 5，X Pixels 和 Y Pixels 都为 100。

回到 Lens Data 编辑器，在第 2 面即 Non-Sequential Component 面的 Draw Ports 输入 3，Exit LocZ 输入 15。插入新的一面（第 3 面），并在 Thickness 中输入 100，Clear Semi-Dia 中输入 12。

为了方便观察，打开 Shaded Model 或者 NSC Shaded Model 查看目前所建的模型，如图 6-35 所示。可以看到光束接近水平出射，略有发散。可以通过调整折射面的曲率半径或者是间距来增加光焦度。为了评估设置的值是否合理，以及优化参数，设置第 2 个物体的 Thickness、Raduis 2 和 Conic 2，以及第 3 个物体的 Thickness、Radius 2 和 Conic 2 为变量。设置后的 Non-Sequential Component Editor 窗口如图 6-36 所示。另外，在 Merit Function Editor 中选择默认的评价函数 DMFS。

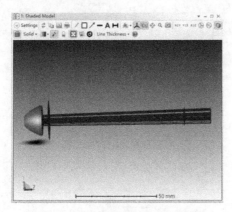

图 6-35　Shaded Model

Non-Sequential Component Editor: Component Group on Surface 2

Update: All Windows

Object 2 Properties　　Configuration 1/1

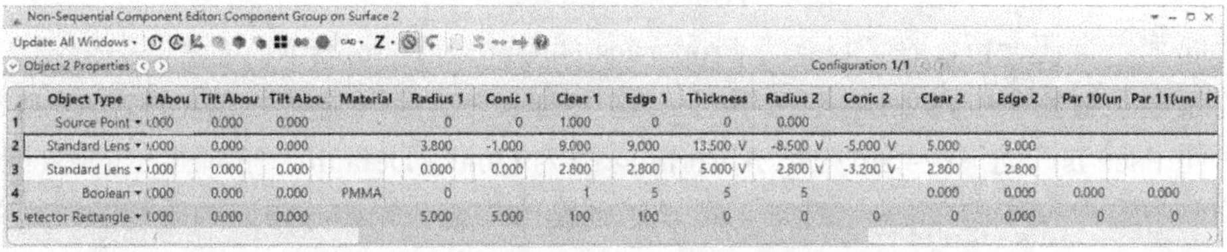

	Object Type	t Abou	Tilt Abou	Tilt Abou	Material	Radius 1	Conic 1	Clear 1	Edge 1	Thickness	Radius 2	Conic 2	Clear 2	Edge 2	Par 10(un	Par 11(un	P
1	Source Point	.000	0.000	0.000		0	0	1.000	0	0	0.000						
2	Standard Lens	.000	0.000	0.000		3.800	-1.000	9.000	9.000	13.500 V	-8.500 V	-5.000 V	5.000	9.000			
3	Standard Lens	.000	0.000	0.000		0.000	0.000	2.800	2.800	5.000 V	2.800 V	-3.200 V	2.800	2.800			
4	Boolean	.000	0.000	0.000	PMMA	0		1	5	5	5		0.000	0.000	0.000	0.000	
5	etector Rectangle	.000	0.000	0.000		5.000	5.000	100	100	0	0	0	0	0.000	0	0	

图 6-36　Non-Sequential Component Editor 窗口

在工具栏 Optimize 选项中单击 Optimize！图标。可以看到在跳出的 Local Optimization 优化窗口中，此时 Merit Function 的值为 12.53。减小第 3 个物体的 Radius 2，设置为 2.4。再单击 Optimize！图标，此时 Merit Function 的值为 0.906。现在的 Shaded Model 如图 6-37 所示。可以看到光束又略有会聚，并可以知道优化的参数应该在前面两组参数之间。进一步修改 Radius 2 为 2.5，查看 Local Optimization 优化窗口，Merit Function 的值为 0.593。单击 Start 按钮，在 Cycle 33 的时候 Merit Function 的值已经非常小，如图 6-38 所示。单击 Stop 按钮，退出优化。

单击工具栏 Analyze 选项中的 NSC Raytracing 图标，在下拉菜单中选择 Ray Trace 选项，进一步单击 Clear&Trace 按钮，重新计算光线追迹。选择 NSC Shaded Model 选项，如图 6-27 所示。可以看到此时的光束分布，如图 6-39 所示。这里需要明确的是，若通过 NSC Raytracing 观察光线追迹，只会看到 Non-Sequential Component 中的点光源的光线、物体及探测器。但是在序列模型中的 Shaded Model 等工具中看到的是包含了物点的光线和点光源的光线、物体、探测器及物面所有的信息。不过，点光源与探测器不参与优化计算。

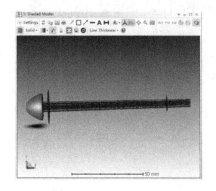

图 6-37　Shaded Model

图 6-38　Local Optimization 优化窗口

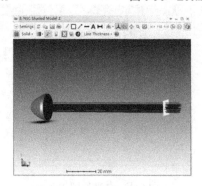

图 6-39　NSC Shaded Model

前面为了方便分析，在 Object 2 Properties 和 Object 3 Properties 对话框中把第 2、3 个物体的表面设置为吸收，如图 6-34 所示。这里为了与实际情况更加吻合，在 Coat/Scatter 选项里面 Face Is：的下拉菜单中把 Absorbing 改为 Object Default。在 NSC Raytracing 图标下拉菜单中选择 NSC 3D Layout 选项，可以看到物体与整个光线分布三维透视图，如图 6-40 所示。在 NSC Raytracing 图标的下拉菜单中单击 Detector Viewer 按钮，可以看到探测器上的光强分布图，如图 6-41 所示。当然可以通过 Zemax 中的其他工具，如 NSC Raytracing 中的 Source Illumination Map 等去判断设计的结果是否满足需求。

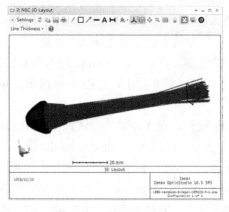

图 6-40　NSC 3D Layout

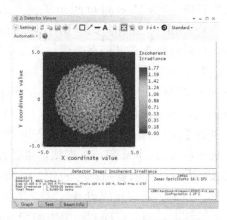

图 6-41　探测器上的光强分布图

计算题

6-1 已知一束复合光由功率为 25W、波长 525nm 的绿光和功率为 15W、波长为 575nm 的黄光组成，求该复合光的总辐射通量，查表求光视效率并计算总光通量。

6-2 有一个直径为 5m 的圆桌，在圆桌的中心上方 3m 处有一个 LED 吊灯，吊灯的功率为 60W。若吊灯光源可近似为均匀发光的点光源，现要求圆桌边缘的照度要达到 2.24lx，则求该吊灯的发光效率和圆桌中心的照度。

6-3 采用功率为 40W，发光效率为 8.75lm/W 的均匀发光的点光源，用此光源去照射屏幕，已知点光源与屏幕间距离为 3m，在点光源左侧（相对于屏幕另一侧）1m 处增加一个反射率为 0.8 的平面镜。求平面镜法线和屏幕交点处的照度。

6-4 有两个点光源 A_1 和 A_2，已知 A_1 的功率为 30W，A_2 的功率为 100W，发光效率均为 6lm/W，两个点光源相距 1m。现在两个点光源之间放置一个可发生漫反射的白板，若刚好使得白板左右两侧的光照度相同，则求此时白板所处的位置。

6-5 一个功率为 200W，发光效率 $\eta=5.5$lm/W 的点光源发出的光通过一个聚光镜。已知点光源对聚光镜的张角为 0.5rad，求点光源的总的光通量、平均发光强度和进入聚光镜的能量。

6-6 有一个角放大率为 50 的光学系统，光学系统的物方孔径角为 $\sin U \approx u=0.006$，物面的照度为 1000lx，整个系统的透过率 $T=0.8$，可得到像面的照度为 38lx，求该光学系统的反射系数 ρ。

6-7 采用一束平行光水平照射屏幕，获得屏幕的照度为 1000lx。若在光线照射路径上加入一个焦距为 100mm、相对孔径为 1/5 的薄透镜组，则认为该薄透镜组无像差，透过率 $T=1$。已知透镜到屏幕的距离为 80mm，求此时屏幕的照度。

6-8 图 6-42 所示为放映光学系统，采用的光源 A 为 200W 的放映灯泡，发光效率为 10lm/W，灯丝尺寸为 12×12mm²。该光源可视为两面发光的余弦辐射体，被聚光镜 L_1 成像于放映物镜的入瞳上并且刚好充满整个入瞳。系统中的反射镜可以提高 50%光源的平均亮度，聚光镜 L_1 紧靠着一个 24×36mm²的幻灯片，系统的物镜 L_2 将幻灯片放大 50 倍的像投射到屏幕上。物镜的物方孔径角 $u=0.25$rad，整个系统的透过率为 0.8，求像面的照度。

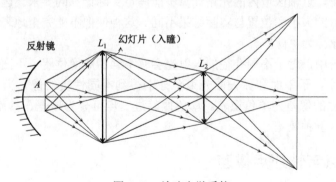

图 6-42　放映光学系统

第 7 章 像差理论

在理想光学系统中，物空间的点发出的光线经过光学系统后能会聚在像空间的某一点，但是实际光学系统不可能成完善像。物空间的点发出的光线经过光学系统后不能会聚为一点，而可能形成一个弥散斑、图像可能发生畸变或者像面发生弯曲。因此，实际光学系统所成的像与理想像之间的偏差，称为"像差"。人类从 17 世纪提出望远镜等实用化光学系统开始，为了追求完美的成像质量，锲而不舍地对像差展开研究。牛顿为了解决折射型望远镜的色差问题，提出了反射型望远镜，并将折射型望远镜淘汰。而自从发现了具有高折射率与高色散性的火石玻璃，利用冕牌和火石两种玻璃组合（回顾第 3 章介绍的胶合透镜），可以同时将色差、彗差及球差大幅减小。技术的进步，让大型望远镜真正地走进天文台，人类开始探索明亮的星空。

当代人类虽然已经发展出各种技术来降低像差，但是在成像光学设计中，像差的优化依旧是最为关键的部分，直接影响到镜头设计的优劣。应该说对于一个设计过程，大部分的工作都是优化像差。在计算机辅助设计之前，设计者需要进行大量的人工计算来追迹每一根光线，优化像差，计算工作繁杂，工作量巨大。当代随着计算机的发展，借助仿真软件，可以方便而高效地计算出各种像差情况，并根据设计要求进行软件自动优化，这为设计者提供了极大帮助。本章会介绍各种像差的基本概念与形成原因。另外，通过 Zemax 进一步仿真各种像差，以帮助读者深入理解背后的物理机制。

7.1 单色像差

回顾第 2 章，近轴理想成像只适用于近轴小物体细光束成像的情况。但是在实际应用中由于较大的视场，近轴区域内的光路计算不能满足实际计算的要求。因此，近轴光学系统计算得到的物像的大小和位置与实际结果不同。这种使像不能完全地表现原物形态，偏离理想成像的现象称为"像差"。

实际光学系统中，对于不同孔径的入射光会有不同的成像位置，不同视场的入射光会有不同的成像倍率，子午面和弧矢面光束会分别得到不同性质的像。当入射光是单色光时，光学系统产生的像差为单色像差。单色像差进一步可分为球差、彗差（正弦差）、像散、场曲和畸变这五种像差。

7.1.1 轴上点与轴外点像差

1. 轴上点的球差

第 2 章中已经描述过，轴上物点发出的光束经过折射球面后不再与光轴相交于一点，即"球差"现象。事实上，光学元件很多都是由折射球面构成，所以球差普遍存在于光学系统。如图 7-1 中的光学系统，轴上物点 A 的物距为 L，当它以宽光束孔径成像时，其像方截距 L' 随孔径角 U 的变化而变化。因此，轴上物点发出的具有一定孔径的同心光束，经过光学系统后不再会聚于轴上同一点。图 7-2 给出了凸透镜焦点附近不同位置的光斑图。

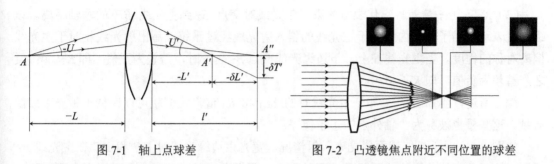

图 7-1　轴上点球差　　　　　　图 7-2　凸透镜焦点附近不同位置的球差

在孔径角很小的情况下，光束经过光学系统成像后得到的是近轴区域的理想像点 A''（像距 l'），而近轴区域以外的孔径角为 U 的成像光线将偏离理想像点（如会聚在 A' 点），其与光轴相交的点截距为 L'。像方截距 L' 与理想像点的位置 l' 之差称为"轴上点球差"，用 $\delta L'$ 表示，其数学定义为

$$\delta L' = L' - l' \tag{7-1}$$

由于该球差沿光轴方向度量，故又称为"轴向球差"。显然，以不同孔径角 U（或投射的孔径高度 h）入射的光线有不同的轴向球差值。如果轴上物点以最大孔径角 U_m 成像，则其球差称为边缘光球差，用 $\delta L_m'$ 表示。一般情况下，光学系统只能对某一孔径高度的球差进行校正。我们常常对边光校正球差，即 $\delta L_m' = 0$。若 $\delta L_m' < 0$，则称为"球差校正不足"，若 $\delta L_m' > 0$，则称为"球差过校正"。

由于共轴球面系统具有对称性，孔径角为 U 的整个圆形光锥面上的光线都具有相同的球差并且交于一点，将其延伸至理想像面上，随之形成一个圆。其半径 $\delta T'$ 称为"垂轴球差"，如图 7-1 所示。垂轴球差与轴向球差之间的关系为

$$\delta T' = \delta L' \mathrm{tg} U' \tag{7-2}$$

由于凸透镜和凹透镜的球差符号相反，因此可以把凸透镜和凹透镜胶合起来，组成一个复合透镜或胶合透镜，用来减小球差。同时，还有一类折射率渐变的透镜（简称 GRIN 透镜）也可以消球差。在这种透镜中，由于透镜内部折射率是渐变的，因此折射不仅仅发生在表面，也发生在透镜的内部。相比之下，普通材料的折射率是均匀的，因此折射仅仅发生在透镜的表面，即折射率突变处。

2. 轴外点的像差：子午光束及弧矢光束结构与像差表示

为了方便分析轴外点的光束结构与成像特性，我们这里主要分析子午与弧矢光束的成像特性。如图 7-3，类似于轴向近轴光束，子午面斜光束 B 中靠近主光线 BP 的细光束是整个光束的核心部分。它对整个光束的成像质量有重要影响。当子午光束宽度 C^+C^- 趋近于零时，宽光束交点 B_T' 的位置趋向于极限像点 B_t'，即位于主光线上细光束的子午像点。相应地，点 B_T' 与理想像点 A_0' 之间轴向长度 X_T 趋向于极限值 x_t'，即 B_T' 与 B_t' 重合。该长度表示子午细光束像点到理想像点之间的轴向距离，称为"细光束子午场曲"。因此，子午光束的成像质量通常用以下三个像差来表示。

（1）x_t'：细光束子午场曲。一定程度上反应了子午细光束在理想像面上的成像质量。

（2）$\delta L_T' = X_T' - x_t'$：子午球差。代表子午细光束像点 B_t' 到子午宽光束光线交点 B_T' 的轴向距离。该距离值与轴上点经光学系统后近轴细光束像点到宽光束像点之间距离相当。

（3）K_T'：子午彗差。它代表宽光束子午光线对交点 B_T' 到主光线 BP 的垂轴距离。该距离值表示：当子午面内对称于主光线的斜入射光线经过系统以后出射光线相对于主光线偏离对称的程度。当主光线在上、下边缘光线交点 B_T' 之下时，彗差为正值，即 $K_T' > 0$；反之，彗差为负值，即 $K_T' < 0$。

综上所述，当知道了 x_t' 和子午光线对的 $\delta L_T'$ 和 K_T' 值，我们就可以评估子午光束成像质量。这些量也被称为"轴外点的子午像差"。

如图 7-3，对于弧矢截面斜光束入射情况，宽光束边缘光线对 BC^+ 和 BC^- 在主光线 BP 两侧，这三条光线共同构成弧矢面。可以看出，不仅光线对 BC^+ 和 BC^- 关于子午面对称，而且整个光学系统也关于子午面对称，显然，出射光线亦对称于子午面。因此出射弧矢光线对必相交于子午面上某个点 B_S'，称为"宽光束弧矢像点"。主光线 BP 到 B_S' 点之间的垂轴距离 K_S' 称为"弧矢彗差"。此外，B_S' 点到轴上理想像点 A_o' 之间轴向长度为 X_S'。X_S' 和 K_S' 的符号规则：X_S' 以理想像点为起点到弧矢光线对的交点 B_S' 轴向距离，向右为正，向左为负；K_S' 以主光线为起点到弧矢光线对交点 B_S' 的垂轴距离，向上为正，向下为负。

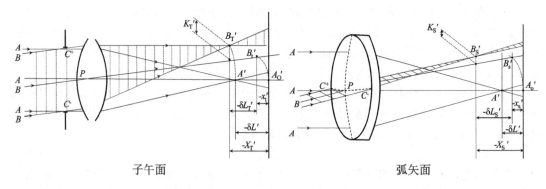

图 7-3　子午面与弧矢面斜光束

主光线 BP 周围的细光束通过系统后成像点 B_s'，该点称为"细光束弧矢像点"。B_s' 与理想像点 A_o' 之间的轴向距离 x_s' 称为"细光束弧矢场曲"，如图 7-3 所示。评价弧矢光束成像质量的三个像差如下。

（1）x_s'：细光束弧矢场曲。一定程度上反应了弧矢细光束在理想像面上的成像质量。

（2）$\delta L_S' = X_S' - x_s'$：弧矢球差。具体为宽光束弧矢像点 B_S' 到细光束弧矢像点 B_s' 之间的轴向距离。

（3）K_S'：弧矢彗差。弧矢面内对称于主光线的斜入射光线经过系统以后，出射光线偏离主光线的程度。

综上所述，当知道了 x_s' 和弧矢光线对的 $\delta L_S'$ 和 K_S'，我们就可以评估弧矢光束的成像质量。这些量也被称为"轴外点的弧矢像差"。

7.1.2　正弦差与彗差

1. 正弦差

对于单个折射球面轴外某个物点，光学系统的对称轴不是主光线，而是通过物点和球心的辅助轴。原本对称于主光线的同心光束经过光学系统后，受球差的影响不再对称于主光线，并且对称光束的交点位于主光线之外，失去了相对主光线的对称性。在物高很小的小视场的情况下，用来表示宽光束成像时不对称性的程度的物理量就是"正弦差"。

若垂直于光轴的平面上存在两个点，一个点在光轴上成完善像，另一个靠近光轴的轴外点也成完善像，对于单个折射球面来说，需要满足的条件为

$$ny\sin U = n'y'\sin U' \tag{7-3}$$

n 和 n' 分别为入射光和折射光所在介质内的折射率分布，y 和 y' 分别为物高和理想像高，如图 7-4。这也就是正弦条件，即单一折射球面时的拉-赫不变量（参见式（2-33）），此处 U 为 u 的大写形式是因为在讨论像差问题时，研究对象是实际球面。如果系统中存在多个折射球面，对于每个折射球面的介质都有相应的拉-赫不变量，在光线通过该介质时产生的拉-赫不变量仍为该常数。当光学系统中每一个折射球面都满足正弦条件时，如果光轴上的点是理想成像，那么靠近光轴的轴外点也是理想成像，即光学系统既无球差也无正弦差，也就是不晕成像。

当物体在无限远处时，$\sin U = 0$，对于单一折射球面（可推广到光学系统），由于 $n'\sin U' = n\sin U \cdot \dfrac{1}{\beta} = -n\sin U \cdot \dfrac{x}{f} = -n\sin U \cdot \dfrac{l-f}{f} = -n\sin U \cdot \dfrac{l}{f} + n\sin U$，此时又有 $l \to \infty$，$\sin U \to 0$，则 $l\sin U = y$。故正弦条件可以表示为

$$f' = \frac{y}{\sin U'} \tag{7-4}$$

在实际的光学系统中，只能满足光轴上某一带的球差为零，此时物点成的像是弥散斑。当弥散斑较小时，仍然可以认为像质是好的。同理，近轴物点在进行宽光束成像时，不能成完善像。因此只能要求近轴点与轴上点二者的成像光束结构保持相同，它们的成像缺陷是相同的，这种情况称为"等晕成像"。对于一个光学系统而言，只有满足等晕条件才能得到等晕成像。不难导出，有限远处的等晕条件可以表示为

$$\frac{1}{\beta} \times \frac{n}{n'} \times \frac{\sin U}{\sin U'} - 1 = \frac{\delta L'}{L' - l'_z} \tag{7-5}$$

在式（7-5）中，l'_z 为第二近轴光线（轴外视场点发出的通过入瞳中心的光线）计算的出瞳距离，β 为近轴区域的垂轴放大率。无限远处物体的等晕条件可以表示为

$$\frac{y'}{f'\sin U'} - 1 = \frac{\delta L'}{L' - l'_z} \tag{7-6}$$

图 7-4 所示为等晕成像原理图。这里研究近轴点成像，所以视场较小，其他视场像差在这里暂不考虑。从图 7-4 中可以得到，轴上点与轴外点的球差值相同，并且轴外光束保持了原有的对称性，这种情况下没有正弦差。这就是满足等晕条件的光学系统。

在不满足等晕条件的系统中，式（7-5）和式（7-6）两端不相等，其偏差也就是正弦差，用 OSC'表示。由式（7-5）和式（7-6）可以推导出，有限远处物体的正弦差表示为

$$OSC' = \frac{n}{\beta n'} \times \frac{\sin U}{\sin U'} - \frac{\delta L'}{L' - l'_z} - 1 \qquad (7\text{-}7)$$

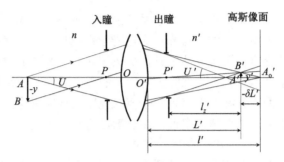

图 7-4　等晕成像原理示意图

无限远处物体的正弦差表示为

$$OSC' = \frac{y'}{f' \sin U'} - \frac{\delta L'}{L' - l'_z} - 1 \qquad (7\text{-}8)$$

在这里需要注意的是，如果正弦差 OSC'=0，球差 $\delta L' \neq 0$，则满足等晕成像条件。如果正弦差 OSC'=0，球差 $\delta L'$=0，则由式（7-7）可以得到拉赫不变量，即正弦条件成立：

$$ny \sin U = n'y' \sin U' \qquad (7\text{-}9)$$

因此可以说，正弦条件是等晕条件的特殊情况。

2. 彗差

轴外物点宽光束成像常见的像差是"彗差"，其本质上与正弦差相同，都表示经过光学系统成像后，轴外物点宽光束失去对称性的情况。两者不同之处在于，正弦差只在小视场的光学系统中适用，而彗差在任何视场的光学系统中都适用。但是在计算复杂度上，用正弦差表示轴外物点宽光束经过光学系统后的失对称情况时，只需要在计算球差的基础上再计算一条第二近轴光线即可，所以正弦差计算较为简单。每一视场相对主光线对称入射的上、下光线在使用正弦差时是不必计算的，而在使用彗差时必须计算。

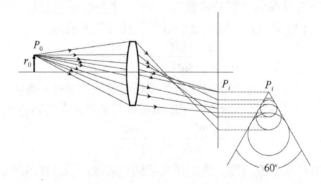

图 7-5　通过透镜不同位置的光线在彗星图像上成像位置的对应关系

在光学系统的成像中，轴外物点在理想像面上会形成如同彗星状光斑的像点，说明该光学系统存在彗差。其中靠近主光线的细光束在像方会聚在主光线，像面上形成一个亮点，形似彗星头。而远离主光线的光线束，因为不同孔径入射，所以形成远离主光线的一系列圆环像点，形似彗星尾。因此这种成像缺陷称为"彗差"，如图 7-5 所示。

前文已经对斜入射子午与弧矢光束结构做了一定的描述，这里进一步分析彗差的几何结构。图 7-6 中轴外物点 B 发出一束以主光线为对称中心的子午宽光束。先考察主光线 c 和上、下光线对 a 和 b。在物空间折射前，光线对 a、b 关于光线 c 对称；当折射后，像空间光线对 a' 与 b' 不再对称于 c'，两者的相交点 B_t' 在主光线下面，失去了原有的对称性。为了探究原因，过物点 B 作一条通过球心 C 的辅助光轴（见图 7-6 中虚线）。显然，此时的物点 B 可看成辅助光轴上的一点，即轴上物点。它发出三条入射光线（即光线 a、b 和主光线 c）对于辅助光轴具有不同的孔径角。由于系统不可避免的球差，这三条光线在像方光轴上不能交于同一点。这导致了入射前原本关于主光线对称的上、下光线对，出射后不再关于主光线对称。上、下光线对的交点 B_t' 到主光线之间的垂直距离称为"子午彗差"，即 K_T'。它反映了子午光束失对称的程度。以主光线为参考，B_t' 在主光线下面时，K_T' 为负；B_t' 在主光线上面时，K_T' 为正。

为了方便量化描述，我们进一步把三条光线延伸至高斯像面。上、下光线对在像面上各自截取的交点高度分别为 Y_a' 和 Y_b'。两者平均值可以看成上、下光线对交点 B_t' 的垂轴高度。另外，主光线在像面上的垂轴高度用 Y_c' 表示，此时子午彗差可以近似为

$$K_T' = \frac{1}{2}\left(Y_a' + Y_b'\right) - Y_c' \tag{7-10}$$

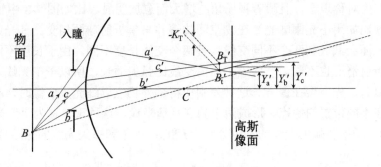

图 7-6 子午彗差

这里对于弧矢面的情况作类似的分析。图 7-7 中物点 B 在弧矢面内发射光线对 a 和 b，它们在物空间入射到光学系统前对称于主光线 c，显然，两者也对称于子午面。经过系统出射后两者依然对称于子午面，但不再对称于主光线。因此，交点 B_S' 虽然在子午面内，却不交于主光线上。这是因为弧矢光线与主光线对折射球面的折射情况是不同的。具体而言，主光线的入射点及其法线在子午面内，故在子午面内折射。而弧矢光线的入射点及其法线不在子午面内，光线和入射点法线所决定的平面与主光线不共面，所以它们虽相交在子午面内，但并没有交在主光线上。这就使得这对光线 a 和 b 出射后不再关于主光线对称。它们的交点到主光线的垂轴距离称为"弧矢彗差"，记为 K_S'。同样将三条光线延伸至像面并取与像面的交点，如图 7-7，这样弧矢彗差可以近似为

$$K_S' = Y_a' - Y_c' = Y_b' - Y_c' \tag{7-11}$$

K_S' 的符号规则与子午彗差类似，都以主光线为参考。例如图 7-7 中的 K_S' 在主光线下面，其值为负。

由于彗差符号有正负，我们可以通过配曲法使得两个或更多透镜彗差的符号相反，数

值接近就可以基本消除镜头的彗差。此外，胶合透镜也可以消除彗差，还可以在适当的位置装配光阑来消除彗差。若在某点处能同时消除慧差和球差，则该点与其共轭点称为"齐明点"，又称为"不晕点"或"等光程点"。

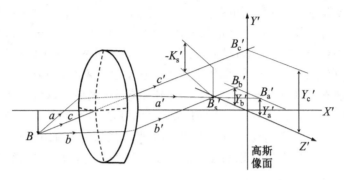

图 7-7　弧矢彗差

7.1.3　像散

如果轴外物点发出的是细光束，此时彗差效应会显著减弱。宽光束上、下光线对之间的失对称现象也可以忽略。但是光束在子午与弧矢两个截面内的成像特性依旧不同，导致光束仍然存在失对称现象，且随着视场角的增大而愈加明显。比如图 7-8 中轴外物点 B 发出的细光束（比如用小光阑滤光）在物空间传输并与单折射球面相交。其光束在子午面与弧矢面内与球面会截取到两个不同交线，且两个交线长度不同。由于长度不同，入射角也不同，导致折射情况也不同。一般子午面内交线比弧矢面长，所以子午光线入射角大，折射效应更加显著，先会聚在像方。这种差别使得轴外物点以细光束成像时，在子午和弧矢面分别聚焦在不同位置的像点，形成两个独立且清晰像，这种现象称为"细光束像散"。

如图 7-8，子午和弧矢光线的物距分别为 t 和 s；子午和弧矢光线的像距分别为 t' 和 s'。

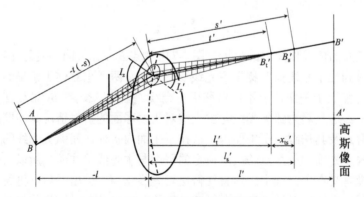

图 7-8　子午像点和弧矢像点

子午和弧矢光线各自的物像关系由以下杨氏公式得到：

$$\frac{n'\cos^2 I_z'}{t'} - \frac{n\cos^2 I_z}{t} = \frac{n'\cos I_z' - n\cos I_z}{r} \tag{7-12}$$

$$\frac{n'}{s'} - \frac{n}{s} = \frac{n'\cos I_z' - n\cos I_z}{r} \tag{7-13}$$

其中，I_z 和 I_z' 是主光线在折射球面上的入射角和折射角。

子午像点到弧矢像点都位于主光线上，通常将子午像距 t' 和弧矢像距 s' 投影到光轴上得到 l_t' 和 l_s'，如图 7-8 所示。两者之间的距离即"像散差"，用符号 x_{ts}' 表示为

$$x_{ts}' = l_t' - l_s' \tag{7-14}$$

式中，当 $l_t' > l_s'$ 时，像散为正，反之为负。

图 7-9 给出了细光束像散光束及场曲。可以看到在不同的位置光斑的形状会发生变化。在子午光线先聚焦于 b 点，焦线的位置所成像为一条水平线；弧矢光线后聚焦在 d 点，焦线位置所成像为一条垂直线。

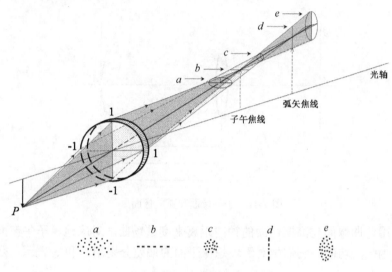

图 7-9　细光束像散光束

7.1.4　场曲

第 2 章我们已经引入场曲的概念。因为折射界面是球面，所以像面也不在是垂直的面。这里对场曲做进一步作介绍。如图 7-10，现有一个折射球面，球心为 C。为了方便分析，同样以 C 为球心，画一个球面物体 E。B_1 为轴外点，在球面 E 上；A 点为轴上点，既在垂直物面 BD 上，也在球面物体 E 上。过 B_1 点连接球心 C 画一条辅助光轴，此时 B_1 点是辅助光轴的轴上点。当 A、B_1 点在各自的光轴上以细光束成像时，因为物距相同，所以像距也相同。考察球面中弧线段 AB_1，AB_1 成像也是弧线段 $A'B_1'$。显然球面物体的细光束像也是球面 E'，并与折射球面同心。再次考察垂直物面 BD，对于实际光线，辅助光轴上物点 B 在 B_1 左侧，所以成的像点 B' 也在 B_1' 左侧。因此，在实际的光学系统中，垂轴平面上的物体经球面成像后不可能在理想的垂轴像平面上，而是像面变得弯曲。这种偏离现象随视场的增大而逐渐增大。平面物体得到弯曲的像面称为"场曲"。

将所有的子午像点连接起来形成子午像面，所有的弧矢像点连接起来形成弧矢像面。对于视场中心，沿着光轴的细光束理想成像时像散为零。这表明子午像面和弧矢像面在视场中心处重合并且与理想像面相切。对于轴外物点，由于像散的存在，一个平面物体将得到子午和弧矢两个弯曲的像面，如图 7-11 所示。由于轴上像散为零，因此两个像面必须同时相切于理想像面和光轴的交点，即子午场曲面和弧矢场曲面在视场中心处重合。

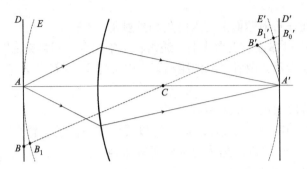

图 7-10　垂轴平面物体成像

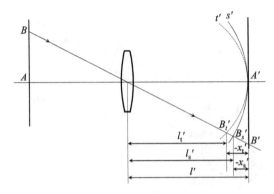

图 7-11　子午像面和弧矢像面

我们可以用弯曲像面与高斯像面的轴向距离来度量场曲。对应地，子午像面为子午场曲，弧矢像面为弧矢场曲。它们相对于理想像平面的偏差分别用 x_t' 和 x_s' 表示，数学定义场曲为

$$x_t' = l_t' - l' \tag{7-15}$$
$$x_s' = l_s' - l' \tag{7-16}$$

像散和场曲的关系为 $x_{ts}' = x_t' - x_s'$。

因为屏幕或接收器一般是水平的，如相机的胶片或 CCD 等，所以场曲导致像面不能全部清晰地呈现在屏幕或者接收器上。如图 7-12 所示，一个十字形状的物体成像，因为场曲，屏幕放置的位置如果是十字中心成清晰像，那么边缘模糊；如果边缘清晰，那么十字中心模糊。

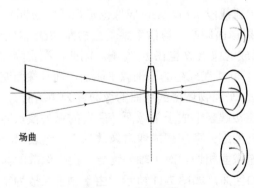

场曲

图 7-12　成像场曲

对于一般的目视光学系统，由于人眼具有自适应性，较小的场曲是可以接受的。但是对于视场较大的照相机来讲，消除像散和场曲是很有必要的，否则，感光底片需要以曲面形式安装，这样很不现实。对于单个透镜，我们可以在适当位置放置光阑的方法改善场曲，而要消除像散则需要用透镜组合。

7.1.5　畸变

在第 3 章提到的理想光学系统中，物像共轭面之间的垂轴放大率 β 总是常数，所以物和像之间总是相似的。但是在实际的光学系统中远离近轴区域，像面不再和物面相似。比如在日常生活中用大口径广角镜头拍照，常常会发现相片上的人变胖或瘦了。这是因为在远离近轴的区域，物像共轭面之间的垂轴放大率随着视场的增大而变化。因此，轴上点与视场边缘点的垂轴放大率不同，这就使得物和像不完全类似。像面的边缘发生变形，称为"畸变"。

图 7-13 中光轴外某一点 B 点，过 B 点连接球心 C 作辅助光轴，且与像面交于 B_0' 点，那么 B_0' 点就是 B 点的理想像点。根据此前场曲的分析，若 B 点以细光束成像时，光束交于辅助光轴上 B_0' 点的左侧 B' 点。同样，辅助光轴上的 B 点以主光线一定的孔径角成像时，光线与辅助光轴相交于 B_1' 点，$B_1'B'$ 即为辅助光轴上 B 点的球差。在这种情况下，主光线最终经 B_1' 点交像面于 B_z' 点，偏离了理想像点 B_0' 点，导致垂轴放大率不同，产生畸变。

一般用两种方式来定义畸变。一种是绝对畸变，也称为线畸变。它用于表示主光线像点的高度与理想像点的高度差，其数学形式为

$$\delta Y_z' = Y_z' - y' \tag{7-17}$$

另一种是相对畸变，它表示相对于理想像高的绝对畸变，通常用百分率表示，即

$$q = \frac{Y_z' - y'}{y'} \times 100\% \tag{7-18}$$

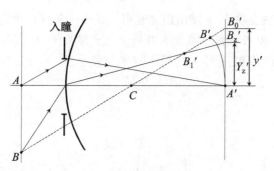

图 7-13　主光线畸变

经光学系统成的实际像高大于理想像高时，这种畸变称为"正畸变"，又称为"枕型畸变"。此时放大率随视场的增大而增大。经光学系统成的实际像高小于理想像高时，这种畸变称为"负畸变"，又称为"桶型畸变"。此时放大率随视场的增大而减小。两种畸变如图 7-14 所示。此外，畸变与光阑的位置也有关。对于薄透镜而言，当光阑与其重合时，不产生畸变。对于凸透镜而言，光阑位于透镜前产生负畸变，光阑位于透镜后产生正畸

变。因此，在光阑的两侧对称放置两个相同的透镜或透镜组时，正、负畸变将互相抵消而得到无畸变的像。

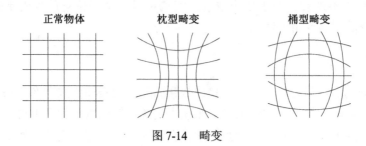

图 7-14　畸变

7.2　色差

前面讨论的像差都假设为单色光情况，因此这些像差都属于单色像差。一般比如单模激光器发出的光认为是单色光。但是实际情况中的光源发出的往往是复色光（如太阳光或其它光源发出的白光），其中就包含了各种不同波长成分。对于某一种具体的光学材料而言，其折射率与波长有关。而透镜的焦距，除了和两表面的曲率半径有关，也随着材料的折射率改变而变化。因此，当复色光经过某个光学系统后，不同的波长具有不同的焦距。同一物点会因各谱线不同形成各自的像点。这就使同一个物点具有不同波长的像距和放大率。这种由于波长不同而形成的成像差异统称为"色差"。

色差有两种几何描述：一种是两种波长之间像点位置差异的色差称为"位置色差"或者"轴向色差"，常用于轴上物点的计算；另一种是两种波长之间成像高度差异的色差称为"倍率色差"或者"垂轴色差"，常用于轴外物点的计算。

7.2.1　位置色差

如图 7-15 所示，轴上物点 A 发出白光光束，其中一条孔径角为 U 的光线经过光学系统后，F 谱线（紫光）和 C 谱线（红光）在像方与光轴交于 A_F'点和 A_C'点。像方截距分别为 L_F'和 L_C'。两个像方截距之差即为孔径角 U 的位置色差，记为$\Delta L_{FC}'$，其数学定义为

$$\Delta L_{FC}' = L_F' - L_C' \tag{7-19}$$

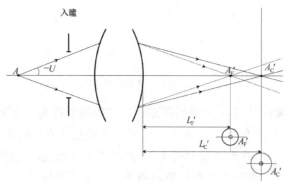

图 7-15　位置色差

7.2.2　放大率色差

由于光学系统对两种色光的焦距不同，轴外物点所成的像的高度也会因为焦距的不同而有所差异。如图 7-16 所示，假设已经校正了位置色差，轴外物点 B 发出白光光线经过光学系统后，其 F 谱线和 C 谱线在像方与像面交于 B_F' 点和 B_C' 点。对应像的高度是 Y_F' 和 Y_C'，两者之差即"放大率色差"，记为 $\Delta Y_{FC}'$，其数学定义为

$$\Delta Y_{FC}' = Y_F' - Y_C' \tag{7-20}$$

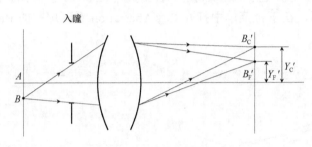

图 7-16　放大率色差

虽然单透镜是不能消除色差的，但是不同的透镜类型具有不同的色差，比如单凸透镜具有负色差，单凹透镜具有正色差。而且色差的大小仅与光焦度成正比，与阿贝数（见 7.3.6 节）成反比，与透镜结构或形状无关，因此通过凸凹透镜组合可以消除色差。对于密接薄透镜组，比如胶合透镜，若系统已校正色差，则倍率色差也能同时得到校正。但是如果系统由具有一定间隔的两个或多个薄透镜组成，那么只有对各个薄透镜组分别校正了位置色差，才能同时校正系统的倍率色差。

7.3　Zemax 中的像差模拟与分析

在第 2 章中简单介绍了 Zemax 的像质评价方法，以及球差与离焦。本章利用 Zemax 进一步介绍常见的像差及像质评价方法，从而加深对本章基础知识的理解，以及了解 Zemax 实际光学设计中的像差分析。

7.3.1　球差

运行 Zemax 软件，在 System Explorer 的 Aperture 选项下面 Aperture Type 中选择 Entrance Pupil Diameter 选项，并设为 10.0。在 Lens Data 编辑器中第 1 面 STOP 后面插入两面。设置第 1 面 Thickness 为 5，并在 Surface Properties 对话框中设置 Aperture Type 为 None。第 2 面的 Thickness 为 2，Material 为 BK7。第 3 面中单击 Radius 右侧空格出现 Curvature solve on surface 3 对话框。Solve Type 中选择 F number 并输入 2，即 F 值为 2。此时像方焦距为 20。可以看到 Radius 自动设置为-10.3。单击 Thickness 右侧空格打开 Curvature solve on surface 3 对话框，其中 Solve Type 中选择 Marginal Ray Height，显示后缀 M。该选项表示软件自动优化像面上光束的光斑最小。此时软件自动调整 Thickness 为 20。最后 Lens Data 编辑器显示如图 7-17 所示。

	Surf:Type	Comment	Radius	Thickness	Material	Coating	Clear Semi-Dia	Chip Zone	Mech Semi-Dia	Conic	TCE x 1E-6
0	OBJECT Standard ▾		Infinity	Infinity			0.000	0.000	0.000	0.000	0.000
1	STOP Standard ▾		Infinity	5.000			5.000	0.000	5.000	0.000	0.000
2	Standard ▾		Infinity	2.000	BK7		5.000	0.000	5.000	0.000	-
3	Standard ▾		-10.370 F	20.000 M			5.000	0.000	5.000	0.000	0.000
4	IMAGE Standard ▾		Infinity	-			2.015	0.000	2.015	0.000	0.000

图 7-17　Lens Data 编辑器设置 1

通过工具栏 Analyze 选项下面 Cross-Section 可以看到光路结构如图 7-18 所示。投射高度越高的光线，其与光轴交点离透镜越近。在工具栏 Analyze 选项下面单击 Rays&Spots 或者 Aberrations 图标，在下拉菜单中打开 Ray Aberration 看到球差的 Ray Fan 图如图 7-19 所示。

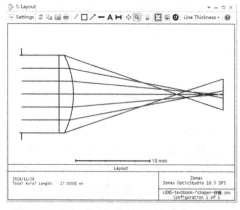

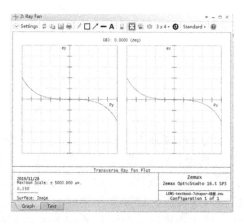

图 7-18　Cross-Section 光路结构图 1

图 7-19　Ray Fan 图 1

可以单击工具栏 Analyze 选项下面的 Wavefront 图标，查看球差的波前特性。选择 Wavefront 图标下拉菜单的 Optical Path 选项，得到图 7-20 所示的光学相位差图，以及在下拉菜单中 Wavefront Map 选项看到三维波前相位图，如图 7-21 所示。这里图框 Settings 中设置数据采样 Sampling 的值为 1024×1024，从而得到较好的图像分辨率。显然，光瞳边缘的相位超前。这也说明了球差的产生是因为平行光通过折射面后波前相位发生改变，导致了不再是理想的球面。

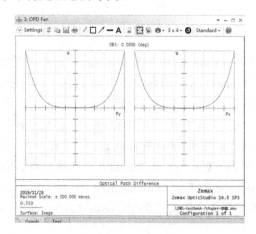

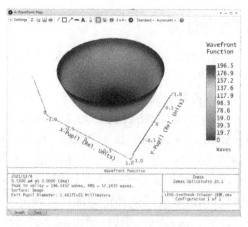

图 7-20　光学相位差图

图 7-21　波前相位图 1

在 Wavefront 图标下拉菜单中选择 Interferogram 选项，如图 7-22 所示，可以看到像面上实际波前与经过理想透镜后的参考波前的干涉图。图 7-23 所示为类似于产生了牛顿干涉环。这里在设置对话框中采样点 Sampling 为 1024×1024，Surface 选择为 Image，Beam 1 为 1/1，Beam 2 为 Reference。

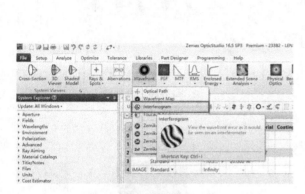

图 7-22　干涉图选项

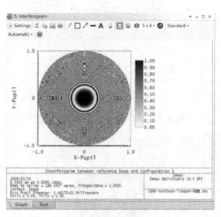

图 7-23　干涉图

7.3.2　彗差

彗差是在轴外物点宽光束入射形成的一种像差。像点是一个弥散斑，主光线偏到弥散斑的一侧。本例中将增加入射角观察像面的弥散斑变化。运行 Zemax 软件，在 System Explorer 的 Aperture 选项下面 Aperture Type 中选择 Entrance Pupil Diameter 选项，并设为 20.0。Fields 选项输入三个视场角分别为 0 度、10 度和 20 度。在 Lens Data 编辑器中第 1 面 STOP 后面插入两面。设置第 1 面 Thickness 为 2，并在 Surface Properties 对话框中设置 Aperture Type 为 None。第 2 面的 Radius 为 60，Thickness 为 3，Material 为 BK7。第 3 面 Radius 为-60，单击 Thickness 右侧空格，出现 Curvature solve on surface 3 对话框，Solve Type 选择 Marginal Ray Height，Height 和 Pupil Zone 为默认值 0。该设置表示软件自动优化轴上点的像面光束的光斑最小。最后设置的 Lens Data 编辑器如图 7-24 所示。

	Surf:Type	Comment	Radius	Thickness	Material	Coating	Clear Semi-Dia	Chip Zon	Mech Semi	Conic	TCE x 1E-
0	OBJEC Standard ▾		Infinity	Infinity			Infinity	0.000	Infinity	0.000	0.000
1	STOP Standard ▾		Infinity	2.000			10.000	0.000	10.000	0.000	0.000
2	Standard ▾		60.000	3.000	BK7		11.105	0.000	11.247	0.000	-
3	Standard ▾		-60.000	57.359 M			11.247	0.000	11.247	0.000	0.000
4	IMAGI Standard ▾		Infinity	-			25.544	0.000	25.544	0.000	0.000

图 7-24　Lens Data 编辑器设置 2

Cross-Section 光路结构图如图 7-25 所示。可以看到在 20 度视场的时候焦平面附近光线偏向一侧。在 Ray&Spots 图标中选择下拉菜单中的 Through Focus Spot Diagram 选项，图框 Settings 中设置 Delta Focus 为 500。可以看到在 0 度、10 度及 20 度视场的时候，以 500 为间距的不同位置点列图，如图 7-26 所示。

打开 Wavefront Map 图可以看到分别在 0 度与 20 度时的波前图，如图 7-27 和图 7-28 所示。这里图框上 Settings 中设置数据采样 Sampling 为较大值 2048×2048，从而提高图像分辨率。在 20 度的时候波前相位是往一侧偏移的，这也是彗差的特征。

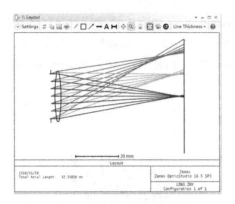

图 7-25　Cross-Section 光路结构图 2

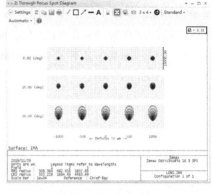

图 7-26　点列图 1

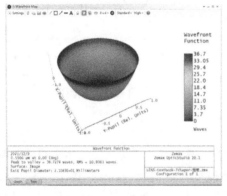

图 7-27　波前相位图 2

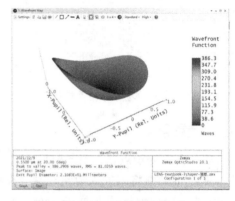

图 7-28　波前相位图 3

当把视场角增加到 30 度时，像面上的弥散斑会在主光线一侧进一步扩大，如图 7-29 所示。

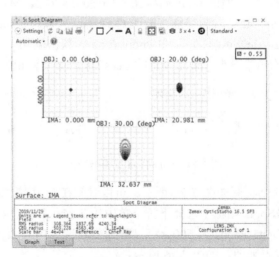

图 7-29　点列图 2

彗差的另一种模拟方法可以利用 Zemax 中 Zernik Fringe Phase 面型设置波面参数，具体可以查阅林晓阳编著的《Zemax 光学设计超级学习手册》彗差部分。

7.3.3 像散

选择工具栏 File 选项，单击 Open 文件夹图标，进入根目录：\Zemax\ Samples\ Sequential \Objctivies \Apochromat4。该例子视场角设置最大为 3，增加一个视场角为 15，并把 Entrance Pupil Diameter 值设置为 1.0。此时的光路结构图如图 7-30 所示。可以看到 15 度视场时焦点位置（光斑最小的位置）在轴上点焦点的左侧。

调整像面使得第 5 面 Thickness 为 5.8。Ray&Spots 图标中打开 Through Focus Spot diagram，图框 Settings 中选择 Field 为 5，Wavelength 为 1，Delta Focus 为 4000，得到间隔为 4000 不同位置的点列图，如图 7-31 所示。可以看到子午和弧矢面在各自的焦平面上光斑都接近一条线。

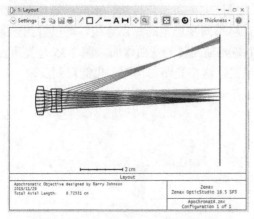

图 7-30　Cross-Section 光路结构图 3

图 7-31　点列图 3

图 7-32 所示为在像面上的 Ray Fan 图。可以看到 P_y 与 P_x（图中为 Px 和 Py）像差曲线斜率不一致，说明了系统存在较大像散。

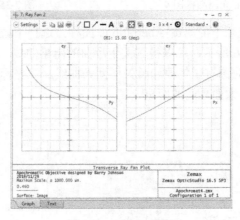

图 7-32　Ray Fan 图 2

7.3.4 场曲

在 System Explorer 的 Aperture 选项下面 Aperture Type 中选择 Entrance Pupil Diameter 选项，并设为 10.0。Fields 选项中设置三个视场角分别为 0 度、14 度和 20 度。在 Lens Data

编辑器中第 1 面 STOP 面，Radius 为 Infinity，Thickness 设置为 5，Material 为 BK7。后面插入新的一面。单击 Radius 右侧空格出现 Curvature solve on surface 2 对话框。Solve Type 选择 F number，输入(F/#)10。Thickness 输入 100，设置 Solve Type 为 Marginal Ray Height，Height 和 Pupil Zone 都为 0。此时 Radius 自动变成-51.852。设置后的 Lens Data 编辑器如图 7-33 所示。

	Surf:Type	Comment	Radius	Thickness	Material	Coatii	Clear Semi-D	Chip Zon	Mech Semi	Conic	TCE x 1E-6
0 OBJECT	Standard ▾		Infinity	Infinity			Infinity	0.000	Infinity	0.000	0.000
1 STOP	Standard ▾		Infinity	5.000	BK7		5.000	0.000	6.073	0.000	-
2	Standard ▾		-51.852 F	100.000 M			6.073	0.000	6.073	0.000	-
3 IMAGE	Standard ▾		Infinity	-			37.736	0.000	37.736	0.000	0.000

图 7-33　Lens Data 编辑器设置 3

通过 Cross-Section 查看二维光路结构图，如图 7-34 所示。显然，不同视场角下光束的焦点位置不同，视场角越大沿光轴焦距越短。将不同视场角的焦点连线，可以看到一条曲线（见图 7-34 中虚线），即清晰的像面是一个绕光轴回转的弯曲像面。图 7-35 是光斑点列图，可以看到，像面视场角越大光斑弥散越严重，这在光路结构图上也能得到反映。

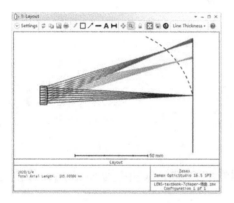

图 7-34　Cross-Section 光路结构图 4

图 7-35　点列图 4

在工具栏 Analyze 选项下面单击 Aberrations 图标，选择下拉菜单 Field Curvature and Distortion 选项，如图 7-36 所示，可以得到关于场曲的定量曲线。

如图 7-37 所示，场曲图有子午面和弧矢面两条曲线。纵坐标+Y 值表示像面坐标，横坐标表示像面到光束近场像面之间的距离。

图 7-36　场曲与畸变选项

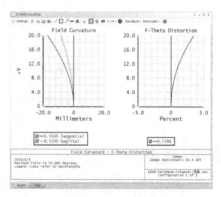

图 7-37　场曲与畸变图

在工具栏 Analyze 可以看到 Extend Scene Analysis 图标，该工具可以模拟像面的图片成像质量。选择下拉菜单 Image Simulation 选项，选择 0 度视场角得到图 7-38 的像面模拟图。可以看到像面的边缘成像质量恶化。也可以在设置中 Input File 选择其他图片用来进行模拟，如图 7-39 所示。

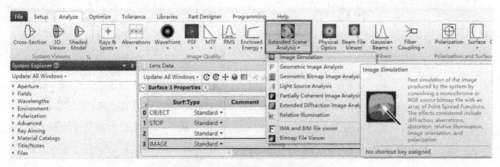

图 7-38　图像模拟分析选项

图 7-39　图像模拟

7.3.5　畸变

打开 Zemax 附带的例子：\Sample\Sequential\Objectives\Wide angle lens 100 degree field.zmx，这是一个广角镜头，光路结构图如图 7-40 所示。图 7-41 所示为场曲与畸变曲线图。畸变定义为 Distortion=$100×(y_{chief}-y_{ref})/y_{ref}$。其中 y_{chief} 表示主光线在像面的高度，y_{ref} 表示参考光线通过视场比例缩放后在像面上的高度（高斯理想像高）。在 Zemax 中畸变的具体表达形式有 F-Theta、Cal.F-Theta 和 Cal.F-Tan(Theta)。

单击工具栏中 Analyze 选项下面的 Aberrations 图标，下拉菜单中选择 Grid Distortion 可以得到如图 7-42 所示的图案。该系统明显是桶型畸变。另外，打开图像模拟器，可以看到如图 7-43 所示的模拟成像效果。

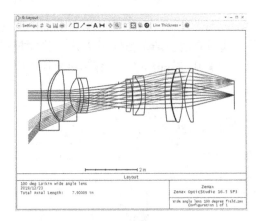

图 7-40　光路结构图

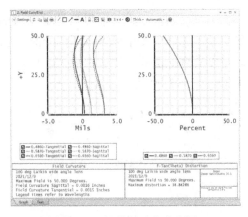

图 7-41　场曲与畸变曲线图

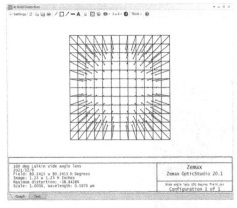

图 7-42　网格畸变图

图 7-43　图像模拟成像效果

7.3.6　色差

一般材料都有色散，根据色散系数（也称阿贝数，数值越大，色散越小），玻璃被分为冕牌玻璃和火石玻璃。冕牌玻璃色散能力弱（阿贝数大于 50），通常用 K 来命名。火石玻璃色散能力强（阿贝数小于 50），通常用 F 来命名。此外，对于更多玻璃的命名规则，一般沿用德国蔡司公司的命名方法，因为该公司的玻璃型号齐全，性能稳定，如 Z 代表重，B 代表硼，Ba 代表钡，L 代表镧，P 代表磷，N 代表无铅。对于双筒望远镜中广泛采用的 BK7 棱镜，其所用的材料是硼硅酸盐玻璃。其他种类还包括氟冕（FK）、轻冕（QK）、重磷冕（ZPK）、重冕（ZK）、特冕（TK）、轻火石（QF）、重火石（ZF）、重钡火石（ZBaF）、冕火石（KF）、特种火石（TF）等。此外还有一种材料 Fluorite——萤石，即氟化钙晶体（常说有防治龋齿作用），其色散非常小（阿贝数为 95.3），非常适合用作光学材料，但是非常昂贵。

描述材料色散有多种数学形式，如 Schott 公式为

$$n^2 = a_0 + a_1\lambda^2 + a_2\lambda^{-2} + a_3\lambda^{-4} + a_4\lambda^{-6} + a_5\lambda^{-8} \tag{7-21}$$

式中，a_0、a_1、a_2、a_3、a_4、a_5 为常数，玻璃制造商会给出每种玻璃对应的参数。

此外，Sellmier1 公式可以表示为

$$n^2 - 1 = \frac{K_1\lambda^2}{\lambda^2 - L_1} + \frac{K_2\lambda^2}{\lambda^2 - L_2} + \frac{K_3\lambda^2}{\lambda^2 - L_3} \tag{7-22}$$

式中，K_1、K_2、K_3 和 L_1、L_2、L_3 为常数。

运行 Zemax 软件，在工具栏 Libraries 选项下面单击 Materials Catalog 图标，并在 Catalog 选项中选择 SCHOTT.AGF，进一步选择 BK7，然后单击 Glass Report 可以看到 BK7 玻璃相关的光学参数，也包括色散参数，如图 7-44 所示。

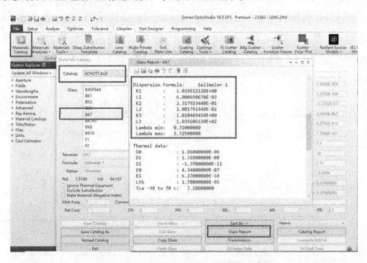

图 7-44　材料库中的材料性质说明

BK7 玻璃由德国光学玻璃制造商肖特玻璃厂（Schott Glaswerke AG）提供，该玻璃提供了 Sellmier1 公式中的系数。色散的其他数学形式可以查阅 Zemax 的 Help 文件。

正因为玻璃色散的存在，成像系统具有色差。Zemax 提供了三种形式来评估系统的色差，如图 7-45 所示。它们分别为 Longitudinal Aberration：轴向色差；Lateral Color：垂轴色差；Chromatic Focal Shift：多色焦距偏移。

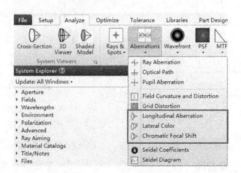

图 7-45　色差分析选项

接下来利用 F9 玻璃设计一透镜，并分析其色差。在 System Explorer 的 Aperture 选项下 Aperture Type 中选择 Entrance Pupil Diameter 选项，并设置为 10.0。Fields 选项里面设置 0 度、2 度、–6 度及–10 度 4 个视场角。Wavelengths 选项中选择 F、d、C 光，即波长为 0.486 微米、0.588 微米和 0.656 微米的光。在 Lens Data 编辑器中的设置如图 7-46 所示。

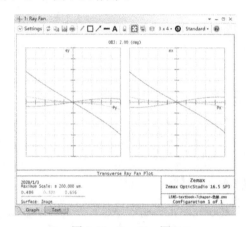

图 7-46　Lens Data 编辑器设置 4

在工具栏 Analyze 选项下面 Aberrations 图标下拉菜单中打开 Ray Aberration，并选择视场角为 2 度，可以看到图 7-47 的 Ray Fan 图。三种波长的垂轴像差差别较大，尤其是在孔径边缘的地方像差最大。在 Aberrations 图标下拉菜单中分别选择 Longitudinal Aberration、Lateral Color、Chromatic Focal Shift，可以看到对应的色差相关曲线，如图 7-48、图 7-49 和图 7-50 所示。

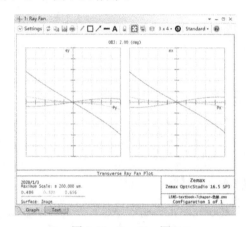

图 7-47　Ray Fan 图 3

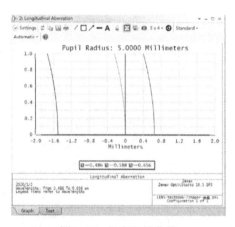

图 7-48　纵向色差曲线

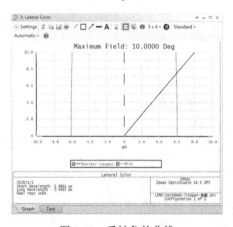

图 7-49　垂轴色差曲线

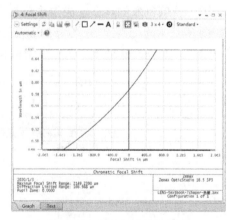

图 7-50　多色焦距偏移曲线

在工具栏 Analyze 选项下面的 Extended Scene Analysis 图标中查看像面的成像模拟。这里给出了在视场角为 0 度和-10 度时的像面图像，如图 7-51 和图 7-52 所示。可以看到在-10 度视场的时候，成像质量是很差的，这是因为比较严重的色球差，即混合球差和色差。

通过 Cross-Section 可以看到该透镜的光路结构图，如图 7-53 所示。在-10 度的视场下，可以看到在像面上已经是弥散的光斑，且发生一定的色散，这也导致了像面边缘部分成像质量严重恶化。通常情况下，利用双胶合消色差透镜或三胶合复消色差透镜来校正色差。

图 7-51　0 度视场图像模拟　　　　　　图 7-52　−10 度视场图像模拟

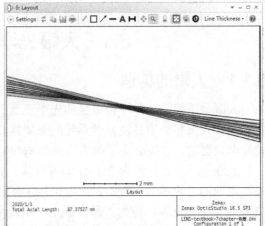

图 7-53　多种视场与波长下的 Cross-Section 光路结构图

　　本节主要的目的是希望读者能通过 Zemax 仿真光路结构来理解像差的产生原因。像差理论是很复杂的一门学科，读者若要进一步深入学习相关理论可以参考其他书籍。此外，Zemax 软件附带了光学系统优化设计工具，优化成像质量，在第 9 章会进一步讲到优化设计相关内容。

第8章 实际光学系统

望远镜、显微镜等光学系统的发明一开始都是为了拓展人类观察世界的范围。随着现代需求的多样化，光学系统被用于各种场合，如光谱分束、光束整形耦合等。但是成像是诸多光学系统中非常典型且很重要的一个部分，人的眼睛就是一种光学成像系统。除了人眼外，用于成像的光学系统可以按照成像接收器的不同分为两类：一类是以人眼作为成像接收器的光学系统，可称其为"目视系统"，如放大镜、目视显微镜及各式各样的望远镜；另一类是使用感光底片、电荷耦合器（Charge Coupled Device，CCD）及屏幕等装置作为成像接收器的光学系统，如各种照相机和投影仪。本章将以几种实际光学系统为例，包括眼睛、放大镜、显微镜、望远镜、照相机及投影仪等，介绍它们的组成部分、成像原理及主要特性。

8.1 人眼光学系统与视光学

8.1.1 人眼的构造

人眼是天然的、能精密成像的光学仪器，各种目视光学仪器必须与它组合匹配才能发挥作用。人眼相当于目视光学系统的光能接收器，它本身也是一个摄影光学系统，所以讨论光学仪器前，首先必须了解人眼的结构和特性。

人眼是一个直径约为 25mm 的球状体，其水平截面图如图 8-1 所示。眼球最外层是白色不透明的"巩膜"，其前部略突出的透明部分称为"角膜"，曲率半径约为 8mm。巩膜内面为一层黑色膜，称为"脉络膜"，其作用是使眼内成为一个暗房。脉络膜的前方是一个带颜色的彩帘，称为"虹膜"。虹膜中心有一个圆孔，称为"瞳孔"，其孔径随光照的强弱可在 2～8mm 自动调节。紧靠虹膜之后的晶状体相当于一个会聚透镜，由折射率约为 1.4 的胶状透明物质组成。前后两个面的曲率半径分别约为 10mm 和 6mm。晶状体的边缘与周围的睫状肌相连，睫状肌的松弛与收缩可改变晶状体的曲率半径。虹膜与角膜之间的空间称为"前房"。角膜、睫状肌和晶状体之间的空间称为"后房"。晶状体之后的部分称为"玻璃体"。前房、后房与玻璃体的折射率约为 1.34。眼球内壁后部的网膜是眼的成像膜，称为"视网膜"。

视网膜上面大量分布着两种不同的感光细胞，一种是杆状细胞，在很暗的光照下还能起作用，但不能分辨颜色，得到的像的轮廓不够清晰；另一种是锥状细胞，在较强的光照下才能起作用，它能区别颜色，且像的细节较为清晰。光通过视神经进入眼球的通道口而不引起视觉的区域，称为"盲点"。在眼球光轴上方附近有一个直径约为 2mm 的黄色区域，称为"黄斑区"。黄斑区内人眼的感光细胞分布最密集，视觉灵敏度很高，而黄斑中心有一个直径约为 0.25mm 的区域视觉最灵敏，称为"中央窝"。当眼睛观察物体时，眼球通常转到一个适当位置，使所成的像恰好在中央窝处，因而视觉最为清晰。

人眼前部等效为一个比较理想的镜头，其物方与像方的焦距分别为 17mm 和 23mm。眼球前后径正常情况为 24～25mm，与其像方焦距长度接近。眼睛接收光线的过程，即光线从一种介质射入另一种介质中，光线的传播方向发生了偏折，这种现象称为"屈光现象"。眼睛的屈光情况用像方焦距的倒数描述，即 $1/f'$。其单位为屈光度（D，$1D=1m^{-1}$），所以眼球相当于+43 屈光度。

由于眼内有多个折光体，要用一般的几何光学原理在人眼内画出光线的行进途径和成像情况是十分复杂的。因此，可以设计一种在折光效果上与人眼相同的，但结构更简单的等效光学系统或模型，被称为"简化眼（模型眼）"。简化眼只是人工模型，但它的光学参数和其他特性与人眼相同，因此可以用它来分析人眼的成像情况。常用的一种简化眼模型如图 8-2 所示，假设眼球由一个前后径为 20mm 的单球面折光体构成，折光系数为 1.333，外界光线只在由空气进入球形界面时折射一次。此球面的曲率半径为 5mm，即节点在球形界面后方 5mm 位置，后主焦点相当于此折光体的后极。

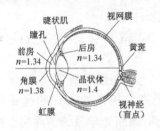

图 8-1 人眼水平截面图

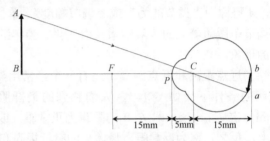

图 8-2 简化眼

图 8-2 中，C 为节点，ΔACB 和 ΔaCb 是两个相似三角形，Cb=15mm。根据物体的大小和它到眼的距离，可算出物像的大小，也可算出两三角形对顶角（视场角）的大小：

$$\frac{AB(物体的大小)}{BC(物体到节点的距离)} = \frac{ab(物像的大小)}{bC(节点到视网膜的距离)}$$

8.1.2 人眼的主要特性

1. 衡量人眼的分辨力的参数——视力

与望远镜的分辨力类似，视力表明人眼能够分辨两个距离很近的物体的能力。通常采用兰道尔环，在 5m 远处观察直径为 7.5mm、环粗和开口均为 1.5mm 的环，此时该开口形成 1 角分的角度。如果刚好能够分辨，则视力为 1.0。若刚好能够识别比这大一倍的环，则视力为 0.5。

通常所说的人眼的视力是指在明亮环境下注视点的视力，也称为"中心视力"。注视点对应人眼的黄斑，它是人眼视觉细胞最密集的地方，因此也是视力最好的地方。偏离中心 2 度，视力下降为 0.5；偏离中心 10 度，视力下降为 0.1。这是因为对于明亮物体，主要是视锥细胞在起作用。而视锥细胞主要集中在大约偏离中心 3 度的黄斑里面，外边分布比较稀少，因此分辨能力不佳。在偏离中心 20 度的时候，视力就不足 0.1 了。

2. 眼的调节特性

眼睛成像系统对任意距离的物体自动调焦的过程称为眼睛的调节。可以通过环形肌肉调节使晶状体的曲率半径变小，从而使水晶体表面的曲率变大。眼睛的像方焦距从 f' ≈23mm 下降到 f'≈18mm。

由于水晶体曲率半径有一定的变化范围，所以人眼能够看到的物体距离范围也是有一定限制的。当眼睛肌肉完全放松时，将视网膜上成像物点的位置定义为"明视远点"，简称"远点"；当肌肉处于最紧张的状态时（最大调节），视网膜上成像的物点位置称为"明视近点"，简称"近点"。远点和近点之间的距离就是"调节范围"。

眼睛的调节能力用清晰调焦的极限距离表示，分别用 l_r 和 l_p 表示远点和近点到眼睛物方主点的距离，即远点距离 l_r 和近点距离 l_p（单位均为 m）。$1/l_r=R$，$1/l_p=P$ 分别表示远点和近点的发散度（或者会聚度），其单位是屈光度（D）。R 与 P 的符号由 l_r 和 l_p 的正负决定。调节范围可以由远点和近点屈光状态之差表示：

$$\frac{1}{l_r} - \frac{1}{l_p} = R - P = A$$

$$(8-1)$$

式中，A 可称为"调节能力"或"调节幅度"，单位为屈光度（D）。

调节范围随着人的年龄的增长而变化。当年龄增长时，调节范围会变小，这也是自然衰老的现象。

除了远点距离和近点距离，还有一个经常用到的概念称为"明视距离"。它表示在正常照明的条件下（如 50lx），人们感到的最舒服的工作距离。正常的人眼明视距离为 250mm。定义 $l_r=-\infty$，即 $R=0$ 的眼睛为正常眼。或者说，此时眼睛光学系统的后焦点在视网膜上。反之，称为反常眼，最常见的有近视眼和远视眼。

近视可分为折光性近视和轴性近视。折光性近视是角膜或晶状体曲率过大，导致折光能力超过正常值，而眼轴长度在正常范围内。轴性近视是角膜和晶状体曲率在正常范围内，但眼轴长度超过正常值。近视眼是远点在眼睛前方有限距离处，眼球突起，焦点在视网膜前，如图 8-3 所示。

近视眼依靠眼睛调节只能看清远点以内的物体。通常采用近视眼的远点距离所对应的视度表示近视的程度。例如，当远点距离为 0.5m 时，$1/l_r=-2$，即近视为-2 个屈光度（D），又称为"视度"（与医学上的近视 200 度对应）。如果眼睛的调节能力不变，则近视眼的明视距离和近点距离都会相应缩短。近视的视度加-4（正常人眼的明视距离视度）就等于近视眼的明视距离视度。同理，近视的视度加正常人眼的近点视度（等于最大调节视度）就等于近视眼的近点视度。例如，近视为-2 个视度的人，假定他的调节能力为-10 个视度，则近点距离视度为 $1/l_p = -2 + (-10) = -12(D)$。

为了校正近视，可以在眼睛前面加一个凹透镜，如图 8-4 所示。凹透镜的像方焦点和近视眼的远点一致。这样无限远处的物体通过凹透镜之后，正好在眼睛的远点上成像，再通过眼睛成像在视网膜上。此时与正常眼一样，近视眼的视网膜与无限远处互为共轭关系。

如果想要近视眼的人能够看清楚远点，则需要在近视眼前放置一块凹透镜，使其焦距大小恰好能够使后焦点 F' 与远点 S 重合，即

$$f' = l_r$$

$$(8-2)$$

近视镜片距离眼球越近，它的像方焦距应该越大，屈光度应该越小。因此矫正近视眼的镜片的度数不仅与近视的程度有关，还与镜片到眼睛的距离有关。

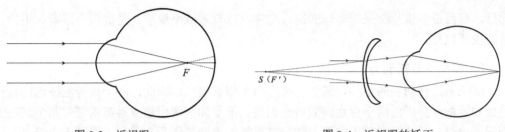

图 8-3 近视眼　　　　　　　　　　　图 8-4 近视眼的矫正

远视眼也可分为折光性远视与轴性远视。折光性远视是指眼睛的折光能力下降，如扁平角膜，而眼轴长度在正常范围内；轴性远视是指眼轴长度偏短，而角膜和晶状体的曲率在正常范围内。

远视眼是远点在眼睛之后，眼球扁平。焦点在视网膜后，用凸透镜矫正。同时，远视眼看不清明视距离的近物，近点较正常眼远，如图 8-5 所示。依靠眼睛的调节，远视眼有可能看清无限远处的物体，但它所能看清的近点距离将增加。例如，当调节能力为-10 个视度和远视为+2 个视度时，近点距离视度为 $1/l_p = +2 + (-10) = -8(D)$。

为了矫正远视眼，可以在眼睛前面加一个凸透镜，如图 8-6 所示。凸透镜的像方焦点与远视眼的远点一致。这样无限远处的物体光线通过凸透镜之后，正好成像在眼睛的远点上，再通过眼睛成像在视网膜上，此时与正常眼一样。远视眼的视网膜与无限远处互为共轭关系。显然镜片离眼球越近，它的像方焦距应该越小，折光能力应该越大。因此，与矫正近视眼一样，矫正远视眼的镜片的度数，由远视的程度和镜片到眼睛的距离二者共同决定。

如果想要使远视眼能够看清远点，则需要在远视眼前放置一块凸透镜，使其焦距恰好等于远点距离 l_r，此时可以得到：

$$f' = l_r \tag{8-3}$$

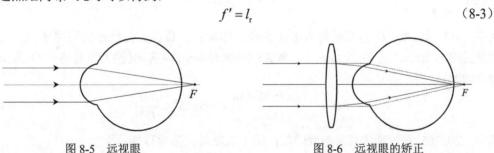

图 8-5 远视眼　　　　　　　　　　　图 8-6 远视眼的矫正

眼睛结构上的其他缺陷，如晶状体位置不正、角膜和晶状体等各折射面的曲率不对称等都会造成散光。实际上，即使在正常的生理状态下，眼球的各折光成分在每条经线上的折光能力也不尽相同，因此现实中很难找到完全没有散光的眼睛。轻微的散光对视力没有明显的影响，不需要矫正。散光分为规则散光和不规则散光。各折光成分最大折光能力方向的主截面相互垂直，称为"规则散光"；最大折光能力和最小折光能力的主截面相互不垂直，称为"不规则散光"。

矫正散光可以用柱面透镜、球柱面透镜和非球面透镜。如果散光眼的两条主截线中的一条不需要矫正，则可使用柱面透镜。但是多数散光眼是两条主截线都需要矫正的，此时可用球柱面透镜。将透镜的一面制成球面，另一面制成柱面，就得到了一个球柱面透镜。

此外，目前很多镜片都采用非球面镜，这样可以有效减小像差，是成像更清晰、更薄、更轻的优质镜片。

3. 眼睛的分辨能力

眼睛通过视网膜的结构，能够分辨出两个相邻的点。因此，两个视神经细胞的直径就是视神经能够分辨的两个像点间的最小距离。但是如果两个像点落在相邻的两个细胞上，则无法分辨，两个像点落入的两个细胞需要被一个细胞隔开。因此，视网膜上最小分辨距离等于两个视神经细胞的直径，即 0.006mm。眼睛能够分辨的两个最靠近相邻点的能力，称为眼睛的"分辨能力"（或视觉敏锐度）。

当眼睛观察物体时，物体对人眼会形成一定的张角，称为"视场角"，如图 8-7 所示。显然，视场角与物体的大小及物体到眼睛的距离有关。同一物体，距离眼睛越远，视场角越小；相同距离，越小的物体视场角越小。当物空间的两点对人眼的张角小到一定程度的时候，人眼无法分辨，则把张角的最小值称为"最小分辨角"，以 α 表示。

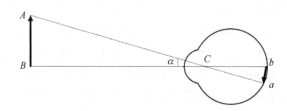

图 8-7 人眼视场角示意图

根据物理光学中成像的衍射理论，理想光学系统所能分辨的两物点的最小角距离应为

$$\alpha = \frac{1.22\lambda}{D_\lambda} \tag{8-4}$$

式中，α 表示弧度，D_λ 为眼睛的入瞳的直径，即瞳孔的直径。在良好的照明条件下，瞳孔的直径约为 2mm。若 D_λ 以 mm 计，取 $\lambda = 0.000556\text{mm}$，将 α 转换为以角秒（″）为单位的角度，则

$$\alpha = \frac{1.22 \times 0.000556}{D_\lambda} \times 206265'' = \frac{140''}{D_\lambda} \tag{8-5}$$

式中，206265″是数量级变换得到的数，即 1 弧度对应的角秒值。

如果将人眼视为理想光学系统，则在良好的照明条件下，由式（8-5）可得，人眼的最小分辨角为 70″；角距离为 70″在视网膜上对应的距离约为 0.006mm，相当于黄斑区的圆锥细胞直径的两倍。当瞳孔直径增大时，眼睛光学系统的像差增大，分辨能力随之减弱。

视觉敏锐度为眼睛的分辨能力，即最小角距离的倒数：

$$视觉敏锐度 = \frac{1}{\alpha} \tag{8-6}$$

式中，α 以′为单位，一般视觉敏锐度取 1（或视场角鉴别率取 1′）。眼睛的视场角鉴别率因人而异，并视观察条件而变化。

在设计目视光学仪器时应考虑眼睛的视场角分辨率，其应与仪器本身由衍射决定的分辨能力相适应，即光学系统的放大率应等于眼睛的分辨率与被观察物体所需要的分辨率

之比。

　　集中于人眼视网膜中央窝的锥状细胞具有较小的直径，并且每一个锥状细胞都具有单独向大脑传递信号的能力。杆状细胞的分布密度较稀，并且是成群地联系于公共神经的末梢，所以人眼中央窝处的分辨本领比视网膜边缘处的高。

8.1.3　双眼立体视觉

　　眼睛除了能够区分看到的物体的大小、形状、亮暗及表面颜色等一般的物体特征，还能产生远近的感觉，称为"空间深度感觉"。但是仅靠单眼观察是不能够产生立体视觉的。当用双眼观察物体时，左右眼中分别独立产生该物体的像。只有在视网膜上的分布符合某些条件时，大脑才能将这两个像合成一个像，让人产生单一视觉。

　　在实际生活中观察物体时，还会看到周围的环境和背景，这样才能形成立体视觉。实验和研究表明，当观察物点 A 时，两眼的视轴对准 A 点，两视轴之间的夹角 θ 称为"视差角"。如图 8-8 所示，两眼节点 J_1 和 J_2 的连线称为"视觉基线"，长度用 b 来表示，A 点的两个像点 a_1、a_2 分别位于两眼视网膜的黄斑中心。在 $\angle a_1Aa_2$ 区域内的点，如 D 点，其两个像 d_1、d_2 分别位于黄斑中心的两侧，所以不能合像，因而在视觉印象中感觉为双像，d_1、d_2 称为"非对应点"。在 $\angle a_1Aa_2$ 区域外的 B 点和 C 点，它们的两像点 b_1、b_2 和 c_1、c_2 分别位于两眼黄斑中心的左侧或右侧，即位于黄斑中心的同侧，因而可以合像，在视觉印象中为一个像。物体的远近不同，视差角不同，眼球转动的肌肉紧张程度也不同。根据这种不同的感觉，通过心理和生理的判断，双眼能够更容易地分辨物体的距离。

　　假设物点 A 到视觉基线 J_1J_2 的垂直距离为 L，则视差角 θ_A 约为

$$\theta_A = \frac{b}{L} \tag{8-7}$$

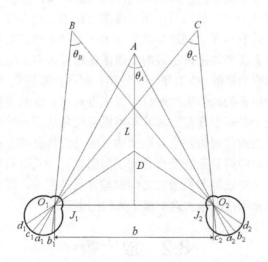

图 8-8　双眼立体视觉

　　若被观察的两物点位置不同，它们在观察者两眼中形成的像就与黄斑中心的距离不同，这两点形成视差角之间的差异值 $\Delta\theta$，称为"立体视差"，简称"视差"。通常人眼的视差在 $30''\sim60''$，经过训练后可小到 $10''$ 或以下。一般取 $10''$ 作为视差的极限值，即 $\Delta\theta_{\min} = 10''$。

如果物体在无限远处，则 $\theta_\infty = 0$。对于近处的物体，当 $\Delta\theta = \theta - \theta_\infty \geq \theta_{min}$ 时，人眼才能够分辨出它和无限远处的物体的距离是不同的。人眼两瞳孔之间的平均距离 b=65mm，则

$$L_{max} = b \Big/ \Delta\theta_{min} = 0.065 \times 206265'' \Big/ 10'' \approx 1350 (m) \qquad (8\text{-}8)$$

式中，L_{max} 称为"立体视觉半径"。人眼不能分辨立体视觉半径之外的物体的远近。在实际观察时，还能够感觉到比立体视觉半径更远的空间深度，这是依靠经验和一些间接特征的帮助达到的。

但在某些情况下，观察点虽然在立体视觉半径之内，但是有可能无法产生或者难以产生立体视觉。

将式（8-8）两边进行微分，并取绝对值，可得到 $\Delta\theta = b\dfrac{\Delta L}{L^2}$，变换其形式可得：

$$\Delta L = \frac{\Delta\theta}{b} L^2 \qquad (8\text{-}9)$$

对于式（8-9），若取 $\Delta\theta = \Delta\theta_{min}$，则由立体视觉敏锐度所决定的距离判断误差为

$$\Delta L_{min} = \frac{\Delta\theta_{min}}{b} L^2 = \frac{L^2}{L_{max}} \qquad (8\text{-}10)$$

由式（8-10）可见，距离判断误差与距离的平方成正比。因此，物体距离越远，则具体判断误差越大。

若通过双目光学系统（双目望远镜和双目显微镜）来增大基线长度 b 或者增大立体视觉敏锐度 $\Delta\theta_{min}$（减小 $\Delta\theta_{min}$ 的值），则可以增大立体视觉半径和减小立体视觉误差。

了解双眼立体视觉形成的原理后，便可以人为地使双眼各自看到不同的平面图像从而产生立体感。最早的三维（3D）电影将左右眼接收的图像以红光和蓝光同时放映在屏幕上，观众戴上左右镜片分别由红色和蓝色滤光片组成的眼镜，使左右眼分别接收不同图像形成立体视觉。现在的 3D 电影普遍采用不同偏振方向的偏振光作为左右眼图像。在任天堂开发的 3DS 游戏机上还利用了"视差屏障"技术，该技术使左右眼图像同时出现在屏幕上，并通过位置精准的条栅挡住进入左眼的右眼图像和进入右眼的左眼图像，从而实现了裸眼观看便可产生立体感的裸眼 3D 效果。而近年兴起的虚拟现实（Virtual Reality，VR）技术，更是可以根据使用者的动作实时地分别改变进入左右眼的图像，从而达到使用者身临其境般的效果。这是一种基于视差原理并利用成像设备从不同的位置获取物体的两幅图像，通过计算图像对应点的位置偏差来获取物体三维几何信息的方法。这些图像显示在两个不同的显示器上，用户的两只眼睛分别看到不同图像。一只眼睛只能看到奇数帧，另一只眼睛只能看到偶数帧，奇数帧和偶数帧之间的差异就是视差，即可产生立体感。这种基于双眼立体视觉的三维显示技术极大地丰富了人们的生活。

8.2　放大镜

古代人们常常把透明的水晶或透明的宝石磨成"透镜"用来放大物体。早在 2500 年前，《墨经》中就记载了凹透镜和凸透镜的成像，并对凹透镜可以成放大像进行了阐述。2000 年前古罗马哲学家塞内加（Seneca）曾经说"水晶球可以放大字"。放大镜作为一种最为简单的光学元件广泛用于光学仪器中。

8.2.1 目视光学仪器的工作原理

人眼感受到物体的大小取决于该物体在视网膜上成像的大小。人眼作为光学系统，它有确定的焦距。因此，我们感觉到的物体大小也取决于物体对人眼得张角，即视场角大小。根据生活中经验，当物体靠近眼睛时，即张角越大，此时感受到得物体变大。反之物体变小。但眼睛只能分辨对眼睛节点的张角大于眼睛的分辨率（60″）的物体细节。如果物体通过目视光学仪器成的像对人眼的张角大于直接观察物体时的张角，眼睛感觉到物体被放大了。

目视光学仪器的放大率用视觉放大率来表示，其定义为用仪器观察物体时视网膜上的像高 y_i' 与人眼直接观察物体时视网膜上的像高 y_e' 之比，用 Γ 表示：

$$\Gamma = \frac{y_i'}{y_e'} \tag{8-11}$$

设人眼后节点到视网膜的距离为 l'，则式（8-11）又可以写作：

$$\Gamma = \frac{y_i'}{y_e'} = \frac{l' \tan(\omega_i')}{l' \tan(\omega)} = \frac{\tan(\omega_i')}{\tan(\omega)} \tag{8-12}$$

式中，ω_i' 为用仪器观察物体时物体的像对人眼的张角，ω 为人眼直接观察时物体对人眼的张角。

8.2.2 放大镜的视觉放大率

人眼一般置物体于明视距离上直接观察，此时物体与眼睛的距离为 250mm，则

$$\tan(\omega) = \frac{y}{250} \tag{8-13}$$

当人眼通过放大镜观察物体时，如图 8-9 所示，虚像对人眼的张角为

$$\tan(\omega_m') = \frac{y'}{P' - l'} \tag{8-14}$$

式中，ω_m' 为物体对放大镜的张角，P' 为眼睛到放大镜的距离。

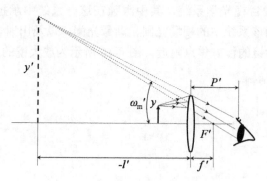

图 8-9 人眼通过放大镜观察物体

根据式（8-12），有

$$\Gamma = \frac{250y'}{y(P' - l')} \tag{8-15}$$

再由垂轴放大率公式：

$$y' = -\frac{x'}{f'}y = \frac{f'-l'}{f'}y \tag{8-16}$$

则

$$\Gamma = \frac{f'-l'}{P'-l'} \times \frac{250}{f'} \tag{8-17}$$

式（8-17）表示放大镜的视觉放大率随观察条件（P'和 l'）而改变，其中的长度单位为 mm。

（1）当眼睛调焦在无限远处时，即 $l'=-\infty$，或者 $P'=f'$时，物体放在放大镜的前焦面上，定义其视觉放大率为 Γ_0，则

$$\Gamma_0 = \frac{250}{f'} \tag{8-18}$$

式中，f'的单位为 mm。放大镜和目镜的光学常数等于式（8-18）计算出的视觉放大率，光学仪器的镜筒上一般会标注出这一数值。常用的放大镜倍率范围为 2.5×～25×。

（2）正常视力的眼睛一般把物体的像调焦在明视距离 250mm 处，则 $P'-l'=250$mm，由式（8-17）得：

$$\Gamma = 1 - \frac{P'-250}{f'} = \frac{250}{f'} + 1 - \frac{P'}{f'} \tag{8-19}$$

式中，f'的单位为 mm。平时看书用的放大镜的视觉放大率就可以使用这个公式进行计算，这种放大镜一般具有视觉放大率较小（长焦距）的特点。

（3）如果眼睛紧贴放大镜，即 $P' \approx 0$，则

$$\Gamma = \frac{f'-l'}{-l'} \times \frac{250}{f'} = -\frac{250}{l} \tag{8-20}$$

有些光学系统中会有目镜，目镜本质上可以看成是放大镜，它的物是前面光学系统的像。

8.2.3　放大镜光束限制

放大镜和眼睛构成目视光学系统，其中眼瞳在这一系统中承担孔径光阑和出瞳的作用，放大镜边框则作为该系统中的视场光阑、渐晕光阑，以及出射窗、入射窗。实际使用中，眼瞳大致位于放大镜的像方焦点附近。图 8-10 所示为放大镜的光束限制。

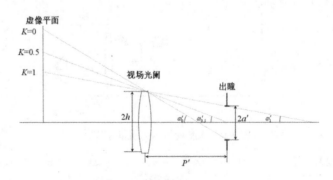

图 8-10　放大镜的光束限制

由图 8-10 可知，当渐晕系数 K 分别为 0、0.5 和 1 时，像方视场角分别为

$$\tan \omega_0{}' = {(h+a')}\Big/{P'} \tag{8-21}$$

$$\tan \omega_{0.5}{}' = {h}\Big/{P'} \tag{8-22}$$

$$\tan \omega_1{}' = {(h-a')}\Big/{P'} \tag{8-23}$$

因为放大镜的观察对象一般是近距离的小物体，所以通常用物方线视场 $2y$ 来表示放大镜的视场。如图 8-11 所示，若将放大镜前焦平面定为物面，物高为 y，则像平面位于无限远处，此时可计算得渐晕系数为 0.5 时的线视场（整个线视场为物高的 2 倍）为

$$2y = 2f' \tan \omega_{0.5}{}' \tag{8-24}$$

将式（8-18）中的 f' 和式（8-22）中的 $\tan \omega_{0.5}{}'$ 代入式（8-24）中，当渐晕系数为 0.5 时，线视场为

$$2y = \frac{500h}{\Gamma_0 P'} (\text{mm}) \tag{8-25}$$

由此可知，倍率越大的放大镜具有越小的线视场。

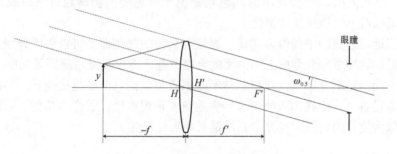

图 8-11　物体在放大镜前焦平面

8.3　望远镜

8.3.1　望远镜的历史发展背景

望远镜是用于观察远距离物体的目视光学系统。当物体距离观察者较远时，其对人眼的张角就会小于人眼的分辨角。这时人眼将看不清物体，因此就需要用望远镜将视场角放大。望远镜最早是 1608 年由荷兰人汉斯李博斯（Hans Lippershey）发明的，他是一家眼镜店的主人，当时为检查磨制出来的透镜质量，他把一块凸透镜和一块凹透镜排成一条线，通过这两片透镜发现远处的教堂塔尖好像变大且拉近了，于是无意中发现了望远镜的秘密。这个消息很快在欧洲传开。意大利科学家伽利略得知这个消息之后自制了一个望远镜。1609 年他自制了能放大 30 倍的望远镜并用于观察夜空，第一次发现了月球表面山脉等形貌。此后又发现了木星的 4 个卫星和太阳的黑子运动。同时，德国的天文学家开普勒也开始研究望远镜，他在《屈光学》里提出了由两个凸透镜组成的望远镜，这两个透镜组成式也是两大典型的望远镜结构，因为利用透镜折射成像，所以称为"折射望远镜"，但是常常因为色差导致成像质量受限。

牛顿在 1668 年发明了反射式望远镜，解决了色差问题。当时已经能清楚地看到木星

的卫星、金星的盈亏等。随后，望远镜得到了快速发展，广泛用于天文观测、航海、军事等。1990 年，美国国家航空航天局甚至将哈勃太空望远镜送入地球轨道进行太空观察。2008 年，我国建成郭守敬望远镜（The Large Sky Area Multi-Object Fiber Spectroscopic Telescope，LAMOST）。LAMOST 具有世界最大口径兼大视场，也是世界上光谱获取率最高的望远镜。在大规模光学光谱观测和大视场天文学研究方面，居于国际领先的地位。

可以说望远镜深刻地拓展了人类对世界的认知边界，促进了人类社会的进步。

8.3.2　望远镜的基本类型与工作原理

望远镜由物镜和目镜构成，物镜的像方焦点与目镜的物方焦点重合。望远镜系统中的物镜焦距较长。因此，目镜可以采用正光组，也可以采用负光组。由此望远镜系统可以根据目镜的不同分为开普勒望远镜和伽利略望远镜。具体而言，目镜起会聚光束作用的望远镜称为"开普勒望远镜"，如图 8-12 所示，ω_o 为物方视场角，ω_e' 为像方视场角，$D_{出}'$ 为出瞳直径，D_λ 为入瞳直径。在开普勒望远镜中，物镜和目镜都是会聚透镜或正光组（物镜像方焦距 $f_o'>0$，目镜物方焦距 $f_e>0$）。物镜的像方焦点与目镜的物方焦点重合，即光学间隔 $\Delta=0$。这样平行光入射，平行光出射，也就是说无穷远处的物体通过系统成像在无穷远处，同时也可以看出来该系统成倒像。

开普勒望远镜所成的中间像为实像。物镜与目镜的共焦面处可以放置分划板，上面具有刻度等信息。这样像与分划板上的刻度融合在一起，方便瞄准与测距等功能，如图 8-13 所示。但是也因为是倒立的像，观察物体不是很方便，而且筒长也比较长。为此，在军用观测瞄准仪等设备中，往往加入棱镜等转像系统实现观察倒、正像的功能。而伽利略很好地解决了成像为倒像的问题，且光学系统筒长相对比较短。

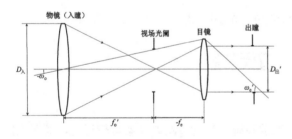

图 8-12　开普勒望远镜工作原理

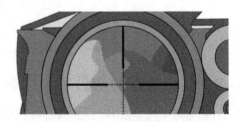

图 8-13　分划板示意图

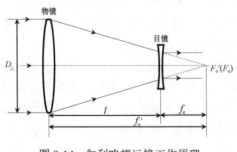

图 8-14　伽利略望远镜工作原理

如图 8-14 所示，伽利略望远镜结构中目镜为凹透镜或负光组（$f_e<0$），起发散光束作用。物镜是会聚的凸透镜或正光组，即 $f_o'>0$，D_λ 为物镜的通光孔径，l 为伽利略望远镜的筒长。物镜的像方焦点与目镜的物方焦点重合。可以看出，伽利略望远镜筒长远小于开普勒望远镜。但是因物镜与目镜之间没有实像面，不能装配分划板。因此，该结构常常用于观察，而不能用于瞄准或测量。此外，该结构视场也比较小。

8.3.3 望远镜的技术指标

1. 视觉放大率

当直接用人眼观察远处的物体时，物体对人眼的张角与望远镜对物体成像的物方视场角相同（观察远处物体时，望远镜的筒长忽略不计），即 $\tan\omega=\tan\omega_\text{o}$。$\omega$ 为物体光线对眼睛直接的张角，ω_o为物体光线对望远镜物镜的张角。通过望远镜系统后，所成的像对人眼的张角就是望远镜对物体成像的像方视场角。因此视觉放大率为

$$\varGamma=\frac{\tan\omega_\text{e}'}{\tan\omega}=\frac{\tan\omega_\text{e}'}{\tan\omega_\text{o}}=\gamma \tag{8-26}$$

式中，ω_e'为光线通过目镜后对眼睛的张角。可以看出望远镜的视觉放大率等于角放大率。

现在假设物体在物镜的焦面上所成的像的大小为y_o'，那么其由像高决定的物方视场角为

$$\tan\omega_\text{o}=-\frac{y_\text{o}'}{f_\text{o}'} \tag{8-27}$$

对于望远镜系统，物镜的像就是目镜的物，因此 $y_\text{o}'=y_\text{e}$。当中间像位于目镜的物方焦面时，其由物高决定的目镜像方视场角为

$$\tan\omega_\text{e}'=\frac{y_\text{e}}{f_\text{e}'} \tag{8-28}$$

因此，得到望远镜的视觉放大率为

$$\varGamma=\frac{\tan\omega_\text{e}'}{\tan\omega}=\frac{\tan\omega_\text{e}'}{\tan\omega_\text{o}}=-\frac{f_\text{o}'}{f_\text{e}'}=\frac{-D_\lambda}{D_\text{出}'}=\frac{1}{\beta} \tag{8-29}$$

式中，D_λ 为望远镜物镜的通光孔径，即望远镜的视觉放大率为物镜的焦距与目镜焦距之比，也是光学系统垂轴放大率的倒数；$D_\text{出}'$为出瞳直径。当物镜是会聚透镜时，目镜可以是会聚透镜或者是发散透镜。所以视觉放大率也可以是正值或者是负值。对于开普勒望远镜，视觉放大率为负，成倒像；对于伽利略望远镜，视觉放大率为正，成正像。

2. 分辨力和有效放大率

根据瑞利判据，分辨角为理想像点的艾里斑半径 a 与物镜的焦距之比。则望远镜的分辨力用极限分辨角 φ 表示为：

$$\varphi=\frac{a}{f_\text{o}'}=\frac{0.61\lambda}{n'\sin(u')2f_\text{o}'} \tag{8-30}$$

这里考虑环境为空气，取 $n'=1$，$\sin u'=D_\text{o}/(2f_\text{o}')$，$\lambda=0.000555\text{mm}$，并将弧度值转化为角度值，可以得到：

$$\varphi=\frac{140}{D_\lambda}('') \tag{8-31}$$

式中，入瞳直径 D_λ 的单位为 mm。从式（8-31）中可以看到，极限分辨角与入瞳直径成反比，D_λ 越大，极限分辨能力越强。在设计望远镜时，视觉放大率是一个关键指标。两个观察点若能被望远镜分辨，则通过望远镜有效放大后的视场角必然达到人眼的视觉分辨力$60''$，从而望远镜的分辨力被有效利用。视觉放大率和分辨力应满足：

$$\varphi\Gamma \geqslant 60'' \tag{8-32}$$

可以得到最小的视觉放大率：

$$\Gamma = 60''/\varphi = D_\lambda/2.3 \tag{8-33}$$

由此计算的视觉放大率满足人眼分辨匹配要求的最小视觉放大率，称为"有效放大率"（也称为"正常放大率"）。但是人眼在分辨极限条件下（60″）观察物像时会感觉疲劳，因此，一般在设计望远镜时，视觉放大率要再放大 2~3 倍以便人眼轻松观察。增大后的视觉放大率又称为"工作放大率"。若取最小视觉放大率的 2.3 倍，则工作放大率为

$$\Gamma_{\text{工}} = D_\lambda \tag{8-34}$$

3. 视场

从第 5 章中得知，由于光束限制的存在，光学系统在成像时会产生渐晕，且一般允许有 50%的渐晕。结合图 8-12 可知，在开普勒望远镜中，物镜框是孔径光阑，同时也是入瞳；目镜框是渐晕光阑，出瞳在目镜后方。在物镜的焦平面上可以放置分划板作为视场光阑。若视场光阑的半径为 $D_P'/2$，则对开普勒望远镜的物方视场角 ω_o 有：

$$\tan\omega_o = \frac{D_P'}{2f_o'} \tag{8-35}$$

一般来说，开普勒望远镜的视场 $2\omega_o \leqslant 15°$。当使用开普勒望远镜时，人眼瞳孔需要在出瞳处观察才能看到全部视场。

在伽利略望远镜中，人眼瞳孔为孔径光阑，同时也是出瞳。物镜框为视场光阑，同时也是入射窗。伽利略望远镜由于其视场光阑不与物面和像面重合，所以视场较大时一般存在渐晕现象。视觉放大率越大则视场越小，所以为保证视场大小其视觉放大率不宜过大。

例 8-1

一个开普勒望远镜，物镜焦距 $f_o' = 200$mm，通光口径 $D_o = 40$mm；目镜焦距 $f_e' = 10$mm，通光口径 $D_e = 20$mm；物镜的像方焦平面处有一个分划板，其直径 $D_s = 10$mm。

（1）求该望远镜的视场角、视觉放大率；

（2）求该望远镜的孔径光阑、入瞳、出瞳的位置和理想条件下物方极限分辨角；

（3）如果眼镜在望远镜出瞳处观察，眼瞳直径 $d_e = 1$mm，则问整个系统的孔径光阑、入瞳、出瞳有无变化。

解：

（1）如图 8-15 所示，通过几何关系计算，可以看到分划板对视场起到了限制作用，所以视场角的大小为

$$\tan\omega_o = \frac{5}{200} = 0.025$$

视觉放大率的大小为

$$\Gamma = \frac{-f_o'}{f_e'} = \frac{-200}{10} = -20$$

（2）假设充满物镜框的光束平行于光轴入射，那么光束达到目镜位置后光束大小为

$$D = \frac{f_e'}{f_o'} D_o = \frac{10}{200} \times 40 = 2 \, (\text{mm})$$

可以看到光束远小于目镜口径，所以对光束起限制作用的是物镜框，也是孔径光阑。因此入瞳也是物镜框。出瞳在目镜后方，出瞳距为

$$l_{出}' = \frac{f_o' f_e'}{f_o' + f_e'} = \frac{-200 \times 10}{-200 + 10} = 10.53 (\text{mm})$$

理想条件下极限分辨角为

$$\varphi = \frac{140}{D_o} = \frac{140}{40} = 3.5 \, ('')$$

（3）出瞳直径为

$$D_{出}' = \frac{l_{出}'}{f_o' + f_e'} D_o = \frac{10.53}{(200 + 10)} \times 40 = 2.01 (\text{mm})$$

可以看到出瞳直径大于眼瞳 1mm，所以此时眼瞳是孔径光阑、出瞳。入瞳是眼瞳关于望远镜所成的像。

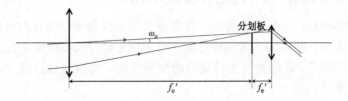

图 8-15　例 8-1 题图

4．双筒望远镜简介

双筒望远镜是目前常用的一种望远镜，它具有成像清晰明亮、视场大、携带方便等优点。图 8-16 所示为双筒望远镜外观示意图与光路结构图。在物镜和目镜之间设计了两个等腰直角棱镜实现转像的功能。因为双眼观察，所以这种望远镜立体感比较好。

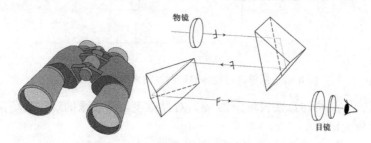

图 8-16　双筒望远镜外观示意图与光路结构图

8.4　显微镜

8.4.1　显微镜的历史发展背景

人们在观察微小的物体时，常会使用显微镜。显微镜的光学系统主要由物镜和目镜组成。待观察物体经由物镜放大成像后，由目镜再次放大成像供人眼观察，以此达到较高的

视觉放大率。显微镜最早是 16 世纪末由荷兰眼镜制造商詹森父子（Hans and Zacharias Janssen）发明的，他们将一些透镜放在镜筒中，发现可以比单个透镜更好地放大微小物体。

荷兰人列文虎克（Antonie van Leeuwenhoek）制造出放大倍数更高的显微镜，发现了细菌、酵母和水中的一些原生小动物等有趣现象。随后英国的显微镜之父罗伯特·胡克（Robert Hook）仿制了一台与列文虎克一样的显微镜，并对显微镜进行改进，出版《显微术》一书。在 1665 年，他发现了植物细胞（实际上是细胞壁），命名为"cell"，沿用至今。

到目前为止，根据使用场景的不同，人类发展出了各种显微镜，如偏光显微镜、共聚焦显微镜、金相显微镜、生物显微镜等。因光波的衍射效应，一般显微镜能观察的物体最小尺度在 1 微米左右。1931 年，恩斯特·鲁斯卡发明电子显微镜，能够观察到纳米尺度的物体，1986 年他被授予诺贝尔奖。

目前，显微镜被广泛使用在微电子、生物医学、材料等领域，在人类的科学发现、生产制造等方面都起到了巨大作用。

8.4.2 显微镜的基本工作原理与技术指标

显微镜对物体进行两次放大成像的工作原理如图 8-17 所示。物镜与目镜都为凸透镜。物体置于物镜前方一倍焦距与二倍焦距之间，这样物体经过物镜成倒立放大的实像 $A'B'$，该像也称为"中间像"，其位置位于目镜的前焦平面处。然后通过目镜（类似于放大镜的作用）进一步成虚像在无穷远处。

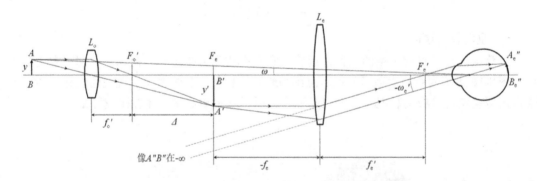

图 8-17　显微镜对物体进行两次放大成像的工作原理

若人眼对物体观察的直接视场角为 ω，对显微镜最终成像的观察视场角为 ω_e'，则该显微镜的视觉放大率为

$$\Gamma = \frac{\tan \omega_e'}{\tan \omega} = \frac{y' / f_e'}{y / 250} = \frac{y'}{y} \times \frac{250}{f_e'} = \beta \Gamma_e = -\frac{250\,\text{mm} \cdot \Delta}{f_o' f_e'} \tag{8-36}$$

式中，250mm 为明视距离，Δ 为目镜前焦点 F_e 至物镜后焦点 F_o 的距离，又称为"光学筒长"。式（8-36）说明显微镜的视觉放大率 Γ 等于物镜的垂轴放大率 β 和目镜的视觉放大率 Γ_e 之积。共轭距为物体 AB 与中间像 $A'B'$ 之间的距离，可以将显微镜视为一个组合系统，其复合焦距为

$$f' = -\frac{f_o' f_e'}{\varDelta} \tag{8-37}$$

代入式（8-36）中，则

$$\Gamma = \frac{250\,\text{mm}}{f'} \tag{8-38}$$

式（8-38）与放大镜的视觉放大率公式相同。由此可见，显微镜可以视为复合的等效放大镜。不论视觉放大率如何，为了方便实际应用，各国生产的通用显微镜的物镜从物平面到像平面的距离（共轭距离）总是相等的。例如，对于生物显微镜，我国规定视觉放大率为 195mm。取下物镜和目镜后剩下的镜筒长度也是固定的，称为"机械筒长"。各国规定的机械筒长标准不同。我国规定物镜和目镜定位面的标准距离为 160mm。规定显微镜尺寸后，便可根据需要更换不同倍率的物镜和目镜。物镜的常用倍率有 4×、10×、40×、100×；目镜的常用倍率有 5×、10×、15× 等。

8.4.3　显微镜的光束限制

显微镜中的光阑设置和光束限制情况将直接影响显微镜的使用性能和成像质量。对于单透镜组低倍显微镜的物镜，其孔径光阑和入瞳就是物镜框。对于多透镜组成的复杂物镜，孔径光阑为最后透镜组的镜框。显微镜出瞳的位置应在物镜像方焦点之后，以便与眼瞳重合。用于精密测量的显微镜一般在物镜的像方焦平面上设置孔径光阑，此时该显微镜入瞳在物方的无限远处，出瞳位于显微系统的像方焦平面处。即使孔径光阑的位置略有偏差，出瞳的位置仍可近似与系统的像方焦平面重合。这一特性可以保证观察者的眼瞳始终与系统出瞳重合。如此从目镜射出的光束便能全部进入眼睛，从而不产生渐晕与遮挡，如图 8-18 所示。现在计算显微镜的出瞳大小。

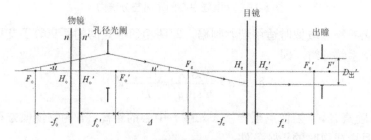

图 8-18　显微镜物镜的光束限制

将显微镜光束的大小以物方孔径角 u 和像方孔径角 u' 表示。物镜的物方和像方折射率分别为 n 和 n'，显微镜物镜成像时满足正弦条件：

$$n\sin u = \frac{y'}{y}n'\sin u' = \frac{-\varDelta n'\sin u'}{f_o'} \tag{8-39}$$

近似地，有 $\sin u' = \tan u' = D_{出}'/2f_e'$，$D_{出}'$ 为出瞳直径。由显微系统视觉放大率 Γ 的表达式可得：

$$n\sin u = \frac{D_{出}'\Gamma}{500\,\text{mm}} \tag{8-40}$$

令 $n\sin(u)=\text{NA}$，则有

$$D_{出}' = \frac{500\,\text{mm}\cdot\text{NA}}{\Gamma} \tag{8-41}$$

式中，NA 称为显微镜物镜的数值孔径，其与物镜倍率（垂轴放大率）β 都是显微镜重要的光学参数。一般来说，显微镜的出瞳直径都小于眼瞳直径，使出射光线完全进入眼中。

8.4.4 显微镜的分辨力与有效放大率

显微镜的分辨力指的是分辨被观察物体细微结构的能力，通常以通过该显微镜观察能分辨的两个物点的最小距离 δy 表示。δy 越小代表显微镜的分辨力越强。

由于受光学系统中孔径光阑的衍射效应的影响，点光源经光学系统成像后并不是一个几何点，而是一块衍射斑，其中集合了 83.78%能量的衍射斑中心称为艾里斑。艾里斑的中心代表像点位置。

如图 8-19 所示，像点位置与艾里斑半径之间的关系决定了能够分辨与否。艾里斑的半径为

$$a = \frac{0.61\lambda}{n'\sin u'} \tag{8-42}$$

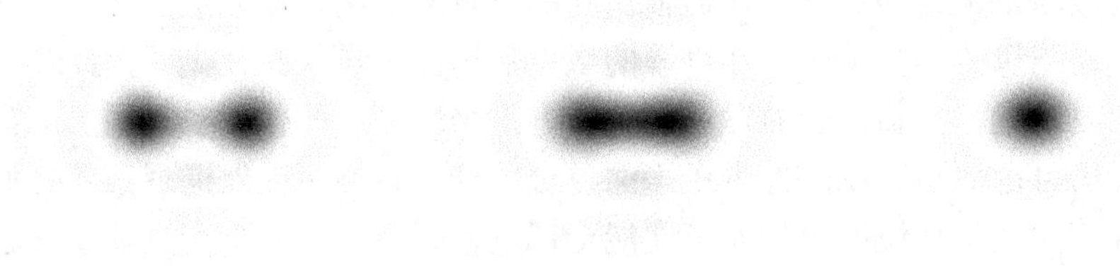

完全能分辨　　　　　　　　刚好能分辨　　　　　　　不能分辨

图 8-19　艾里斑中心的距离与分辨力

在自身发光的物点成像时适用瑞利判据，即两相邻像点间的距离等于艾里斑半径时，刚好可以被光学系统分辨，即

$$\delta y' = a = \frac{0.61\lambda}{n'\sin u'} = \frac{1.22\lambda}{D_\lambda}l' \tag{8-43}$$

式中，D_λ 为入瞳直径，l' 为像点至物镜（入瞳）中心的距离，u' 为物镜像方孔径角。空气折射率 $n'=1$，且由成像时的正弦条件：

$$n\delta y\sin u = n'\delta y'\sin u' \tag{8-44}$$

可以得到显微镜物平面上能分辨的发光点的最小距离（分辨力）为

$$\delta y = \frac{a}{\beta} = \frac{0.61\lambda}{n\sin u} = \frac{0.61\lambda}{\text{NA}} \tag{8-45}$$

在实际的显微镜使用中，被观察的样本往往自身并不发光，而是由外界光源倾斜照射在样本上，并由样本对光线的散射或衍射而成像。此时适用道威判据，即两像点间的距离等于 0.85 倍的艾里斑半径时，刚好可以被光学系统分辨。此时的分辨力为

$$\delta y = 0.85\frac{a}{\beta} \approx \frac{0.5\lambda}{\text{NA}} \tag{8-46}$$

对比瑞利判据与道威判据可以发现，瑞利判据较为保守。在实际使用中，光学系统的目视衍射分辨力通常以道威判据计算出的分辨力为准，该分辨力也称理想分辨力。并且由以上两种方法计算出的分辨力均可得知，在观察光源的波长给定的情况下，显微镜的细节分辨能力主要由显微镜物镜的数值孔径决定，而与目镜无关。在物镜的数值孔径给定时，目镜即使拥有很高的倍率，也仅能把物镜成的像放大而不能分辨清更多的细节。

由于显微镜成的像不仅要在光学系统上能被分辨，还要能被人眼看清。所以在分辨力一定的情况下，过高或者过低的放大倍数都是没有意义的。照明光源波长取 0.555μm 时，人眼 1′所对应的弧度值为 0.00029，显微镜的视觉放大率绝对值为

$$|\varGamma| = \frac{\varepsilon \times 0.00029 \times 250}{0.5\lambda / \mathrm{NA}} = 261.26\varepsilon \mathrm{NA} \tag{8-47}$$

式中，ε 为人眼的分辨角，单位为分(′)。适合人眼观察的分辨角一般取 2′~4′，代入式（8-47）中可得到显微镜放大率合适的范围为

$$523\mathrm{NA} < |\varGamma| < 1046\mathrm{NA} \tag{8-48}$$

或近似取

$$500\mathrm{NA} < |\varGamma| < 1000\mathrm{NA} \tag{8-49}$$

在式（8-49）描述范围内的放大率称为"有效放大率"，即放大率低于 500NA 时，人眼并不能看清光学系统上可以分辨的最小细节；放大率高于 1000NA 时，可以分辨的最小细节看起来并不清晰。因此，在设计光学系统时，应根据需要选择合适的物镜和目镜组合，避免无效放大。

例 8-2

如图 8-20 所示，一个显微镜物镜的垂轴放大率 $\beta=-4$，数值孔径 NA=0.15，共轭距 L=200mm，物镜框是孔径光阑，目镜焦距为 25mm。

（1）求显微镜的视觉放大率；

（2）求出瞳直径；

（3）求出瞳距离；

（4）斜入射照明时，λ=0.55μm，求显微镜分辨力；

（5）求物镜通光孔径；

（6）设物高 2y=4mm，渐晕系数 K=50%，求目镜的通光孔径。

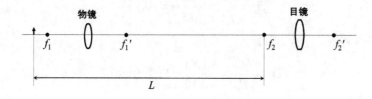

图 8-20　例 8-2 题图 1

（1）由显微镜视觉放大率公式：

$$\varGamma = \beta_1 \varGamma_2$$

目镜的视觉放大率公式为

$$\Gamma_2 = \frac{250}{f_2'}$$

可知视觉放大率为

$$\Gamma = -4 \times \frac{250}{25} = -40$$

（2）由出瞳直径公式：

$$D_{出}' = \frac{500 \cdot \mathrm{NA}}{\Gamma}$$

由条件 NA=0.15，Γ=-40 代入得：

$$D_{出}' = \frac{500}{-40} \times 0.15 = -1.88 (\mathrm{mm})$$

（3）物镜框对目镜成像的像距即出瞳距离，共轭距离 L 为物镜的物平面到像平面的距离，则

$$-l + l' = 200 (\mathrm{mm})$$

$$\beta = \frac{l'}{l} = -4$$

解得：

$$l = -40 (\mathrm{mm})$$

$$l' = 160 (\mathrm{mm})$$

所以物镜框到目镜的物方焦面的距离为

$$x = -160 (\mathrm{mm})$$

可以求得物镜框关于目镜成像的位置：

$$x' = \frac{-f_2'^2}{x} = \frac{-(25 \times 25)}{-160} = 3.91 (\mathrm{mm})$$

即出瞳距离为

$$l_e' = x' + f_2' = 28.91 (\mathrm{mm})$$

（4）斜入射时：

$$\delta y = \frac{\lambda}{2NA} = \frac{0.55}{2 \times 0.15} = 1.83 (\mu\mathrm{m})$$

（5）目镜垂轴放大率为

$$\beta_e = \frac{-x'}{f_2'} = \frac{-3.91}{25} = -0.16$$

则物镜通光孔径为

$$D_o = \frac{D_{出}'}{\beta_e} = \frac{-1.88}{-0.16} = 11.75 (\mathrm{mm})$$

（6）对于物镜由高斯公式可得：

$$\frac{1}{160} + \frac{1}{40} = \frac{1}{f_1'}$$

则

$$f_1' = 32 (\mathrm{mm})$$

目镜关于物镜成像：

$$l_1 = 25 + 160 = 185(\text{mm})$$

同理有

$$\frac{1}{l_1'} - \frac{1}{185} = \frac{1}{32}$$

$$l_1' = \frac{185 \times 32}{185 + 32} = 27.28(\text{mm})$$

由于渐晕系数 $K=50\%$，由图 8-21 可知：

$$\frac{L_1}{L_2} = \frac{y}{D_o/2} = \frac{2}{11.75/2}$$

$$L_1 + L_2 = 40(\text{mm})$$

可得：

$$L_1 = 10.16(\text{mm})$$

$$L_2 = 29.84(\text{mm})$$

则

$$\Delta L = 40 - l_1' - L_1 = 2.56(\text{mm})$$

因为

$$\tan\alpha = \frac{y}{L_1} = \frac{\Delta R}{\Delta L} = \frac{2}{10.16}$$

则

$$\Delta R = 0.50(\text{mm})$$

由图 8-21 中相似三角形的比例关系可得：

$$\frac{D_\omega'}{D_o \times K} = \frac{L_1 + L_2 - l_1'}{L_1 + L_2}$$

$$D_\omega' = 1.87(\text{mm})$$

则入窗的直径为

$$D_\lambda = (D_\omega' - \Delta R) \times 2 = (1.87 - 0.50) \times 2 = 2.74(\text{mm})$$

则目镜的通光孔径 D_e 为

$$\frac{D_e}{D_\lambda} = \frac{l_1}{l_1'}$$

$$D_e = 18.58(\text{mm})$$

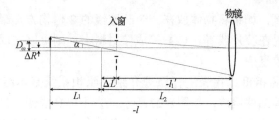

图 8-21　例 8-2 题图 2

8.5　照相机与投影仪

8.5.1　照相机的历史发展背景

欧洲文艺复兴之后，画家们发现如果将暗箱前端装上镜头，光线通过镜头投射到暗箱后面的毛玻璃上，再将白纸铺到这个毛玻璃上进行绘画，这样比看着实景作画容易很多，这就是照相机的雏形。经过 200 多年的缓慢发展，1837 年法国学者达盖尔（Louis Daguerre）在一个偶然的机会中发现了银版摄影术，即将表面上有碘化银的铜板曝光，然后蒸以水银蒸气，并用普通食盐溶液定影，形成永久性影像。达盖尔在 1839 年公布了该摄影术，他因此被誉为"现代摄影之父"。

1839 年—1924 年为照相机发展的第一阶段，期间出现了各种新颖照相机结构。1925 年—1938 年为照相机发展的第二阶段。这段时间内，德国的莱兹（莱卡的前身）、蔡司等公司实现了小体积、铝合金机身等双镜头及单镜头反光照相机。微粒胶卷和镜头质量都得到了很大提高。

到 1975 年，世界上第一台数码相机被发明，它利用 CCD 获取图像，为电子传感器替代胶片开辟了新方向。在 2000 年以后，因电子技术的提高，数码相机得到了快速发展。当代，相机与智能手机、算法等紧密结合，实现了傻瓜式、轻巧便携和图像优质的摄影技术，数码摄影极为广泛地走进了普通人的生活。在第 9 章将详细给出关于手机摄像头的 Zemax 设计分析。

照相机物镜与物体之间的距离比照相机物镜的焦距要大得多。因此，像平面（感光底片所在平面）在像方焦平面附近。通过调节镜头和底片之间的距离，可以使不同距离的物体在感光底片上成清晰的实像。而投影仪和照相机不同，投影仪使被照明的平面物体成放大的实像投影到屏幕上，如幻灯机、印相放大机、电影放映机等都是投影仪器。投影仪由投影物镜和照明系统两部分构成，照明系统要求对被投影物提供足够强度的、均匀的照明，投影物镜则是使被照明物体能够成一清晰明亮的实像，进而投影在屏幕上。通常来说，投影仪的像距比焦距大很多，所以投影物平面在投影物镜物方焦平面外侧附近。照相机和投影仪在社会生活中都已经得到了广泛使用，本节将对这两种仪器的一些光学特性进行分析讨论。

8.5.2　照相机的基本工作原理与性能参数

1. 照相机的工作原理

第 3 章中已经讲到，如果将物体放在一个凸透镜的 2 倍物方焦距以外，则成缩小倒立的实像。如果像面投射在胶片或者 CCD 等成像材料上，则可以实现摄像的功能。真实的相机的光学结构会比较复杂。

现以常用的民用照相机为代表进行原理介绍。照相系统基本结构由照相机物镜、光阑、感光器件和暗箱等部件组成，如图 8-22 所示。为了提高成像质量、实现不同的性能指标，光学系统一般由多个镜片组成，结构形式也多种多样。图 8-22 中给出的是经典的库克三片式镜头，该镜头结构在第 9 章中将基于 Zemax 进行进一步介绍。

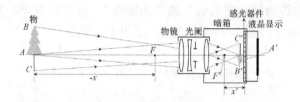

图 8-22　照相系统的摄影原理及主要结构示意图

照相机的感光器件主要由感光底片和 CCD、CMOS、LBCAST JFET 等光电器件组成，整个结构与人眼相似。传统的照相机物镜的工作原理是把外界景物经过照相机后成像在曝光感光底片上。可以用牛顿公式来解释照相机的具体工作原理，设照相机物镜的焦距为 f'，物体到照相机物镜的前焦点 F 之间的距离为 x，感光底片到物镜后焦点 F' 之间的距离为 x'。由于在一般的拍照条件下，物距远大于照相机的焦距，可以把距离 x 近似为物距 l，即 $x \approx l$。由牛顿公式可以得到：

$$x' = -\frac{f'^2}{x} \tag{8-50}$$

由于一般的照相机的物镜焦距都是不可调节的，因此要对在不同的距离上的景物进行调焦，就需要通过移动镜头的方式进行。例如，一开始对在无限远处的物体拍照时，像面、物镜后焦面和底片的三个面互相重合；然后要对近距离位置的物体拍照时，这时像面落在底片的后方，故应当将镜头前移，使像面与底片重新重合，在底片上得到清晰的像。

由横向放大率公式：

$$\beta = -\frac{f}{x} = -\frac{x'}{f'} \tag{8-51}$$

可知，对一般的照相机有 $-1 < \beta < 0$，即物体在底片上都会成缩小倒立的像。

2. 照相机的性能参数

1）光圈数 F

为了得到合适的曝光量，记录像的过程中一个很重要的指标是有多少光能量经过镜头到达感光器，其决定了像平面上的光照度。显然，该光能量的大小与进入光学系统的光束大小成正比，与像面积的大小成反比。从第 5 章中我们知道进入光学系统光束的大小与系统的入瞳面积成正比，即和入瞳直径 D_λ 的平方成正比。如果物距 x 确定，由放大率公式 $\beta = -\frac{f}{x} = \frac{f'}{x}$ 可知像平面的面积大小和焦距平方成正比。因此像面上单位面积的能量与 $\left(\dfrac{D_\lambda}{f'}\right)^2$ 成正比，所以入瞳直径与物镜的焦距的比值" $\dfrac{D_\lambda}{f'}$ "用来衡量成像系统聚光的能力，这个比值也称为"相对孔径"。例如，某镜头的焦距为 100mm，其通光孔径为 40mm，则相对孔径为 0.4。曝光量 H 可以表示为 $H \propto \left(\dfrac{D_\lambda}{f'}\right)^2 \cdot t$，$t$ 是曝光时间。所以相对孔径越大，单位时间内入射到单位像平面上的光能量越多，曝光所需的时间则越短。如果曝光量相同，那么曝光时间与 $\left(\dfrac{D_\lambda}{f'}\right)^2$ 成反比，用相对孔径的倒数 $F = \dfrac{f'}{D_\lambda}$ 衡量成像系统需要曝光时间，并称其为"光圈系数"或"光圈数"，也常称为"*F* 数"。例如，焦距为100mm，孔径为50mm 的透镜，其 *F* 数为 2，常用 *F*/2 表示。

F 数是相机镜头的一个重要指标。例如镜头筒上标出 100mm，*F*/1.5，这说明此照相机镜头的焦距为 100mm，镜头光阑最大孔径所对应的 *F* 数是 1.5。

2）景深

景深是相机的另一个重要指标。第 5 章已经讲过景深的基本原理，这里进一步做阐述。如图 8-23 所示，某个物平面 *A* 上点 *P* 经镜头成像在感光底片上 *P*′点。相应地，物平面 *A* 前后两个面 *B* 和 *C* 上的物点 *P*₁ 和 *P*₂ 成像在感光底片前后 *P*₁′和 *P*₂′处。显然，从 *P*₁ 和 *P*₂ 发出的光束在底片上弥散为一圆斑。如果圆斑的线度小于底片能够分辨的尺寸，那么可以认为它们在底片上的像也是清晰的。由于镜头中光阑对光束宽度的限制作用，在物平面 *A* 前后一定范围内的物点成像在底片形成较小斑点都可以认为较清晰的像点。这个前后清晰的范围称之为"景深"。具体地，当光阑孔径变小时，光束变窄，即镜头 *F* 数变大，此时远离物平面 *A* 的物点（如 *P*₁ 和 *P*₂），发出的光束截取在底片上的圆斑也随之变小，从而景深变大。与之相反，摄影时为了虚化背景突出主体，需要小景深，此时 *F* 数要调小。

此外，焦距和物距也会影响景深。若物距和像距分别为 *x* 和 *x*′，物体位置改变距离为 Δx，其像位置也相应改变 $\Delta x'$。如图 8-23，显然 $\dfrac{\Delta x'}{\Delta x}$ 的数值越小则景深越大。由公式 $\dfrac{\Delta x'}{\Delta x} = \beta^2 = \dfrac{f^2}{x^2}$（*n*′=*n*，比如镜头置于空气中）可知，确定了焦距 *f* 值，*x* 越大则景深越大。因此拍摄远景时，景深是很大的，在远处的很大景物空间范围内都清晰。而拍摄近景时，稍远一点的背景在照片上看起来就变得模糊了。到这里读者可以思考一下，拍照时候如何综合设置焦距、*F* 数使得镜头景深最小。

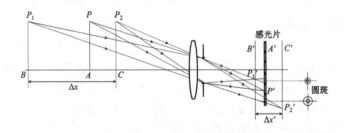

图 8-23 照相机的景深示意图

3）分辨率

照相系统的分辨率 *N* 由相机物镜和感光接收器的分辨率共同决定。分辨率定义为以像平面上每毫米内能分辨的线对数表示，其在 8.7.1 节中会进一步阐述。根据经验公式，若物镜的分辨率为 N_L，接收器的分辨率为 N_R，则系统的分辨率 *N* 为：

$$1/N = 1/N_L + 1/N_R \tag{8-52}$$

根据瑞利判据，相机物镜的理论分辨率为

$$N_L = 1/\sigma = D/(1.22\lambda f') \tag{8-53}$$

若取人眼光谱光视效率最大波长 $\lambda = 0.555\mu m$，则可以得到

$$N_L = 1475 D_\lambda / f' = 1475/F \tag{8-54}$$

现实中相机物镜不仅存在着较大的像差，而且具有无法避免的衍射效应，因此物镜实际的分辨率要比理论的分辨率低。此外，被摄物体的对比度也会影响物镜的分辨效果。所以，同一物镜拍摄不同对比度的物体，其分辨率也会不同。

有些场合要求照相机镜头具有很大的相对孔径以获取较高的分辨率，另一些场合要求镜头的视场角比较大。对于普通镜头，视场应该保持在 35°～65°；而对于一些广角镜，视场应有 120°或者更大的范围。对于这种大相对孔径大视场的光学系统，设计人员研究了多种光学结构以获取较好的成像质量。

标准镜头指能够再现人眼在正常条件下看起来"自然"视场角的镜头，其视场角在50°左右。图 8-24 所示为高斯型标准镜头，该镜头是 1817 年由数学家高斯为了解决天文望远镜像差而设计的。后来，很多公司在该结构上进行了改进，形成 6、7 片的镜头结构，如图 8-25 所示。

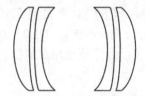

图 8-24　高斯型标准镜头

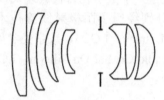

图 8-25　Pentax-M 50/1.4 和 Carl Zeiss 50/1.8 标准镜头结构

为了实现大视场角的照片，人们发展出了广角镜头。广角镜头的问题是因为焦距短，后方镜片与底片等感光元件的距离比较短。这样在单反相机工作时会有被反光镜打到的风险，在数码相机的应用中也存在边缘光线角度过大的问题。图 8-26 是 Carl Zeiss 公司的一款广角镜头结构。前镜组为凹透镜，后镜组为凸透镜。实际的广角镜头采用了更多的镜片来优化各种像差。这种结构的前组凹透镜可以把大视场光线的入射角度降下来。此外，鱼眼镜头也是一种广角镜头，如图 8-27 所示。它是一种焦距为 16mm 或更短的，并且视场角接近或等于 180°的镜头。该镜头前镜片直径很短且呈抛物状向镜头前部凸出，与鱼的眼睛颇为相似，所以称为"鱼眼镜头"。鱼眼镜头是一种超广角镜头，它的视场角能达到或超出人眼所能看到的范围。

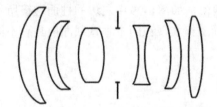

图 8-26　Carl Zeiss 35/2.8 广角镜头结构

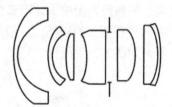

图 8-27　鱼眼镜头结构

在拍摄远景时，如航拍等，需要长焦镜头。简言之，该类镜头焦距一般为 200mm 以上，能让我们看得更远。其特点是视场角小、景深短和透视效果差。长焦镜头通常采用远距型结构或者折反式结构。图 8-28 所示为远距型物镜的一种典型结构。

此外，人们还发展出了微距镜头、变焦镜头等。目前随着智能手机的发展，镜头集成在了手机上，此内容将在第 9 章进行详细介绍。

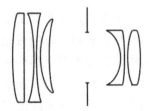

图 8-28　远距型物镜的一种典型结构

8.5.3　投影仪的历史发展背景

最早的投影仪可以追溯到 1640 年。奇瑟（Athanase Kircher）发明了一种叫魔法灯的幻灯机，其运用镜头及镜子反射光线的原理，将一连串的图片反射在墙面上，在当时受到了大家的欢迎。二战后，人类迎来了第三次科技革命。计算机、集成电路等电子产品大量出现，使投影仪进入了数字化时代。现代投影仪最关键的是如何实现待投影图像的产生。根据技术手段分别经历了阴极射线管技术（Cathode Ray Tube，CRT）、液晶显示技术（Liquid Crystal Display，LCD）、数字光学处理技术（Digital Light Processing，DLP）和硅上液晶技术（Liquid Crystal On Silicon，LCOS）等。现在投影仪已经广泛使用在家庭、会议和测量等场合。

8.5.4　投影仪的基本工作原理与性能参数

1．投影仪的工作原理与结构

投影系统类似于倒置的照相系统。因此，在使用普通摄影物镜倒置时，同样可以用于投影系统中。例如，双高斯物镜、天塞物镜和匹兹伐尔型物镜等。

在宽银幕电影中，宽银幕物镜将银幕加宽以使放映出来的景物对观察者有更大的张角，从而给观察者带来更强的真实感。但银幕只在水平宽度方向上加大，而高度无任何变化，即画面在水平和垂直（或弧矢面和子午面）这两个方向上有不同的放大率，这两者的比值定义为压缩比 K，$K=\beta_h/\beta_t$，通常取 $K=1.5\sim2.0$。其中 β_h 和 β_t 分别为水平和垂直方向的垂轴放大率。在普通的摄影物镜和投影物镜前加一变形镜就组成了宽银幕物镜。

变形镜可以由棱镜或者柱面透镜构成。柱面透镜的一面是平面，另一面是柱面。我们可以设计其子午焦距为无限大，而弧矢焦距为有限值，如图 8-29 中左边的柱面透镜所示。这样水平方向具有更大的视场。一般采用两个柱面透镜实现在两个垂直截面内具有不同的垂轴放大率，如图 8-29 所示。

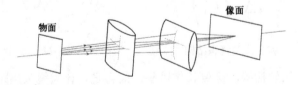

图 8-29　两个相互垂直且放大率不同的柱面镜构成的变形光学系统

2．投影系统的性能参数

1）投影屏尺寸

投影系统视场一般等同于投影物镜的像方视场，投影仪的横向外形尺寸或工件轮廓测量范围由给定的投影屏尺寸 $2y'$ 或物方视场 $2y$ 决定。公式 $2y' = 2y\beta$ 给出了像方视场与物方视场之间的大小关系。由于投影屏幕框限制了像方的视场大小，因此实际上等同于投影系统的视场光阑。

2）共轭距离

投影系统的共轭物面与像面之间的距离即共轭距离。整个投影系统的轴向尺寸和投影物镜的视场角都由它决定。如果投影系统的共轭距离很大，则需要考虑是否要在光路中加入反射镜。

根据投影物镜的横向放大率 β 和焦距 f'，可以得到投影系统的共轭距离 M 为

$$M = -\frac{(\beta-1)^2}{\beta} f' \tag{8-55}$$

此式表明焦距和共轭距离之间成正比关系。

3）横向放大率

投影物镜的横向放大率一般是根据零件的测量精度要求和标准图样的绘制精度确定的。设 $\varDelta$ 为零件的允许测量误差，δ 为标准轮廓的绘制精度，则投影物镜的横向放大率 β 可表示为

$$\beta = \frac{\delta}{\varDelta} \tag{8-56}$$

4）数值孔径

投影物镜的数值孔径影响投影系统的分辨能力、投影屏照度和景深。根据衍射极限和人眼的分辨率，投影物镜的数值孔径 NA 可以由以下公式确定：

$$\text{NA} \approx 0.004 \frac{\beta}{\alpha} \tag{8-57}$$

式中，α 为人眼分辨率，一般可取 $\alpha = 1' \sim 2'$。

5）工作距离

从物平面到投影物镜的第一表面之间的距离即工作距离。对于一般的光学系统，其合成主面通常位于系统的内部，工作距离小于物距的情况下不会对投影平面物体造成太大影响。如果需要对立体物体进行投影，尤其是使用高倍投影物镜进行投影，则要求投影系统有较长的工作距离。

3．DLP 投影仪工作原理简介

如前文所述，当代投影仪得到了快速发展，涌现了 LCD、DLP 等一些新的投影技术。这里简单介绍 DLP 投影仪的基本工作原理。该设备色彩自然，对比度高且灰阶多，使用寿命长，具有较高的性价比，常用于家庭影院等场合。

DLP 投影仪分为单片/两片/三片数字微镜器件（Digital Micromirror Device，DMD）投影仪，如图 8-30 所示，其中 DMD 是最关键的器件。DMD 由许多微镜组成，其中每个单元微镜可代表一个像素。微镜的数量就是投射影像上像素的数量，所以 DMD 中微镜数目反映了 DLP 投影仪所能达到的物理分辨率。DMD 的微镜在工作时由相应的存储器控制在两个不同的位置上进行切换转动。光源经过色轮后打到 DMD 芯片上。反射光通过投射透镜投射到屏幕上。旋转色轮可以改变投射到 DMD 上光的颜色。当投射到 DMD 上的光是蓝光时，DMD 上的所有微镜根据自身对应的像素中蓝色的数量（所有像素蓝色通道的

和），决定了单位时间内其对这种色光处于开位置的时间，即决定了在单位时间内该像素中出现蓝光的时间。由于人眼的视觉暂留现象，通过快速的旋转色轮而交替投射蓝色/黄色/绿色的光，并将 DMD 上微镜方向进行相应的调整，可以使得投影屏上每个像素具有特定的颜色，也就是投射出特定的图像。

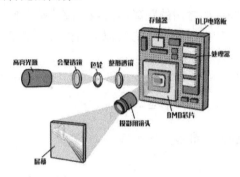

图 8-30　单个 DMD 的 DLP 投影仪原理图

8.6　光学成像系统的像质评价简介

在光学系统设计与制造过程中关键之一是如何尽可能减小像差。虽然第 7 章中基于几何光学描述了光学系统中常见的像差，但是真实的光学系统无法避免衍射等现象。这个角度来看，像差是不可能完全被消除掉的。当然考虑成本与系统复杂性等问题，像差也并不需要校正为零，而是达到可接受范围。所以有必要了解各种光学系统所允许存在的剩余像差值及像差公差的范围。此外，衍射的存在使得除开了几何光学方法，我们还需要基于物理光学手段寻找其它像质评价方法。

1. 瑞利判据

成像本质上是光波的传播过程，所以像差本质上就是光波的畸变。假设一个点光源，在像空间为会聚到一点的球面波，那么可以认为成完善像，没有像差。而现实的波面是有畸变的，这种带缺陷的波面导致像点不再是理想的点。这种波面的偏差也称为"波像差"。波像差可以通过追迹一系列光线，分别计算每根光线的光程。如果光程都相等，则是理想的球面，如果光程不等，即存在光程差（Optical Path Difference，OPD），则存在有像差的波面。因此，波像差可以用来横向成像质量的优劣。在 Zemax 等软件中都有这种类型的像差计算。

1879 年瑞利研究中指出：实际波面与理想球面波之间的最大波像差不超过 $\lambda/4$ 时，此波面就可看作是无缺陷的，成像是完善的。此时，光学系统成像质量相对较好。这是一个经验标准，长期用来评价像质的一种方法。波像差与几何像差之间的计算关系比较简单，只要利用光学系统的几何光路计算即可得出几何像差曲线。根据曲线的光程积分即可得到波像差。通过计算得到的波像差即可评价光学系统成像质量的优劣。反之，基于波像差和几何像差之间的关系，利用瑞利判据也可以得到几何像差的公差范围，这对于实际光学系统的讨论是很有利的。

波像差只反应了单色像点的成像清晰度，但是不能反应像的变形，如畸变。而且瑞利判据在计算中只考虑了波像差的最大允许公差，而没有考虑缺陷部分在整个波面面积中所占的比重。例如，透镜中某个局部位置存在的划痕、折射率不均匀等缺陷。这些都可能在某一局部引起很大的波像差，这种情况根据瑞利判据是不允许的。但事实上，由于镜片其它很大区域都参与成像，局部极小区域的缺陷对光学系统的成像质量并没有显著影响。瑞利判据是一种较为严格的像质评价方法，主要适用于小像差光学系统，如望远物镜、显微物镜等。

2. 中心点亮度

光学系统成像过程可以理解为物体上无数个发光点通过系统，成的像即为每个发光点的像的线性叠加。从这个角度来看，单个发光点的成像质量可以评估光学系统的像质。数学上把点源（脉冲函数 $\delta(r)$）成像过程数学描述为"点扩散函数 $h(r)$"，即系统对脉冲信号的响应。1894 年斯特列尔根据光学系统像差对点扩散函数中心点亮度的影响，指出用有像差时的点衍射图案中最大亮度与无像差时的最大亮度之比来衡量光学系统成像质量。该比值称为斯特列尔比（$S.D$），也称为"中心点亮度"。当 $S.D \geqslant 0.8$ 时，认为光学系统的成像质量是完善的，这就是著名的斯托列尔准则。斯托列尔准则也是一种高质量的像质评价标准，但是也只适用于小像差光学系统。因为计算相当复杂，在实际中较少使用。

中心点亮度和瑞利判据分别从两个角度提出来的像质评价方法。1947 年，Marechal 进一步研究表明，当均方根波像差小于等于 $\lambda/14$ 时，其中心点亮度 $S.D$ 大于等于 0.8，此为 Marechal 判据。

3. 分辨率

分辨率是光学系统的关键指标之一，反映了光学系统分辨物体细节的能力。因此分辨率也是一种重要的成像质量评价方法。根据衍射理论可知，无限远物体经过一定孔径的光学系统成像中会有衍射。衍射图像中第一暗环半径对出射光瞳中心的张角为

$$\Delta\theta = 1.22\lambda/D_{出}' \tag{8-58}$$

式中，$\Delta\theta$ 为光学系统的最小分辨角；$D_{出}'$ 为出瞳直径。

通过最小分辨角可以判断成像系统的分辨情况。但是需指出的是，分辨率作为光学系统成像质量的评价方法并不是很完善的手段。其缺点在于下面三点：①在小像差光学系统中，像差对分辨率的影响较小，对实际分辨率的影响主要来自于光学系统的相对孔径。只有在大像差光学系统中，分辨率才与系统的像差有关。②检测分辨率的鉴别率板为黑白相间的周期条纹，但是这与实际物体的亮度分布完全不同。而且对同一光学系统，使用同一块鉴别率板来检测系统分辨率时，由于外界环境比如照明条件和接收器的不同，检测出来的结果也往往不同。③对照相机物镜或者投影仪物镜等做分辨率检测时，可能会出现"伪分辨率现象"。即镜头对鉴别率板某一组周期的黑白条纹已经不能分辨，但是对周期更密的一组条纹反而能够分辨出来。这是由对比度反转造成的。

8.7　光学传递函数、人眼模型和虚拟现实应用

8.7.1　光学传递函数像质评价基本概念

光学成像系统的 Zemax 软件像质评价方法在前面进行了介绍，如点列图等。这里介绍另一种常用的像质评价方法——调制传递函数（MTF）。

光学成像系统在数学上可以看成是一种函数的变换过程，如图 8-31 所示。被成像物体可以写成一个函数 $g_{in}(r)$ 作为信号输入，它是一个空间分布函数。对应的信号输出函数即输出像表示为 $g_{out}(r)$。光学成像系统可以看成是一个线性平移不变系统，并且是满足线性叠加原理的。可以理解为，如果某一物体的位置在改变，那么像也对应地按线性比例改变；或者物体形状改变，像对应的形状也发生线性改变。对于这点，目前实际的成像系统都近似成立。因此，该系统的性质归纳为以下两点：

（1）若输入信号位置移动 $g_{in}(r + \Delta r)$，则输出信号为 $g_{out}(r + \Delta r)$；

（2）若输入信号为 $g_{in}^{(1)}(r) + g_{in}^{(2)}(r)$，则输出信号为 $g_{out}^{(1)}(r) + g_{out}^{(2)}(r)$，即线性叠加原理。

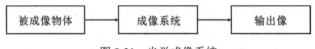

图 8-31　光学成像系统

对于线性系统，可以把输入信号表示为脉冲函数的积分形式：

$$g_{in}(r) = \int g_{in}(r')\delta(r - r')\mathrm{d}r' \qquad (8\text{-}59)$$

该形式可以理解为被成像物体视为由一个序列点光源的加权累加而组成的。

类似地，输出函数可以写为

$$g_{out}(r) = \int g_{in}(r')h(r,r')\mathrm{d}r' \qquad (8\text{-}60)$$

式中，$h(r,r')$ 为脉冲响应函数。式（8-60）可以进一步写成卷积的形式：

$$g_{out}(r) = \int g_{in}(r')h(r,r')\mathrm{d}r' = g_{in}(r) * h(r) \qquad (8\text{-}61)$$

对式（8-61）进行傅里叶变换，得到频域形式：

$$G_{out}(f) = H(f) \times G_{in}(f) \qquad (8\text{-}62)$$

这样成像过程可以理解为在频域内被成像物体的每个空间频率的幅度和相位受到光学系统的调控后得到的光学响应。其中，$H(f)$ 是 $h(r,r')$ 的傅里叶变换，即

$$H(f) = \int h(r)\exp[-\mathrm{j}f \cdot r]\mathrm{d}r \qquad (8\text{-}63)$$

这样可以理解为光学系统的成像特性可以用 $H(f)$ 来表征。$H(f)$ 的幅度 $|H(f)|$ 被称为"调制传递函数"，常常写成 MTF(f)。$H(f)$ 的相位 $\mathrm{arc}[H(f)]$ 称为"相位调制函数"，常常写成 PTF(f)。它们分别反映了被成像物体通过光学系统的每个空间频率时振幅和相位的改变。如图 8-32 所示，可以看到在一维情况下输入和输出的光学信号在振幅和相位上的变化，而这些变化完全可以由以上两个函数描述出来。

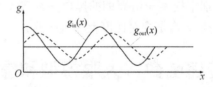

图 8-32　一维情况下某个频率的输入和输出信号的变化示意图

MTF 在光学设计中应用比较多，它表征了光强在空间频率的调制程度，是光学系统对空间频域的滤波变换。在 MTF 函数曲线中横坐标是空间频域，其单位以 lp/mm 来表

示。相邻的黑白两条线可以称为一个线对，如图 8-33 所示。每毫米能够分辨出的线对数就是空间分辨率，反差定义为（照度的最大值–照度的最小值）／（照度的最大值+照度的最小值）。如图 8-34 所示，输入的信号（物的光强分布）是一维的正弦信号，通过透镜后，输出的也是一维信号（像的光强分布）。光学系统像方的反差是评价光学系统优良的重要参数之一。

　　在图 8-35 中②号（虚线）光学系统的 MTF 截止频率（MTF cut off）更高，所以具有更好的空间分辨率。但是在低频范围，①号（实线）光学系统具有更高的光强透过率，镜头的反差更好。

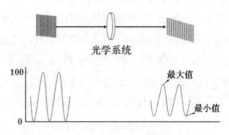

图 8-33　线对示意图　　　　　　图 8-34　正弦信号经过透镜成像示意图

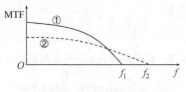

图 8-35　调制传递函数

8.7.2　人眼的 Zemax 模型和在虚拟现实（VR）中的应用

1. 设计要求

基于 Zemax 仿真分析人眼的光学特性，并设计 VR 眼镜。

2. 知识补充

关于对人眼的研究及人眼模型的研究，生物上已有诸多成就，本书不再赘述。本章是依据 Liou&Brennan（1997）眼模型来创立人眼模型的，通过 Zemax 光学设计对人眼模型进行设计优化，重点讲解如何在 Zemax 中设立模型及像质评价。

1997 年墨尔本大学提出了一个较为广泛使用的模型，总共建立角膜、液状体、晶状体和玻璃体四个非球面透镜，其中晶状体为渐变折射率模型。该模型的结构参数在表 8-1 中列出。

表 8-1　人眼模型参数表

介质表面	半径/mm	厚度/mm	非球面系数	在 555nm 下的折射率
角膜前表面	7.77	0.50	−0.18	1.376
角膜后表面	6.40	3.16	−0.60	1.336
瞳孔	12.40	1.59	−0.94	Grade A
假想面	∞	2.43	—	Grade P

续表

介质表面	半径/mm	厚度/mm	非球面系数	在 555nm 下的折射率
晶状体后表面	−8.10	16.27	+0.96	1.336

3. 仿真分析

如果把该模型在 Zemax 中仿真出来，则首先在 System Explorer 中完成三大设置。第一为 Aperture 的设置，Aperture Type 为 Entrance Pupil Diameter，其值为 4.0。第二为 Wavelengths 的设置，光波长设置为 F、d、C 三种可见光。第三为 Fields 的设置，视场 X 方向倾斜 5 度，模拟眼球的偏转角度。

回到 Lens Data 编辑器，在 OBJECT 后插入新的一面，并在 Comment 中注释为 Cornea 角膜以便于理解。Radius 输入 7.770，Thickness 输入 0.550。在 Material 框中单击 Glass solve on surface 1 按钮。在 Solve Type 中选择 Model 选项，Index Nd 输入 1.376，即折射率为 1.376，Abbe Vd 输入 50.23，dPgF 为默认值 0，如图 8-36 所示。该设置直接定义了材料的折射率和阿贝数。注意在 Material 中只显示 3 位有效数字。

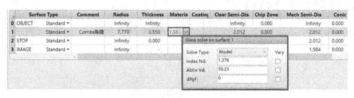

图 8-36　材料中折射率与阿贝数的设置方式

进一步在 Clear Semi-Dia 中输入 5，这样在 Mech Semi-Dia 中自动设置为 5。在 Conic 中输入−0.180，用于模拟角膜表面的非球面特性。进一步插入 5 个面和 2 个断点面，依次用于模拟液状体、瞳孔、晶状体和玻璃体，像面模拟为视网膜。最后设置好的 Lens Data 编辑器如图 8-37 和图 8-38 所示。

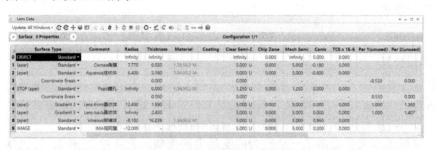

图 8-37　Lens Data 编辑器中的设置 1

图 8-38　Lens Data 编辑器中的设置 2

其中，第 1、2、4 面和第 8 面的材料参数归纳在表 8-2 中，dPgF 都为默认值 0。

表 8-2 材料折射率参数设定值

参数	面序数			
	1	2	4	8
Index Nd	1.376	1.336	1.336	1.336
Abbe Vd	50.23	50.23	50.23	50.23

这里为了模拟晶状体的渐变折射率，在 Surface Type 中选择第 6、7 面为 Gradient 3 的渐变面。单击这两行，表头可以看到 Deta T、n0、Nr2、Nr4、Nr6、Nz1、Nz2 和 Nz3。具体参数设定如图 8-39 所示。这些参数定义了折射率渐变，读者也可以查阅 Zemax 软件的 Help 文件。

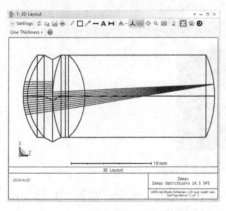

图 8-39 Gradient 3 面型对应的表头

把第 4 面设置为 STOP 面，先后插入第 3 和第 4 坐标断点面，以让 STOP 面相对光轴 X 方向往下偏离 0.55(Decenter X)。此外，第 1、2、4、6、7 面和第 8 面型 Aperture Type 中都设置为 Floating Aperture。这样在第 4 面（Stop 面）调整口径大小时，其他面也自动调整光通过的孔径大小。

利用 3D Viewer 观察光路结构图，如图 8-40 所示。其中 Rotation 中设置 X:0，Y:0，Z:90。Ray Pattern 为 Grid。图 8-41 所示为 Spot Diagram 图。

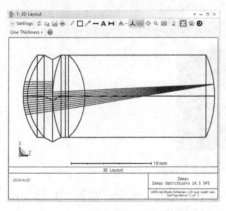

图 8-40 人眼模型的光路结构图

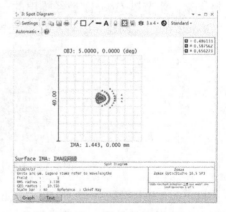

图 8-41 Spot Diagram 图

接下来计算 MTF 曲线来评价该模型的成像质量。选择工具栏 Analyze 中下拉菜单的 MTF 选项，如图 8-42 所示。计算的结果如图 8-43 所示。可以看到子午面和弧矢面的 MTF

曲线差别较大。

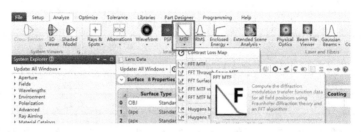

图 8-42　MTF 选项

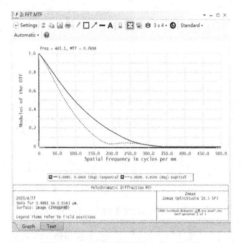

图 8-43　人眼模型的 MTF 曲线

该人眼模型的光学参数是进行了大量的测试总结出来的光学常数，但是实际人眼各个结构的折射率是多变的，会依据感光神经元自动调节，模型的建立只是在一定程度上接近人眼，因此人眼的模型有其一定的局限性。人眼模型在视觉光学系统中有一定的仿真作用，如显微镜目视系统、VR/AR 等。

接下来，本节以 Google 曾经推出的一个 VR-Cardboard 产品为例（专利号 USD750，074，Google Inc.），创建 VR 与人眼的模型。该产品实物图如图 8-44 所示。

图 8-44　VR-Cardboard 产品实物图

手机下载 VR 片源，并置于 VR-Cardboard 产品中，便可以观看三维视频。该 VR 系统利用双目立体视觉的效果，观察者两只眼睛看到的图像是显示屏分别产生的。一只眼睛只能看到奇数帧图像，另一只眼睛只能看到偶数帧图像。而奇、偶数帧图像是具有不同视场角的，这样也就产生了立体感。VR 眼镜中的透镜将电子显示屏放大在视网膜上成像，给我们一种模仿现实世界身临其境的感觉。随着网络宽带的增加，在线 VR 视频和眼镜将会越来越普及。

Cardboard lens 为一片非球面镜片，图 8-45 所示为 VR-Cardboard 专利中的光学参数。

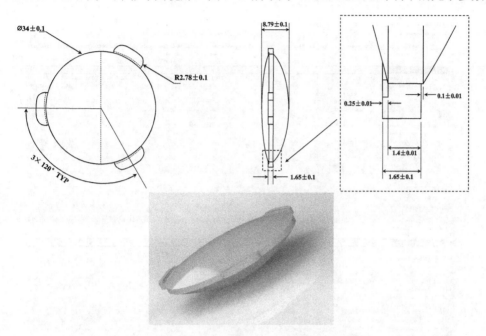

图 8-45　VR-Cardboard 专利中的光学参数

我们先在刚才的人眼模型中添加两个视场，在 System Explorer 下拉菜单 Fields 选项中单击 Open Field Data Editor 按钮，打开视场数据编辑器，具体参数设置如图 8-46 所示。其中参数 VDX、VDY、VCX 和 VCY 表示渐晕。在 Field # Properties 里面可以设置更为详细的参数，如在 Normalization 中择 Rectangular。

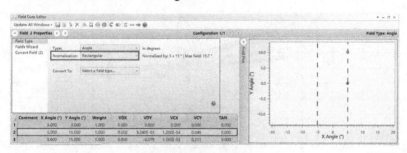

图 8-46　视场参数设置

在 Lens Data 编辑器中把 OBJECT 的 Thickness 设置为 36.812，该物体的位置就是手机放置的位置。为了便于观察，在 OBJECT 下面插入新的第 1 面（虚构面），参数都为默认值。我们下面设置 Cardboard lens。该透镜是非球面的，材料是 PMMA 的。因此，在第 2 面和第 3 面的 Surface Type 中选择偶次非球面（Even Asphere），并进一步在表头为 4th Order Term、6th Order Term 和 8th Order Term 的框中设置非球面参数。增加的第 4 面（坐标断点面）用于模拟眼球转动。该面在 Tilt About X 中设置为−20。第 5 面是虚构面，为了便于观察光学系统，其参数采用软件默认值。设置好的 Lens Data 如图 8-47 所示。人眼模型和 VR-Cardboard 的光路结构图如图 8-48 所示。这就描述了人眼转动 20 度，在视场 15 度时的成像质量。

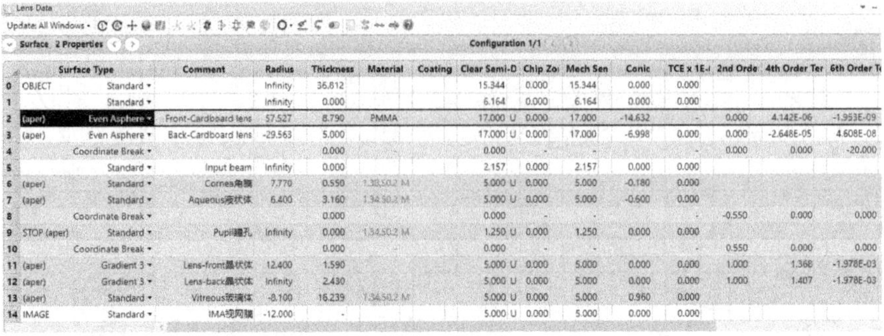

Lens Data

Update: All Windows

Surface 2 Properties

Configuration 1/1

		Surface Type	Comment	Radius	Thickness	Material	Coating	Clear Semi-D	Chip Zo	Mech Sen	Conic	TCE x 1E-	2nd Orde	4th Order Ter	6th Order T
0	OBJECT	Standard		Infinity	36.812			15.344	0.000	15.344	0.000	0.000			
1		Standard		Infinity	0.000			6.164	0.000	6.164	0.000	0.000			
2	(aper)	Even Asphere	Front-Cardboard lens	57.527	8.790	PMMA		17.000 U	0.000	17.000	-14.632	-	0.000	4.142E-06	-1.953E-09
3	(aper)	Even Asphere	Back-Cardboard lens	-29.563	5.000			17.000 U	0.000	17.000	-6.998	0.000	0.000	-2.648E-05	4.608E-08
4		Coordinate Break			0.000	-		0.000	-	-		-	0.000	0.000	-20.000
5		Standard	Input beam	Infinity	0.000			2.157	0.000	2.157	0.000	0.000			
6	(aper)	Standard	Cornea角膜	7.770	0.550	1.38,50.2 M		5.000 U	0.000	5.000	-0.180	0.000			
7	(aper)	Standard	Aqueous液状体	6.400	3.160	1.34,50.2 M		5.000 U	0.000	5.000	-0.600	0.000			
8		Coordinate Break			0.000			0.000	-	-		-	-0.550	0.000	0.000
9	STOP (aper)	Standard	Pupil瞳孔	Infinity	0.000	1.34,50.2 M		1.250 U	0.000	1.250	0.000	0.000			
10		Coordinate Break			0.000	-		0.000	-	-		-	0.550	0.000	0.000
11	(aper)	Gradient 3	Lens-front晶状体	12.400	1.590			5.000 U	0.000	5.000	0.000	0.000	1.000	1.368	-1.978E-03
12	(aper)	Gradient 3	Lens-back晶状体	Infinity	2.430			5.000 U	0.000	5.000	0.000	0.000	1.000	1.407	-1.978E-03
13	(aper)	Standard	Vitreous玻璃体	-8.100	16.239	1.34,50.2 M		5.000 U	0.000	5.000	0.960	0.000			
14	IMAGE	Standard	IMA视网膜	-12.000	-			5.000 U	0.000	5.000	0.000	0.000			

Lens Data

Update: All Windows

Surface 2 Properties

Configuration 1/1

		Surface Type	Comment	Ra	Thi	Ma	Co	Cle	Chip Zor	Mech Semi-Di	Conic	TCE x 1E-	2nd Order T	4th Order Ter	6th Order Ter	8th Order Tern	10th Order	12th Ord
0	OBJEC	Standard		Infi..	36..			15..	0.000	15.344	0.000	0.000						
1		Standard		Infi..	0.0.			6.1..	0.000	6.164	0.000	0.000						
2	(aper)	Even Asphere	Front-Cardboard le...	57..	8.7.	PM..		17..	0.000	17.000	-14.632	-	0.000	4.142E-06	-1.953E-09	0.000	0.000	0.000
3	(aper)	Even Asphere	Back-Cardboard lens	-29..	5.0.			17..	0.000	17.000	-6.998	0.000	0.000	-2.648E-05	4.608E-08	-4.100E-11	0.000	0.000
4		Coordinate Break			0.0.			0.0.	-	-		-	0.000	0.000	-20.000	0.000	0.000	0
5		Standard	Input beam	Infi..	0.0.			2.1.	0.000	2.157	0.000	0.000						
6	(aper)	Standard	Cornea角膜	7.7.	0.5.	1.3.		5.0.	0.000	5.000	-0.180	0.000						
7	(aper)	Standard	Aqueous液状体	6.4.	3.1.	1.3.		5.0.	0.000	5.000	-0.600	0.000						
8		Coordinate Break			0.0.			0.0.	-	-		-	-0.550	0.000	0.000	0.000	0.000	0
9	STOP (	Standard	Pupil瞳孔	Infi..	0.0.	1.3.		1.2.	0.000	1.250	0.000	0.000						
10		Coordinate Break			0.0.			0.0.	-	-		-	0.550	0.000	0.000	0.000	0.000	0
11	(aper)	Gradient 3	Lens-front晶状体	12..	1.5.			5.0.	0.000	5.000	0.000	0.000	1.000	1.368	-1.978E-03	0.000	0.000	0.049
12	(aper)	Gradient 3	Lens-back晶状体	Infi..	2.4.			5.0.	0.000	5.000	0.000	0.000	1.000	1.407	-1.978E-03	0.000	0.000	0.000
13	(aper)	Standard	Vitreous玻璃体	-8..	16..	1.3.		5.0.	0.000	5.000	0.960	0.000						
14	IMAGE	Standard	IMA视网膜	-12..				5.0.	0.000	5.000	0.000	0.000						

图 8-47 人眼模型和 VR-Cardboard 的 Lens Data 编辑器设置

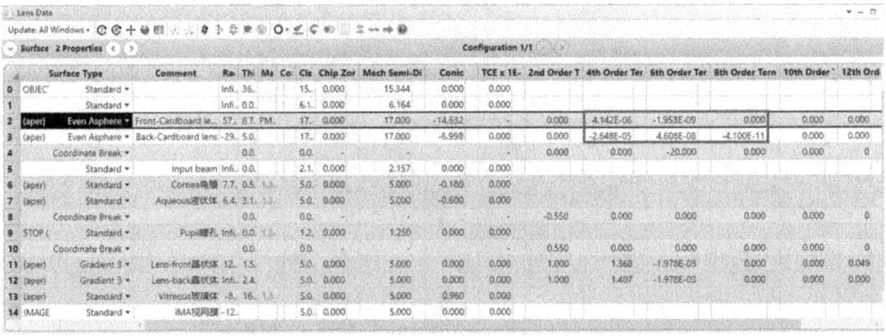

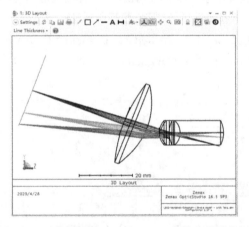

图 8-48 人眼模型和 VR-Cardboard 的光学结构图

感兴趣的读者可以把 Cardboard lens 和人眼模型输入到 Zemax 软件中，然后调整不同视场角度和人眼的转动角度查看成像效果。

思考题

（1）近视眼激光手术是一种矫正近视的激光手术。通过计算机控制，准分子激光精确切除、刮除必要的角膜部位。请描述矫正后的眼睛是否具有其他的光学相关视力问题。

（2）在看不清一定距离外的物体时，我们习惯性地眯上眼睛，这样感觉物体清晰了一点，为什么？

（3）尝试去设计一个同时具有近视眼和远视眼矫正功能的眼镜片。

（4）思考一下如何设计手机摄像头外挂的镜头以实现望远镜或者显微镜的功能。

（5）望远镜对远处物体成像过程可以看成是光束的变换过程，即光束的大小和角度发生了变换。请思考这种光学系统还可以用在什么功能的光学仪器上。

（6）用双筒望远镜观察远方物体时，立体视效果是提高了还是下降了，为什么？

（7）一个近视的同学如果通过显微镜观察微小物体，在观察的时候摘下眼镜，那么为了看清物体，应当如何调节显微镜？

（8）在人物拍摄的时候，为了实现背景虚化突出主体，应当如何调节照相机 F 数、焦距等参数？

（9）光学成像系统在数学上可以看成是一种函数的变换过程。从这个角度去理解，如果我们知道了光学系统的函数变换特性，即使光学系统并没有实现相对理想的像，是否可以通过数学手段对像进行分析还原，以得出相对理想的像？如果可以，那么通过数学分析和计算机辅助计算是否不需要透镜等元件就可以把理想的像构建出来？

计算题

8-1 某人佩戴的眼镜为 400 度的近视镜片，此人眼睛的远点距离是多少？若某人只能看清最远 0.1m 处的物体，那么应该佩戴什么样的镜片？

8-2 用放大镜观察微小物体，放大镜的焦距为 25mm。若观察的像在明视距离处，眼睛与放大镜距离 50mm，求此时被观察物体的放大率。如果放大镜的边框直径为 80mm，则求当渐晕为 50%时的线视场。

8-3 有一个开普勒望远镜的物镜焦距 f_o'=250mm，通光口径 D_o=30mm；目镜焦距 f_e'=10mm，通光口径 D_e=20mm，求该望远镜的视觉放大率、出瞳位置和大小。若在物镜的像方焦平面放置一个分划板，通光口径 D_s=8mm，求望远镜的视场角。

8-4 现有开普勒望远镜的视觉放大率 Γ=-8，视场角 2ω=6°，物镜通光口径 D_o=20mm，且为孔径光阑，并在物镜后焦平面处装配有视场光阑。物镜和目镜距离为 360mm。求：

（1）物镜和目镜的焦距；

（2）出瞳直径与出瞳距离；

（3）视场光阑的口径；

（4）不渐晕时目镜的通光口径。

8-5 已知一个开普勒望远镜的物镜与目镜焦距分别为 f_o'=150mm 和 f_e'=15mm。物方视场角 2ω=8°，渐晕系数 K=60%。若在物镜后焦平面设计场镜使得目镜通光口径 D_e=20mm，求：

（1）场镜的焦距；

（2）若该场镜是平凸薄透镜（平面在后），玻璃折射率 n=1.5，则场镜球面的曲率半径。

8-6 有一台显微镜，它的物镜焦距 f_1'=7.0mm，目镜焦距 f_2'=5.0mm，都视为薄透镜，且物镜与目镜间的距离为 20cm，最后成像在无穷远处，试计算：

（1）被观察物体到物镜的距离；

（2）该显微镜物镜的垂轴放大率；

（3）该显微镜的放大率。

8-7 空气中显微镜系统的物镜和目镜焦距分别为 50mm 和 20mm，被观察物体置于物镜前 60mm 处，物方孔径角为 $\sin(u)=-0.1$。该系统工作时孔径光阑位于物镜的像方焦平面，物镜的像面位于目镜的物方焦平面，求：

（1）显微镜的视觉放大率；

（2）入瞳、出瞳的位置和大小；

（3）若工作波长为 0.555μm，则根据瑞利判据求系统的分辨率。

8-8 显微镜的物镜前片与被观察物体之间浸润杉木油（折射率为 1.52），照明波长为 0.555μm，物方孔径角为 $\sin u=-0.2$，求：

（1）显微镜的数值孔径 NA 与系统分辨率；

（2）显微镜的视觉放大率最小值。

8-9 单反相机工作时镜头设置 F 数为 5，镜头的通光口径为 50mm，求：

（1）该镜头的焦距；

（2）若 100mm 高物体在镜头前 2m 处，则照片上物体的大小；

（3）在波长 0.555μm 处，该相机的分辨率是多少？

8-10 测距仪中望远系统的出瞳直径 $D_{出}'=1.8mm$，视觉放大率为 20，求：

（1）系统的衍射分辨率和视觉分辨率；

（2）若要分辨 0.1mm 的物体，则测距仪到物体的最大距离；

（3）请问如何改变系统参数来分辨更小的细节。

第9章 Zemax 中的优化、公差与若干设计案例

本章首先介绍 Zemax 中的优化工具及光学设计中优化的数学原理，然后介绍 Zemax 中的公差分析。此外，结合当代光学技术的发展，本章详细介绍了 5 个案例来展示 Zemax 在光通信器件和成像镜头设计中的应用。Zemax 软件给我们提供了非常强大的优化设计功能、可视化界面，以及丰富的材料与知识库。因个人计算机的普及，Zemax 给光学系统设计者提供了极大的便利。但是若要成为一名优秀的光学系统设计者，一方面需要深入了解光学设计的理论与设计逻辑，另一方面需要学习大量案例，积累丰富的经验，思考背后的设计思路和技巧，并在工程实践中结合具体的产品逐步提高自己的设计水平。

9.1 Zemax 优化方法简介

9.1.1 优化方法概述

Zemax 软件的优化功能可以帮助光学系统设计者找到系统设计参数的最优解，从而能够更快更好地实现光学系统的优良性能。随着计算机技术的发展，其强大的计算能力给光学设计与优化带来了极大的便利。Zemax 具有强大的自动优化设计能力，在前面章节的具体设计案例中已经简单介绍了优化的使用。本节将进一步介绍 Zemax 中优化的相关知识。这里以序列模型为基础，介绍优化背后的数学模型基础、评价函数及操作符等基本知识。

运行 Zemax，在工具栏中的 Optimize 选项下可以看到三个和光学系统优化有关的图标，分别为 Optimize!、Global Search 及 Hammer Current，如图 9-1 所示。

图 9-1 三种优化图标

Optimize! 图标是局部优化。如图 9-2 所示，A 点为局部极小值。在优化过程中，如果初始参数选择在 A 点附近，经过一系列优化算法运算后，软件只能找到 A 点局部的极小值，所以初始结构参数的选择非常重要。该方法对光学系统设计者的经验具有较高的要求。在优化过程中也常常根据优化值反复人工调整光学系统的各项参数，并结合软件优化，使得评价函数降低到最小值，从而得到需要的结构参数，如在第 6 章 LED 照明系统设计的优化过程。在优化前，在优化参数右侧后缀对话框中的 Solve Type 需要选择 Variable 选项，即变量，数值后缀显示 V 字，如图 9-3 所示。该参数会在优化过程中发生变化。

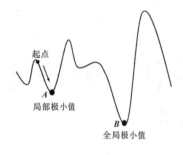

图 9-2　局部与全局极小值关系示意图　　　　　　图 9-3　参数类型设置为变量

Global Search 为全局优化，其含义类似于图 9-2 中寻找评价函数全局最小值，软件会设置多起点同时优化，找到光学系统全局最佳的结构参数。Zemax 软件会把全局搜寻得到的结果较好的 10 个初始结构保存在文件夹中。光学系统设计者可以查看不同的初始结构，根据经验判断并针对有潜力的结构参数进行进一步局部优化。

Hammer Current（锤形优化）也是全局优化方法，通过重复多次算法优化以避免评价函数的局部极小值，但不会进行大的结构调整。

在以上优化过程中，Zemax 中用到了两种优化算法，分别为阻尼最小二乘法（Damped Least Squares，DLS）和正交下降法（Orthogonal Descent，OD）。当单击 Optimize! 图标时，跳出 Local Optimization 窗口，如图 9-4 所示。这里简单介绍光学系统的数学建模，便于读者理解优化算法的计算过程。

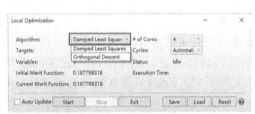

图 9-4　Zemax 优化中的两种优化算法下拉菜单

9.1.2　光学系统数学建模

光学系统结构参数决定了成像的性能，如每个折射面的直径、面间的厚度及折射率等。将这些在优化过程中数值可以改变的结构参数定义为自变量 $x = [x_1, \cdots, x_N]$。光学特性参数，如焦距、放大率、像距及各种像差参数都随着结构参数的变化而发生变化。为了方便，可将这些设计目标光学特性参数统称为"像差值"，并定义为 $F = [F_1, \cdots, F_M]$。进一步写成函数组的形式为

$$F_1 = f_1(x) = f_1(x_1, \cdots, x_N)$$
$$F_2 = f_2(x) = f_2(x_1, \cdots, x_N)$$
$$\vdots$$
$$F_M = f_M(x) = f_M(x_1, \cdots, x_N)$$

可简单表示成：

$$F_i = f_i(x) = f_i(x_1, \cdots, x_N) \qquad i = 1, 2, \cdots, M \tag{9-1}$$

式（9-1）是很复杂的非线性方程组，称为"像差方程组"。从数学上来讲，光学设计

就是寻找方程组的解。但是因为其方程的复杂性，几乎无法得到准确的解。所以采用的策略是将非线性方程组进行近似处理，转化成线性方程组，并利用已经发展很好的数值优化算法求解最优解。

将函数在 $\boldsymbol{x}^0 = \left[x_1^0, \cdots, x_N^0 \right]$ 附近泰勒展开并取到线性项：

$$F_i = f_i(x) = f_i(\boldsymbol{x}^0) + \sum_{J=1}^{N} \frac{\partial f_i(\boldsymbol{x}^0)}{\partial x_j}(x_j - x_j^0) \tag{9-2}$$

式中，$i = 1, 2, \cdots, M$；$j = 1, 2, \cdots, N$。$\boldsymbol{x}^0$ 即光学系统的初始结构，由设计人员根据经验和基本理论计算确定。而 $\boldsymbol{F}^0 = \left[F_1^0, \cdots, F_M^0 \right] = \left[f_1(\boldsymbol{x}^0), \cdots, f_M(\boldsymbol{x}^0) \right]$ 为初始结构时的像差值。式（9-2）可以进一步写成如下形式：

$$\begin{cases} f_1(x) = f_1(\boldsymbol{x}^0) + a_{11}\Delta x_1 + a_{12}\Delta x_2 + \cdots + a_{1N}\Delta x_N \\ f_2(x) = f_2(\boldsymbol{x}^0) + a_{21}\Delta x_1 + a_{22}\Delta x_2 + \cdots + a_{2N}\Delta x_N \\ \vdots \\ f_M(x) = f_M(\boldsymbol{x}^0) + a_{M1}\Delta x_1 + a_{M2}\Delta x_2 + \cdots + a_{MN}\Delta x_N \end{cases} \tag{9-3}$$

或者矩阵的形式：

$$\boldsymbol{F} = \boldsymbol{F}^0 + \boldsymbol{A}\Delta\boldsymbol{x} \tag{9-4}$$

式中，$\boldsymbol{A} = \begin{bmatrix} a_{11} & \cdots & a_{1N} \\ \vdots & & \vdots \\ a_{M1} & \cdots & a_{MN} \end{bmatrix}$，$a_{ij} = \dfrac{\partial f_i(\boldsymbol{x}^0)}{\partial x_j}$，$\Delta\boldsymbol{x} = \begin{bmatrix} \Delta x_1 \\ \Delta x_2 \\ \vdots \\ \Delta x_N \end{bmatrix}$，$\Delta x_j = x_j - x_j^0$。

式（9-4）可以进一步写成：

$$\boldsymbol{A}\Delta\boldsymbol{x} = \Delta\boldsymbol{F} \tag{9-5}$$

式中，$\Delta\boldsymbol{F} = \boldsymbol{F} - \boldsymbol{F}^0 = \begin{bmatrix} F_1 - F_1^0 \\ \vdots \\ F_M - F_M^0 \end{bmatrix}$。

式（9-5）被称为"像差线性方程组"。这样光学设计被简化成对该线性方程组的求解问题。这里 a_{ij} 原则上也无法直接给出。现给自变量改变一个小量 δx_j，然后通过大量光线追迹计算在 $x_j = x_j^0 + \delta x_j$ 时对应的像差数值变化，即 δf_i。这样利用差分 $\dfrac{\delta f_i}{\delta x_j}$ 近似微分 $\dfrac{\partial f_i(\boldsymbol{x}^0)}{\partial x_j}$。此时，系数矩阵表示为

$$\boldsymbol{A} = \begin{bmatrix} \dfrac{\delta f_1}{\delta x_1} & \cdots & \dfrac{\delta f_1}{\delta x_N} \\ \vdots & & \vdots \\ \dfrac{\delta f_M}{\delta x_1} & \cdots & \dfrac{\delta f_M}{\delta x_N} \end{bmatrix} \tag{9-6}$$

这样系数矩阵便可以确定下来。求解线性方程组式（9-4）可以得到解 $\Delta\boldsymbol{x}$。用一个小于 1

的常数 p 乘以 Δx，得到：

$$\Delta x_p = \Delta x \cdot p \tag{9-7}$$

当 p 足够小时，总可以得到像差比原系统改善的新的光学系统。把新的系统结构参数作为原始系统，重新建立像差线性方程组进行求解。这个过程多次迭代，像差逐步优化，直到计算的像差是令人满意的结果（或者 ΔF 小到期望的值）。在第 2 章中已经给出了光学自动设计的主要迭代步骤，基于这种数值方法可以自动优化系统的像差。

在迭代过程中需要求解线性方程组式（9-5）。这似乎是一个简单的数学问题，但是在实际情况下求解并不容易，会遇到多种情况，如方程组中方程数 M 在一般情况下不等于自变量数 N。

这里主要考虑 $M > N$ 的情况。此时式（9-5）是个超定方程，并不存在准确解，所以常采用最小二乘法得到近似解。先定义一个函数组 $\phi(x) = [\phi_1(x), \cdots, \phi_M(x)]^{\mathrm{T}}$，并将式（9-5）改写成如下形式：

$$\phi = A\Delta x - \Delta F$$

式中，ϕ 称为像差残量。实际的光学系统中的各种像差分量在数值上差别很大，而且优化设计中每种像差的期望优化值也不同。为了权衡不同像差的比重和希望达到的优化值，这里进一步利用加权平方和作为评价函数：

$$\phi(x) = (\mu_1\phi_1)^2 + (\mu_2\phi_2)^2 + \cdots + (\mu_M\phi_M)^2 = \sum_{i=1}^{M} \mu_i^2 \phi_i^2 \tag{9-7}$$

式中，μ_i 为权重因子，用于确定不同像差在评价函数中的比重。如果将 μ_i 计入式（9-3）和式（9-5）的系数和变量中，这样把 $\mu_i F_i$ 改写成 F_i，$\mu_i a_{ij}$ 改写成 a_{ij}，$\mu_i \phi_i$ 改写成 ϕ_i，这样式（9-6）可以改写成：

$$\phi(x) = \phi_1^2 + \phi_2^2 + \cdots + \phi_M^2 = \sum_{i=1}^{M} \phi_i^2 \tag{9-8}$$

式（9-8）进一步可以写成：

$$\phi(x) = (\Delta x - \Delta F)(\Delta x - \Delta F)^{\mathrm{T}} \tag{9-9}$$

现在将问题转化成求方程组 $\phi(x) = 0$ 的解。因为问题的复杂性，事实上我们几乎不可能得到准确的解。我们只能尽可能趋向于准确解。因此，该问题进一步转变为求 $\Phi(x)$ 的极小值，也即如图 9-2 所示的情况。

根据函数极小值的必要条件，$\phi(x)$ 的一阶导数等于零，即

$$\nabla\phi(x) = 0 \tag{9-10}$$

根据矩阵论，$\nabla\phi(x) = 2(A^{\mathrm{T}}A\Delta x - A\Delta F)$，因此可以得到：

$$\Delta x = (A^{\mathrm{T}}A)^{-1}A^{\mathrm{T}}\Delta F \tag{9-11}$$

Δx 为评价函数的极小值解，也是超定方程最小二乘解。在真实计算中步长对于 Δx 加以限制，使得远离极小值点时线性逼近依然有效，该方法称为阻尼最小二乘法。具体算法读者可以查阅相关书籍。

9.1.3 Zemax 中评价函数的定义

Zemax 中将像差的目标值与当前系统实际值的差平方后加权和的平方根定义为评价

函数：

$$\text{MF} = \frac{w_1\phi_1^2 + w_2\phi_2^2 + \cdots + w_M\phi_M^2}{w_1 + w_2 + \cdots + w_M} = \frac{\sum_{i=1}^{M} w_i\phi_i^2}{\sum_{i=1}^{M} w_i} \tag{9-12}$$

式中，$\phi_i = v_i - t_i$，v_i 为当前值，即 Merit Function Editor（评价函数编辑器）对话框中的 Value；t_i 为目标值，即评价函数编辑器中的 Target；w_i 为权重，即评价函数编辑器中的 Weight，如图 9-5 所示。

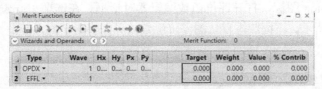

图 9-5　Merit Function Editor（评价函数编辑器）

w_i 是一个相对值，表示某个像差量在评价函数中的比重大小，该值的设置直接影响到这个像差量（或者下面介绍的操作符）的贡献大小，即 %Contrib 值。

9.1.4　Zemax 操作符的定义

Zemax 中利用操作符来构建评价函数，一种操作符对应一种光学特性参数或者像差参数，如基本光学特性参数操作符。

EFFL（Effective focal length）：表示光学系统的有效焦距值，以 Lens Units 为单位。

PIMH：指定 Wave 的像平面上的近轴像高，以 Lens Units 为单位。

另外，像差控制操作符如下。

LONA：轴上点指定 Wave、孔径带（Zone）光线与光轴交点、沿 Z 轴方向与实际像面之间的轴向距离，即轴向像差，以 Lens Units 为单位。

OPDX：指定 Wave、(Hx,Hy)、(Px,Py) 光线相对于一个移动和倾斜的球面的光程差，该球面可以使 RMS 波前差最小化，以质心为参考。

关于更多的操作符含义可以参考 Zemax 自带的 Help 文件。该文件在 Optimization Operands by Category 部分进行了整理和说明。图 9-6 所示为 Zemax Help 文件中的关于操作符的说明截图。

Operands for First-Order Optical Properties	
AMAG, ENPP, EFFL, EFLX, EFLY, EPDI, EXPD, EXPP, ISFN, ISNA LINV, OBSN, PIMH, PMAG, POWF, POWP, POWR, SFNO, TFNO, WFNO	
NAME	**Description**
AMAG	Angular magnification. This is the ratio of the image to object space paraxial chief ray angles at the wavelength defined by **Wave**. Not valid for non-paraxial systems.
ENPP	Entrance pupil position in lens units, with respect to the first surface. This is the paraxial pupil position, valid only for centered systems.
EFFL	Effective focal length in lens units. The wavelength used is defined by **Wave**. This is paraxial, and may not be accurate for non-paraxial systems.

图 9-6　Zemax Help 文件中的关于操作符的说明截图

9.1.5　默认评价函数

虽然前文中已经多次使用默认评价函数（Default Merit Function，DMFS），但是为了让本章内容有较好完整性，方便读者学习，再介绍一下 DMFS。选择和合理使用操作符需要设计人员丰富的经验积累，这给刚入门或者普通设计人员带来了极大的困难。为此在 Zemax 软件中提供了 DMFS 的功能。当设置了 DMFS 后，Merit Function Editor 中自动生成一系列操作符，这为简单的设计提供了极大的便利。在工具栏 Optimize 选项中单击 Merit Function Editor 图标，打开评价函数编辑器对话框。在选项 Current Operand 中选择 DMFS，如图 9-7 所示。不同版本默认的评价函数的界面有所不同，但是基本操作都类似。

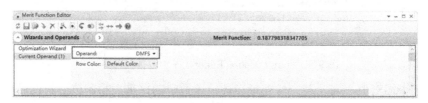

图 9-7　评价函数编辑器中的 DMFS

如图 9-7 所示，单击 Optimization Wizard 选项，打开设置对话框，可以设置 DMFS 的相关参数，如 Optimization Function 的 Type 中可以选择 RMS 或 PTV。RMS 表示评价函数由像差的均方根偏差组成，通常该类型用得比较多。而 PTV 指的是评价函数由像差的峰谷差组成，该类型评价函数主要控制峰谷偏差趋近 0，常用于控制成像光线在一定圆形区域内。

最后单击 Apply 和 OK 按钮，评价函数编辑器中会自动列出一系列操作符，如图 9-8 所示。另外需要注意的是，当改变了光学结构参数、系统参数等设置，DMFS 需要重新设置。设计人员也可以保留默认的操作符，并自行添加额外的操作符。

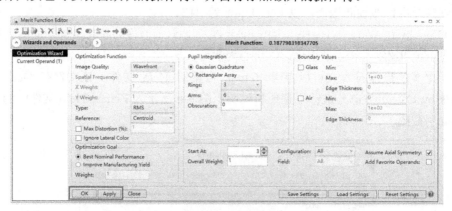

图 9-8　默认评价函数的参数设置

此外，对于非序列模型的优化，建议选择正交下降法。因为照明是探测器检测的结果，评价函数在参数变化时往往不是连续变化的或者变化很平坦，而阻尼最小二乘法利用求导的方式寻找最快下降路径，这就导致了优化效率降低。具体的优化方法可以查阅相关照明设计的书籍和文献。

9.2　Zemax 公差分析简介

在光学设计中，虽然通过优化可以得到比较好的光学性能，但是在实际的生产中不可能实现完美的加工制造。公差的来源有很多，如制造过程中曲率半径、组件的厚度和非球面参数的不准确等。还有光学材料的公差，如折射率的不准确、折射率分布的不均匀等。在装配过程也会产生组装公差，具体有组件偏离机构中心、组件与光轴有倾斜等。在光学系统的使用过程中，环境参数的改变也会对光学性能产生影响，如环境温度的改变导致材料的热胀冷缩，透镜的折射率和结构形状都会发生改变。

为了让实际加工出来的光学系统满足性能指标要求，光学设计人员必须考虑这些公差因素，在设计时计算公差的影响，从而进一步改善设计。本节简单介绍 Zemax 软件中提供的公差分析的功能。如图 9-9 所示，在工具栏单击 Tolerance（公差）选项，可以看到一系列的图标菜单。公差分析有关的常用的图标有 Tolerance Data Editor（公差数据编辑器）、Tolerance Wizard（公差向导）和 Tolerancing（公差过程）等。

图 9-9　公差分析

公差分析的使用和优化的使用类似，Zemax 也提供了默认公差和公差操作符。单击 Tolerance Wizard 图标，弹出如图 9-10 所示的对话框。可以看到 Zemax 提供了 3 种公差的设置，即 Surface Tolerances（表面公差）、Element Tolerances（元件公差）和 Index Tolerances（折射率公差）。具体的含义可以查阅 Zemax 软件中 Help 文件或者是相关书籍，如林晓阳编著的《Zemax 光学设计超级手册》。

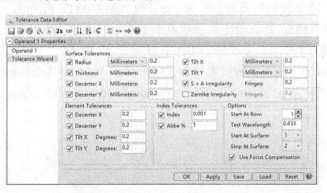

图 9-10　Tolerance Wizard 对话框

这里使用默认的参数，并单击 Apply 与 OK 按钮，可以看到软件在 Tolerance Data Editor（公差数据编辑器）中自动生成一系列的操作符。每个操作符对应了光学系统的一个公差参数。这里的操作符根据 Tolerance Wizard 中设置和光学系统的结构而产生。如果还保留着第 3 章介绍的双胶合透镜的例子，则可以打开该设计文件，能看到软件一共生成了 30 个操作符，如图 9-11 所示。具体操作符的含义可以查阅 Zemax 软件中的 Help 文件。

单击 Tolerancing 图标，弹出 Tolerancing 对话框，如图 9-12 所示。可以看到公差分析 Set-Up 选项中有 4 个模式，分别为 Sensitivity（灵敏度分析）、Inverse Limit（反灵敏度限制）、Inverse Increment（反灵敏度增值）和 Skip Sensitivity（跳过灵敏度）。

图 9-11　公差操作符

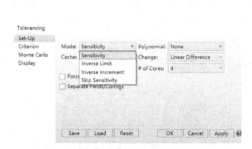

图 9-12　Tolerancing 对话框 Set-Up 选项

Sensitivity：对于给定的一批公差，软件分别对每一个公差测定它在标准里的变化量。

Inverse Limit：分别通过每个公差在性能方面给定的一个最小允许减小量来计算公差。

也就是说 Inverse Limit 要先给出性能降低多少的允许值，然后计算公差，这相对于灵敏度分析是反过来的。如果在 Set-Up 的 Mode 中选择了 Inverse Limit 选项，那么在 Criterion 选项的 Limit 中输入数值。这个值表明给定的性能降低多少的允许值，当用 Geom.MTF Avg 作为标准时，这个设定值要求小于 nominal 值。如果 MTF Frequency 为 30lp/mm 时对应的 nominal 值是 0.535，那么设定的值需要小于 0.535，如设置 0.4，就是对从 nominal 值降低到这个设定值 0.4 时的公差求解，如图 9-13 所示。

Inverse Increment：与反灵敏度限制的区别是在图 9-14 中 Increment 中设置降低多少量，如以 Geom.MTF Avg 为标准，MTF Frequency 为 30lp/mm 时降低 0.1 的公差求解。

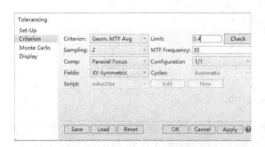

图 9-13　Inverse Limit 模式中
Geom.MTF Avg 和 Limit 设置

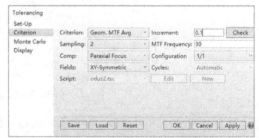

图 9-14　Inverse Increment 模式中
Geom.MTF Avg 和 Limit 设置

Skip Sensitivity：在 Tolerancing 对话框中单击 Apply 按钮，在执行公差分析时，Zemax 跳过计算灵敏度分析，直接进行蒙特卡洛（Monte Carlo）计算。

在 Criterion 选项中可以看到下拉菜单中有一系列和光学系统性能有关的评价标准，如 RMS Spot Radius（均方根光斑半径）等，如图9-15所示。在软件中用户也可以自定义评价函数。

Zemax 的公差分析数值计算模型是 Monte Carlo 方法，如图 9-16 所示。它是一种基于统计学分析原理的随机抽样方法。设置 Zemax 中需要多少个镜头模型，如默认值为 20 个，就会通过概率分布给出这些公差的累计会对设定的标准值产生多大概率的影响和影响值。

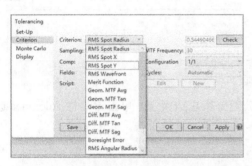

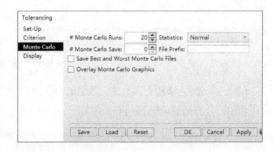

图 9-15　Tolerancing 对话框 Criterion 选项　　　图 9-16　Tolerancing 对话框 Monte Carlo 选项

下面简单说明一个成像系统公差分析的具体分析步骤。

（1）先在 Tolerance Data Editor 对话框里面的 Tolerance Wizard 中给成像系统定义一批合适的公差参数：通常默认公差生成是一个好的起始点。也可以在公差数据编辑器界面中定义和修改。

（2）添加补偿：对每个补偿设置允许范围，也就是说当给一个光学系统分配公差后，它的成像质量会变化。但是可以有一个补偿参数使得成像质量恢复至接近于设计值，通常用后焦距作为补偿参数，需要设定后焦距变化的范围。默认的补偿是后焦距，其操作符是 COMP，它控制了像面的位置。当然也可以定义其他的补偿，如像面倾斜。

（3）选择一个适当的标准，如均方根光斑尺寸或 MTF。

（4）选择适当的模式，如灵敏度分析或者反灵敏度限制。

（5）修改默认的公差操作符，或者增加新的公差操作符来满足系统设计要求。具体看实际光学系统的性能指标需求，由设计人员按经验自行判断是否需要修改默认的公差操作符。如图 9-11 所示，可以直接在 Tolerance Data Editor 对话框里面修改操作符和修改 Min 值或 Max 值。

（6）回到 Tolerancing 对话框，执行公差分析，即单击 Set-Up 选项里面的 OK 按钮。这里请注意执行公差前需要把镜头的每一个可变参数设置成固定参数。

（7）在公差分析结束后 Zemax 软件会生成一个文本，可以通过查看产生的数据考虑公差的预算，如图9-17所示。可以看到此例中采取 MTF 在 30lp/mm 的值作为评价标准，采用 Sensitivity 模式，测试波长为 0.6328μm。Zemax 也列出了 9 个最敏感的公差值，在公差分析过程中可以重新对这些敏感的参数重新分配公差或优化镜头结构设计，再进行公差分析直至得到镜头制造效益最优的公差结果。

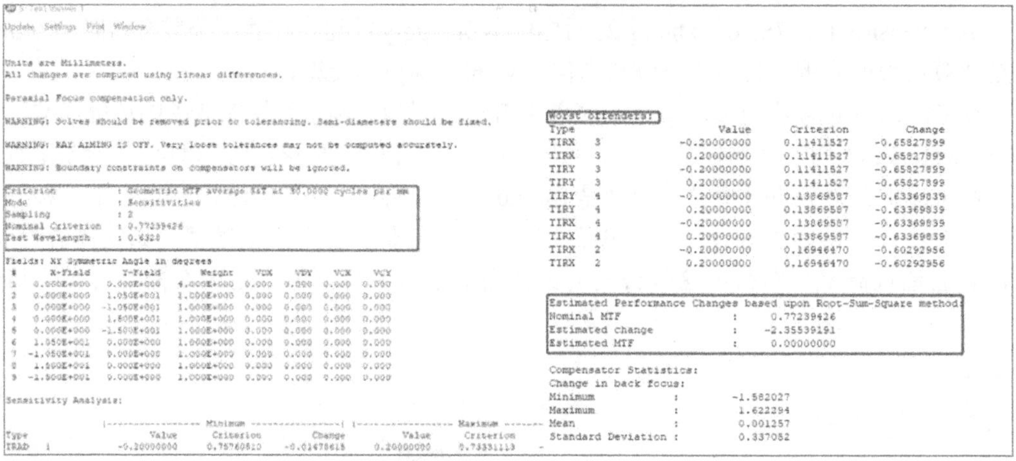

图 9-17　公差分析报告

（8）在公差分析结束后，Zemax 还会给出公差分析总结报告。单击工具栏 Tolerance 选项里面的 Tolerance Summary 图标，出现如图 9-18 所示的总结报告。

图 9-18　公差分析总结报告

若公差计算的结果已经到了加工或装配的极限但仍不能保证良好的成像质量，那么可能需要重新考虑光学系统的设计，重新进行系统的设计优化。在实际的镜头设计中公差分析一直是伴随在设计过程中的。设计人员在设计时需要判断该镜头是否可以在现有的加工和装配能力下制造出来。如果有困难则需要重新进行系统的优化设计再通过公差分析检查。如此反复直至能够获得满足加工和装配的条件，同时又能保证成像质量的优良结果。

除公差之外，查看工具栏 Tolerance 选项里的图标。Zemax 也提供了所设计的光学系统的国标光学元件绘图（ISO Element Drawing）和 CAD 三维结构输出数据（CAD Export 菜单）等功能。在 System Explorer 对话框里面提供了 Cost Estimator（工程造价估算）选项。

9.3　若干光学系统设计实例

Zemax 光学设计有大量的教材和实例。目前现有的教材和资料主要集中在光学成像系统的设计中，读者可以查阅相关资料。近年来，随着光学技术的发展，光学产品得到了快速的发展，光学设计也渗透到了产品开发的各个方面。光通信系统是当代信息传输的物理基础。随着 5G 移动接入、云计算与人工智能等技术的发展，光通信的带宽需求急剧增加。这对光通信器件的研发提出了很高的要求。我国也是光通信产业大国，对该方面的技术需求紧迫。本节中我们主要介绍几种基本的光通信器件的光学设计。读者可以掌握光学元件的建模、设计的基本原理和思路。此外，随着智能手机的快速发展，照相成为广大消费者重要的需求之一。作为最基本的照相系统结构，三片式成像系统的设计过程也在本节进行了介绍。我们进一步以苹果公司 iPhone 手机镜头作为案例来剖析实用化手机镜头的性能。

9.3.1　优化设计双透镜光纤对接耦合系统

1. 设计要求

对一个双透镜光纤耦合系统进行优化，获得最大的耦合效率，并简单分析系统耦合效率对于特定参数的灵敏度。具体设计内容如下。

（1）利用高斯切趾光阑模拟高斯光束，建立和设置傍轴高斯光束传输系统；

（2）在傍轴高斯光束传输系统中利用 GBPS 和 FICL 操作符优化光纤耦合效率；

（3）使用物理光传输（Physic Optics Propagation，POP）优化光纤耦合，设置相应参数；

（4）在物理光传输方法中利用操作符 POPD 参数优化光纤耦合效率，分析结果。

2. 补充知识

光纤耦合系统的设计和优化在光通信器件的优化设计中有着十分重要的地位。与成像系统的优化相比，此类系统中往往只针对特定波长的激光，因此不需要考虑色差问题。光在系统中的传输特性将更多地体现出光作为电磁波的特性，即光场不可再被简单地看成是由光线束组成的，而是一个在空间中呈特定强度分布的光场。其准确的传输特性需要通过物理光学中描述光场的麦克斯韦方程组进行计算。但是光线光学模型仍可以用来在近轴条件下近似计算其 1 阶光学特性。在 Zemax 软件中上述方式都可以实现。

以一个典型的光纤耦合系统为例，系统结构示意图如图 9-19 所示。系统中有一根输出光纤和一根输入光纤，激光从输出光纤中发射到空间，通过由两个透镜组成的耦合系统耦合进输入光纤。本例中光纤激光输出端和耦合输入端都为同一型号的单模光纤，采用最常用的康宁 SMF-28e 型，具体参数如表 9-1 所示。

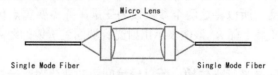

图 9-19　双透镜光纤耦合系统示意图

表 9-1　康宁 SMF-28e 型光纤参数表

型号	数值孔径	芯径/μm	模场直径@1310nm/μm
SMF-28e	0.14	8.2	9.2±0.4

由于康宁公司对数值孔径的定义是边缘光线强度为峰值强度的 1%时的边缘光线角的

正弦，不同于通常边缘光线角处的光线强度为峰值强度的 $1/e^2$ 的定义。而在 Zemax 软件中采用的是后一种定义，因此表 9-1 中的数值孔径转换到通常的 $1/e^2$ 定义中应为

$$\frac{0.14 \times \sqrt{2}}{\sqrt{-\ln(0.01)}} \approx 0.09$$

此外，由于系统的对称性，耦合镜采用两个参数完全一样的透镜。透镜可采用曲率半径较小的简单平凸透镜，具体参数如表 9-2 所示。

表 9-2　耦合透镜参数表

材料	厚度/mm	直径/mm	曲率半径/mm	锥度常数（conic constant）
N-SF11	1	2	3.1	0

3. 仿真分析

首先对双透镜系统建立初始结构。因为系统的光阑面被设置在第一个透镜后端面，并设置光阑为随实际系统参数浮动，所以在 System Explorer 对话框中 Aperture 选项里面 Aperture Type 的下拉菜单中选择 Float By Stop Size 选项。在 Aperture 的 Apodization Type 中选择 Gaussian 选项，Apodization Factor 选择为 1.0。因为在 Lens Data 编辑器中设置的光学系统默认为成像系统，所以通过 Cross-Section 看到的光路结构图也是根据光路追迹计算的光路结构图，而不是基于电磁波理论模拟高斯光束的光束传播。根据光路结构图，已经能很直观地看到高斯光束近似传播情况了。

此外，这里设置的 Gaussian 切趾只代表了物点发出的光束在截面的疏密程度，疏密程度由 Apodization Factor 切趾因子值表示。当值设为 0 时无切趾效果，光阑内光强均匀分布；当值设为 1 时，在光阑边缘处，光场振幅衰减为中心峰值的 $1/e$，以此类推。不同参数的效果可以在 Cross-Section 图中观察到光线在截面上的疏密变化。但是这里并没有考虑高斯光束在传播中的物理效应。

在 System Explorer 对话框中，Wavelengths 选项中波长设置为 1.310μm，该波长是光纤通信常用的波长，其他为默认值。

下一步设置双透镜耦合系统的初始结构，该初始结构可以通过简单的透镜成像计算得到。这里因为主要介绍 Zemax 的使用，所以不进行进一步说明。

该系统中光束的变化应该是一个先准直、再聚焦的过程。因此在经过优化后的系统中，对性能影响最大的应该是出射光纤端面（第 0 面 OBJECT）到透镜的距离，以及透镜到接收光纤端面的距离。所以将这两个参数设为变量，并需要重点优化。这里先在第 0 面下一行添加新的一面（第 1 面），该面表示出射光纤端面到透镜的距离，Thickness 为 4，数据类型为变量。

因为两个透镜之间是平行光传输，所以透镜间距的变化对耦合效率的影响应该较小。因此先将两个透镜间的距离固定为 10mm，该距离将在后面进一步优化。由于系统的对称性，可以预见最终经过优化的系统也应是对称的，即出射端和接收端光纤到对应透镜的距离应该相等。这样可以只将出射光纤端面到第一个耦合透镜的距离作为变量，而第二个透镜到接收光纤的距离跟随其变化。

具体的 Lens Data 编辑器设置如图 9-20 所示，其说明如下。在第 2 面即 STOP 面的下面插入 3 个面。第 2 面和第 4 面选择材料为 N-SF11。在第 5 面的厚度 Thickness 右侧空格

处单击，跳出对话框 Thickness solve on surface 5，Solve Type 选择 Pick up。其他为默认值，即 From Surface 为 1，Scale Factor 为 1，Offset 为 0，From Column 为 Current。此时，Thickness 后缀显示数据类型为 P。该设置表示选择第 1 面的厚度值作为其跟随的目标，即第 5 面的厚度随第 1 面而保持相同。

Lens Data

Update: All Windows · Surface 6 Properties · Configuration 1/1

	Surf:Type	Comment	Radius	Thickness		Material	Coating	Clear Semi-Dia		Chip Zone	Mech Semi-Dia	Conic
0	OBJECT Standard		Infinity	0.000				0.000		0.000	0.000	0.000
1	Standard		Infinity	4.000	V			0.000		0.000	0.000	0.000
2	STOP (a Standard		3.100	1.000		N-SF11		1.000	U	0.000	1.000	0.000
3	(aper) Standard		Infinity	10.000				1.000	U	0.000	1.000	0.000
4	(aper) Standard		Infinity	1.000		N-SF11		1.000	U	0.000	1.000	0.000
5	Standard		-3.100	4.000	P			0.650		0.000	1.000	0.000
6	IMAGE Standard		Infinity	-				0.183		0.000	0.183	0.000

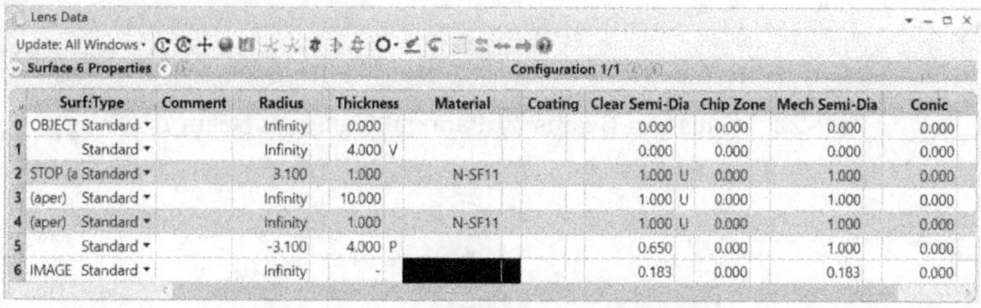

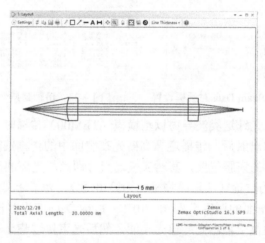

图 9-20　Lens Data 编辑器设置

此时通过 Cross-Section 工具可以看到光路结构图如图 9-21 所示。至此，对该光学系统的初始结构建模已经完成，下一步开始进行优化计算。

图 9-21　Cross-Section 光路结构图

Zemax 对高斯光束传播计算提供了两种计算模块。其一是傍轴高斯光束简化模型；其二是物理光学传播法。这样有了相应两种计算光纤耦合的方法，具体如下。

（1）使用傍轴高斯光束简化模型对光纤耦合系统进行一阶快速优化。

傍轴高斯光束简化模型是基于几何光学近似计算高斯基模在傍轴情况下的传播过程，该方法计算效率高，但是光束局限在傍轴，且只能计算基模。感兴趣的读者可以进一步查阅固态激光工程相关资料。

接下来将建立模型，通过傍轴高斯光传输特性计算，对耦合系统进行一阶快速优化。设置傍轴高斯光束参数，在工具栏 Analyze 中单击 Gaussian Beams 图标，并选择下拉菜单的 Paraxial Gaussian Beam 选项，如图 9-22 所示。打开 Paraxial Gaussian Beam Data 对话框，单击左上角 Settings 按钮，设置参数如图 9-23 所示。

图 9-23 中，M2 因子设为 1，表明传输光为完美的 0 阶基横模，即光强分布为严格的高斯分布，束腰半径为 0.0046mm，对应数据表中基模场直径为 9.2μm。单击 OK 按钮，

Zemax 将自动计算高斯光在系统各个面上的参数，生成如图9-24所示的窗口，显示傍轴高斯光束在各个面上的参数。

图 9-22　Gaussian Beams 与 Paraxial Gaussian Beam 选项

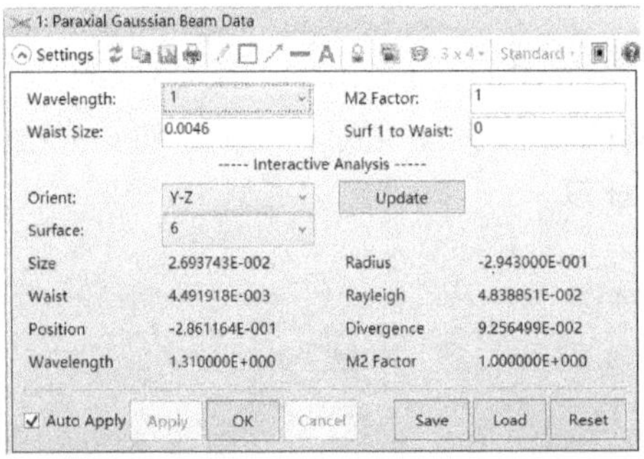

图 9-23　Paraxial Gaussian Beam Data 对话框设置 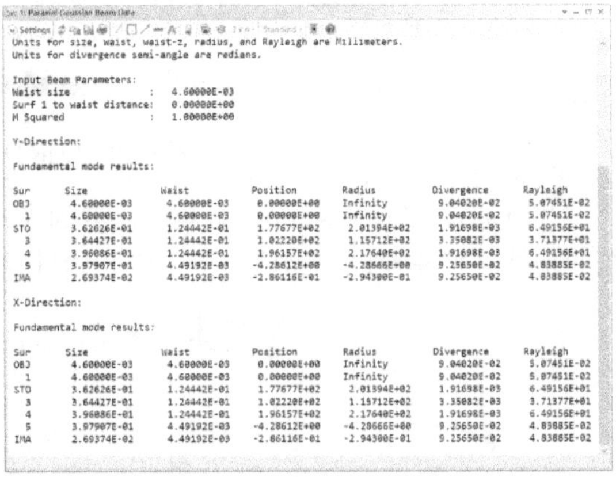　　　图 9-24　傍轴高斯光束在各面上的参数

　　物理光学中，光在光纤这类波导内以基横模（TEM00）传播时，其等相面就是波导的横截面。当其从光纤中出射后，传播遵循高斯光在空间中的传输规律。因此光纤出光端面就是该高斯光在空间中的束腰位置，其对应模场尺寸即束腰光斑的尺寸。Zemax 中，入射光束腰永远在第 1 面的位置（注意：物平面为第 0 面），为了让其位于物平面（输出光纤的输出端面），可将物平面的厚度设为0，相应的 Lens Data 编辑器设置如图9-20所示。如此即可设置高斯光束腰位于输出光纤出光端面，然后光束传过整个耦合系统。

　　对耦合系统的一阶快速优化通过在评价函数中使用 GBPS 操作符实现。GBPS 是傍轴高斯光束在指定平面上的光束半径。对于本例考察的系统，理想的耦合应该使经过透镜后的高斯光束腰在接收光纤入口，且高斯光束腰半径等于 4.6μm。在评价函数表中，只使用GBPS，将第6面的 Target 值设为0.0046mm，权重设为1，如图9-25所示。单击 Optimize! 图标进行优化。

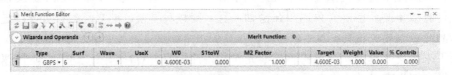

图 9-25　GBPS 操作符设置

　　在 Paraxial Gaussian Beam Data 对话框中单击 Updata 按钮更新数据，优化后的结果报告显示在对话框中，如图9-26所示。可以看到经过优化后傍轴高斯光束在各个面上的特征参数。在接收光纤端面上，光斑尺寸已接近模式半径，且大小就是高斯光束腰大小。此时，最优的光纤端面与透镜的距离是 4.145mm，即第1面和第5面的 Thickness 为 4.145。

```
≍ 1: Paraxial Gaussian Beam Data
⊙ Settings ⇆ ⤢ 🖫 🖶 ✓ □ ▬ A ⧉ 🖩 🖃 1×4 · Standard · 🔀 ❶

X-Direction:

Fundamental mode results:

Sur    Size          Waist         Position       Radius         Divergence     Rayleigh
OBJ    4.60000E-03   4.60000E-03   0.00000E+00    Infinity       9.04020E-02    5.07451E-02
1      4.60000E-03   4.60000E-03   0.00000E+00    Infinity       9.04020E-02    5.07451E-02
STO    3.75728E-01   3.75700E-01   -7.24394E+00   -4.83372E+04   6.34960E-04    5.91692E+02
3      3.75721E-01   3.75700E-01   -3.57211E+00   -3.20809E+04   1.10989E-03    3.38502E+02
4      3.75768E-01   3.75700E-01   1.12358E+01    3.11706E+04    6.34960E-04    5.91692E+02
5      3.75781E-01   4.59984E-03   -4.14498E+00   -4.14560E+00   9.04052E-02    5.07415E-02
IMA    4.60000E-03   4.59984E-03   -4.28082E-04   -6.01493E+00   9.04052E-02    5.07415E-02
```

图 9-26　优化后傍轴高斯光束在各面上的参数

下一步计算光纤耦合效率。首先介绍一下耦合效率的模拟和利用 FICL 参数优化耦合效率。

耦合效率是评价光纤耦合系统好坏的最主要指标。光纤耦合效率是通过重叠积分计算的，假设接收光纤的传输模式在出纤时的分布为 $W(x,y)$，而入射光的光场分布为 $E_r(x,y)$，在两者都是归一化的情况下，接收光纤对高斯光束的接收效率由以下重叠积分给出：

$$\eta_{\text{receiver}} = \frac{\left| \iint E_{\text{r}}(x,y) \times W^*(x,y) \mathrm{d}x\mathrm{d}y \right|^2}{\iint \left| E_{\text{r}}(x,y) \right|^2 \mathrm{d}x\mathrm{d}y \times \iint \left| W(x,y) \right|^2 \mathrm{d}x\mathrm{d}y} \tag{9-13}$$

而在耦合系统中光从入瞳到出瞳的系统能量传输效率定义为

$$\eta_{\text{system}} = \left| \frac{\iint t(x,y) \times E_{\text{s}}(x,y) \mathrm{d}x\mathrm{d}y}{\iint E_{\text{s}}(x,y) \mathrm{d}x\mathrm{d}y} \right|^2 \tag{9-14}$$

式中，$t(x,y)$ 是系统对光场的传输函数，$E_s(x,y)$ 是入射光场分布。系统整体耦合效率由两者的乘积计算。在 Zemax 中，单模光纤耦合计算功能将利用以上方式对傍轴高斯光耦合效率进行计算。在经过一阶快速优化的系统基础上，单击工具栏 Analyze 中的 Fiber Coupling 图标，如图 9-27 所示。

图 9-27　Fiber Coupling 图标

在下拉菜单中选择 Single Mode Coupling 选项。在窗口左上角 Settings 中设置光源和接收光纤的数值孔径（NAx，NAy）都为 0.09，并将采样点数增大到 128×128。确定后可以看到一阶快速优化后的光纤耦合效率，如图 9-28 所示。

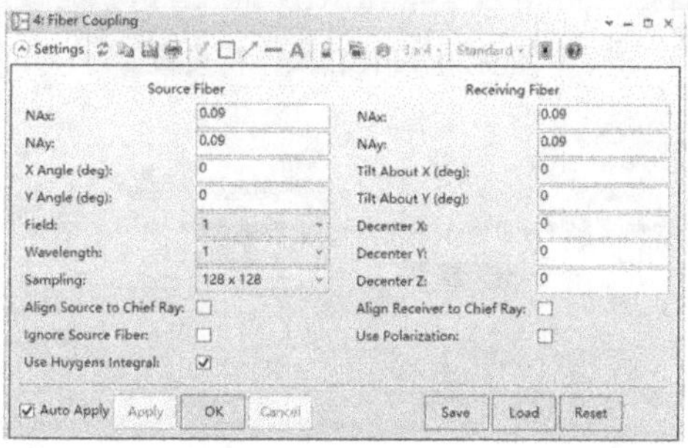

图 9-28　Fiber Coupling 设置

耦合中光能的损失包含两个部分，一部分是耦合光路中元件尺寸形成的光阑效应导致的能量损失，另一部分是光束在接收光纤处的模式失配导致的。系统整体效率受到这两个因素的共同影响。经过傍轴高斯光束方法优化后给出了 System（系统）、Receiver（接收器）和 Coupling（系统整体耦合）三个效率。可以看到系统整体耦合效率是 50.4482%（−2.9715dB），如图 9-29 所示。

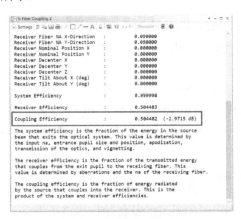

图 9-29　Fiber Coupling 对话框中耦合效率计算结果

在此基础上可以以耦合效率为评价标准进一步优化参数。这里要采用的是专门对光纤耦合效率进行优化的操作符 FICL。重新打开 Merit Function Editor 对话框，去掉原来的优化操作符，只设置 FICL。将采样平面设为第 3 面，并设置耦合效率目标值为 1，相关设置如图 9-30 所示。变量依然是光纤到透镜的距离，即第 1 面的 Thickness 依旧为变量，后缀为 V。单击 Optimize！图标，效果如图 9-31 所示。经过一次优化后，光纤到透镜的距离被修正为 4.073mm，系统整体耦合效率提高到了 77.2233%，如图 9-32 所示。

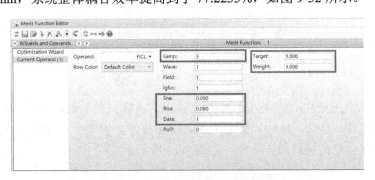

图 9-30　FICL 操作符设置

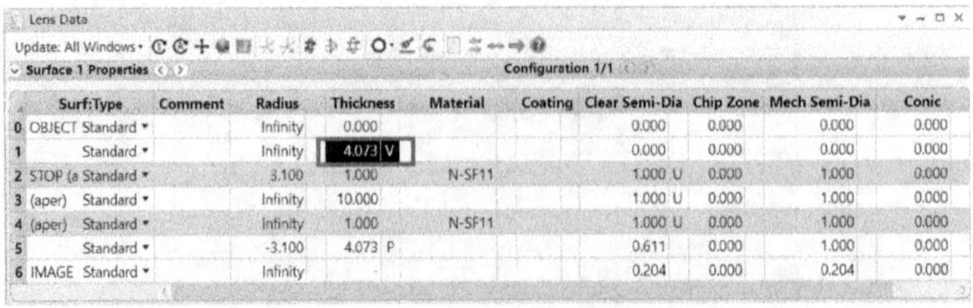

	Surf:Type	Comment	Radius	Thickness	Material	Coating	Clear Semi-Dia	Chip Zone	Mech Semi-Dia	Conic
0	OBJECT Standard ▾		Infinity	0.000			0.000	0.000	0.000	0.000
1	Standard ▾		Infinity	4.073 V			0.000	0.000	0.000	0.000
2	STOP (a Standard ▾		3.100	1.000	N-SF11		1.000 U	0.000	1.000	0.000
3	(aper) Standard ▾		Infinity	10.000			1.000 U	0.000	1.000	0.000
4	(aper) Standard ▾		Infinity	1.000	N-SF11		1.000 U	0.000	1.000	0.000
5	Standard ▾		-3.100	4.073 P			0.611	0.000	1.000	0.000
6	IMAGE Standard ▾		Infinity				0.204	0.000	0.204	0.000

图 9-31　Lens Data 编辑器设置

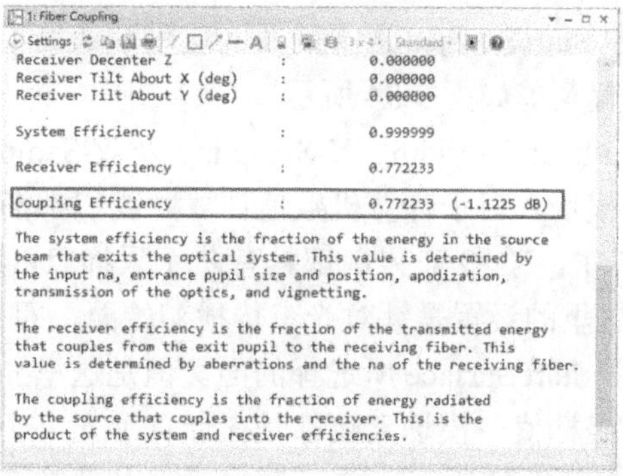

图 9-32　优化后 Fiber Coupling 工具中耦合效率计算结果

（2）物理光传播（Physic Optics Propagation，POP）模型下的光纤耦合优化。

POP 在描述激光在两根光纤中的耦合时是一个更加准确的方式，虽然耦合效率的计算与傍轴高斯光近似中一样，也是通过重叠积分获得的，但 POP 具有更多的优点。

① 传输激光不再局限于高斯模，高阶横模场也可以被定义和计算；

② 在接收光纤的模式已知的情况下，耦合系统的重叠积分可以在任意表面计算，而不局限于接收光纤的端面；

③ 由于元件尺寸效应引起的光衍射效应将能被更准确地建模和计算。

下面将使用 POP 对上面讨论的光纤耦合系统进行优化计算。

选择工具栏 Analyze 选项并单击 Physical Optics 图标，打开 Physical Optics Propagation 窗口。单击图框中 Settings 按钮，在 General 设置选项中确认传输的起始面、终止面和波长等信息。这些信息一般在系统中已经自动确定了，这里使用默认设置。图 9-33 中的设置表示软件计算光束从初始面（第 1 面）传播到最后一面（像面）。注意这里不用勾选 Use Polarization 复选框，即不考虑折射率界面的光反射。如有需要，则可进行修改。

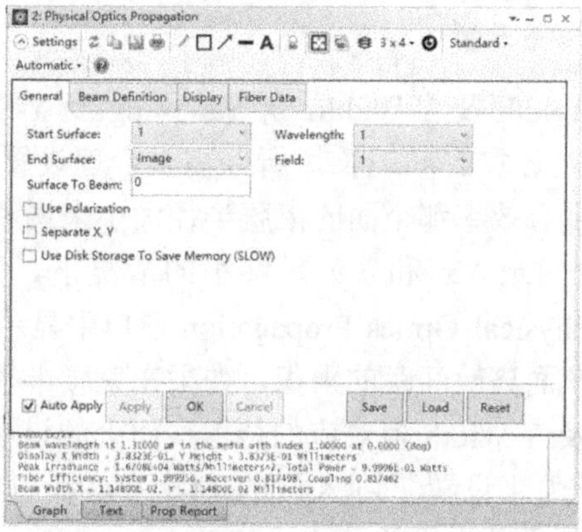

图 9-33　Physical Optics Propagation 窗口的设置

在光束定义选项 Beam Definition 中，首先修改 X-Sampling 与 Y-Sampling，即采样率，采样率越大计算越精确，但计算量也越大，耗时也越长。本例中将 X、Y 采样率设为 256，然后输入起始点的束腰半径（Waist X 与 Waist Y），本例中为 0.0046mm。输入后单击 Automatic 按钮，系统将自动优化生成 X-Width 和 Y-Width 的数值。该值表示设置的光束初始面即 General 选项中 Start Surface 选择的面（这里默认第 1 面）上用于计算的采样阵列所覆盖的几何范围。设置菜单如图 9-34 所示。

图 9-35 展示了 X-Width 及 Y-Width、X-Sampling 及 Y-Sampling 和离散间距 Δx 及 Δy 的关系，阴影区域表示光模场。对于计算机数值计算，我们都需要对物理量进行离散化处理，即数值采样。图 9-35 中，X 和 Y 方向都具有 7 个采样点，即 X-Sampling/Y-Sampling 都为 7。需要注意的是，这里的设置是针对光束传播初始面，即 Physical Optics Propagation 窗口的设置 General 选项中 Start Surface 所选择的面。但是这里显示的模场是系统默认的像面，所以模场图中显示的坐标值、模场离散都是在计算了光束经过透镜传播后在像面上的结果。当然可以在 General 选项的 End Surface 项中选择其他待考察面查看模斑。如果不能清晰理解其中关系，那么读者在参数设置中容易混淆计算数据，尤其是相关设置对计算耦合效率的影响很大，容易得到不准确的值。

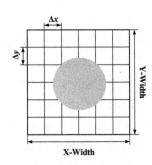

图 9-34　Physical Optics Propagation 图框中　　　图 9-35　Beam Definition 参数中采样示意图
Beam Definition 参数设置

另外，对于确定的 X-Width 及 Y-Width，X-Sampling 及 Y-Sampling，其值越大，计算的耦合效率精度越高，但是计算时间越长，所以需要合理设置该值。此外，需要注意的是，软件会自动根据计算耦合效率那个面的束腰半径大小来调整模场计算的区域。如果在束腰很小，软件确保离散间距 Δx 和 Δy 足够小的情况下，那么以 X-Sampling 及 Y-Sampling 设置的值优先。Physical Optics Propagation 窗口中显示的待考察面上模场 X 和 Y 方向宽度为采样点数目和该面离散间距的乘积。如果在束腰半径较大的情况下，软件直接显示用户设置的 X-Width 及 Y-Width 值对应的待考察面上的模场图，那么读者在设置中需要根据模场离散情况进行优化设置。刚入门的读者可以利用简单的办法，即直接单击 Autmomatic 按钮，采用软件自动生成的参数。

设置好以后，系统生成了第 1 面上的束腰半径为 0.0046mm 的一个高斯光斑，它将在系统中传播，并在需要的位置进行重叠积分计算。

在 Fiber Data 选项中勾选 Compute Fiber Coupling Integral（计算光纤耦合积分）复选框，并设置相关参数如图 9-36 所示。

POP 将计算出传播到像面的光场的分布，并显示光纤耦合效率，图 9-37 中分别给出了系统（99.9956%）、接收器（81.7498%）和总耦合效率（81.7462%）。注意 POP 计算得到的耦合效率与图 9-32 中 Fiber Coupling 工具得到的结果略有差别。

在 Settings 的 Display 选项的 Show As 中选择 False Color，Data 选择 Irradiance，结果如图 9-37 所示。读者可选取感兴趣的物理量进行显示，如显示接收端面位置的光场强度或相位分布。设置菜单如图 9-38 所示，图中 Shown As 选择 Cross X，即选取显示 X 方向截面。Data 选择显示 Phase，即显示的物理量是相位。相位对于考察模式匹配是一个非常有参考意义的指标，特别是在光场不是完美的高斯分布时（如设置 M2 因子参数为 1.1）。由于单模光纤端面的模式相位截面图应该处处相等，因此相位截面图可直观地反映出不匹配点的位置。注意，图 9-39 中相位分布的中心附近，曲线形状是抛物线或四阶函数型的，与聚焦球差一致，且在光束的边缘部分，即离光轴距离较远的位置，相位偏差增大。这说明球面耦合镜的成像球差引起的模式失配是影响耦合效率的一个主要原因。

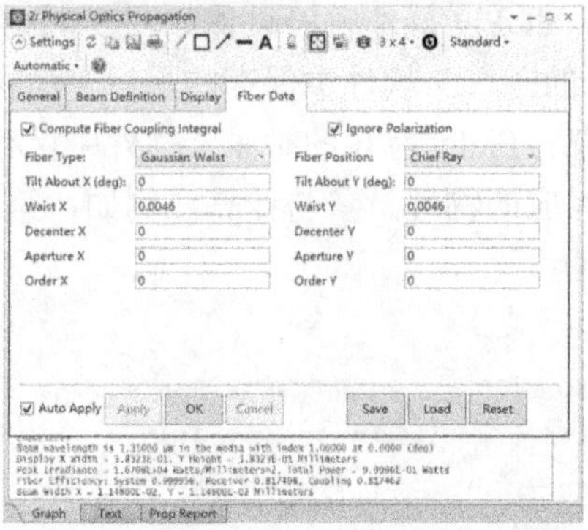

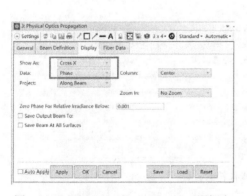

图 9-36　Physical Optics Propagation 图框中
Fiber Data 选项参数设置

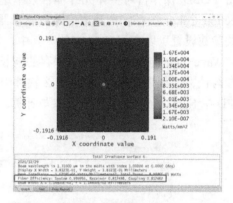

图 9-37　Physical Optics Propagation 图框中
光纤耦合计算结果

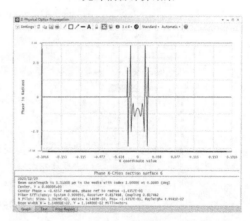

图 9-38　Physical Optics Propagation 图框中
设置显示相位沿 X 轴截面的变化情况

图 9-39　Physical Optics Propagation 图框中第 6 面上
X 方向相位分布曲线

下面使用 POPD 操作符进行 POP 情况下优化耦合光路，并分析系统自动优化的结果。POP 下的光路优化操作符是 POPD，可以用来优化光纤耦合效率、系统耦合效率、接收效率、理想光束的束腰尺寸、实际光束的尺寸、最后的 M2 参数和其他更多参数。图 9-40 所示为 Zemax 软件 Help 文件中对 POPD 操作符的介绍。

POPD

Physical Optics Propagation Data. For important details see the "About Physical Optics Propagation" section of the Help Files.

To use this operand, first define the settings on the POP analysis feature as desired, then press Save on the settings box. The operand will return data based upor the selected settings.

If **Surf** is zero, then the saved ending surface number will be used; otherwise, the specified surface will be used as the ending surface. If **Wave** is zero, then the saved wavelength number will be used; otherwise, the specified wavelength number will be used. If **Field** is zero, then the saved field number will be used; otherwise, the specified field number will be used.

Data determines what data the POP feature will compute and return as follows:

0: The total fiber coupling. This is the product of the system efficiency and the receiver efficiency.

1: The system efficiency for fiber coupling.

2: The receiver efficiency for fiber coupling.

3: The total power.

4: The peak irradiance.

5, 6, 7: The pilot beam position, Rayleigh range, beam waist (x).

8, 9, 10: The pilot beam position, Rayleigh range, beam waist (y).

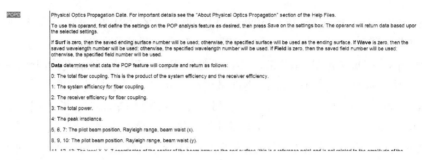

图 9-40　Zemax 软件 Help 文件中对 POPD 操作符的介绍

首先重新将两个透镜间的距离设为变量，即将第 3 面的 Thickness 设置为变量，如图 9-41 所示。而将光纤与透镜的距离固定，后缀改成 Fixed（该值之前已经完成优化）。利用 POPD 操作符对整体光纤耦合效率进行优化。单击工具栏 Optimize 选项里面 Merit Function Editor 图标，打开评价函数编辑器对话框，POPD 操作符的设置如图 9-42 所示。相关参数设置可以查阅 Help 文件。其中，Surf 为 0 的时候，软件中保存的最后一面参与计算；Wave 为 0 的时候，软件中保存的波长参与计算；Field 为 0 的时候，软件中保存的视场参与计算。如果是非 0 数，那么软件中该序号对应的物理量参与计算。例如，第 2 行 POPD 中 Surf 为 6，表示第 6 面参与计算。

	Surface Type		Comment	Radius	Thickness	Material	Coating	Clear Semi-Dia	Chip Zone	Mech Semi-Dia	Conic	TCE x 1E-6
0	OBJECT	Standard		Infinity	0.000			0.000	0.000	0.000	0.000	0.000
1		Standard		Infinity	4.073			0.000	0.000	0.000	0.000	0.000
2	STOP (aper)	Standard		3.100	1.000	N-SF11		1.000 U	0.000	1.000	0.000	-
3	(aper)	Standard		Infinity	10.000 V			1.000 U	0.000	1.000	0.000	0.000
4	(aper)	Standard		Infinity	1.000	N-SF11		1.000 U	0.000	1.000	0.000	-
5		Standard		-3.100	4.073 P			0.611	0.000	1.000	0.000	0.000
6	IMAGE	Standard		Infinity	-			0.204	0.000	0.204	0.000	0.000

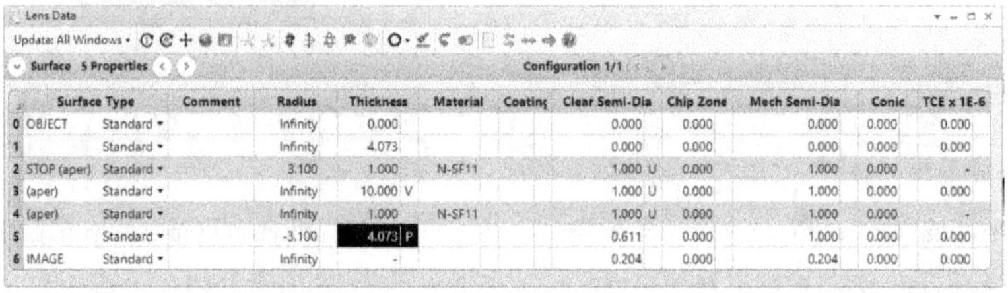

图 9-41　Lens Data 编辑器设置

	Type	Surf	Wave	Field	Data	Xtr1	Xtr2	Target	Weight	Value	% Contrib
1	BLNK	Total fiber coupling efficiency (Data=0)									
2	POPD	6	0	0	0	0.000	0.000	1.000	1.000	0.600	100.000
3	BLNK	System efficiency (Data=1)									
4	POPD	0	0	0	1	0.000	0.000	0.000	0.000	0.734	0.000
5	BLNK	Receiver efficiency (Data=2)									
6	POPD	0	0	0	2	0.000	0.000	0.000	0.000	0.818	0.000
7	BLNK	Pilot beam waist mm (Data=10)									
8	POPD	0	0	0	10	0.000	0.000	0.000	0.000	4.547...	0.000
9	BLNK	Beam radius at last surface mm (Data=23)									
10	POPD	0	0	0	23	0.000	0.000	0.000	0.000	0.011	0.000
11	BLNK	M2 factor (Data=26)									
12	POPD	0	0	0	26	0.000	0.000	0.000	0.000	2.781	0.000
13	DMFS										
14	BLNK	Sequential merit function: RMS wavefront centroid GQ 3 rings 6 arms 6									

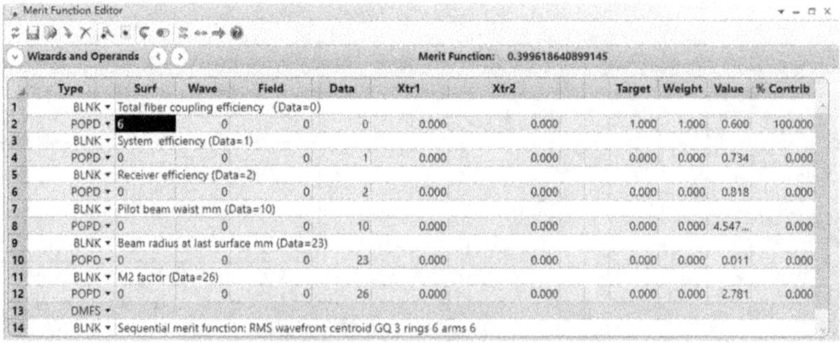

图 9-42　POPD 操作符的设置

单击 Optimize!图标进行优化。这里优化时间略长，需要 3～4 分钟。一次优化后得到最佳透镜间距离是 128.713mm，系统整体耦合效率是 92.2033%，如图 9-43 所示。在图框中单击 Settings 按钮，在 Display 选项中设置 Show As 为 Corss X，Data 为 Phase，即从 X 方向截面的相位变化图，如图 9-44 所示。可以看出系统这样调整的原因：通过增大透镜间距，减小了在接收面上的相位偏差，提高了接收效率。虽然系统效率会因为光束发散而损失一部分，但最终的光纤耦合效率还是会得到提高。

在 Zemax 中可以通过 Universal Plot（通用绘图）功能计算光纤耦合效率随某个具体结构参数的变化曲线，从而考察光纤耦合效率对于该变量的灵敏度。该功能所计算的参数设置需要和 Merit Function Editor 窗口中的操作符对应起来。

单击工具栏中 Analyze 按钮，选择 Universal Plot 选项，进一步在下拉菜单中选择 1-D 和 New 选项。跳出 Universal Plot 1D 窗口。在 Settings 对话框中设置 Surface 项变量为 Thickness（两透镜间距），Surface 为 3，Start Value 为 125，Stop Value 为 135，操作符为 POPD，设置 Data 为 0 对应系统整体耦合效率。Data 不同的值计算的物理量可以在 Merit Function Editor 窗口中查阅。其他设置如图 9-45 所示。

图 9-46 给出了系统整体耦合效率与透镜间距离的关系曲线。由此可研究总的光纤耦合效率随透镜间距离变化的灵敏度情况。

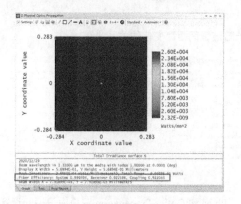

图 9-43　基于 POP 模型光纤耦合计算结果

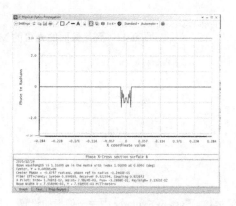

图 9-44　第 6 面上 X 方向相位分布曲线

图 9-45　Universal Plot 1D 窗口设置

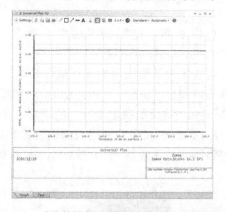

图 9-46　系统整体耦合效率随透镜间距离变化的关系曲线

此外，我们还可以得到 M2 因子随透镜距离的变化曲线。注意在 Universal Plot 1D 窗口 Settings 设置中将 POPD 的 Data 改为 26，即 M2 因子的编号。其他参数保留原来值。可以看到此时光束的 M2 因子已达到了 2.8，如图 9-47 所示。这已经不再是好的基模了，因此使用 FICL 难以准确地得到更贴近实际结果的光纤耦合效率值。

上述计算中并没有考虑不同折射率截面上的反射和材料吸收情况。但是在真实情况中，在折射率界面存在反射，这些在 Zemax 中也可以实现。如图 9-48 所示，在 System

Explorer 对话框中设置 Polarization 选项，不要勾选 Unpolarized 复选框，而在 Physical Optics Propagation 窗口中勾选 Use Polarization 复选框（使用偏振），如图 9-49 所示。

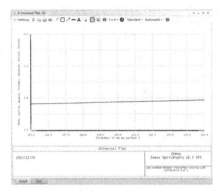

图 9-47 到达像面的光束的 M2 因子随透镜间距离变化的关系曲线

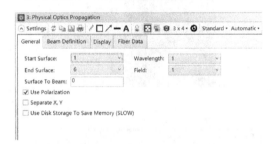

图 9-48 System Explorer 中关于偏振的设置　图 9-49 Physical Optics Propagation 窗口中偏振的设置勾选 Use Polarization 复选框

　　可以看到，使用偏振后由于考虑光在界面处的反射，系统整体耦合效率降低到 67.7171%，如图 9-50 所示。

　　可以采用镀膜来增加光纤耦合效率。在 Lens Data 中，在第 2 面~第 5 面折射率界面上双击，跳出 Surface # Properties 对话框。单击 Coating 按钮，选择 AR 选项，即 Anti-Reflection（抗反射或增透膜）的缩写，如图 9-51 所示。也可以在 Lens Data 中 Coating 输入 AR。Zemax 将自动调用内部镀膜参数信息，相关更为详细的介绍在 6.3.2 节。设置后系统整体耦合效率提高到 91.7936%，如图 9-52 所示。

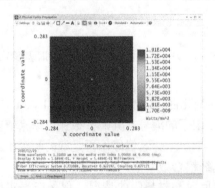
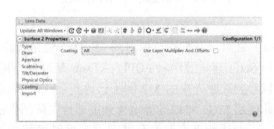

图 9-50 Physical Optics Propagation 图框中　　　　　图 9-51 在 Lens Data 中关于镀膜的设置
光纤耦合效率计算结果

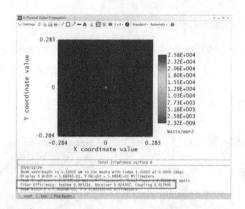

图 9-52　设置 AR 镀膜后 Physical Optics Propagation 图框中光纤耦合效率计算结果

4．本例总结

本节通过一个双透镜耦合系统耦合两根单模光纤的示例，主要知识点如下。

（1）建立和设置耦合系统光路；

（2）使用傍轴高斯光束模型了解和优化光学系统的 1 阶参数，这是一个基于光线光学的方法，这在系统中传播的光在高斯基模且衍射效应可以忽略时是有效的；

（3）利用 POP 方法在 1 阶参数优化的基础上进一步优化了系统参数，使用 POPD 操作符优化了耦合透镜间的距离，并考察了系统特定性能对特定参数的灵敏度；

（4）简单介绍了其他参数的影响，如表面反射和材料吸收，在仿真中对增透镀膜和吸收的效应都能进行模拟。

9.3.2　优化非球面镜实现半导体激光器与单模光纤的高效耦合

1．设计要求

使用一个非球面透镜将具有非轴对称椭圆光斑输出的 1.550μm 半导体激光器（Laser Diode，LD）芯片的发射光耦合进单模光纤中，获得最大的耦合效率，并进一步考察透镜界面反射对优化结果的影响。具体内容如下。

（1）建立耦合系统的光路模型；

（2）使用物理光传播（POP）和手动参数调整优化耦合效率；

（3）使用耦合效率和接收端模式匹配的相关操作符优化耦合效率；

（4）使用偏振设置模拟和优化存在界面反射情况下的耦合效率。

2．补充知识

互联网、移动通信及数据中心等信息技术的底层通信网络都是光纤网络。而光纤通信的光源绝大部分都是半导体激光器，其也是光电子器件中最为关键的器件之一。半导体激光器芯片由于其波导结构形状，光斑不是轴对称的圆斑，而是在 x、y 方向有不同发散角的椭圆形光斑。在使用中通常需要将激光器输出光耦合进单模光纤（圆形模斑）。因此半导体激光器与单模光纤的耦合是半导体激光器光学设计的核心。对于这种情况，使用简单的球面镜耦合往往效率不高。若需要高耦合效率，则会较多地采用非球面微透镜，对光斑进行整形和聚焦。接下来将演示这种情况下 Zemax 的模拟与优化过程。

3. 仿真分析

已知某一款 1.550μm 半导体激光器芯片，其光斑参数为 x 轴方向发散角 25°，y 轴方向发散角 35°，如图 9-53 所示。注意此处的角度为半角。非球面透镜外形尺寸参数如图 9-54 所示。

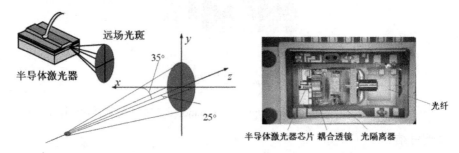

图 9-53　半导体激光器光斑示意图及激光器蝶形封装内部结构实物图
（由南京大学现代工程与应用科学学院集成微波光子学实验室提供）

激光器发光后经过透镜耦合到光纤，可以近似认为激光器端面发光点是点物，经过透镜后成像在光纤端面，然后耦合到光纤。其中半导体激光器侧的通光孔径为 0.48mm，光纤侧的通光孔径为 0.76mm，厚度为 0.8mm。图 9-54 提供了参考的透镜参数：半导体激光器到透镜距离为 0.25mm，光纤到透镜距离为 2.92mm。这些参数可以作为建立模型时的初始物、像距值。

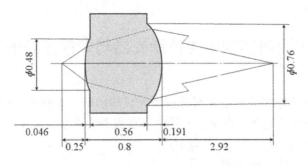

图 9-54　非球面透镜外形尺寸参数

此外，模型参数中需要填上前后镜面的曲率半径、透镜厚度，并选择正确的非球面类型（Odd Asphere 或 Even Asphere），填上非球面相关的参数：Conic 和高阶非球面系数。由于不是对透镜本身进行设计的，上述参数一般通过向非球面透镜供应商索取获得。由咨询到的在 1.550μm 波长透镜玻璃折射率为 1.5673，这里与 1.310μm 波长一样，1.550μm 波长也是光通信常用波长。在该面 Material 后缀对话框 Glass solve on Surface 2 中，Solve Type 选择 Model，Index Nd 为 1.5673，其余为 0。需要注意的是，Lens Data 中显示折射率为近似值 1.570，后缀显示 M。最后光学系统结构参数设置如图 9-55 所示，其中给出了透镜两个面的非球面系数。

透镜前后通光孔径半径按图 9-54 提供的外形尺寸，设置第 2 面和第 3 面的 Clear Semi-Dia 分别为 0.24mm 和 0.38mm。按照 9.3.1 节中的流程，设置 System Explorer 对话框中 Aperture 选项下的 Aperture Type 选择 Float By Stop Size 选项，Apodization Typ 为 Gaussian

（高斯型），Apodization factor（切趾因子）为 1。Wavelengths 选项中输入波长为 1.550μm。耦合光路本身是一个简单的单透镜成像光路，其中第 0 面与第 1 面重合。主要是为了方便在傍轴高斯近似功能下把束腰设置在物面的位置，这个设置在之前双透镜光纤耦合例子中也使用过。完成透镜编辑后得到的光路结构图如图 9-56 所示。可以看到像面和像点位置略有偏离，这对耦合效率有负面影响。

	Surface Type	Con	Radius	Thickness	Material	Coating	Clear Semi-Dia	Chip Zon	Mech Semi-	Conic	TCE x 1E-6	Par 1(unus
0	OBJI Standard		Infinity	0.000			0.000	0.000	0.000	0.000	0.000	
1	Standard		Infinity	0.250 V			0.000	0.000	0.000	0.000	0.000	
2	STO Even Asphere		0.419	0.800	1.57,0.0 M		0.240 U	0.000	0.380	-10.150	0.000	0.000
3	(ape Even Asphere		-0.389	2.920 V			0.380 U	0.000	0.380	-0.848	0.000	0.000
4	IMA Standard		Infinity	-			0.026	0.000	0.026	0.000	0.000	

	Surface Type	TCE x 1E-6	Par 1(unused	Par 2(unuse	Par 3(unus	Par 4(unuse	Par 5(unused	Par 6(unused)	Par 7(unused)	Par 8(unused)
0	OBJI Standard	0.000								
1	Standard	0.000								
2	STO Even Asphere	0.000	0.000	-0.208	2.759	-6.896	0.000	0.000	0.000	0.000
3	(ape Even Asphere	0.000	0.000	-0.087	1.180	-0.513	7.261	0.000	0.000	0.000
4	IMA Standard	0.000								

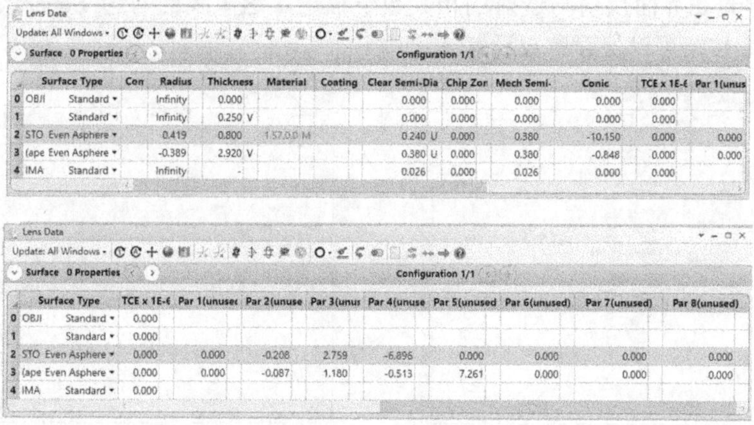

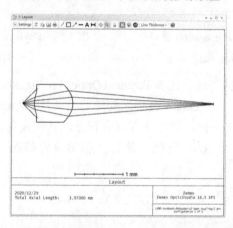

图 9-55　Lens Data 中非球面镜参数设置

图 9-56　耦合系统的 Cross-Section 光路结构图

由于要考察非轴对称的系统，因此这里直接使用物理光传播 POP 功能。在工具栏 Analyze 选项下，单击 Physical Optics 图标，跳出 Physical Optics Propagation 窗口。在窗口的 Settings 中，Beam Definition 选项中设置光束参数。为了得到较为准确的耦合效率同时节约计算时间，X-Sampling 和 Y-Sampling（X，Y 方向的采样点）都设为 1024。读者可以尝试更高的采样点，查看计算的耦合效率是否稳定，如果基本变化不大，则说明 1024 已经满足要求。

单击 Automatic 按钮，得到 X-Width 和 Y-Width 分别为 0.06 和 0.04。这两个参数用于软件自动生成初始平面上的光强分布点列。Beam Type（光束类型）选择为 Gaussian Angle（高斯发散角），并输入 Angle X（X 方向发散角）为 25°，Angle Y（Y 方向发散角）为 35°。注意这里没有对角度进行调整，直接认为是 1/e 边界定义下的发散角。实际根据对光束边界定义的不同，相同光束会有不同的发散角。很多产品参数中的发散角是以半高全宽（FWHM）边界定义的，使用时需要先转换为 1/e 边界定义下的发散角。选择 Total Power 为 1，即归一化处理。具体设置参数如图 9-57 所示。

Physical Optics Propagation 窗口中 General 选项的参数设置如图 9-58 所示。注意暂时不要勾选 Use Polarization 复选框，即一开始不考虑折射率分界面的反射。读者可以查阅菲涅耳公式了解光在界面反射与透射的相关数学描述。这里我们勾选 Separate X，Y 复选框。单击 Save 按钮可以保存参数设置。

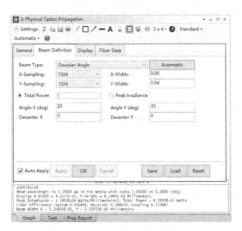

图 9-57　Physical Optics Propagation 窗口　　　图 9-58　Physical Optics Propagation 窗口
中 Beam Definition 设置　　　　　　　　　　　　　中 General 设置

接收光纤端面默认在像平面。选择 Physical Optics Propagation 窗口中 Fiber Data 选项。根据 SMF-28e 光纤参数，对 1.550μm 波长光的模场半径是 5.2μm，因此将 X、Y 方向的半径设为 5.2μm，先选择忽略偏振，计算光纤耦合积分，具体设置如图 9-59 所示。完成设置后单击最下方中的 Save 和 OK 按钮，此时（初始设置情况下）系统整体耦合效率是73.7667%。

图 9-59　Physical Optics Propagation 窗口 Fiber Data 设置

软件直接显示的模场很小，为了方便查看，可以在 Physical Optics Propagation 窗口 Display 选项中，Zoom In 选择 8×。具体光斑形貌图与计算的耦合效率如图 9-60 所示。

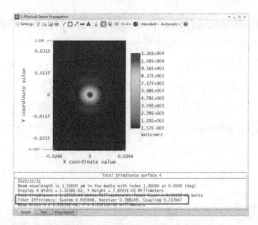

图 9-60　完成初始设置后像面上的光斑形貌图（Zoom In: 8×）和耦合效率

进一步对这个系统的耦合效率进行优化。这里有两个参数需要优化：激光器到耦合透镜的距离（物距）S1 和透镜到光纤的距离（像距）S2。首先采用一种手动调整参数的方法研究耦合效率大小与光束本身参数的关系。

（1）使用 POP 和手动参数调整优化耦合效率。

在光纤耦合例子中已经介绍过，在 POP 功能中对耦合效率的优化使用的是 POPD 操作符。但只设置一个优化参数很难同时将两个变量优化，因此可以先将物距 S1 设为确定值，将 S2 设为变量，即第 3 面 Thickness 为变量。具体在 Lens Data 中设置后的参数如图 9-61 所示。

	Surface Type		Con	Radius	Thickness	Material	Coating	Clear Semi-Dia	Chip Zon	Mech Semi-	Conic	TCE x 1E-6	Par 1(unuse
0	OBJI	Standard ▾		Infinity	0.000			0.000	0.000	0.000	0.000	0.000	
1		Standard ▾		Infinity	0.250			0.000	0.000	0.000	0.000	0.000	
2	STO	Even Asphere ▾		0.419	0.800	1.57,0.0 M		0.240 U	0.000	0.380	-10.150	0.000	0.000
3	(ape	Even Asphere ▾		-0.389	2.920 V			0.380 U	0.000	0.380	-0.848	0.000	0.000
4	IMA	Standard ▾		Infinity	-			0.026	0.000	0.026	0.000	0.000	

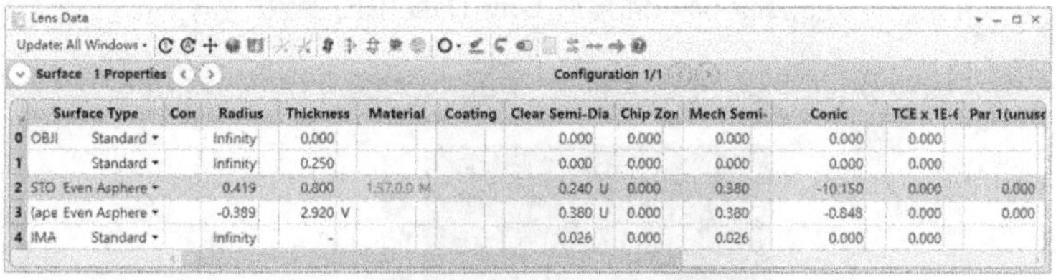

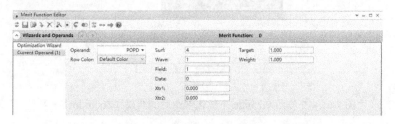

图 9-61　Lens Data 中对物、像距参数设置

设置评价函数，选择操作符为 POPD，并进行如下设置，如图 9-62 所示。

图 9-62　使用 POPD 优化耦合效率的操作符设置

相关参数的说明可以从 Help 文件中查到，其中关键参数是 Surf：4；Wave：1；Field：1；Data：0。Xtr1 与 Xtr2 在 Data 为 0 时并无详细要求，可都设为 0。Target 是耦合效率，此处设为 1(100%)，Weight 为 1。在此参数下进行局部优化计算。单击 Optimize! 按钮，跳出 Local Optimization 窗口如图 9-63 所示。单击 Start 按钮进行优化。此处要注

意，在优化前一定要先在 Physical Optics Propagation 窗口设置中单击 Save 按钮以确保优化是针对当前设置的光场参数进行的，否则会出错。

因为采样点较大，优化计算需要一些时间。如果 Current Merit Function 值长时间没有减小，则单击 Stop 按钮。此时的 Current Merit Function 值为 0.205548929。退出优化，完成后像距 S2 被优化到 2.965mm（见图 9-64），系统整体耦合效率为 79.4451%（见图 9-65）。读者操作时，因为优化停止的时间不同，优化值并不相同。但是没有关系，继续进行下面的操作。

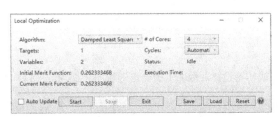

图 9-63　Local Optimization 优化执行窗口

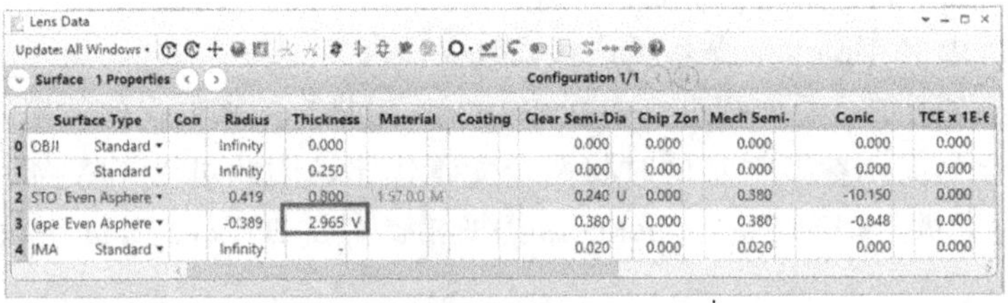

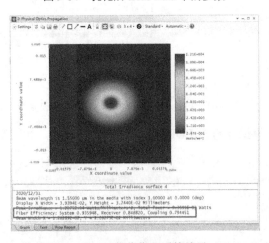

图 9-64　优化后 Lens Data 中的参数

图 9-65　在物距 0.25mm 下优化像距后的结果（Zoom In：8×）

下面手动调整参数优化结合自动优化提高耦合效率。记录当前优化后的最大耦合效率，然后将另一个变量手动地增加或减小一点，并再次执行优化。如果新得到的最优效率比原先的效率高，则继续向相同的方向手动改变变量值，并继续计算最优耦合效率，直到最优耦合效率不再增大。此时最优耦合效率最大值对应的 S1、S2 值就是我们需要的优化结果。对于当前的例子，将物距 S1 增大到 0.252，优化后耦合效率是 72.1762%；将物距减小到 0.248，优化后耦合效率是 70.8438%。可见当前物距已经是较为理想的值了。

（2）通过耦合效率和接收端模式匹配的相关操作符优化耦合效率。

如果仔细查看 Physical Optics Propagation 窗口中显示的耦合效率计算结果，则会发现接收效率较低，说明影响效率的主要是接收端的模式匹配。根据物理原理，理想模式匹配时高斯光束束腰应该正好在光纤接收端面上。因此可以将模式匹配的要求与耦合效率一起放入评价函数中，进行兼顾模式匹配和耦合效率的优化。直接在评价函数中加入傍轴高斯光近似优化的操作符 GBPP 和 GBPS，并保留 POPD 操作符，GBPP 和 GBPS 相关参数设置如图 9-66 所示。

Merit Function Editor

Wizards and Operands　Merit Function: 0.291562363380637

	Type	Surf	Wave	UseX	W0	S1toW	M2 Factor	Target	Weight	Value	% Contrib
1	GBPP	4	1	0	0.000	0.000	1.000	0.000	0.200	0.000	0.000
2	GBPS	4	1	0	0.000	0.000	1.000	5.200E-03	0.200	0.000	0.000
3	POPD	4	1	1	0	0.000	0.000	1.000	0.600	0.708	100.000

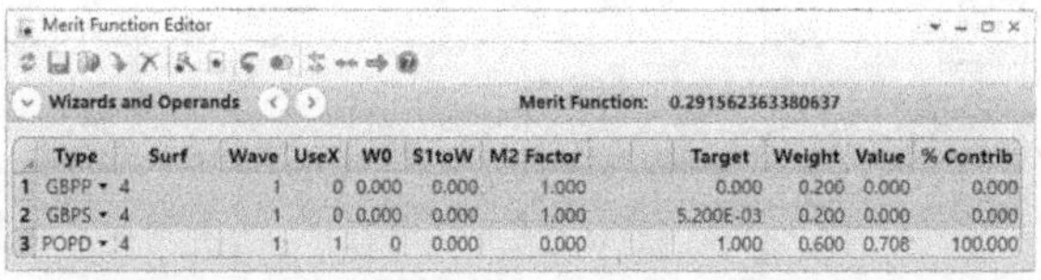

图 9-66　结合傍轴高斯光操作符和 POP 耦合效率操作符的评价函数设置

图 9-66 中，GBPS 是光束尺寸，在第 4 面上满足光纤模式匹配要求的值是光纤纤芯半径 0.0052mm；GBPP 是束腰位置，模式匹配要求束腰就在第 4 面上，距离目标值为 0。权重设置需要以耦合效率为主，模式匹配为辅，因此将 GBPS 与 GBPP 权重设为 0.2，POPD 权重设为 0.6。同时将 S1、S2 都设为变量，单击 Optimize！按钮，进行优化。优化依旧需要一些时间。可以看到 Current Merit Function 值从 0.159234498 减小到 0.159146174。优化后 Lens Data 中的参数如图 9-67 所示。

Lens Data

Update: All Windows

Surface 3 Properties　Configuration 1/1

	Surface Type		Con	Radius	Thickness	Material	Coating	Clear Semi-Dia	Chip Zon	Mech Semi-	Conic	TCE x 1E-
0	OBJI	Standard		Infinity	0.000			0.000	0.000	0.000	0.000	0.000
1		Standard		Infinity	0.250 V			0.000	0.000	0.000	0.000	0.000
2	STO	Even Asphere		0.419	0.800	1.57,0.0 M		0.240 U	0.000	0.380	-10.150	0.000
3	(ape	Even Asphere		-0.389	2.963 V			0.380 U	0.000	0.380	-0.848	0.000
4	IMA	Standard		Infinity	-			0.019	0.000	0.019	0.000	0.000

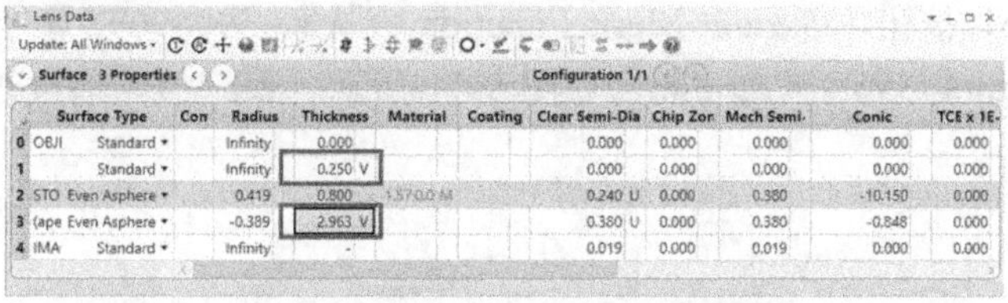

图 9-67　优化后 Lens Data 中的参数

优化后接收器的耦合效率为 84.9831%，比优化前略有提高。系统整体耦合效率为 79.4565%，如图 9-68 所示。优化后的物距和像距分别为 0.250mm 和 2.963mm。可以看到 Thickness 变化非常小，已经很难继续优化了。我们尝试在其他参数方面再优化一次。

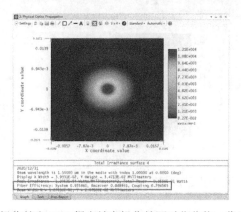

图 9-68　结合傍轴高斯光操作符和 POP 耦合效率操作符同时优化物、像距的结果（Zoom In: 8×）

除使用傍轴高斯光近似中的操作符优化外，通过查阅 Help 文档，可以知道 POPD 操作符本身也包含了针对光束尺寸和束腰位置的优化选项，且可以分别针对 x 轴和 y 轴方向，如图 9-69 所示相关说明。

POPD

Physical Optics Propagation Data. For important details see the "About Physical Optics Propagation" section of the Help Files.

To use this operand, first define the settings on the POP analysis feature as desired, then press Save on the settings box. The operand will return data based upon the selected settings.

If **Surf** is zero, then the saved ending surface number will be used; otherwise, the specified surface will be used as the ending surface. If **Wave** is zero, then the saved wavelength number will be used; otherwise, the specified wavelength number will be used. If **Field** is zero, then the saved field number will be used; otherwise, the specified field number will be used.

Data determines what data the POP feature will compute and return as follows:

0: The total fiber coupling. This is the product of the system efficiency and the receiver efficiency.

1: The system efficiency for fiber coupling.

2: The receiver efficiency for fiber coupling.

3: The total power.

4: The peak irradiance.

5, 6, 7: The pilot beam position, Rayleigh range, beam waist (x).

8, 9, 10: The pilot beam position, Rayleigh range, beam waist (y).

11, 12, 13: The local X, Y, Z coordinates of the center of the beam array on the end surface (this is a reference point and is not related to the amplitude of the beam).

21, 22: The X, Y coordinates of the centroid of the intensity distribution in local coordinates relative to the center of the beam.

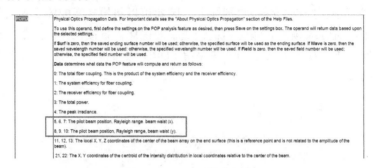

图 9-69　POPD 说明文档

因此，也可以直接将 GBPS 和 GBPP 操作符换成 POPD，如图 9-70 所示。

	Type	Surf	Wave	Field	Data	Xtr1	Xtr2	Target	Weight	Value	% Contrib
1	POPD	4	1	1	5	0.000	0.000	0.000	0.200	0.795	83.293
2	POPD	4	1	1	7	0.000	0.000	5.200E-03	0.200	0.000	3.567E-03
3	POPD	4	1	1	0	0.000	0.000	1.000	0.600	0.795	16.704

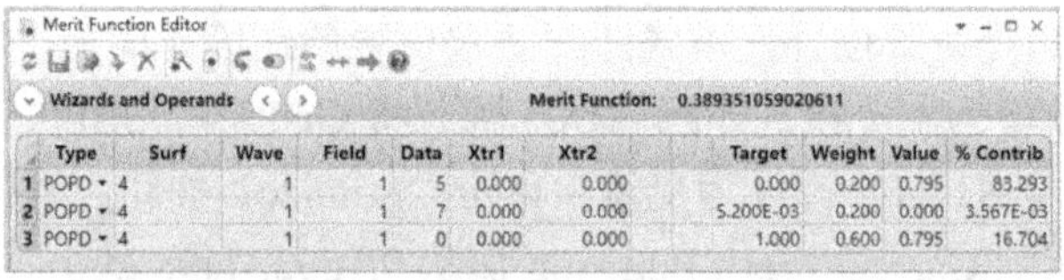

图 9-70　使用 POPD 中的耦合效率和光束参数进行优化的评价函数设置

单击 Optimize！按钮，Current Merit Function 值从 0.159969672 减小到 0.151368377。优化后物距 0.260mm，像距 2.726mm，如图 9-71 所示。系统整体耦合效率是 80.6533%，如图 9-72 所示。

	Surface Type	Con	Radius	Thickness	Material	Coating	Clear Semi-Dia	Chip Zon	Mech Semi-	Conic	TCE x 1E-
0 OBJ	Standard		Infinity	0.000			0.000	0.000	0.000	0.000	0.000
1	Standard		Infinity	0.260 V			0.000	0.000	0.000	0.000	0.000
2 STO	Even Asphere		0.419	0.800	1.57,0.0 M		0.240 U	0.000	0.380	-10.150	0.000
3 (ape	Even Asphere		-0.389	2.726 V			0.380 U	0.000	0.380	-0.848	0.000
4 IMA	Standard		Infinity	-			0.014	0.000	0.014	0.000	0.000

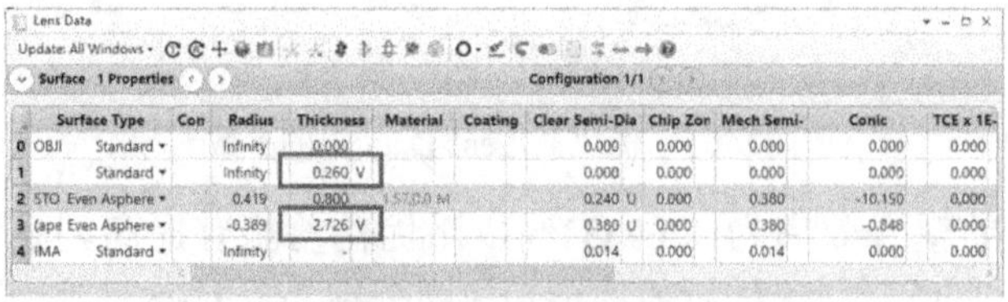

图 9-71　优化后 Lens Data 编辑器参数

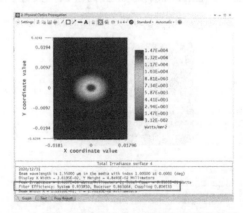

图 9-72　使用 POPD 中的耦合效率和光束参数进行优化的结果（Zoom In: 8×）

（3）使用偏振设置模拟和优化存在界面反射情况下的耦合效率。

为了让模拟更接近真实情况，进一步考虑系统中存在界面反射时的耦合效率。在已优化的系统中，对 Physical Optics Propagation 窗口和 System Explorer 对话框中对偏振进行设置。如图 9-73 所示，在 General 选项中勾选 Use Polarization 复选框，在 Fiber Data 选项中不勾选 Ignore Polarization 复选框，在 System Explorer 对话框中不勾选 Unpolarized 复选框。

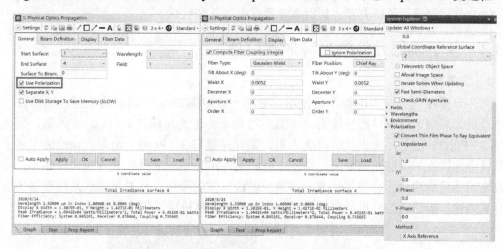

图 9-73　考察存在界面反射的系统时对偏振的设置

此时由于折射率分界面光反射作用，系统整体耦合效率下降到 73.0861%，如图 9-74 所示。

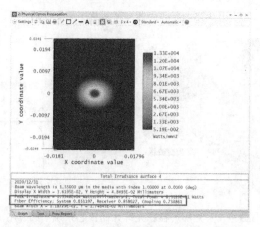

图 9-74　考虑界面反射后耦合效率的仿真结果（Zoom In: 8×）

我们考虑消除界面反射，在第 2 面和第 3 面上设置镀膜为 AR 膜，即增透膜。可以看到系统整体耦合效率重新提高到 77.9984%。读者可以在考虑偏振和增透镀膜后继续使用如图 9-70 所示的 POPD 操作符，再次单击 Optimize!按钮进行优化，考察耦合效率的变化。

4．本例总结

本例介绍了优化使用一个非球面透镜对具有椭圆光斑的半导体激光器和单模光纤进行耦合的系统的过程，主要知识点如下。

（1）对具有非轴对称椭圆光斑的光源在 POP 菜单下的设置；

（2）使用 POPD 操作符对耦合效率进行优化，并研究系统物距变化对优化后效率的影响；

（3）设置光束形貌操作符和耦合效率操作符结合的评价函数，同时优化具有两个变量的系统；

（4）使用偏振设置研究存在折射率界面反射的系统优化。

9.3.3 基于偏振元件的光环形器设计

1. 背景概述

光环形器在光纤技术中被广泛使用，它是一种多端口输入/输出的非互易性器件，让光信号只按照规定的端口顺序传输。如图 9-75 所示，若光从端口 1（Port1）入射，则光从端口 2（Port2）出射；若光从端口 2 入射，则光从端口 3（Port3）出射。该性能实现了光纤系统中入射光和反射光的分离。具体应用如图 9-76 所示的光纤应变分布式传感器。光纤布拉格光栅受到应变后会发生形变，导致反射波长发生变化。反射光通过光环形器传输到信号解调仪，最后通过分析反射谱的变化判断被测物体桥梁等的应变情况。

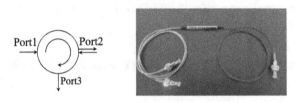

图 9-75　光环形器光路示意图与实物图

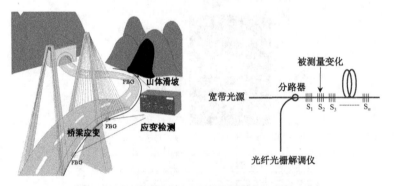

图 9-76　光环形器在光纤光栅传感系统中的应用

2. 知识补充

偏振是光波信息的一大要素，偏振元件已被广泛地用于光通信、成像、量子通信等光学系统中。图 9-77 是一种典型的基于偏振元件的偏振无关光环形器结构。其主要由偏振分束器（PBS）、45 度法拉第旋转器和 45 度石英波片组成。

偏振分光棱镜是一种常用的光学元件，如图 9-78 所示。它可以实现两个正交偏振光的分束。直角棱镜的反射面镀制了多层膜结构，光线以布鲁斯特角入射时，P 偏振光透射率为 1，而 S 偏振光透射率小于 1。因多层膜结构，P 偏振分量完全透过，而绝大部分 S 偏振分量被反射（至少 90%以上）。

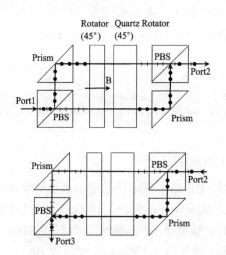

图 9-77　偏振分光棱镜的光环形器 PBS：偏振分束器；　　　图 9-78　偏振分光棱镜光路示意图

　　　　Rotator(45°)：45 度法拉第旋转器；

　　　　Quartz Rotator(45°)：45 度石英波片

　　如图 9-77 所示，自然光从 Port1 入射时，经过偏振分光棱镜后，P 光透射并经过 45 度法拉第旋转器和 45 度石英波片后变为 S 光在 Port2 出射。而经过偏振分光棱镜后被反射的 S 光，经过 45 度法拉第旋转器和 45 度石英波片后变为 P 光，然后在 Port2 出射。而当自然光从 Port2 入射时，P 光通过 45 度石英波片与 45 度法拉第旋转器。因为 45 度石英波片与 45 度法拉第旋转器对于光偏振旋转角度相反，所以从 Port3 透射的依旧是 P 光。类似地，S 光在 Port3 出射也是 S 光。

3．设计分析

　　接下来用 Zemax 建模仿真环形器。运行 Zemax 软件，并在工具栏 Setup 中单击 Non-Sequential 按钮，即非序列模型，如图 9-79 所示。与混合模型情况不同，这是纯非序列模型。当我们选择后软件会提示序列模型的数据都会被删除。同时，Lens Data 编辑器改变为 Non-Sequential Component Editor。因为在纯非序列模型中光线追迹没有定义必须按照面的顺序进行，而是根据光线的实际方向及面的物理特性和位置来决定的。因此对于偏振分束器等具有分束、反射和折射的复杂系统，纯非序列建模相对简单一些。

图 9-79　Non-Sequential 图标

　　首先在 Non-Sequential Component Editor 中插入 10 行备用。

　　第 1 物体选择 Source Gaussian 来模拟实际使用中的光束，Layout Rays 设置为 10，Analysis Rays 设置为 100000，Power(Watts)设置为 1，Beam Size 设置为 0.5，此项设置为光束的光斑半径(1/e^2)，Gaussian 光源设置还有一个比较重要的参数 "Position"，其意义为

点光源到光斑平面的距离，如果为 0，则为平行光。或者说当前物体发光表面上光束相对于束腰的位置，表面在束腰左边时为负，在右边时为正。此处假设为平行光，因此采用默认值 0 即可，其余也为默认值。最后设置的 Non-Sequential Component Editor 如图 9-80 所示。

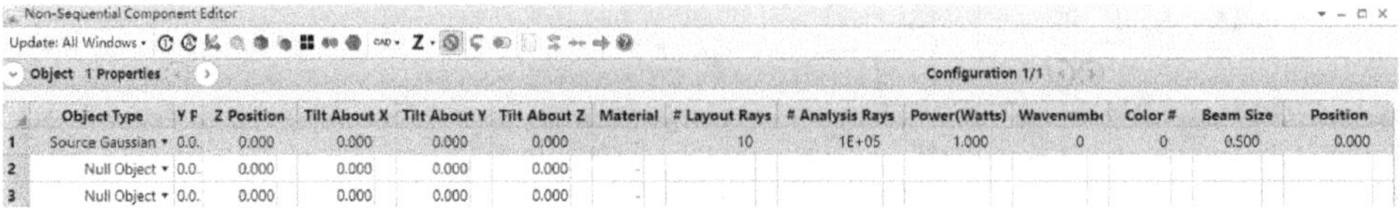

Non-Sequential Component Editor

Update: All Windows · Object 1 Properties · Configuration 1/1

	Object Type	Y P	Z Position	Tilt About X	Tilt About Y	Tilt About Z	Material	# Layout Rays	# Analysis Rays	Power(Watts)	Wavenumb	Color #	Beam Size	Position
1	Source Gaussian	0.0.	0.000	0.000	0.000	0.000		10	1E+05	1.000	0	0	0.500	0.000
2	Null Object	0.0.	0.000	0.000	0.000	0.000	-							
3	Null Object	0.0.	0.000	0.000	0.000	0.000	-							

图 9-80　光源的参数设置

第 2 物体选择 Polygon Object。Zemax 软件中自带了很多种常用的多边形结构。这里选择 Prism45.POB，意思为 45 度等腰直角棱镜。如果需要的复杂结构 Zemax 软件中没有，设计者也可以通过诸如 Solidworks 等机械画图软件建模后导入，具体操作可以参考 Help 文档。

选择 Prism45 后，参数设置如下：Z Position 设置为 1，Material 设置为 BK7，其余参数默认设置即可。相关参数说明：X Position、Y Position、Z Position 为物体的绝对位置坐标，Tilt About X、Tilt About Y、Tilt About Z 分别为绕 x 轴、y 轴、z 轴的倾斜，Scale 为物体放大比例，Is Volume？设置为 0 时，第 2 物体为非实体，设置为 1 时，第 2 物体为实体。

第 3 物体同样选择 Polygon Object 下的 Prism45.POB，Z position 设置为 3，Tilt about X 设置为 180，Material 设置为 BK7，其余为默认设置，如图 9-81 所示。

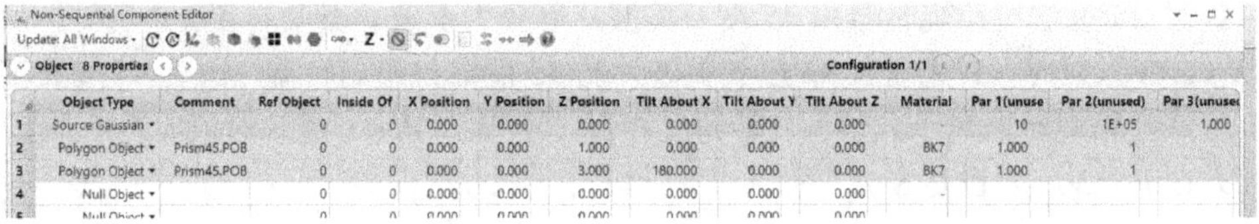

Non-Sequential Component Editor

Update: All Windows · Object 8 Properties · Configuration 1/1

	Object Type	Comment	Ref Object	Inside Of	X Position	Y Position	Z Position	Tilt About X	Tilt About Y	Tilt About Z	Material	Par 1(unuse	Par 2(unused)	Par 3(unuse
1	Source Gaussian		0	0	0.000	0.000	0.000	0.000	0.000	0.000	-	10	1E+05	1.000
2	Polygon Object	Prism45.POB	0	0	0.000	0.000	1.000	0.000	0.000	0.000	BK7	1.000	1	
3	Polygon Object	Prism45.POB	0	0	0.000	0.000	3.000	180.000	0.000	0.000	BK7	1.000	1	
4	Null Object		0	0	0.000	0.000	0.000	0.000	0.000	0.000	-			
5	Null Object		0	0	0.000	0.000	0.000	0.000	0.000	0.000				

图 9-81　偏振分束棱镜参数设置

设置好后单击工具栏 Setup 中 NSC 3D Layout 按钮，观察光路结构图，如图 9-82 所示。按钮中 Settings 选择 Use Polarization、Split NSC Rays 和 Fletch Rays。为了便于观察，以下 NSC 3D Layout 按钮设置中都勾选这三个选项。这里可以单击 Save 按钮保存该设置。因为两个棱镜材料相同，并且中间没有空隙，所以 Zemax 默认其为一个物体。光线直接通过这两个棱镜，但是在第 1 个棱镜的入射面和第 2 个棱镜的出射面均有反射现象。而真实的情况是在第一个棱镜入射面镀增透膜，在反射面镀多层膜用于布鲁斯特角偏振分束。第 2 个棱镜出射面也镀增透膜，从而实现两种偏振光的分离。为此，我们需要进一步专门设置。

双击第 2 物体一行，跳出 Object 2 Properties 设置对话框，选择 Coat/Scatter 选项，Face 选择 0.Face 0，Coating 选择 I.99999999，意思是在晶体外表面镀透过率为 99.999999%的增透膜；Face 选择 1. Splitter surface，Coating 选择 PASS_P，意思是在 45 度的界面处，让 P 偏振光通过，而让 S 偏振光反射。对第 3 物体 Object 3 Properties 中进行同样的设置。设置完成后，单击工具栏 Setup 中 NSC 3D Layout 按钮。如图 9-83 所示，可以看到光线在 45 度界面处发生了分束。

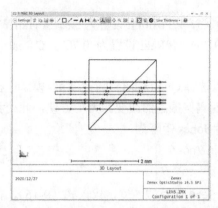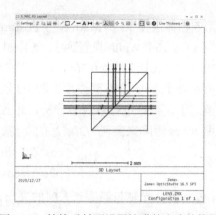

图 9-82　棱镜反射面未设置镀膜的光路结构图　　　图 9-83　棱镜反射面设置镀膜的光路结构图

第 4 物体选择 Polygon Object 下的 Prism45.POB。Y Position 设置为 3，Z Position 设置为 3，Tilt About X 设置为 180，Material 为 BK7，其余为默认设置。

此棱镜的作用是实现光线的全反射，即在斜面需要镀全反膜，但膜层文件中没有全反膜，可以自行修改膜层文件来增加全反膜参数，此处不进行详细介绍，读者可参考 Help 文档。这里采用另一种简单的方法，双击第 4 物体，进入 Object 4 Properties 对话框。单击 Coat/Scatter 按钮，Face 选择 1.Splitter surface，Face Is 选择 Reflective。而 Face 选项为 0.Face 0 时，Coating 选择 I.9999999。其光路结构图如图 9-84 所示。

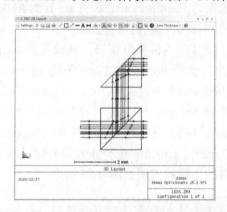

图 9-84　偏折分束棱镜与反射棱镜时的光路结构图

下面需要建立法拉第旋转器模型。法拉第旋转器所用晶体属于磁光晶体，在磁场作用下具有非互易性，Zemax 软件中不能直接建模。由于法拉第旋转器的作用是将入射光偏振态旋转 45°，因此在这里采用 Jones 矩阵的方式，实现 45°的偏振态旋转。Jones 旋转矩阵表达式为

$$\begin{bmatrix} A & B \\ C & D \end{bmatrix} = \begin{bmatrix} \cos\theta & -\sin\theta \\ \sin\theta & \cos\theta \end{bmatrix}　　　　（9-15）$$

式中，θ 为旋转角度，如果旋转 45 度，即 $\theta=45°$，代入式（9-15），则得到旋转 45 度的 Jones 矩阵为

$$\begin{bmatrix} 0.707 & -0.707 \\ 0.707 & 0.707 \end{bmatrix}$$

第 5 物体选择 Jones Matrix，Y Position 设置为 1.5，Z Position 设置为 3.5，X Half Width 设置为 3，Y Half Width 设置为 3，A Real 设置为 0.707，B Real 设置为−0.707，C Real 设置为 0.707，D Real 设置为 0.707，其余为默认设置。

第 6 物体为 45 度石英波片也即 $\lambda/2$ 波片，可以选择 Quartz 晶体进行实际建模。但在非序列模式下，很难进行双折射分析，也很难直接观测偏振态的改变。为了方便，此处我们仍使用 Jones 矩阵来实现 $\lambda/2$ 波片的功能。$\lambda/2$ 波片 Jones 矩阵为

$$\begin{bmatrix} \cos^2\theta - \sin^2\theta & 2\sin\theta\cos\theta \\ 2\sin\theta\cos\theta & \sin^2\theta - \cos^2\theta \end{bmatrix} \tag{9-16}$$

式中，θ 为波片光轴与偏振光方向的夹角，此处，夹角应为 22.5 度，代入式（9-16），得到 $\lambda/2$ 波片 Jones 矩阵为

$$\begin{bmatrix} -0.707 & 0.707 \\ 0.707 & 0.707 \end{bmatrix}$$

因此具体设置如下：选择 Jones Matrix，Y Posistion 设置为 1.5，Z Position 设置为 4，X Half Width 设置为 3，Y Half Width 设置为 3，A Real 设置为−0.707，B Real 设置为 0.707，C Real 设置为 0.707，D Real 设置为 0.707，其余为默认设置。

第 7 物体与第 4 物体都为反射棱镜。其设置基本相同，但是需要将位置坐标进行相应的调整。选择 Polygon Object 下的 Prism45.POB。Z Position 设置为 5，Material 为 BK7。Object 7 Properties 中 Face 选项为 1.Splitter surface，Face Is 为 Reflective；Face 选项为 0.Face 0，其 Coating 选择 I.9999999，其余为默认设置。

第 8、9 物体与第 2、3 物体都为偏振分束器，其设置基本相同。但是位置坐标需要相应调整。第 8 物体相关设置为选择 Polygon Object 下的 Prism45.POB。Y Position 设置为 3，Z Position 设置为 7，Tilted About X 设置为 180，Material 为 BK7；

第 9 物体相关设置为选择 Polygon Object 下的 Prism45.POB。Y Position 设置为 3，Z Position 设置为 5，Material 为 BK7。在 Object 8（和 9）Properties 中 Face 的设置与第 2、3 物体相同。Face 选择 0.Face 0，Coating 选择 I.99999999；Face 选择 1.Splitter surface，Coating 选择 PASS_P。此时的光路结构图如图 9-85 所示。

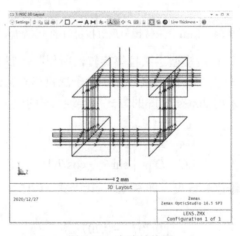

图 9-85　光路结构图

第 10 物体为探测面，类型选择 Detector Rectangle。Y Position 设置为 1.5，Z Position 设置为 9，X Half Width 设置为 3，Y Half Width 设置为 3，X Pixels 设置为 500，Y Pixels 设置为 500，Smoothing 设置为 50，其余为默认设置。

其中相关参数说明如下：X Half Width、Y Half Width 为探测面 X、Y 方向的尺寸；X Pixels、Y Pixels 为在 X、Y 方向上的像素；Smoothing 参数意义在于对探测面像素进行光滑处理，数值越大探测器成像越平滑。

至此，整个环形器模型建立完毕。Non-Sequential Component Editor 设置如图 9-86 所示。Port1 入射光路结构图如图 9-87 所示。

	Object Type	Comment	Ref Object	Inside Of	X Position	Y Position	Z Position	Tilt About X	Tilt About Y	Tilt About Z	Material	X Half Width	Y Half Width	# X Pixels
1	Source Gaussian		0	0	0.000	0.000	0.000	0.000	0.000	0.000		10	1E+05	1.000
2	Polygon Object	Prism45.POB	0	0	0.000	0.000	1.000	0.000	0.000	0.000	BK7	1.000	1	
3	Polygon Object	Prism45.POB	0	0	0.000	0.000	3.000	180.000	0.000	0.000	BK7	1.000	1	
4	Polygon Object	Prism45.POB	0	0	0.000	3.000	3.000	180.000	0.000	0.000	BK7	1.000	1	
5	Jones Matrix		0	0	0.000	1.500	3.500	0.000	0.000	0.000		3.000	3.000	0.707
6	Jones Matrix		0	0	0.000	1.500	4.000	0.000	0.000	0.000		3.000	3.000	-0.707
7	Polygon Object	Prism45.POB	0	0	0.000	0.000	5.000	0.000	0.000	0.000	BK7	1.000	1	
8	Polygon Object	Prism45.POB	0	0	0.000	3.000	7.000	180.000	0.000	0.000	BK7	1.000	1	
9	Polygon Object	Prism45.POB	0	0	0.000	3.000	5.000	0.000	0.000	0.000	BK7	1.000	1	
10	Detector Rectangle		0	0	0.000	1.500	9.000	0.000	0.000	0.000		3.000	3.000	500

	Object Type	Analysis Rays	Power(Wa	Wavenumb	Color #	Beam Size	Position	Par 8(unu	Par 9(unu	Par 10(ur	Par 11(u	Par 12(un	Par 13(ui	Par 14(unu	Par 15(uni	Par 1(
1	Source Gaussian	1E+05	1.000	0	0	0.500	0.000									
2	Polygon Object	1														
3	Polygon Object	1														
4	Polygon Object	1														
5	Jones Matrix	3.000	0.707	0.000	-0.707	0.000	0.707	0.000	0.707	0.000						
6	Jones Matrix	3.000	-0.707	0.000	0.707	0.000	0.707	0.000	0.707	0.000						
7	Polygon Object	1														
8	Polygon Object	1														
9	Polygon Object	1														
10	Detector Rectangle	3.000	500	500	0	0	50	0	0.000	0	0	-90.000	90.000	-90.000	90.000	0

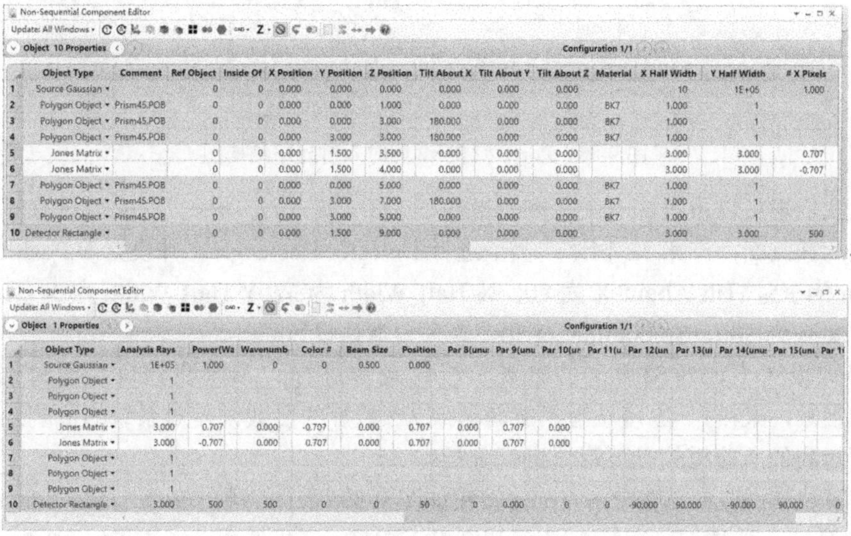

图 9-86　Non-Sequential Component Editor 设置

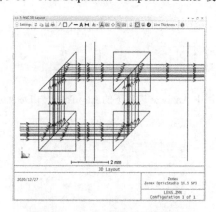

图 9-87　Port1 入射光路结构图

我们再增加 Port2 到 Port3 的光线分析。在第 1 光源物体下插入新的光源物体，即类型选择 Source Gaussian，Y Position 设置为 3，Z position 设置为 8，Layout Rays 设置为 10，Analysis Rays 设置为 100000，Power(Watts)设置为 1，Beam Size 设置为 0.5，其余为默认值。双击第 2 物体那一行，跳出 Object 2 Properties 对话框，单击 Sources 按钮，勾选 Raytrace 选项中的 Reverse Rays 复选框，让光线反向传输。此项设置是在 Port2 处设置一

个光源。从图 9-88 中可以看到，Port1 光经过环形器后由 Port2 输出，而 Port2 输入的光，经过环形器后由 Port3 输出。

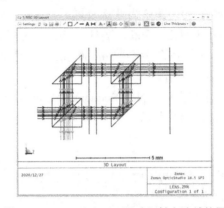

图 9-88　Port1 和 Port2 同时入射光路结构图

这里我们也可以再增加一个探测器检测 Port3 口的出光功率。在此前设置的探测器的下面添加为探测面，即第 12 物体，类型选择 Detector Rectangle。并设置 Y Position 为−2，Z Position 为 1.5，Tilt About X 为 90，X Half Width 为 3，Y Half Width 为 3，X Pixels 为 500，Y Pixels 为 500，Smoothing 为 50，其余为默认设置。

非序列模式下，对偏振态的直观分析比较难进行。不过我们可以通过修改 Jones Matrix 的参数，来模拟 45 度法拉第旋转器或 λ/2 波片的参数误差对系统的影响。

下面对我们所建模的光环形器进行分析。

在工具栏 Analyze 单击 Ray Trace 按钮如图 9-89 所示。跳出 Ray Trace Control 窗口，如图 9-90 所示。勾选 Use Polarization 和 Split NSC Rays 复选框，单击 Clear &Trace 按钮，进行光线追迹计算。

图 9-89　工具栏中 Analyze 选项下的 Ray Trace 与 Detector Viewer 按钮

图 9-90　Ray Trace Control 窗口

计算完成后，单击工具栏 Analyze 选项中 Detector Viewer 按钮。如图 9-91 所示，出现 Detector Viewer 显示界面。可以看到探测器（默认为第 1 个探测器，即第 11 物体，也可以在设置中选择第 2 个探测器）能探测到的总能量为 0.94271W，而光源总能量为 1W。因此可计算插入损耗约为 0.37dB。这里值得注意的是，如果在 Ray Trace Control 窗口中只单击 Trace，则探测器会累积记录每次计算的能量，如两次单击 Trace，探测器的能量是 1.8854W。

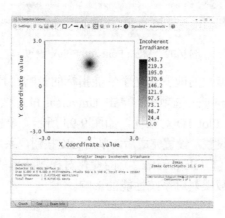

图 9-91　探测器显示的光强分布图

对于偏振相关的分析，可以通过改变 Jones 矩阵的参数来实现，如式（9-15）所示。Jones 矩阵中有 4 个参数，且相互关联，在此处比较难以自动优化，需要其他工具的辅助。

但仍然可以以此为例介绍非序列模式下的优化过程，将 Jones 矩阵的第一个参数作为变量，分析其对系统的影响，Jones 矩阵的第一个参数在 Non-Sequential Component Editor 中对应 A Real 参数。

打开 Merit Function Editor 窗口。

第 1 行选择 NSDD 操作符，Surf 设置为 1，其余为默认值 0，用于清除前一次计算结果。

第 2 行选择 NSTR 操作符，Surf 设置为 1，Src# 设置为 1，Splt? 设置为 1，Scat? 设置为 1，Pol? 设置为 1（Pol? 参数的意义为追迹时会考虑光线的偏振。若考虑光线的反射，则要设置偏振这一项）。IgEr? 为是否忽略错误，光线追迹时，有些光线路径会因为结构或者其他原因导致计算错误。这里 IgEr? 设置为 1，即可以忽略错误继续计算下去，不会影响结果。其余默认 0。

第 3 行选择 NSDD 操作符，Surf 设置为 1，Src# 设置为 11，Target 设置为 1，Weight 设置为 1，其余为默认值 0。设置好的评价函数编辑器如图 9-92 所示。

NSDD 和 NSTR 操作符在 Help 文档中有详细介绍，可阅读参考。

这里对 NSDD 和 NSTR 操作符简单说明如下。

NSDD 为非序列探测器操作符，Surf 定义非序列组，在纯非序列模式下，默认为 1；Det# 为探测器编号；Pix# 一般设置为 0，意思是从探测面像素返回数据；Data 设置不同数值代表返回不同数据，设置为 0 时，返回功率数值；Target 是想要达到的目标值；Weight 为权重，通俗理解为在优化过程中此项变量所占据的比例。

NSTR 为非序列追迹操作符，Surf 定义非序列组，在纯非序列模式下，默认为 1；Src# 是指目标光源的物体序号，如果 Src# 是 0，则将对所有的光源进行追迹。如果 Splt? 不为

0，则分光是开启的。如果 Scat？不为 0，那么散射就开启。如果 Pol？不为 0，则使用偏振。如果使用分光，则偏振自动选中。如果 IgEr？不为 0，则将忽略误差。

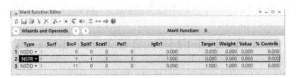

图 9-92　Merit Function Editor 设置

接下来分析某个结构参数的改变对光学性能指标的影响，具体方法和 9.3.1 节中介绍的方法相同。在工具栏 Analyze 选项中，单击 Universal Plot 按钮，选择下拉菜单 1-D 和 New 选项，进入 Universal Plot 1D 对话框，如图 9-93 所示。单击 Settings 按钮，进入设置对话框。按照图 9-94 进行设置，设置完成后，单击 OK 按钮，系统自动进行计算。如图 9-95 设计者可以看到在 A Real 值（Parameter 3）的变化对探测功率的影响，以此为基础就可以分析波片角度、厚度等参数误差对系统性能的影响。

图 9-93　Universal Plot 选项

图 9-94　Universal Plot 1D 设置对话框

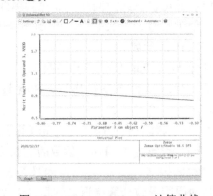

图 9-95　Universal Plot 1D 计算曲线

4．本例总结

本例基于非序列模型设计了一种偏振无关的光环形器，主要知识点如下。

（1）反射棱镜、45 度法拉第旋转器、45 度石英波片和端面镀膜的建模与参数设置；

（2）非序列模型中光源、探测器等参数的相关设置；

（3）非序列模型中仿真数据分析相关操作符的设置。读者也可以在序列/非序列混合模型中尝试建模该器件，Zemax 提供了偏振状态分析等工具。

9.3.4　库克三片式成像镜头设计

1．设计要求

基于库克三片式的初始镜头参数按照以下的参数要求进行优化设计。

EFFL（有效焦距）：10mm；

F/#（相对孔径）：1/2.8；

视场角：$2\theta=30°$；

MTF@100mm/lp 大于 0.4。

2．知识补充

1）镜头的初始结构选型一般有以下两种方式

（1）P、W 计算法。

透镜组的自由度主要是每个镜片的光焦度和每个镜片所处的相对位置，当这些自由度确定时，近轴光线在每一个镜片上的入射高度也就确定了，此时每个镜片的初级像差可由 P、W 两个参量决定。P、W 参数表征的是光学系统内部结构的参数，如折射率 n、光线入射角 i 和光学孔径角 u。利用 P、W 计算法求解透镜系统的初始解（光角度与距离位置）的过程：首先确定整个光学系统的外形尺寸，求解各镜片的光线入射高度、光焦度分配和拉赫不变量，再根据系统的七种初级像差公式求解出各镜片的像差参量 P、W，最后由 P、W 公式确定各镜片的结构参数(r, d, n)，具体的 P、W 公式及像差公式参见王之江的《光学设计理论基础》。此外，也可以基于数值算法利用 Zemax Macro 宏代码产生初始结构，参看 Milton Laikin 写的 *Lens Design* (*Fourth Edition*)，这里不再赘述。

（2）查资料法。

通过查找现有公开的透镜组结构参数（如专利），搜索到与自己目标设计接近的结构参数作为初始结构。其一般设计思路：根据所需的相对孔径、视场进行查找相匹配的结构，而焦距并非一定要接近，因为后续可对系统结构进行整体缩放得到所需的焦距值，最后根据目标设计的要求更换玻璃、建立优化函数反复优化结构参数以达到目标设计要求。

2）库克（Cooke triplet）三片式成像系统简介

首先了解下什么是库克三片式光学系统，其结构如图 9-96 所示。它是由 1893 年英国一家望远镜厂库克父子公司的光学设计师哈咯得—丹尼赫—泰勒（见图 9-97）设计的。泰勒为了消除在镜头边缘的光学畸变等轴外像差，提出了著名的三片式设计方案（British Patent No. 1991）。该结构简单地解决了那个时代镜片设计的像差问题。在这之前一般使用一正一负光焦度的双透镜系统来有效解决色差和球差。但是无法有效解决轴外像差，如慧差、场曲、像散和畸变。而这个三片式透镜是把双透镜系统中的双凸透镜分为两个凸透镜，分别放置在凹透镜的两侧，并把光阑放置在凹透镜上，这样就可以使透镜系统对称，以便更好地解决轴外像差。整个光学系统具有 3 个光焦度、2 个镜片间距和 3 个形状指数（镜片表面曲率），总共 8 个自由度，恰好能够决定物镜的焦距，以及具有 7 个赛德尔像差（轴向/纵向色差、匹兹伐场曲、球差、彗差、像散、畸变），共 8 个光学系统初级参数。因此它对于一般相对孔径与视场的系统能够较好地解决初级像差。而如果需要进一步校正高级像差（大孔径大视场的大像差系统），则需要更多的镜片组合，即需要更多的自由度才可以校正或平衡高级像差。泰勒发明库克三片式是比较基础的一款成像透镜模型。为了取得更好的像质，后来在此基础上发展出了更多的镜片组合的光学系统。例如，Tessar 透镜把后半部分的凸透镜剖开成为消色差双透镜，剖开后得到了一个额外的表面曲率，从而获得一个额外的自由度。对于给定的 Tessar 透镜和三透镜（具有相同的有效焦长 EFFL、F/#

和视场角），变异的 Tessar 透镜具有更好的表现。还有双高斯透镜，其设计理念也是在三片式的基础上对此系统前后进行分离透镜或增加透镜等方法演变得到的。

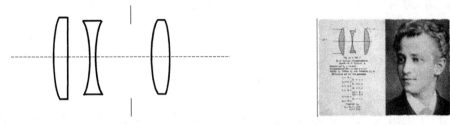

图 9-96　库克三片式结构示意图　　　　图 9-97　哈咯得—丹尼斯—泰勒（H. Dennis Taylor）
　　　　　　　　　　　　　　　　　　　　　　　　设计的三片式文稿和肖像

3．仿真分析

在此例中以 Zemax 自带的库克三片式例子作为初始结构阐述优化设计的过程。文件路径为 Zemax/Samples/Sequential/Objectives/Cooke 40 degree field。打开设计文件后可以看到初始结构及像差分析，如图 9-98 所示。可以看到现在的结构 EFFL 为 50mm，全视场角为40°，F/#为 5。这些参数可以在 Zemax 界面最下面的边框或在评价函数对话框中设置。例如，查看有效焦距，可以添加操作符 EFFL，软件会在 Value 中自动算出来当前的数值，如图 9-99 所示。

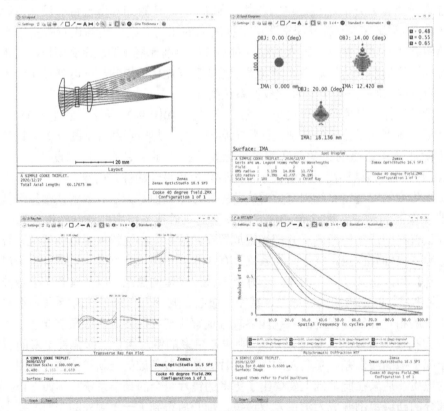

图 9-98　Zemax 自带库克三片式透镜的 Corss-Section 光路结构、Ray Fan、点列图和调制传递函数曲线

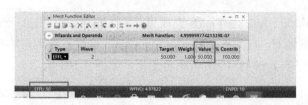

图 9-99　Zemax 界面边框和评价函数 EFFL 数值

因为 Zemax 自带例子被改动参数且保存了之后就无法恢复原来的结构，所以可以先复制这个设计文件并打开。按设计目标，首先将 Clear Semi-Dia 列数据后缀 U 全部改成 Automatic，第 6 面的 Radius 后缀 M 改为变量 V。同时，在 System Explorer 中 Aperture 选项下面的 Aperture Type 中选择 Image Space F/# 为 2.8，Field 2 和 Field 3 的半视场角分别改为 10 和 15。

其次，对光学系统进行整体缩放至目标焦距 10mm。Zemax 提供了两种方法。第一种方法，在工具栏 Setup 中单击 Scale Lens 按钮，如图 9-100 所示。跳出设置对话框，如图 9-101 所示。这里的 Scale Lens 就可以对光学系统的焦距缩放，并输入 0.2。与焦距相关的结构参数、镜片曲率半径和镜片间距也会随之改变，但是系统参数视场、F/# 均不会变。

图 9-100　Scale Lens 图标

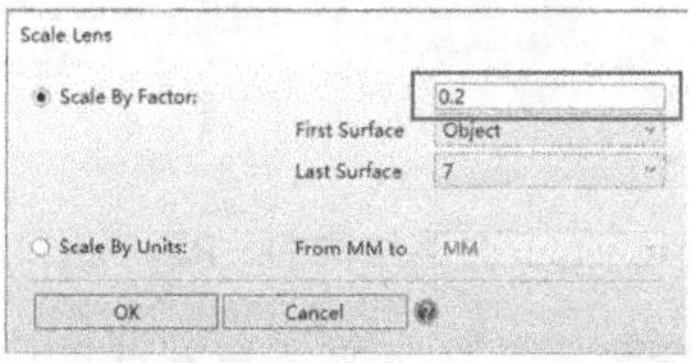

图 9-101　Scale Lens 对话框

第二种方法是在 Lens Data 中单击如图 9-102 所示的按钮，并打开 Make Focal Length 对话框，在 Focal Length 中输入 10，达到缩放至 10mm 焦距的目的。此时可以看到 Zemax 界面下边框上 EFFL 显示为 10。

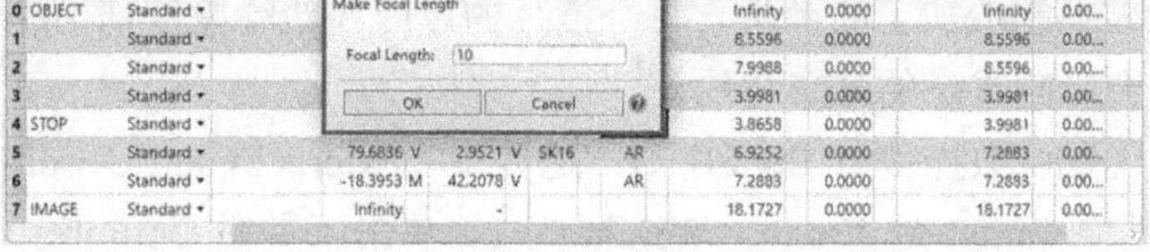

图 9-102　Make Focal Length 设置对话框

下一步根据设计要求重新设置视场角等参数。先将第 6 面 Radius 的后缀 M 改为可变量，即显示 V。在 System Explorer 对话框中，Aperture 选项下面 Aperture Type 选择为 Image

Space F/#，Aperture value 为 2.8；Fields 选项里面 Filed 3 中 Y 为 15。为了方便设计，Clear Semi-Dia 列原来后缀为 U，这里全部改成 Automatic，这样没有后缀字母显示。

修改后的光学系统与光路结构图和像差变化，如图 9-103 所示。

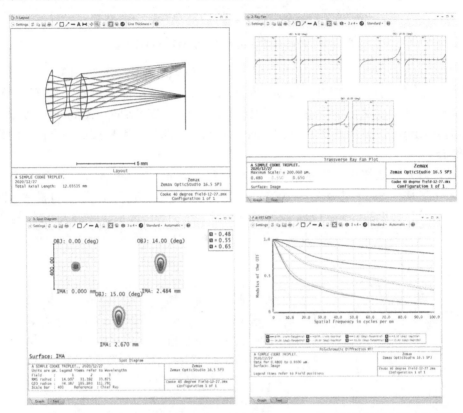

图 9-103　调整焦距后 Cross-Section 光路结构图、Ray Fan、点列图和调制传递函数曲线

缩放至所需要的目标设计参数后，接下来需要对此初始结构进行像差优化。在工具栏 Optimize 选项中单击 Merit Function Editor 按钮，进一步单击 Merit Function Editor 编辑器左上角 Wizard and Operands 按钮。在 Optimization Wizard 对话框中选择 Image Quality 为 Spot，并在 Boundary Values 设置中勾选 Glass（镜片）复选框，设置 Min 为 0.2，Max 为 1.5，Edge Thickness 为 0.2。该设置表示玻璃镜片最小中心厚度为 0.2mm，最大中心厚度为 1.5mm，边缘厚度最小厚度为 0.2mm。单击 Apply 按钮，此时，仔细看评价函数编辑器可以看到，软件自动产生了对应的操作符 MNCG、MXCG 和 MNEG。选择设置玻璃厚度边界条件是基于玻璃制造加工的考虑。每个镜片的厚度和边缘厚度都不能太薄，中心厚度也应适当，否则会影响重量的分布与均衡。

设置完默认优化函数操作符 DMFS 后，进一步在 Merit Function Editor 对话框中添加 EFFL 操作符，其中 Target 为 10mm，Weight 为 1。单击工具栏 Optimize 选项中 Optimize! 按钮，直至 Current Merit Function 值不再变小自动退出即可以得到图 9-104 所示的光路结构和点列图。可以看到像面光斑比此前有明显改善。玻璃的厚度和边缘厚度都达到了加工制造的要求。

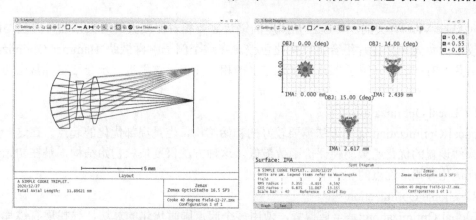

图 9-104 优化后 Corss-Section 光路结构与点列图

但是，从点列图仍能看出有较大的色差存在，弥散斑的大小和各波长的点列图重合得不太好。一般此时的球差称为色球差。在第 3 视场中有典型的带有慧差的弥散斑。这些像差的存在限制了 MTF 的进一步提高。在工具栏 Analyze 选项里面再次单击 MTF 按钮，计算调制传递函数。图 9-105 中 MTF 曲线和优化前相比也得到了极大改善，如 100lp/mm 的 MTF 值从 0.1 提高到了 0.2 以上，但仍未满足设计目标。

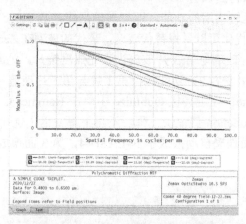

图 9-105 优化后调制传递函数曲线

如果要继续优化，则单击 Optimize！按钮，跳出 Local Optimization 窗口，Cycles 中选择 Inf. Cycle，如图 9-106 所示。该选择表示如果没有人为选择退出，即使评价函数值已经不再减小，则软件也会无限次循环下去。在这里执行该操作时，发现 Merit Function 函数值很快就不再收敛，这说明此时的光学结构已经达到局部的最佳值。

图 9-106 Inf.Cycle 无限次循环设置

通过对像质评价与分析，不难发现此系统色差比较大，而色差的校正是与玻璃的阿贝系数（Abbe Vd）有关的。一般正光焦度的镜片需要相对比较大的阿贝系数，并且与阿贝系数较小的负光焦度镜片组合可以优化色差。在这个例子中再借助 Hammer Optimization 这个工具。前文已经介绍了 Zemax 优化方法的相关知识，这里进一步介绍三种常用的优化方法。

1）Local Optimization

Local Optimization 优化方法需要较好的初始结构，也是局部优化的起点。在这一起点依据软件设置的优化函数驱使评价函数最低。这种方法极度依赖初始结构，是在初始结构中进行优化寻找最优点的。

2）Global Optimization

Global Optimization 是全域搜索，使用多个起点同时优化的算法，寻找现有镜片数量组合中最优的、能使评价函数最低的结构参数。

3）Hammer Optimization

Hammer Optimization 是锤子优化，也属于全局优化的类型。它会跳出局部最低值而去全局中寻找更好的优化结果。锤子优化可以按照有经验的设计师的设计处理方法去处理系统结果。它的缺点是比较耗时间的，有时在设计过程中短时无法找到好的结果时，可以运行一晚上，在第二天可以得到惊喜。

锤子优化还有一个比较实用的功能，即把玻璃后缀参数 Solve Type 设置为 Substitute，后缀显示为 S。这样锤子优化可以寻找替代玻璃，替代的玻璃在 Zemax 现有玻璃库中搜寻。

在本例中设置第 1 片玻璃与第 3 片玻璃为正光焦度镜片。为减少玻璃种类，对于第 3 片玻璃利用 Pick up（后缀变为 P）功能保持第 1 片与第 3 片玻璃材料一致。再对第 1 片和第 2 片玻璃选择 Substitute。在工具栏 Optimize 中单击 Hammer Current 按钮，发现之前难以下降的 Current Merit Function 值很快下降。不再下降并退出优化后，可以看到 Lens Data 编辑器中第 1 面和第 5 面玻璃自动换成了 N-LASF44，第 3 面换成了 SF6G05，如图 9-107 所示。

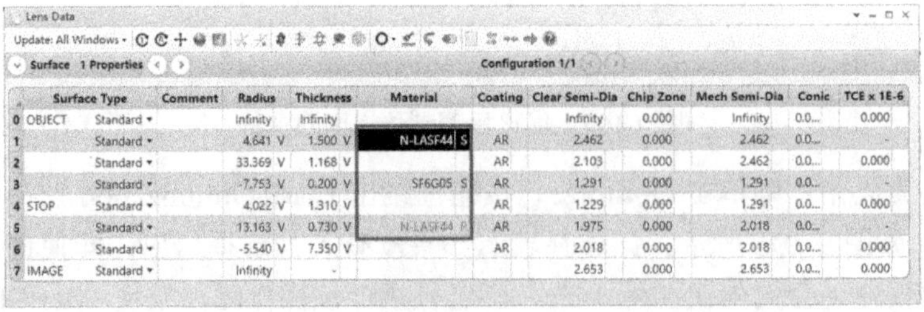

	Surface Type	Comment	Radius	Thickness	Material	Coating	Clear Semi-Dia	Chip Zone	Mech Semi-Dia	Conic	TCE x 1E-6
0 OBJECT	Standard		Infinity	Infinity			Infinity	0.000	Infinity	0.0...	0.000
1	Standard		4.641 V	1.500 V	N-LASF44 S	AR	2.462	0.000	2.462	0.0...	-
2	Standard		33.369 V	1.168 V		AR	2.103	0.000	2.462	0.0...	0.000
3	Standard		-7.753 V	0.200 V	SF6G05 S	AR	1.291	0.000	1.291	0.0...	-
4 STOP	Standard		4.022 V	1.310 V		AR	1.229	0.000	1.291	0.0...	0.000
5	Standard		13.163 V	0.730 V	N-LASF44 P	AR	1.975	0.000	2.018	0.0...	-
6	Standard		-5.540 V	7.350 V		AR	2.018	0.000	2.018	0.0...	0.000
7 IMAGE	Standard		Infinity	-			2.653	0.000	2.653	0.0...	0.000

图 9-107　玻璃类型自身做了优化选择

这里需要注意，在替换玻璃材料时也一定要观察替换得到的玻璃材料在价格和制造工艺上是否匹配设计要求；否则，需要重新优化寻找，有时也会依据经验手动替换。

再看像质评价又上了一个台阶，其 MTF 已经满足设计要求。

图 9-108 是优化后的光路结构图和像差分析图。至此，该系统已从初始结构的 EFFL 为 50mm、F/#为 5、视场角为 40º 的系统变为满足 EFFL 为 10mm、F/#为 2.8、视场角 30º 并且 MTF 值@100mm/lp 大于 0.4 要求的系统。再看点列图的弥散斑最大 RMS radius 在 2.0μm 左右。另外，Zemax 的相同初始结构，每次优化可能结果不同，但是差别不会很大。

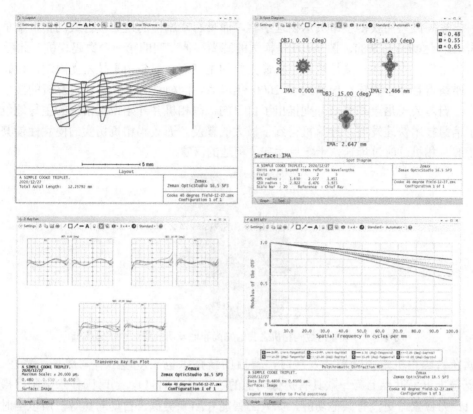

图 9-108 Hammer 优化后 Corss-Section 光路结构图、Ray Fan、点列图和调制传递函数曲线

4．本例总结

本例从如何选择初始结构开始，介绍了如何优化设计一个三片式成像系统，并达到良好的像质。主要知识点如下。

（1）选择初始结构的方法；

（2）从初始结构缩放光学系统达到目标设计要求，并添加评价函数和优化；

（3）Zemax 的三种优化方法，并以实例运用 Hammer Optimization 的方法得到了良好的优化结果；

（4）系统地学习了如何优化设计一个目标光学系统的全过程。

9.3.5 苹果手机镜头剖析

1．背景概述

2012 年 1 月，始创于 1880 年的世界上最大的影像产品公司——美国柯达公司及其美国子公司提出了破产保护申请。这意味着拍照的"胶卷时代"落下帷幕，从此进入数码相机时代。昔日影像王国的辉煌也似乎随着胶卷的失宠而不复存在。电视屏幕上让大众记忆深刻的柯达温馨广告也随之成为记忆。

数码相机是集光学、机械、电子为一体化的产品。成像元件由胶片替换成电荷耦合器件（CCD）或者互补金属氧化物半导体（CMOS）。2009 年 CCD 的发明人美国科学家威拉德·S·博伊尔（Willard S. Boyle）和乔治·E·史密斯（George E. Smith）与低损耗光纤的功臣华裔科学家高锟共同获得了诺贝尔物理学奖。而具有戏剧性的是第一台数码相机最早是在 1975 年由柯达制造出来的。图 9-109 是柯达的塞尚和他发明的第一台数码相机。此后的 20 年柯达与尼康合作，并一度是数码相机最主要的生产商。但是由于技术受限制，数码相机发展非常缓慢且并不赚钱。但是到了 2000 年以后，因柯达并不具备相机整机的技术和生产能力，日本公司尼康和佳能分别推出了自己的数码相机并开始占据市场的主导地位。随后电子信息技术快速发展，计算机得到了极大的普及。而数码相机切实的便利性使其快速替代了胶片相机。时过境迁，十年后才有了柯达的落寞。

图 9-109　被誉为数码相机之父的塞尚和他发明的第一台数码相机

就在数码相机走向颠覆式发展时，背后的新技术也在慢慢孕育与成长。早在 2000 年，夏普推出了世界上第一款具有摄像功能的手机（J-SH04）。当时因技术限制，摄像头只有 11 万像素，更没有其他功能，如人工智能（AI）美颜、自动对焦等，所以当时销售并不理想。随后在 2003 年，夏普进一步推出了百万级像素手机（J-SH53），并在 2004 年推出了支持光学变焦的手机（V602SH）。夏普以此在手机摄像发展史上留下了第一个印记。

此后，随着苹果、华为等智能手机、移动物联网和相关电子技术的快速发展，手机摄像得到了极大的发展，并发展出了手机摄像结合数字图像处理，以及多摄像头等多种技术相结合的技术路线。摄像质量得到大幅提高，并且在普通场合并不比单反相机表现差。华为利用图像算法甚至推出了能清晰拍摄月球表面的手机摄像技术。尤其是因为结合了 AI 美颜等更具娱乐性的功能，且能够便捷地结合互联网，手机摄像几乎走进了每个手机用户，带来了新的生活体验。而多种类型的数码相机也仅仅剩下单镜头反射式（单反）数码相机被爱好者继续使用。信息时代瞬息万变，每种产品与技术形式各领风骚，然后慢慢退出历史舞台，或许也只有紧跟技术的发展和满足市场需求才能维持生存。而未来，又会有什么摄像技术形式颠覆手机摄像呢？

到目前为止，任何相机的形式都需要光学系统。本节从苹果手机镜头的专利着手，分析苹果手机镜头结构、像质，同时以专利作为初始结构来进行优化，并进行一些设计理念的说明。

这里值得说明一点，对于初学者，模仿专利等文献中光学系统的初始结构是学习光学设计非常重要的环节。大量地去学习别人设计的结构，积累丰富经验，这对提升初学者的光学设计能力有非常大的帮助，慢慢地模仿多了自己也就会设计了。所以本例以重复和分析苹果公司申请的手机镜头专利来学习相关设计。

2．仿真分析

1）苹果专利一（US 10,274,700 B2）2015 年 11 月 12 日申请

（1）初始结构仿真。

专利中详细的镜片面型参数如图 9-110 所示（TABLE 7A）。其中 FLT 为平面，ASP 为非球面，INF 为无穷大，Plastic 为塑料，f_i 为焦距，IR filter 为红外滤波器。此外，该光学系统主要性能参数为：有效焦距 f=4.10mm，相对孔径 Fno(F/#)=1.80，半视场角 HFOV=37.0°，透镜组总体长度 TTL(Total Length)=5.40mm。

TABLE 7A 中给出了各个面的曲率半径 R_i，各面间隔参数 D_i，镜片材料参数 N_d、V_d，以及每个镜片的焦距值 f_i。

TABLE 7B-C 中给出了每个面的曲率 c（半径 R_i=1/c），Conic 系数 K，以及非球面系数 A～G 分别对应的非球面 4 次～10 次项系数。

TABLE 7A

Optical data for embodiment 7 (Example-D) plots shown in FIGS. 17-18
f = 4.10 mm, Fno = 1.80, HFOV = 37.0 deg, TTL = 5.40 mm

S_i	Component		R_i	Shape	D_i	Material	N_d	V_d	f_i
0	Object plane		INF	FLT	INF				
1			INF	FLT	0.3700				
2	Aperture stop		INF	FLT	-0.3700				
3			INF	FLT	0.0000				
4	L_1	R_1	1.932	ASP	0.7605	Plastic	1.545	55.9	3.35
5		R_2	-30.408	ASP	0.0490				
6	L_2	R_3	8.873	ASP	0.2492	Plastic	1.645	22.5	-6.85
7		R_4	2.932	ASP	0.5836				
8	L_3	R_5	-10.319	ASP	0.3237	Plastic	1.645	22.5	-18.41
9		R_6	-76.014	ASP	0.2746				
10	L_4	R_7	-13.555	ASP	1.0637	Plastic	1.545	55.9	2.96
11		R_8	-1.485	ASP	0.1000				
12	L_5	R_9	1.558	ASP	0.2958	Plastic	1.545	55.9	-7.24
13		R_{10}	1.043	ASP	0.7000				
14	L_6	R_{11}	-20.945	ASP	0.3000	Plastic	1.645	22.5	-4.41
15		R_{12}	3.339	ASP	0.4501				
16	IR filter		INF	FLT	0.1500	Glass	1.563	51.3	
17			INF	FLT	0.1000				
18	Image plane		INF	FLT					

S_i: surface i

TABLE 7B

Aspheric coefficients for embodiment 7

S_i	c	K	A	B	C
4	0.51762104	-0.87743643	1.22521E-02	2.17403E-02	-3.25419E-02
5	-0.03288615	0.0	-4.27686E-02	1.18239E-01	-1.24407E-01
6	0.11269996	0.0	-1.14626E-01	1.91085E-01	-1.68703E-01
7	0.34106619	0.36111447	-1.07722E-01	1.26805E-01	-1.41484E-01
8	-0.09690530	0.0	-1.80596E-01	3.67533E-03	-3.43464E-02
9	-0.01315542	0.0	-1.46967E-01	1.26670E-02	1.98179E-02
10	-0.07377471	0.0	-8.28368E-01	-4.11375E-02	5.56183E-02
11	-0.67343381	-0.97356423	4.24073E-02	-2.62873E-02	1.52715E-02
12	0.64172858	-0.95767362	-1.95094E-01	5.45121E-02	-9.32631E-03
13	0.95867882	-2.60522549	-9.69612E-02	2.89940E-02	-6.14882E-03
14	-0.04774353	0.0	-5.44799E-02	1.54203E-02	-1.66724E-03
15	0.29946494	-0.41226988	-1.00604E-01	2.25254E-02	-2.36481E-03

TABLE 7B-continued

Aspheric coefficients for embodiment 7

S_i	D	E	F	G
4	2.71999E-02	-9.58905E-03		
5	5.33917E-02	-9.37818E-03		
6	5.53293E-02	4.62964E-03	-4.12831E-03	
7	7.69070E-02	-2.32784E-02	-9.33235E-04	
8	1.43114E-02	-1.15152E-02	7.83577E-03	
9	-1.46197E-02	9.39449E-03	-5.52287E-04	
10	-2.61061E-02	5.44545E-03	-3.57671E-04	-2.25798E-05
11	-3.62970E-03	4.06063E-04	-1.19223E-05	-2.93637E-06
12	5.18131E-04	3.35516E-05	-2.63323E-06	
13	5.78054E-04	-2.62765E-06	-2.94279E-06	
14	5.05543E-05			
15	9.69128E-05	-7.18883E-07		

图 9-110　US 10,274,700 B2 专利中 TABLE 7A 镜片参数表

可以发现专利中给出的数据保留了小数点后面最多有 8 位，而在 Zemax 软件中默认的小数点后面只有 3 位。为此可以做一些设置。单击工具栏 Setup 中的 Project Preferences 按钮，如图 9-111 所示。跳出对话框，在 Editors 选项中可以看到 Decimials，在下拉菜单中选择 8，如图 9-112 所示。

图 9-111　Project Preferences 选项

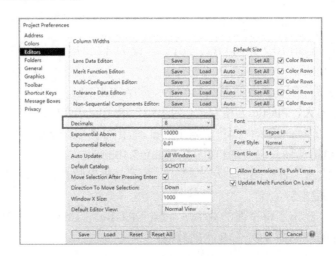

图 9-112　小数点后面显示位数设置

　　这里以该专利为例再说明下手机镜头的一般特征和设计的理念。手机镜头一般是属于大孔径大视场的大像差光学系统，专利中的 F/# 为 1.8 是手机镜头在 2016 年比较普遍的大相对孔径，全视场达到了 74°。从手机镜头加工装调的方便性考虑，光阑一般放在第一个面。但是这样使得整个光学结构失去了对称性，系统会有很大的像散、慧差和畸变等这些需要对称系统才容易校正的像差，而高次非球面是改良这种系统的良好办法。从专利的光路中可以看出，该类镜头的设计理念是把从光瞳入射的各个视场光线随着入射镜片的增加而逐渐独立的，然后分开入射在后面镜片的不同的、独立的位置，利用非球面的"自由弯曲"特性，就可以把不同视场的光路像差分别校正。因此非球面是优化手机镜头非常有效的手段。非球面一般是塑料镜片，它是通过模具注塑成型、批量生产的，所以工艺成本会非常低。虽然塑料的光学均匀性、物化性能目前与玻璃材料还有差距，但非球面玻璃镜片由于工艺加工，目前的成本相对于塑料较高。手机镜头的设计还是多采用塑料镜片，这也使得很多塑料镜片材料厂商一直执着于开发新光学塑料，希望有朝一日其性能可以与玻璃镜片相当。

　　图 9-113 所示为专利中光路系统与光路结构示意图。它是把上述结构参数输入 Lens Data 编辑器中后得到的光学系统与光路结构图。此外，在 System Explorer 对话框中 Aperture 选项下选择 Aperture Type 为 Image Space F/#，值为 1.8。Fields 选项中设置 5 个视场角，Y 值分别为 0、8、17、27 和 37，Weight 都为 1。Wavelengths 选项中选择 F、d、C 光。图框中显示透镜组总长度为 5.40020mm。此外，查看 Zemax 界面边框左下角，EFFL 为 4.10252。这与前文性能要求基本吻合。

　　图 9-114 所示为专利中结构的 Cross-Section 光路结构图。像面上散乱的光线可以看出成像质量非常差，确认多遍参数后，没有发现输入错误。经过反复确认并仔细观察专利的示意图与 Zemax 的仿真出来的结构图，终于发现第一片镜片的面型有明显差异。作者怀疑是专利上某个参数有误，但没法判断具体是哪一个。另外这里值得注意的是，有时候专利上的镜头数据由于某些原因可能不会那么准确，这就需要我们分析设计者的设计思路和在此基础上自己进行优化。

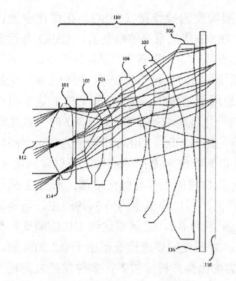 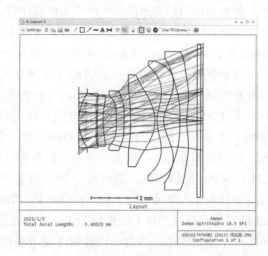

图 9-113　专利中光路系统与光路结构示意图　　图 9-114　专利中结构的 Cross-Section 光路结构图

　　然后把第一片玻璃的某些关键结构参数设置为变量。具体有第 3 面的 Radius、Thickness，非球面参数中 Conic、4th、6th、8th、10th、12th order Term；第 4 面的 Radius、Thickness 和非球面参数中 4th、6th、8th、10th、12th order Term 改成变量。另外，第 16 面的 Thickness 也改成变量。其他镜片保持不变。

　　（2）优化与像质评价分析。

　　单击工具栏 Optimize 下 Merit Function Editor 按钮，打开评价函数编辑器。对话框左上角 Wizards and Operands 选项中，打开 Optimization Wizard 设置对话框，Image Quality 选择为 Spot。此外，对于此类多镜片的大孔径大视场系统，Rings 和 Arms 设置数目越多，追迹计算的光线就越多，结果也就越精确，但是计算时间也越长。有些情况会出现光线追迹到某个面上超出该面边缘而报错，所以这里都设置为 6。Boundary Values 框中，勾选 Glass（镜片）复选框，设置 Min 为 0，Max 为 2，Edge Thickness 为 0。该设置表示镜片中心厚度为 0~2，边缘大于 0。勾选 Air（镜片间隔）复选框，设置 Min 为 0，Max 为 1.5，Edge Thickness 为 0。该设置表示空气层中心厚度为 0~1.5，边缘大于 0。图 9-115 所示为 Optimization Wizard 对话框参数设置。

图 9-115　Optimization Wizard 对话框参数设置

此专利对系统的畸变要求比较高，因此需要畸变的操作符（DISG）在优化中进行限制。图 9-116 所示为评价函数中设置的操作符。DISG 优化系统的畸变值。ABSO 是运算操作符，对 DISG 的畸变值取绝对值。OPLT 也是运算操作符，限制需要优化的值不超过设置的 Target 值。此时 DISG、ABSO、OPLT 是作为一组操作符对系统的畸变进行联合限制优化的。

这里需要着重说明下，下述第 1~3 操作符是用了 DISG、ABSO 与 OPLT 这个组合来控制系统畸变值的。可以看到 DISG 是计算在归一化视场 Hy=1 和 Hy=0.707 时（视场角为 37×1 和 37×0.707）的畸变值。根据图 9-116 查看初始结构时，DISG 计算值为 0.34998512。ABSO 是对第 1 操作符（DISG）取绝对值，所以其数值为 0.34998512。可以看到第 1、2 操作符权重都设为 0，这说明这两个操作符只计算数值但不参与优化运算。而第 3 操作符 OPLT 也是运算操作符，其对第 2 操作符进行取值，所以该值也为 0.34998512。但是这里权重设置为 1，表明 OPLT 参与优化运算。Target 值为 0.2，表示要达到 DISG 畸变值小于 0.2 的目的。通过 OPLT 来控制 DISG 的好处是，对畸变的要求设置了小于 0.2 的范围，而不是一个确定的值。因为一般情况下整个系统的优化操作符非常多，多种像差之间相互关联。一种像差的彻底消除可能会造成另一种像差极大，所以设计者需要权衡各像差的分布，综合得到一个多种像差都能接受的水平。因此不方便把一个像差值设置成一个定值或者消除某个像差。

此外，这里进一步添加 DMFS 操作符。注意添加后需要在图 9-115 的 Optimization Wizard 对话框中单击 Apply 按钮，这样软件在 DMFS 操作符下面自动生成一系列操作符。可以看到控制 Glass 和 Air 厚度的操作符 MNCG、MXCG、MNEG 和 MNCA、MXCA、MNEA 也添加在里面。

但是软件跳出报错对话框如图 9-117 所示，“Error in target 635，TIR at surface 8”，这是在追迹光线时大视场的光线因入射角过大等问题导致的。对于大视场的光线仿真，有时候也会因为出现追迹的光线在某个面超出边缘等问题而报错。解决这个问题需要设置渐晕，把质量不好的那部分光线挡住。Zemax 中渐晕的设计已经在 5.6 节中进行了详细介绍。在展开下文设计前，读者可以先回顾相关内容。

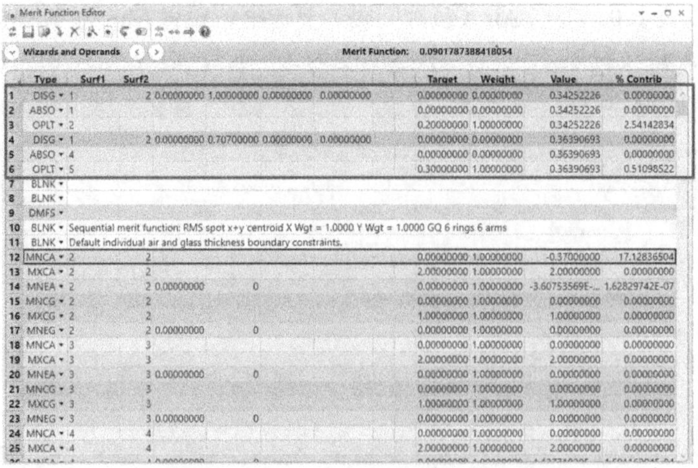
Merit Function Editor

Wizards and Operands　　Merit Function: 0.0901787388418054

	Type	Surf1	Surf2					Target	Weight	Value	% Contrib
1	DISG	1	2	0.00000000	1.00000000	0.00000000	0.00000000	0.00000000	0.00000000	0.34252226	0.00000000
2	ABSO	1						0.00000000	0.00000000	0.34252226	0.00000000
3	OPLT	2						0.20000000	1.00000000	0.34252226	2.54142834
4	DISG	1	2	0.00000000	0.70700000	0.00000000	0.00000000	0.00000000	0.00000000	0.36390693	0.00000000
5	ABSO	4						0.00000000	0.00000000	0.36390693	0.00000000
6	OPLT	5						0.30000000	1.00000000	0.36390693	0.51098522
7	BLNK										
8	BLNK										
9	DMFS										
10	BLNK	Sequential merit function: RMS spot x+y centroid X Wgt = 1.0000 Y Wgt = 1.0000 GQ 6 rings 6 arms									
11	BLNK	Default individual air and glass thickness boundary constraints.									
12	MNCA	2	2					0.00000000	1.00000000	-0.37000000	17.12836504
13	MXCA	2	2					2.00000000	1.00000000	2.00000000	0.00000000
14	MNEA	2	2	0.00000000	0			0.00000000	1.00000000	-3.60753569E-...	1.62829742E-07
15	MNCG	2	2					0.00000000	1.00000000	0.00000000	0.00000000
16	MXCG	2	2					1.00000000	1.00000000	1.00000000	0.00000000
17	MNEG	2	2	0.00000000	0			0.00000000	1.00000000	0.00000000	0.00000000
18	MNCA	3	3					0.00000000	1.00000000	0.00000000	0.00000000
19	MXCA	3	3					2.00000000	1.00000000	2.00000000	0.00000000
20	MNEA	3	3	0.00000000	0			0.00000000	1.00000000	0.00000000	0.00000000
21	MNCG	3	3					0.00000000	1.00000000	0.00000000	0.00000000
22	MXCG	3	3					1.00000000	1.00000000	1.00000000	0.00000000
23	MNEG	3	3	0.00000000	0			0.00000000	1.00000000	0.00000000	0.00000000
24	MNCA	4	4					0.00000000	1.00000000	0.00000000	0.00000000
25	MXCA	4	4					2.00000000	1.00000000	2.00000000	0.00000000

图 9-116　评价函数中设置的操作符

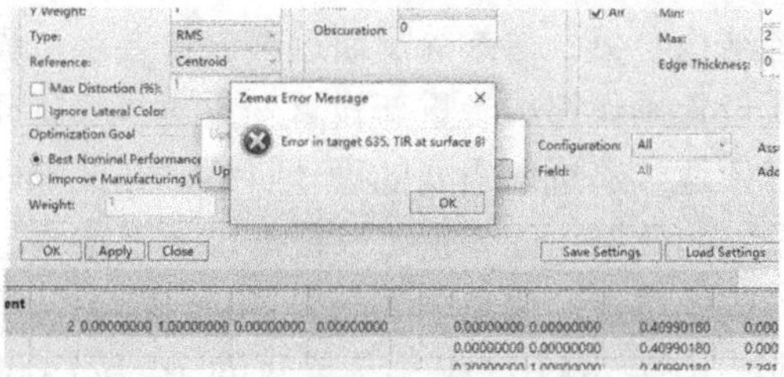

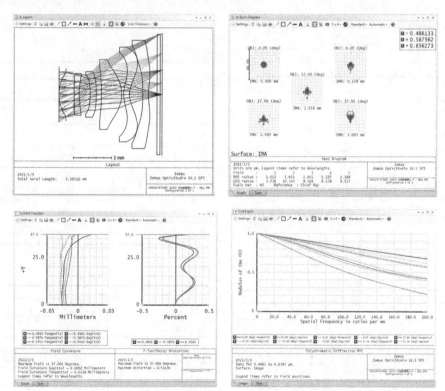

图 9-117　大视场光束情况下的报错信息

　　打开 System Explorer 对话框，在 Fields 选项中单击 Settings 按钮，进一步单击 Set Vignetting 按钮，再单击 Fild5 按钮，可以看到软件自动生成了渐晕参数 VDY、VCX 和 VCY 的值。但是在该渐晕情况下出现报错信息"Error in target 477. Missed surface11"。在计算第 447 个操作符时，追踪的光线丢失了，即超出了第 11 面的边缘，需要设置更大的渐晕过滤部分光线。根据式（5-25），需要增加 VCY 的值。这里设置 VDY 为-0.25，VCY 为 0.25，即线渐晕系数为 1-VCY=75%。

　　设置完操作符和渐晕系数后，单击 Optimize! 按钮。跳出 Local Optimization 对话框，单击 Start 按钮执行优化。为了方便，这里我们只进行一次优化。可以看到 Current Merit Function 的值从 0.090054429 减小到 0.037872035。退出优化后画出了光路结构图、点列图、场曲与畸变曲线和 MTF 曲线，如图 9-118 所示。

图 9-118　优化后的 Cross-Section 光路结构图、点列图、场曲与畸变曲线和 MTF 曲线图

　　需要注意的是，优化要求设计者具有丰富经验。一般情况下，设计者会在执行优化的过程中，实时观察 Current Merit Function 值、镜片结构和对应的像差性能的变化。如果没

有达到设计预期要求或者结构参数、像差等反而远离设计要求，设计者可以使用"F3"快捷键撤销优化结果，重新设置操作符或者重新设置变量再执行优化。可以人为设置参数结合软件自动优化反复进行，逐步逼近所需要的设计目标。在此例子中，完成以上设置后，单击优化一次就得到了较好的效果。读者也可以根据以上思路自己尝试优化过程。

接下来分析该镜头的成像质量。像高 3.1mm@37deg HFOV，畸变小于 0.35%，场曲小于 0.03mm。MTF 曲线除了 37 度 HFOV 弧矢光束为 0.21@200lp/mm，其他视场都大于 0.37。一般摄像镜头的 MTF 在 150lp/mm 满视场大于 0.3 就已经很不错了。Zemax 界面左下角边框显示 EFFL 为 4.06952。

总体来说，这么大的光圈和视场，像质良好。这款镜头是苹果在 2015 年 11 月提交，并在 2016 年发布的专利。用在当时的苹果手机上，成像质量已经可以满足使用要求。如果需要得到更好的性能指标，那么读者需要设置更多的变量，并进行反复优化。

2）苹果专利二（US 2017/0299845 A1）2016 年 4 月 15 日申请

（1）初始结构仿真。

当然苹果对摄像头的开发不会止步，它在 2016 年 10 月提交了 2017 年发布的新一代镜头专利 US 2017/0299845 A1。其镜片参数表如图 9-119 所示，有效焦距 f 为 4mm，相对孔径 F/#(Fno) 为 1.8，半视场角 HFOV 为 38°（图中参数的含义可参考上述专利一的解释，但此例中的非球面系数用 A4~A20 表示，即非球面第 4 项～第 20 项）。

TABLE 1

Lens system 110
Fno = 1.8, HFOV = 38 deg

Element	Surface (S#)	Radius (mm)	Thickness or separation (mm)	Refractive Index N_d	Abbe Number V_d
Object	0	Inf	Inf		
	1	Inf	0.2967		
Ape. Stop	2	Inf	−0.2967		
Lens 1	*3	2.2001	0.5857	1.545	56.0
	*4	7.8533	0.3165		
Lens 2	*5	3.9452	0.2540	1.640	23.5
	*6	1.8392	0.1433		
Lens 3	*7	3.7628	0.6553	1.545	56.0
	*8	−9.1748	0.3100		
Lens 4	*9	−4.8096	0.5241	1.545	56.0
	*10	9.2340	0.1000		
Lens 5	*11	1.4328	0.5271	1.545	56.0
	*12	4.9841	0.4706		
Lens 6	*13	1.7349	0.4500	1.545	56.0
	*14	1.0513	0.3034		
Filter	15	Inf	0.2100	1.517	64.2
	16	Inf	0.6000		
Sensor	17	Inf	0.0000		

*Annotates aspheric surfaces (aspheric coefficient given in Tables 2A-2C)

TABLE 2A

ASPHERIC COEFFICIENTS (Lens System 110)

	Surface (S#)			
	S3	S4	S5	S6
K	0	0	0	0
A4	1.94742E-03	−3.06430E-02	−2.34868E-01	−2.42440E-01
A6	3.01649E-03	3.08167E-02	1.52848E-01	1.79201E-01
A8	7.79493E-03	−1.92082E-02	−5.71983E-02	−1.26144E-01
A10	−1.61730E-02	−2.31225E-02	−2.28201E-02	6.61102E-02
A12	1.51498E-02	1.13409E-02	3.23800E-02	−2.65255E-02
A14	−5.33754E-03	−7.34768E-03	−1.47561E-02	4.54964E-03
A16	0.00000E+00	0.00000E+00	0.00000E+00	0.00000E+00
A18	0.00000E+00	0.00000E+00	0.00000E+00	0.00000E+00
A20	0.00000E+00	0.00000E+00	0.00000E+00	0.00000E+00

TABLE 2B

ASPHERIC COEFFICIENTS (Lens System 110)

	Surface (S#)			
	S7	S8	S9	S10
K	0	0	0	0
A4	−6.40257E-03	−1.13243E-02	−6.24328E-02	−3.55800E-01
A6	−7.56965E-03	2.65339E-02	1.07479E-01	2.75575E-01
A8	−2.69463E-02	−4.56762E-02	−1.29872E-01	−1.54492E-01
A10	3.07352E-02	2.14388E-02	9.49171E-02	5.96377E-02
A12	−2.02858E-02	−8.08709E-03	−3.91544E-02	−1.43857E-02
A14	4.61602E-03	1.67454E-03	8.33900E-03	4.49095E-03
A16	0.00000E+00	0.00000E+00	−2.96682E-04	−1.59437E-03
A18	0.00000E+00	0.00000E+00	−1.64410E-04	2.27097E-04
A20	0.00000E+00	0.00000E+00	0.00000E+00	0.00000E+00

TABLE 2C

ASPHERIC COEFFICIENTS (Lens System 110)

	Surface (S#)			
	S11	S12	S13	S14
K	−1	0	−1	−1
A4	−1.33939E-01	1.76831E-01	−3.35772E-01	−4.10700E-01
A6	6.65563E-02	−1.48911E-01	9.43709E-02	2.52834E-01
A8	−4.72003E-02	2.53123E-02	5.16187E-02	−1.22801E-01
A10	−5.72527E-03	1.70834E-02	−7.01966E-02	4.26734E-02
A12	2.25401E-02	−1.15030E-02	3.50377E-02	−1.02969E-02
A14	−1.11988E-02	3.00751E-03	−9.52759E-03	1.69864E-03
A16	2.26626E-03	−3.78263E-04	1.47430E-03	−1.83493E-04
A18	−1.64895E-04	1.87296E-05	−1.21780E-04	1.16681E-05
A20	0.00000E+00	1.19759E-08	4.16141E-06	−3.29217E-07

图 9-119 专利 US 2017/0299845 A1 中光路结构参数表

在 System Explorer 对话框中 Aperture 选项下选择 Aperture Type 为 Image Space F/#，值为 1.8。Fields 选项中设置 5 个视场角，Y 值分别为 0、9、19、28 和 38。Weight 都为 1，Wavelengths 选项选择 F、d、C 三种波长的光。

在本例中，专利上面用到了球面的 18 和 20 次项的系数，如图 9-119 所示的 TABLE 2C 中 A18 和 A20 行，也可以在图 9-120 中看到每个非球面镜片形状示意图。但是在 Lens Data 编辑器中 Even Asphere 的最高非球面次项只有 16 次项，因此会用到扩展非球面的这个面型。其在具体设置时，在 Lens Data 编辑器 Surface Type 面型选择 Extended Asphere，其 Maximum Term# 输入 20（因为用到了 10 个非球面系数），Norm Radius 设置为 1。

在 Zemax 中输入专利上的面型参数，但确认多遍后，仍然大失所望。图 9-121 所示的光路结构图，各个镜片形状非常类似看不出差别，但是成像质量并没有达到专利的效果，需要进行优化。

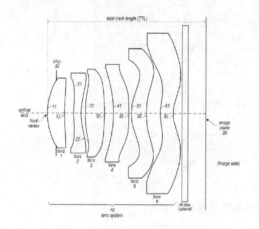

图 9-120　专利中光路系统结构示意图

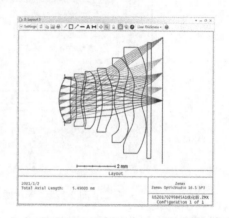

图 9-121　专利中结构的 Cross-Section 光路结构图

（2）优化与像质评价分析。

首先设置以下参数为变量：第 2～7 面的 4th Order Term、6th Order Term、8th Order Term、10th Order Term、12th Order Term、14th Order Term 项；第 8～13 面的 Coeff.on P^4、Coeff.on P^6、Coeff.on P^8、Coeff.on P^10、Coeff.on P^12、Coeff.on P^14、Coeff.on P^16、Coeff.on P^18、Coeff.on P^20；第 15 面的 Thickness。然后以专利中的数据为初始结构开始对该镜头进行优化。优化的理念是保持镜片的形状不变的同时，控制好各类像差、畸变、场曲、MTF 等。

在评价函数编辑器对话框左上角 Wizards and Operands 选项下面 Optimization Wizard 设置对话框中，设置 Image Quality 为 Spot，设置 Rings 为 3 和 Arms 为 6，用于光线追迹计算。为了使镜片厚度在一个合理范围，这里设置 Glass 中心最小厚度为 0.1，最大厚度为 2；Air（镜片间隔）中心最小距离为 0，最大距离为 2。

优化过程中用到的操作符，DISG 为控制系统的畸变，FCGT 为控制系统场曲，ASTI 为控制系统的像散。通过这些操作符，并执行 Optimization 寻找最优解。这里像差优化的依据是，当前初始结构的畸变、场曲和像散为主要像差，所以作为主要优化对象。如果这些像差得到比较好的校正，就可以得到性能较好的光学系统结构。因此，设置了操作符如图 9-122 所示。其中操作符 DIFF 是运算操作符，其对两个操作符的数值做减法。例如，本例中 FCGT 是子午方向的场曲，FCGS 是弧矢方向的场曲。当控制这两者之间差值时可以用 DIFF。这里操作符的设置思路和专利一相同，像差如 DISG、FCGS、FCGT 和 ASTI，都是通过运算操作符 DIFF、ABSO、OPLT 来给具体的像差值设定一个范围后参与优化的。

还要添加默认的评价函数操作符 DMFS，单击 Optimization Wizard 对话框中的 Apply 自动产生一系列操作符。另外，因为第 1 面是光阑，第 2 面开始是镜片，所以 Glass 和 Air 的厚度操作符需要从第 2 面开始计算。需要把 Merit Function 编辑器中第 1 面约束厚度的相关操作符删除，最后得到如图 9-122 所示编辑器中的操作符。

Merit Function Editor

Wizards and Operands　　Merit Function: 0.0991243649058166

	Type	Field	Wave	Hx	Hy	Px	Py	Target	Weight	Value	% Contrib
1	DISG	1	2	0.00000000	1.00000000	0.00000000	0.00000000	0.00000000	0.00000000	2.45830779	0.00000000
2	ABSO	1						0.00000000	0.00000000	2.45830779	0.00000000
3	OPLT	2						1.50000000	1.00000000	2.45830779	98.09185218
4	DISG	1	2	0.00000000	0.50000000	0.00000000	0.00000000	0.00000000	0.00000000	1.62074150	0.00000000
5	OPLT	4						1.50000000	1.00000000	1.62074150	1.55716996
6	FCGT		1	0.00000000	0.92000000			0.00000000	0.00000000	0.03802801	0.00000000
7	ABSO	6						0.00000000	0.00000000	0.03802801	0.00000000
8	OPLT	7						1.00000000E-02	1.00000000	0.03802801	0.08390881
9	ABSO	6						0.00000000	0.00000000	0.03802801	0.00000000
10	OPLT	9						1.00000000E-02	1.00000000	0.03802801	0.08390881
11	FCGS		1	0.00000000	0.85000000			0.00000000	0.00000000	-0.01123233	0.00000000
12	DIFF	6	11					0.00000000	0.00000000	0.04926034	0.00000000
13	ABSO	12						0.00000000	0.00000000	0.04926034	0.00000000
14	OPLT	13						1.00000000E-02	1.00000000	0.04926034	0.16463837
15	ASTI	0	2					0.00000000	0.00000000	-51.29129701	0.00000000
16	ABSO	15						0.00000000	0.00000000	51.29129701	0.00000000
17	OPLT	16						20.00000000	0.00000000	51.29129701	0.00000000
18	DMFS										
19	BLNK	Sequential merit function: RMS spot x+y centroid X Wgt = 1.0000 Y Wgt = 1.0000 GQ 3 rings 6 arms									
20	BLNK	Default individual air and glass thickness boundary constraints.									
21	MNCA	2	2					0.00000000	1.00000000	0.00000000	0.00000000
22	MXCA	2	2					2.00000000	1.00000000	2.00000000	0.00000000
23	MNEA	2	2	0.00000000		0		0.00000000	1.00000000	0.00000000	0.00000000
24	MNCG	2	2					0.10000000	1.00000000	0.10000000	0.00000000
25	MXCG	2	2					2.00000000	1.00000000	2.00000000	0.00000000
26	MNEG	2	2	0.00000000		0		0.00000000	1.00000000	0.00000000	0.00000000
27	MNCA	3	3					0.00000000	1.00000000	0.00000000	0.00000000
28	MXCA	3	3					2.00000000	1.00000000	2.00000000	0.00000000

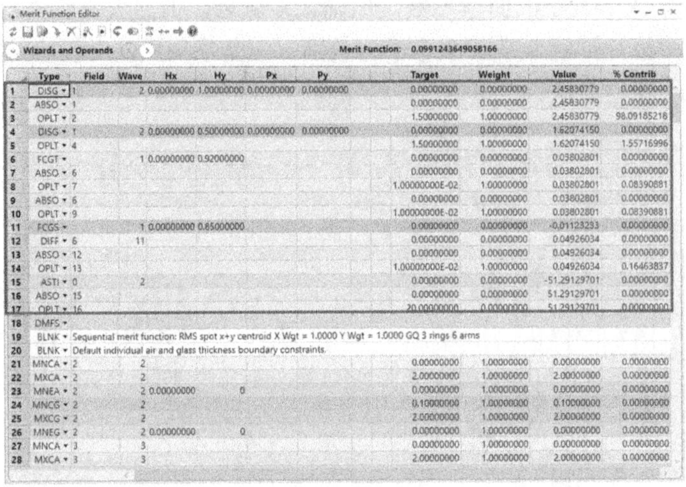

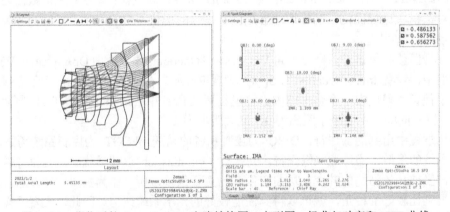

图 9-122　评价函数编辑器中操作符的设置

设置完以上操作符后，单击 Optimize！按钮执行优化后 Current Merit Function 值从 0.099124356 快速减小。此时为了更精细地优化，中途也可以停止运算。这里选择在 0.000555688 停止优化，读者也可以选择其他数值。再追加 Rings 和 Arms 都为 12，Optimization Wizard 对话框中单击 Apply 按钮后生成新的 DMFS 操作符，然后进行较多的光线追迹计算，Current Merit Function 值会继续变小。软件停止优化后查看优化后的性能结果如图 9-123 所示。

图 9-123　优化后的 Cross-Section 光路结构图、点列图、场曲与畸变和 MTF 曲线

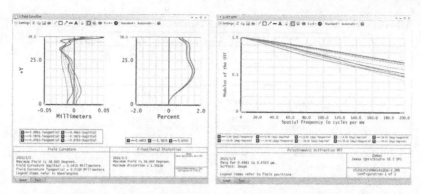

图 9-123　优化后的 Cross-Section 光路结构图、点列图、场曲与畸变和 MTF 曲线（续）

从图 9-123 中与专利中的成像质量可以看出，这次苹果发布的专利与上一篇比较如下：焦距、镜片结构、透镜组的总长度（Total Length）TTL 基本一致，只是全视场增加了 2°。MTF 有一定的提升，200lp/mm 可以达到 0.4。畸变和场曲稍有增大，但各个镜片相对容易加工，厚度相对之前没有厚薄不一的现象。

3）苹果专利三（US 2018/0364457 A1）2018 年 5 月 15 日申请

（1）初始结构仿真。

随后苹果在 2018 年 12 月又发布一款专利：US 2018/0364457 A1。具体结构参数见专利中 TABLE 1A，如图 9-124 所示。该镜头的有效焦距 f=4.966mm，相对孔径 F/# 近一步减小为 1.7，全视场增加到 76.7°，其采用了 7 片非球面。

TABLE 1A

(Lens system 110)
Lens system 110
Fno = 1.7, FFOV = 76.7 deg

Element	Surface #	Radius (mm)	Thickness or separation (mm)	Refractive Index N_d	Abbe Number V_d
Object	0	Inf	Inf		
Stop	1	Inf	-0.445		
L1	*2	2.304	0.783	1.545	56.0
	*3	88.900	0.040		
L2	*4	3.841	0.230	1.608	26.9
(ape)	*5	2.195	0.466		
L3	*6	18.743	0.231	1.671	19.5
	*7	8.569	0.238		
L4	*8	16.112	0.608	1.545	56.0
(ape)	*9	-4.953	0.404		
L5	*10	-1.217	0.370	1.608	26.9
	*11	-1.845	0.040		
L6	*12	1.562	0.498	1.545	56.0
	*13	3.300	1.049		
L7	*14	-4.722	0.380	1.509	56.5
	*15	6.051	0.300		
IRCF	16	Inf	0.210	1.517	64.2
	17	Inf	0.448		
Sensor	18	0	0		

*Annotates aspheric surfaces (aspheric coefficients given in Tables 1B-1E)

TABLE 1B

Aspheric Coefficients (Lens System 110)

Surface (S#)

	S2	S3	S4	S5
K	-3.05320E-01	5.81709E+01	-5.91105E+00	-5.82023E+00
A4	6.03196E-04	-4.25193E-02	-1.00340E-01	-1.86991E-02
A6	6.34230E-03	6.59107E-02	1.19187E-01	3.47875E-02
A8	-9.72174E-03	-5.91249E-02	-9.27288E-02	-3.37461E-02
A10	6.11484E-03	2.82565E-02	5.10058E-02	2.50671E-02
A12	-2.26515E-03	-7.21506E-03	-1.59579E-02	-1.12741E-02
A14	2.21091E-04	7.15565E-04	2.43034E-03	2.02348E-03
A16	0.00000E+00	0.00000E+00	0.00000E+00	0.00000E+00
A18	0.00000E+00	0.00000E+00	0.00000E+00	0.00000E+00
A20	0.00000E+00	0.00000E+00	0.00000E+00	0.00000E+00

TABLE 1C

Aspheric Coefficients (Lens System 110)

Surface (S#)

	S6	S7	S8	S9
K	-9.90000E+01	-6.73586E+01	-3.42875E+01	-8.83380E+01
A4	-4.31764E-02	-3.39999E-02	-5.79503E-02	-5.18251E-02
A6	2.02107E-02	2.82806E-02	5.21786E-02	3.59111E-02
A8	-7.78648E-02	-6.25213E-02	-6.55491E-02	-5.04804E-02
A10	7.66115E-02	5.70290E-02	5.21580E-02	4.32790E-02
A12	-3.84784E-02	-2.33303E-02	-1.86763E-02	-1.50636E-02
A14	7.77245E-03	3.93678E-03	2.41644E-03	1.81523E-03
A16	0.00000E+00	0.00000E+00	0.00000E+00	0.00000E+00
A18	0.00000E+00	0.00000E+00	0.00000E+00	0.00000E+00
A20	0.00000E+00	0.00000E+00	0.00000E+00	0.00000E+00

TABLE 1D

Aspheric Coefficients (Lens System 110)

Surface (S#)

	S10	S11	S12	S13
K	-5.26250E+00	-8.26180E-01	-7.07080E+00	-6.65914E+00
A4	-2.09645E-02	4.59461E-02	2.55357E-02	2.76443E-02
A6	-3.17745E-02	-6.11074E-02	-3.47440E-02	-3.96580E-02
A8	2.74893E-02	5.30175E-02	1.40896E-02	1.66250E-02
A10	3.91643E-03	-2.35045E-02	-3.25680E-03	-3.96122E-03
A12	-7.41082E-03	6.02808E-03	3.70484E-04	5.50090E-04
A14	2.07046E-03	-8.14669E-04	-1.55394E-05	-4.11444E-05
A16	-1.84476E-04	4.37640E-05	-2.47692E-08	1.27412E-06
A18	0.00000E+00	0.00000E+00	0.00000E+00	0.00000E+00
A20	0.00000E+00	0.00000E+00	0.00000E+00	0.00000E+00

图 9-124　专利 US 2018/0364457 A1 中光路结构参数表

TABLE 1E

Aspheric Coefficients (Lens System 110)		
	Surface (S#)	
	S14	S15
K	−1.25036E+01	2.04150E−01
A4	−7.53149E−02	−6.62641E−02
A6	7.20264E−03	9.96535E−03
A8	4.36238E−03	7.56385E−04
A10	−1.24385E−03	−4.48416E−04
A12	1.39735E−04	5.79979E−05
A14	−7.44489E−06	−3.22535E−06
A16	1.54848E−07	6.69547E−08
A18	0.00000E+00	0.00000E+00
A20	0.00000E+00	0.00000E+00

图 9-124　专利 US 2018/0364457 A1 中光路结构参数表（续）

根据图 9-124 中的结构参数表输入镜片参数。在 System Explorer 对话框中 Aperture 选项下选择 Aperture Type 为 Image Space F/#，值为 1.7。Fields 选项中设置 5 个视场角，Y 值分别为 0、10、20、28 和 38.35，Weight 都为 1。Wavelengths 选项选择 F、d、C 三种波长的光。

图 9-125 所示为专利中光路系统结构示意图。Zemax 重复出来的 Cross-Section 光路结构图如图 9-126 所示。轴上光线成像质量良好，但最大半视场角（38.35°）比较差，所以优化大视场角成像特性是关键。

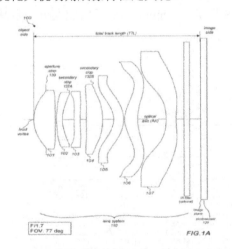

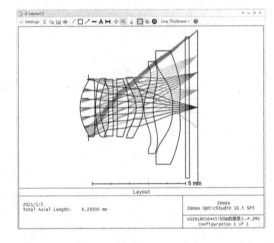

图 9-125　专利中光路系统结构示意图　　　　图 9-126　专利中结构的 Cross-Section 光路结构图

（2）优化与像质评价分析。

继续以专利中给出的参数作为初始结构进行优化。设置各个镜片空气间距及非球面系数为变量，镜片厚度因符合工艺要求先不设为变量，曲率半径也暂不设置为变量以方便观察非球面系数的优化效果。另外，从初始结构可以看到第 2 片和第 3 片镜片边缘已经交叠，所以这里也需要设置镜片和镜片间隔的厚度约束。

因为在大视场角情况下成像质量较差，所以引入一定的渐晕，挡住部分质量不好的光束以提高成像质量。

首先设置渐晕系数。在 System Explorer 对话框 Fields 选项中，单击 Fields 视场(Y=38.35)，可以看到 VDX、VDY 和 VCX、VCY 渐晕相关参数。单击 Settings 按钮，进

一步单击 Set Vignetting 按钮，可以看到 VDY 为-0.00922038，VCX 为 0.00001049，VCY 为 0.00922200。这些值是在目前初始结构时对应的渐晕参数。为了改善大视场角情况下的成像质量，可以增加渐晕系数，设置 VDY 为-0.155，VCY 为 0.155，VCX 为 0.008。根据式（5-25），此时线渐晕系数为 1-VCY=84.5%。Zemax 会根据这几个参数拟合出通光孔径，并追迹光线。

设置第 3、5、7、9、11、13、15、17 面的 Thickness 为变量。设置第 2～13 面的 Conic 为变量。设置第 2～15 面的 4 Order Term、6 Order Term、8 Order Term、10 Order Term、12 Order Term、14 Order Term、16 Order Term 非零值为变量。

在 Optimization Wizard 对话框中建立以 Image Quality 为 Spot 评价标准的 Merit Function 函数。设置 Rings 为 10，Arms 为 12。Glass 项输入 Min 为 0，Max 为 1，Edge 为 0；Air 项输入 Min 为 0，Max 为 2，Edge 为 0。该设置可以防止镜片厚度及间距优化成负数的风险。进一步添加默认的评价函数 DMFS。在 Optimization Wizard 对话框中单击 Apply 按钮，软件自动生成的操作符如图 9-127 所示，其中第 1 面厚度约束操作符已经删除。

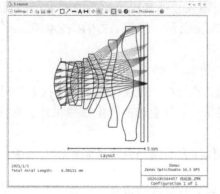

图 9-127　评价函数编辑器中操作符的设置

单击 Optimize！按钮开始优化。可以看到 Current Merit Function 值从 0.015021642 快速减小，降到 0.00012 左右，单击 Stop 按钮退出优化，查看效果。如图 9-128 所示，可以发现此时的 MTF 值、畸变和点列图都有了非常大的提升。可见该专利的初始值还是相当接近专利中性能参数的，稍做优化可以得到较好的性能。

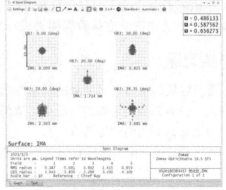

图 9-128　优化后的 Cross-Section 光路结构图、点列图、场曲与畸变和 MTF 曲线

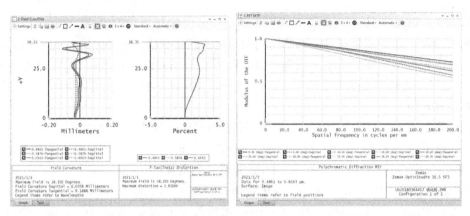

图 9-128　优化后的 Cross-Section 光路结构图、点列图、场曲与畸变和 MTF 曲线（续）

　　读者如有兴趣，可以继续按照专利一和专利二中所讲的优化思路，继续优化。例如，继续添加其他像差操作符，但在优化过程中需要考虑实际的非球面加工安装工艺水平。

　　对于这一版本苹果发布的专利，可以看到苹果为了使光圈更大、视场更大而做了很大的努力，并且不惜增加成本，把非球面镜片增加到七片。虽然在成像质量方面牺牲了一些畸变，但 MTF 却有不错的表现，其 200lp/mm 的 MTF 值可以达到 0.5 以上，满足摄像更高分辨率的需求。

3. 本例总结

　　对苹果手机镜头的专利进行了一些基本的分析研究，高次非球面镜是手机镜头中能帮助其满足性能指标的最有效办法。从市场上主流手机摄像头的发展和设计角度来看，可以看到以下几个手机镜头设计技术趋势。

　　（1）随着手机朝着超薄的方向发展，降低手机镜头的厚度一直是技术前行的方向。厂商们力求用最少的非球面镜片达到最佳的效果；

　　（2）随着 Imager Sensor 工艺的发展，其使用的芯片像素一直不断升级，从开始的 16M 逐渐进化到 108M、206M，发展迅速。这也使得手机镜头对分辨率的要求越来越高，并且像素尺寸的变小会使对镜头光圈的要求越来越大，以便提高光的利用率和成像的清晰度；

　　（3）手机厂商为了增加用户体验，力求让手机摄像头能够拍的更远，视野更广。这样除了要求手机镜头的相对孔径不断变大，还需要不断扩大其视场。

　　（4）手机朝着多摄像头的方向发展。这对镜头设计提出了更高的要求，如可以实现光学变焦功能，构建三维立体数据用来进行人脸识别，搭载 AR/VR 技术等。

思考与练习题

　　9-1　通信容量的增加会带来新的技术应用。在 5G（第五代移动通信技术）时代网络实现大带宽、低时延和高可靠的情况下，请想象一下社会可能产生哪些和光学系统有关的电子类消费品而改变我们的生活方式。

　　9-2　请思考如果不用透镜耦合直接将半导体激光器的光束耦合到单模光纤中，那么光纤端面设计成什么形状能有效增加耦合效率？

　　9-3　光通信系统中一个非常重要的光传输技术是波分复用技术。目前有多种方案可以实现波分复用，如基于衍射光栅或者基于棱镜系统结合带宽滤波器等。请尝试了解波分复用技术原理，查阅相关专利，并基于 Zemax 进行相关设计。

9-4　查阅自己手机摄像头的相关技术参数，并基于 Zemax 设计外挂式的镜头实现手机的望远镜与显微镜功能。

9-5　汽车抬头显示（Head Up Display，HUD）是目前产业热点。但是 HUD 一个关键技术难点在于成像中因为前挡风玻璃存在一定厚度导致重影。请尝试了解 HUD 的技术原理，查阅专利等相关资料，并设计一个无重影的 HUD 光学系统。

参考文献

[1] 迟泽英，陈文健．应用光学与光学设计基础[M]．2 版．北京：高等教育出版社，2013.

[2] 李湘宁，贾宏志，张荣福，郭汉明．工程光学[M]．2 版．北京：科学出版社，2019.

[3] 郁道银，谈恒英．工程光学[M]．4 版．北京：机械工业出版社，2016.

[4] 高文琦．光学[M]．3 版．南京：南京大学出版社，2013.

[5] 林晓阳．ZEMAX 光学设计超级学习手册[M]．北京：人民邮电出版社，2014.

[6] 张欣婷，向阳，牟达．光学设计及 Zemax 应用[M]．西安：西安电子科技大学出版社，2019.

[7] 黄振永，卢春莲，苏秉华，俞建杰．基于 ZEMAX 的光学设计教程[M]．哈尔滨：哈尔滨工程大学出版社，2018.

[8] 安连生．应用光学[M]．北京：北京理工大学出版社，2003.

[9] 张以谟．应用光学[M]．4 版．北京：电子工业出版社，2015.

[10] 袁旭沧．应用光学[M]．北京：机械工业出版社，1988.

[11] 袁旭沧．现代光学设计方法[M]．北京：北京理工大学出版社，1995.

[12] 李林，黄一帆，王涌天．现代光学设计方法[M]．3 版．北京理工大学出版社，2018.

[13] 赵存华．应用光学[M]．北京：电子工业出版社，2017.

[14] 王之江．光学设计理论基础[M]．北京：科学出版社，1985.

[15] 顾培森．应用光学例题与习题集[M]．北京：机械工业出版社，1985.

[16] 蔡怀宇．工程光学复习指导与习题解答[M]．北京：机械工业出版社，2009.

[17] Milton Laikin（著），周海宪，程云芳（译）．光学系统设计[M]．（原书第 4 版）．北京：机械工业出版社，2017.

[18] 王朝晖，焦斌亮，徐朝鹏．光学系统设计教程[M]．北京：北京邮电大学出版社，2013.

[19] 李晓彤，岑兆丰．几何光学·像差·光学设计[M]．浙江：浙江大学出版社，2003.

[20] 萧泽新．工程光学设计[M]．北京：电子工业出版社，2014.

[21] 母国光，战元龄．光学[M]．2 版．北京：高等教育出版社，2009.

[22] 姚启钧．光学教程[M]．6 版．北京：高等教育出版社，2019.

[23] 赵建林．光学[M]．北京：高等教育出版社，2006.

[24] 朱自强，王仕璠，苏显渝．现代光学教程[M]．成都：四川大学出版社，1990.

[25] 易明．现代几何光学[M]．南京：南京大学出版社，1986.

[26] 吕帆，金成鹏．眼球光学[J]．眼视光学杂志，2001（6）：121-122.

[27] Zemax Optical Design Program User's Guide[M]. Zemax Development Corp..San Diego，2006.

[28] 黄一帆，李林．光学设计教程[M]．北京，北京理工大学出版社，2018．

[29] 廖延彪，黎敏．光纤光学[M]．2 版．清华大学出版社，2013．

[30] 迟泽英．光纤光学与光纤应用技术[M]．2 版．北京：电子工业出版社，2014．

[31] 石顺祥，马琳，王学恩．物理光学与应用光学[M]．3 版．西安：西安电子科学技术大学出版社，2014．

[32] 梁铨廷．物理光学[M]．5 版．北京：电子工业出版社，2018．

[33] 陈家璧，彭润玲．激光原理及应用[M]．4 版．北京：电子工业出版社，2018．

[34] 匡国华．漫谈光通信 通俗、诙谐地解读芯片、光器件、光模块等光通信相关专业技术[M]．上海：上海科学技术出版社，2018．

[35] 廖延彪．偏振光学[M]．北京：科学出版社，2013．

[36] 叶辉，候昌伦．光学材料与元件制造[M]．杭州：浙江大学出版社，2014．

[37] 张旭苹．全分布式光纤传感技术．北京：科学出版社，2020．

[38] 祝宁华．光电子器件微波封装和测试[M]．2 版．北京：科学出版社，2021．

[39] 章佳杰．光学系统像差杂谈[M]．知乎，2019．

[40] SMITH W J. Modern Optical Engineering : The Design of Optical Systems(4 Edition)[M]. New York: McGraw-Hill, 2007.

[41] HERBERT G, ZUGGE H, PESCHKA M, et al. Handbook of optical systems : Vol. 3: Aberration theory and correction of optical systems[M], Weinheim : Wiley-VCH, 2007.

[42] DAVID C，DAMIEN H，CHRISTIAN P，Boris Smus. VIRTUAL REALITY HEADSET[P]. USD750,074，2015.

[43] ROMEO I. Mercado. CAMERA LENS SYSTEM[P]. US 10, 274, 700 B2，2015.

[44] YAO Y H, YOSHIKAZU S. IMAGING LENS SYSTEM[P]. US 2017 / 0299845 A1, 2016.

[45] YAO Y H, YOSHIKAZU S, LIN Y L. IMAGING LENS SYSTEM[P]. US 2018 / 0364457 A1, 2018.

反侵权盗版声明

电子工业出版社依法对本作品享有专有出版权。任何未经权利人书面许可，复制、销售或通过信息网络传播本作品的行为；歪曲、篡改、剽窃本作品的行为，均违反《中华人民共和国著作权法》，其行为人应承担相应的民事责任和行政责任，构成犯罪的，将被依法追究刑事责任。

为了维护市场秩序，保护权利人的合法权益，我社将依法查处和打击侵权盗版的单位和个人。欢迎社会各界人士积极举报侵权盗版行为，本社将奖励举报有功人员，并保证举报人的信息不被泄露。

举报电话：（010）88254396；（010）88258888

传　　真：（010）88254397

E-mail：dbqq@phei.com.cn

通信地址：北京市万寿路 173 信箱
　　　　　电子工业出版社总编办公室

邮　　编：100036